GUÍA PARA EXPLORADORES DEL CIELO

VICENTE AUPÍ

GUÍA PARA EXPLORADORES DEL CIELO

Atlas de cielo profundo con 50 mapas
del Millennium Star Atlas, 96 cartas celestes
de los hemisferios norte y sur
y 150 fotografías en color

EDICIONES OMEGA

Procedencia de las ilustraciones
Cartas del Atlas de cielo profundo: *Millennium Star Atlas*, por Roger W. Sinnot y Michael A. C. Perryman. Copyright © Sky Publishing Corporation. Reproducidas con autorización del editor.
De la traducción al castellano, la adaptación de las cartas del *Millennium Star Atlas* para esta obra y los textos del Atlas de cielo profundo © Vicente Aupí.
Planisferios: © Marcos Gil Fons.
Fotografías e imágenes: European Southern Observatory (ESO), David Strange, Roger Smith/AURA/NOAO/NSF, Pavel Spurny, Observatorio Astronómico de la Universidad de Valencia, Instituto de Astrofísica de Canarias (IAC), Joan Genebriera, Jack Newton, Lunar and Planetary Institute, Meade Instruments Corp., Vicente Aupí, Branimir Alexandrov, NASA/STScI/AURA (Hubble Space Telescope), NASA/ESA/Martino Romaniello (ESO), Ron Dantowitz, Palomar Observatory Sky Survey (POSS), Jack Schmidling, NASA/Jet Propulsion Laboratory (JPL), Armagh Observatory, Joaquín Tío, Francisco Catalá, Enrique Arce, Vicent Peris, Solar and Heliospheric Observatory (SOHO), Eumetsat, Joan Manuel Bullón, NOAA/John Bortniak, David Miller/National Geophysical Data Center, Herbert Kroehl/NGDC, International Dark Sky Association (IDA).

Diseño de la cubierta
Cèlia Vallès

Plató, 26 - 08006 Barcelona
www.ediciones-omega.es

ISBN 84-282-1286-4
Depósito legal B. 43.509-2002
Printed in Spain
EGEDSA - Sabadell

A mi adorada esposa,
Carmen Cortelles,
in memoriam.
Por los paseos bajo
la lluvia en Viena.
Por las noches
a la luz de las estrellas
en Ordesa.
Por el bosque
de los búhos...

AGRADECIMIENTOS

Estoy sumamente agradecido a todas las personas que me han ayudado en el nacimiento de este libro. A Vicent Martínez, director del Observatorio Astronómico de la Universidad de Valencia, le estoy doblemente agradecido: en primer lugar, por haber aceptado escribir el prólogo, y en segundo, por sus sabios consejos y por la deferencia de revisar el manuscrito y subrayarme algunos errores que el acúmulo de datos e información reunidos a lo largo de la obra me habían impedido advertir.

Roger W. Sinnot y Sally MacGillivray, de Sky&Telescope, me han ofrecido un permanente apoyo en la resolución de dudas durante la fase de adaptación de las cartas del *Millennium Star Atlas* que ilustran el Atlas de cielo profundo, y que por primera vez aparecen en un libro en lengua española. Por su parte, Michael A. C. Perryman, de la Agencia Espacial Europea (ESA) y coautor junto a Sinnot de las cartas del *Millennium Atlas,* me ha brindado su ayuda en el análisis de numerosos datos relativos a los catálogos *Tycho* e *Hipparcos*.

A Mary Ann Hager y Debra Rueb, del Lunar&Planetary Institute, les agradezco su paciencia en la tarea de selección de imágenes para el libro, y a mis amigos Branimir Alexandrov y Marcos Gil, su ayuda incondicional.

Por último, para mi hijo, Gonzalo, guardo el mejor sentimiento de gratitud, porque él ha vivido directamente todo el ingente proceso de elaboración del libro, y jamás ha protestado.

ÍNDICE DE MATERIAS

Prólogo	11
Introducción	15
Primera parte El cielo	**19**
Bajo las estrellas	21
Constelaciones	24
Orientarse en el cielo	28
Planisferios	34
Planisferios de los hemisferios norte y sur	37
Segunda parte Explorar la bóveda celeste	**87**
El cielo a simple vista	89
Asterismos: leyendas del cielo	95
Auroras polares	100
Luz zodiacal y luz antisolar	103
Luz cenicienta y luna azul	105
Tercera parte El Sol	**109**
Observar la estrella más cercana	111
La fotosfera, la cromosfera y la corona	115
La magia de los eclipses	121
El rayo verde	125
Cuarta parte La Luna	**127**
El astro más próximo	129
Cráteres, montañas y mares	135
Eclipses y ocultaciones de la Luna	140
Fenómenos lunares transitorios	144
Quinta parte Los planetas	**149**
Mercurio y Venus, los viajeros del Sol	151
Marte, el mundo más parecido a la Tierra	156
Júpiter y las lunas galileanas	162
Saturno	167
Urano, Neptuno y Plutón	171

Sexta parte Estrellas, las hermanas del Sol **177**
Los colores de las estrellas y la clase espectral 179
Las estrellas más cercanas 183
Estrellas dobles y múltiples 187
Estrellas variables 190
Estrellas rojas 194
Gigantes, supergigantes y supernovas 198

Séptima parte Catálogos del Cosmos **203**
El catálogo de Messier 205
Los catálogos NGC e IC, la herencia de Herschel 213
Nebulosas oscuras, remanentes de supernovas y cúmulos de galaxias 218

Octava parte El telescopio y los prismáticos **223**
Los telescopios del siglo XXI 225
El cielo a través de los prismáticos 233

Novena parte Atlas de cielo profundo **239**
Introducción al Atlas de cielo profundo 241
Tablas del Atlas 251
Atlas de cielo profundo 255

Décima parte Tablas y apéndices **357**

Bibliografía 395
Enlaces de astronomía en Internet 398
Índice alfabético 401
Acerca del autor 415

PRÓLOGO

La humanidad se ha sentido siempre fascinada por el cielo estrellado. Aunque la vida en las ciudades, con su contaminación lumínica, nos ha hecho cada vez más ajenos a las maravillas del firmamento, no es menos cierto que la astronomía hoy despierta mucho interés en una gran parte de la población. Ayudan, sin duda, las noticias que, con cierta regularidad, aparecen en los medios de comunicación sobre nuevos descubrimientos astronómicos y las espectaculares imágenes que los telescopios más grandes del mundo y el Telescopio Espacial *Hubble* ponen al alcance de todos a través de Internet. Esa fascinación hace que a muchos les interese saber más sobre los astros y quieran adentrarse en el fabuloso mundo de la exploración del cielo. Observar el cosmos es una actividad que, como jugar a tenis o pescar, requiere técnica y práctica. La presente *Guía para exploradores del cielo* es una ayuda extraordinaria para iniciarse en esta actividad. Escrita por alguien que ha vivido ese acercamiento de una manera apasionada, esta guía permite adquirir los conocimientos necesarios para disfrutar verdaderamente observando el cielo, ya sea con nuestros propios ojos, con prismáticos o con pequeños telescopios. Una guía así es imprescindible para adquirir la práctica necesaria que haga de la observación astronómica una actividad llena de aliciente. Muchos de los telescopios que se compran acaban finalmente olvidados en armarios y trasteros, porque sus usuarios se decepcionaron pronto de lo que con ellos veían. En muchos casos, la razón estriba en no conocer dónde mirar y en qué condiciones hacerlo y, sobre todo, no saber aquello que uno puede llegar a ver con cada uno de estos instrumentos.
En esta obra, Vicente Aupí nos muestra cómo explorar el cielo ayudándonos de las constelaciones y los asterismos, y de esta forma familiarizarnos con los pobladores de la bóveda celeste, de manera que resulte sencillo orientarnos. Nos habla de las lluvias de meteoros y nos explica la belleza y la razón de fenómenos como la luz zodiacal o el rayo verde. Dedica una parte importante de la guía a los astros más cercanos: la Luna, el Sol y los planetas. Resulta apasionante ir reconociendo la orografía lunar siguiendo las sugerencias de esta guía de exploradores o tratar de observar los tránsitos sobre la superficie de Júpiter de los satélites galileanos.
La observación de estrellas puede resultar un poco decepcionante. Al principio, todas pueden parecernos iguales. El autor de esta guía pone de

relieve diferentes aspectos de su observación, accesibles a los pequeños telescopios, que proporcionan al observador las claves para hacer interesante su observación: distinguir los colores, resolver los sistemas múltiples forma-

El corazón del Torbellino. *Cada vez que el Telescopio Espacial* Hubble *fotografía un objeto famoso, los astrónomos asimilan la nueva imagen como patrón de referencia. La Galaxia del Torbellino (M 51) no ha sido una excepción, y este retrato de la hermosa ciudad estelar situada en Canes Venatici es una de las mejores escenas logradas hasta hoy en el firmamento. (NASA/STScI/AURA).*

dos por dos o más estrellas –en muchas ocasiones con una clara tonalidad diferente cada uno de sus miembros–, observar los cambios temporales en la intensidad de brillo que presenten las estrellas variables, etc. En su afán por descubrir nuevos cometas y no confundirlos con objetos que estaban siempre en el firmamento, el astrónomo francés Charles Messier compiló un catálogo de 110 objetos extensos, entre los que encontramos remanentes de supernovas, nebulosas de emisión y reflexión, nebulosas planetarias, cúmulos estelares abiertos, cúmulos globulares, galaxias, etc. Los telescopios actuales permiten no conformarse sólo con estos objetos, sino tratar de detectar otros muchos de los catálogos *New General Catalogue* (NGC) e *Index Catalogue* (IC). Aupí nos los describe y nos enseña a observarlos. Ayudándose del Atlas de cielo profundo y de las explicaciones que acompañan a cada región celeste, el observador puede ir conociendo paulatinamente aquellas regiones del cielo menos exploradas habitualmente, pero que encierran pequeños tesoros cuya presencia en el campo de visión de nuestro instrumento resultará muy gratificante para el observador. En cada caso, el autor de esta guía nos propone los instrumentos más adecuados para su visualización; además, nos ofrece un capítulo dedicado a los telescopios y prismáticos que los aficionados encontrarán muy útil a la hora de plantearse la adquisición de uno de estos instrumentos.

La astronomía es una ciencia visual y, como en las mejores guías de viajes, la selección adecuada de las ilustraciones es fundamental para orientar al viajero. En este sentido, Aupí ha presentado una cuidadosa colección de imágenes surtiéndose de las mejores fuentes disponibles. En muchas ocasiones, estas fotografías se han convertido ya en iconos de la cultura científica. Cuando el universo empieza a resultarnos tan familiar, es inevitable el deseo de cazar con nuestro telescopio objetos más débiles, más esquivos, y produce una gran satisfacción verlos aparecer en el campo de nuestro ocular. Hay que dejarse enseñar y estoy convencido de que esta guía servirá para que muchas personas aprendan cómo, cuándo, dónde y qué mirar en el cielo.

Vicent J. Martínez
Director del Observatorio Astronómico
de la Universidad de Valencia

INTRODUCCIÓN

Este libro es una invitación a explorar planetas y estrellas. A abrirse camino entre ellos para descubrir nebulosas que alumbran millones de soles como el nuestro y para alcanzar galaxias perdidas entre las constelaciones que cada noche habitan el firmamento. En él están los secretos de la naturaleza y de nuestros propios orígenes, que pertenecen a un universo nacido hace unos 15 000 o 18 000 millones de años y cuyos más lejanos rincones hemos empezado a vislumbrar recientemente. Con instrumentos como el popular telescopio espacial Hubble se han logrado avances cosmológicos enormes, pero la astronomía también progresa espectacularmente en el ámbito de las técnicas e instrumentos que maneja el humilde observador del cielo, lo que permite a millones de personas estudiar, desde el jardín o la terraza de su casa, los astros más sugestivos y asistir a fenómenos que forjarán recuerdos imborrables.

Cerro Tololo. *Una de las cúpulas del Observatorio de Cerro Tololo, en Chile, aparece aquí rodeada de maravillas del cielo austral: a su izquierda, las Nubes de Magallanes, y a la derecha, el gran trazo de la Vía Láctea con sus grietas oscuras. (Roger Smith/AURA/NOAO/NSF)*

De alguna forma, observar el cielo es como viajar. El ser humano ha tenido la fortuna de que la mecánica celeste le muestre diariamente una gran parte del Universo, y la astronomía ha trazado en los últimos siglos las rutas que permiten recorrer el firmamento en busca de estrellas tan diferentes como las enanas rojas y las supergigantes azules, o de cúmulos en los que se apiñan miles o millones de estrellas. Sin embargo, es muy frecuente que los

Universos-islas. *El concepto de universos-islas fue usado por primera vez por Immanuel Kant para referirse a la posibilidad de que algunas nebulosas fueran, en realidad, gigantescas ciudades estelares, es decir, galaxias. Algunas de las fotos más recientes del Telescopio Espacial* Hubble *recogen plenamente aquel concepto que Kant introdujo acertadamente en el siglo* XVIII, *como ocurre con la galaxia ESO 510-613, en la imagen. Obsérvese la banda oscura de polvo y gas que hay delante de ella. (NASA/STScI/AURA)*

principiantes vean limitado su campo de observación, porque, como ocurre en los circuitos turísticos, resulta difícil salirse de las rutas principales a pesar de que fuera de ellas se encuentran los lugares más atractivos.

La iniciación a la astronomía es una fase crucial en la que muchos entusiastas pierden su interés al cabo de varias noches junto al telescopio, porque se han tenido que conformar con la visión de varios borrones nebulosos a través del ocular y de imágenes planetarias en las que apenas se apreciaban detalles.

En numerosas ocasiones la observación adolece de un carácter rutinario y reiterativo que conduce permanentemente a los objetos celestes famosos, como la Galaxia de Andromeda (M 31/NGC 224) y la Nebulosa de Orion (M 42/NGC 1976), que se convierten en recurso demasiado habitual.

Este libro va más allá. Además de incluir una visión global del cielo, orientará al observador en su periplo en busca de los cráteres lunares más espectaculares, de estrellas binarias –sistemas de dos o más soles– sorprendentemente contrastadas y llenas de color, y de los objetos de cielo profundo más interesantes. La exploración del Cosmos es una actividad colmada de satisfacción cuando se desarrolla con un planteamiento acertado y se encuentra el camino hacia los rincones más bellos y sugestivos del firmamento. En el primer caso, es fundamental que la observación no se vea limitada nunca por la contaminación lumínica y que el aficionado sepa amoldarse a los condicionantes de la atmósfera para desarrollar siempre su actividad preferida en las noches adecuadas –o durante el día si quiere estudiar el Sol–. En el segundo, resulta alentador que muchos de los caminos de la exploración celeste hayan sido descubiertos, a lo largo de la historia, por observadores no profesionales que consagraron sus horas nocturnas a la búsqueda de astros perdidos o de nuevos cometas. A ellos se debe buena parte de las galaxias, cúmulos estelares y nebulosas que llenan los catálogos astronómicos actuales para deleite del aficionado.

Una de las bazas fundamentales de todo observador es la elección de las rutas adecuadas entre tan vasta multitud de opciones, así como disponer de la información necesaria para ir más allá de la pléyade de objetos celestes que cada aficionado conoce en sus primeras noches bajo las estrellas. Este libro responde a esa inquietud, que comparten quienes, después de esa primera ojeada cósmica, necesitan internarse en la profundidad del espacio para explorar los astros más bellos e interesantes que el cielo pone ante nuestros ojos: las estrellas más próximas al Sol –su estudio resulta emocionante al tratarse, en muchos casos, de estrellas muy similares a la nuestra–; decenas de nebulosas oscuras que contrastan de forma espectacular en el cielo estrellado; cúmulos estelares cuyo débil brillo y escaso tamaño únicamente exigen una adecuada observación telescópica; nebulosas y galaxias de formas peculiares cuya búsqueda ya supone un atractivo para el observador. Y, por supuesto, la fascinante colección de espectáculos planetarios, lunares y solares que alberga nuestro propio rincón en el Universo: el Sistema Solar. La percepción de cambios en la superficie de Marte causados por tormentas de polvo, el baile de las lunas galileanas en torno a Júpiter y el seguimiento de las fulguraciones en el Sol son una simple muestra de lo que nos ofrecen diariamente nuestros mundos vecinos y su estrella madre.

Además de una guía, esta obra es el cuaderno de viaje para quienes en las noches estrelladas decidan dejar la Tierra bajo sus pies y aventurarse en el Cosmos.

PRIMERA PARTE
EL CIELO

BAJO LAS ESTRELLAS

La Tierra viaja por el espacio a 29 kilómetros por segundo en su órbita alrededor del Sol. Esa revolución nos lleva a recorrer, a bordo de nuestro planeta, más de 900 millones de kilómetros al año a través del Cosmos y, aunque nosotros no lo percibamos, el cielo nocturno delata ese gigantesco periplo anual con el paso de las noches, ya que las constelaciones y sus estrellas cambian de posición paulatinamente. Por eso, aunque durante el día siempre vemos el mismo sol sea invierno o verano, no ocurre lo mismo por la noche: el 15 de enero, a medianoche, las constelaciones no son las mismas que podemos observar el 15 de agosto. El cielo parece haberse desplazado, si bien, en realidad, hemos sido nosotros los que nos hemos movido.
Mercurio, Venus, la Tierra, Marte, Júpiter, Saturno, Urano, Neptuno y Plutón son los nueve planetas conocidos del Sistema Solar. Todos giran en torno a la misma estrella, el Sol, aunque por su mayor proximidad Mercurio recorre su órbita –el año mercuriano– en sólo 88 días; la Tierra lo hace en 365 días –el año terrestre– y Plutón, el último de la familia, tarda... ¡90 500 días!, o lo que es lo mismo, 248 años terrestres. Por ello, la posición de Plutón en el cielo cambia más lentamente que las de Mercurio, Venus y Marte, los

Noche de estrellas. *Dibujo del firmamento perteneciente al libro* El cielo, *del gran astrónomo español José Comas Solá, descubridor de varios cometas y asteroides. El libro es uno de los mejores tratados astronómicos europeos de principios del siglo* XX.

Sirius. *La estrella más brillante del cielo nocturno está en la constelación de Canis Major, que aparece entera en esta imagen. (Vicente Aupí)*

tres planetas más próximos a nosotros.

Para entender los cambios del cielo es preciso distinguir los movimientos propios de la Tierra. La rotación del planeta sobre su propio eje, que completa en 24 horas, nos hace percibir un aparente movimiento diario de la bóveda celeste: durante las horas de luz, el Sol se desplaza ante nosotros de este a oeste, aunque en realidad es nuestro propio planeta el que se mueve. Por la noche, la Luna, los demás planetas y las estrellas también se desplazan de este a oeste por el mismo motivo.

A su vez, el movimiento de traslación de la Tierra en su órbita origina los cambios celestes anuales: se suceden las cuatro estaciones (invierno, primavera, verano y otoño) dependiendo de la posición del planeta respecto al Sol y, por tanto, de la cantidad de energía que recibe de éste. Sin embargo, además de ello, desde el punto de vista de la observación del cielo, el ciclo anual es muy importante porque es el que modifica el firmamento visible en cada estación. Si el Sol no existiese, veríamos todo el cielo, pero su presencia cambia las cosas, ya que no nos permite observar las constelaciones que tiene detrás de él en cada época del año. Precisamente, esos cambios de posición de la Tierra son los que propiciaron a lo largo de la historia el protagonismo de las constelaciones del Zodiaco, puesto que el Sol se sitúa paulatinamente, a medida que avanza el año, delante de ellas. Cuando se dice que el Sol está en Leo quiere decir, simplemente, que desde le perspectiva terrestre está en la misma dirección que dicha constelación.

Ernst Julius Öpik. *Este astrónomo nacido en Estonia fue un pionero en el estudio de los meteoros y propuso que el Bucle de Barnard (Región Celeste 9) es un remanente de supernova. (Armagh Observatory)*

Realmente, nuestra estrella está mucho más cerca, a unos 150 millones de kilómetros de la Tierra, pero las estrellas que forman la constelación de Leo están a años luz de aquí.
Cuando el Sol está delante de Leo, de Libra o de cualquier otra constelación, no podemos verlas; el resplandor solar las oculta a nuestra vista. Y ello no sólo ocurre con las constelaciones zodiacales, sino con otras muchas cuya posición es próxima a la eclíptica, el plano de la órbita terrestre, a lo largo del cual se mueve el Sol de forma aparente durante el año. Orion, Canis Major y otras desaparecen del cielo en determinadas épocas del año porque se hallan detrás del Sol, y reaparecen más tarde una vez que la Tierra cambia de posición al recorrer su órbita.
Nuestro planeta también describe otros movimientos menos conocidos, como el vaivén de su eje, que es similar al de una peonza y dura miles de años. Los cambios no son perceptibles al cabo de varias generaciones, pero actualmente la prolongación del eje terrestre sobre el firmamento no apunta a las mismas estrellas que en la antigüedad. Para los observadores del hemisferio norte, Polaris es ahora la estrella polar, es decir, que el cielo nocturno gira de forma aparente en torno a ella. Sin embargo, en el año 4000, Polaris ya no será la estrella polar del norte y ese privilegio le corresponderá a Gamma Cephei. Hace miles de años, el polo celeste cambió de posición y las estrellas polares estuvieron en otras constelaciones, como Draco y Ursa Major.

La Vía Láctea en Aquila. *Esta sobrecogedora fotografía reúne los más bellos aspectos de la Vía Láctea, nuestra galaxia, que se dan cita en la constelación de Aquila. Las densas nubes estelares conviven con las grandes nebulosas oscuras de gas y polvo en esta parte del firmamento. Nótese la delicadeza de los matices cromáticos, desde el blanco azulado al rosa y rojo. (Joaquín Tío)*

CONSTELACIONES

Héroes y dioses adorados por las antiguas civilizaciones están presentes por doquier en la bóveda celeste. Orion, Andromeda, Perseus, Centaurus y Hercules son nombres mitológicos que nacieron de la leyenda en otro tiempo, pero que hoy la ciencia respeta y mantiene para clasificar de forma ordenada las diferentes regiones del cielo, que continúa dividiéndose en constelaciones. Todas ellas son creación de la sabiduría popular cultivada durante muchos siglos de observación y estudio del firmamento, que llevaron a la humanidad a escenificar en los cielos sus propios mitos. Aunque las constelaciones sólo son, realmente, agrupaciones imaginarias de estrellas, constituyen el principal elemento para identificar el cielo y orientarse en él, al tiempo que sus figuras añaden un aliciente de belleza. El trabajo histórico para dibujar las constelaciones sobre la bóveda celeste ha tenido ilustres protagonistas, de los que el más importante fue Claudio Ptolomeo, el astrónomo y geógrafo egipcio del siglo II d. C. Aunque su visión universal era lógicamente geocéntrica –la Tierra era el centro del Cosmos–, Ptolomeo tuvo la paciencia de ordenar las estrellas principales en 48 constelaciones diferentes que han sobrevivido hasta la actualidad, a excepción de una: Argo Navis. Todas las demás, desde Andromeda hasta Virgo, han sido respetadas por los astrónomos durante los dos últimos milenios, y en el presente están reconocidas en la clasificación oficial aprobada por la Unión Astronómica Internacional (IAU), que además de las 47 heredadas de Ptolomeo ha añadido otras 41, de forma que el cielo se divide en un total de 88 constelaciones. Aunque las 47 originales de Ptolomeo corresponden a los dos hemisferios –norte

Orion entre el bosque. *La actividad astronómica en plena naturaleza permite asistir a escenas como ésta, en la que la constelación de Orion está a punto de ocultarse bajo el horizonte. La fotografía se tomó sin motor de seguimiento con una vieja Leica M-3 de los años 60. (Vicente Aupí)*

y sur–, una parte de las añadidas posteriormente es fruto del descubrimiento de los cielos australes durante las grandes expediciones de exploración del siglo XVI. Hay que tener en cuenta que Ptolomeo estudiaba el cielo desde el hemisferio norte y, pese a que la latitud de Alejandría le permitía ver numerosas estrellas al sur del ecuador, el extremo austral del firmamento no quedaba al alcance de sus observaciones. Asimismo, el astrónomo alemán Johannes Hevelius añadió en el siglo XVII nuevas constelaciones del hemisferio boreal, y el francés Nicolas Lacaille completó las constelaciones del hemisferio sur en el siglo XVIII.

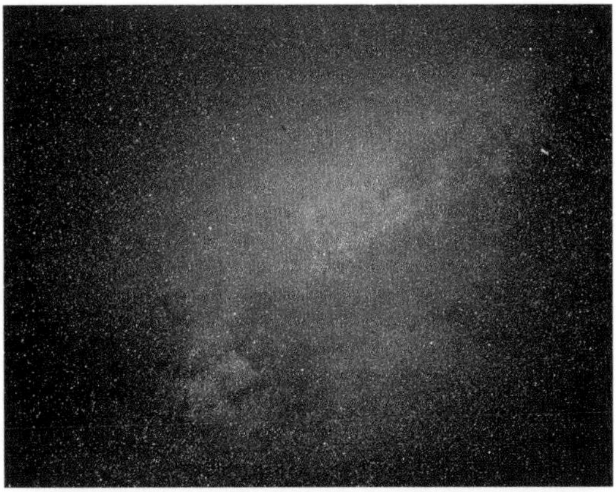

Cygnus y Norteamérica. *En esta panorámica de la constelación de Cygnus se aprecian los grandes campos estelares de la Vía Láctea en el hemisferio celeste norte y la nebulosa Norteamérica (NGC 7000) –centro, derecha– en las proximidades de la estrella Deneb, la más brillante del sector. (Vicente Aupí)*

Las fronteras del cielo

En 1930, años después de establecer las 88 constelaciones reconocidas mundialmente, la IAU introdujo una importante novedad en la ordenación del firmamento: definió fronteras entre una constelación y otra para clasificar el creciente número de objetos celestes descubiertos. Cúmulos estelares, nebulosas y galaxias quedaron agrupados dentro de límites reconocibles, algo de gran utilidad para su estudio. Los límites fueron definidos por el astrónomo Eugene Joseph Delporte, aunque para ello utilizó las coordenadas celestes de ascensión recta y declinación 1875, que no coinciden con las actuales a causa del movimiento de precesión en el cielo, causado por el balanceo del eje terrestre. Al cambiar de posición, las líneas de coordenadas celestes varían sustancialmente, por lo que la ascensión recta y la declinación entre un siglo y otro son distintas. En los mapas celestes actuales, las fronteras entre constelaciones están corregidas, ya que para la posición de las estrellas y demás objetos celestes se utiliza como época estándar la del año 2000. Existen numerosos catálogos estelares, entre ellos los recientemente elaborados por la Agencia Espacial Europea (ESA) *Hipparcos* y *Tycho*, que han permitido obtener los más modernos y precisos datos de posición y brillo en millones de estrellas gracias a observaciones de satélite. El *Hipparcos* y el *Tycho* son, precisamente, las fuentes para la elaboración del *Millennium Star Atlas*,

Cielo circumpolar. *Cassiopeia y Perseus en una imagen de gran campo de la zona celeste próxima al polo norte. En el centro se observa claramente el Doble Cúmulo de Perseus, con un aspecto similar al que ofrece a simple vista en una noche estrellada. (Vicente Aupí)*

del que esta guía reproduce 50 cartas estelares de zonas seleccionadas del cielo en el Atlas de cielo profundo. En la clasificación de las principales estrellas de las constelaciones, no obstante, se siguen utilizando las denominaciones introducidas por Johann Bayer y John Flamsteed siglos atrás. La de Bayer recurre a las letras del alfabeto griego, otorgándose habitualmente la letra alfa (α) a la estrella más brillante de cada constelación, como por ejemplo a Castor, que también es denominada α Geminorum. A las demás estrellas se les asigna el resto de letras griegas por orden decreciente de brillo, y así, Pollux es β Geminorum. Sin embargo, el reparto no siempre se ajusta al orden de brillo real, como sucede en las constelaciones de Orion y Canis Major. En Orion, Rigel, β Orionis, es más brillante que Betelgeuse a pesar de que ésta fue denominada α Orionis por Bayer. En Canis Major, Sirius, la estrella más brillante del cielo nocturno, ostenta la letra α del catálogo de Bayer, pero β Canis Majoris es menos brillante que su compañera de constelación Adhara, a la que le fue asignada la letra épsilon (ε). En las denominaciones de Bayer, el nombre está compuesto por la letra griega seguida del genitivo latino de la constelación a la que pertenece. Por ello, Vega, la estrella más brillante de la constelación de Lyra, se denomina en el catálogo de Bayer, Alfa (α) Lyrae. En el catálogo de Flamsteed las estrellas no están ordenadas por letras, sino

Orion sobre Ordesa. *La pureza del cielo en los parques nacionales de alta montaña es extraordinaria. En la foto, la constelación de Orion surge tras las crestas pirenaicas en una madrugada de finales de verano en el parque nacional de Ordesa. (Vicente Aupí)*

por números. Aunque el de Bayer es más popular, los astrónomos mantienen el uso de ambos, por lo que es habitual que en los mapas del cielo y en los actuales las principales estrellas tengan tres denominaciones: su nombre propio –si lo tiene–, la de Bayer y el número de Flamsteed. En éste, la ordenación no se corresponde con el brillo como en el de Bayer, sino que el número se ajusta a la posición de la estrella en ascensión recta creciente. Sí que se utiliza, como en el de Bayer, el genitivo latino, que se coloca después del número. Por ejemplo, la brillante estrella Deneb es Alfa (α) Cygni en el catálogo de Bayer y 50 Cygni en el de Flamsteed.

ORIENTARSE EN EL CIELO

Los observadores avanzados están tan familiarizados con el firmamento que no necesitan ninguna ayuda para encontrar la mayoría de las estrellas principales y localizar con el telescopio muchos objetos celestes. Para los no iniciados y quienes se encuentren en las primeras etapas de su vida como observador, los mapas celestes o cartas estelares son una ayuda imprescindible, en especial aquellos que permiten reconocer las constelaciones y estrellas más brillantes en cada época del año. En este libro, los planisferios de los hemisferios norte y sur de las siguientes páginas son la mejor vía para identificar el cielo a simple vista.

El lector debe cotejar, asimismo, los planisferios de las próximas páginas con las 50 cartas estelares del Atlas de cielo profundo. En los primeros se ofrece una panorámica global de la bóveda celeste y en las cartas del atlas, la visión en detalle de las regiones seleccionadas del firmamento de mayor interés por la riqueza de estrellas y objetos celestes y por la presencia de los cúmulos estelares, nebulosas y galaxias más espectaculares. Por tanto, en los mapas mensuales del hemisferio norte y en los estacionales del hemisferio sur, el observador encontrará los caminos de referencia e identificación para un conocimiento básico del cielo, imprescindible para las etapas posteriores de búsqueda avanzada de objetos celestes. En cambio, a diferencia de lo que ocurre en otras guías astronómicas estándar, las 50 cartas estelares del Atlas de cielo profundo permitirán al lector explorar en profundidad rincones de la bóveda celeste muy concretos, que se han seleccionado para esta obra por su especial belleza y, en muchos casos, para poner ante sus ojos estrellas y objetos celestes de un interés extraordinario, pero poco conocidos porque los libros estándar de astronomía no suelen mencionarlos.

Coordenadas

Para que el observador no iniciado se desenvuelva con soltura en el estudio del firmamento, también son imprescindibles algunas nociones básicas sobre coordenadas celestes. Salvo para estudios muy avanzados, puede prescindirse de muchos conceptos relacionados con la astronomía de posición, ya que el observador no necesitará comprender ninguna fórmula matemática, pero sí que debe entender las coordenadas básicas, que son muy similares a las que los cartógrafos han utilizado para trazar los mapas geográficos de la Tierra.

En ésta, el ecuador terrestre (latitud 0) divide el planeta en dos mitades: el hemisferio norte, que abarca hasta el polo norte (90 grados de latitud norte), y el hemisferio sur, que abarca, a su vez, hasta el polo sur (90 grados de

Cielos puros y luces parásitas. *El avance de la contaminación lumínica es un hecho en numerosas ciudades europeas y americanas, lo que obliga a los observadores a buscar emplazamientos en plena naturaleza. El contraste entre las áreas urbanas y las zonas de montaña es extraordinario, como prueban estas dos imágenes. (Vicente Aupí)*

Fotografiar cometas. *A diferencia de lo que ocurre con las galaxias y cúmulos estelares, los telescopios no son muy recomendables para fotografiar cometas por su larga longitud focal. Los teleobjetivos recogen mejor el aspecto global, aunque a veces también adolecen de falta de campo si el cometa es muy largo, como en esta imagen captada con un tele de 400 mm, en la que la cola del Hyakutake se sale del encuadre. (Vicente Aupí)*

latitud sur). Europa y América del Norte se hallan en el hemisferio norte; Argentina, Chile y Australia pertenecen al hemisferio sur.

Asimismo, el Meridiano de Greenwich, que une ambos polos y marca el círculo de longitud 0, divide la Tierra en las regiones situadas al este y al oeste del mismo. Bulgaria se halla al este de dicho meridiano y Estados Unidos está al oeste.

Las coordenadas astronómicas tienen el mismo esquema que las geográficas: el cielo –como proyección de la esfera terrestre– está dividido por el ecuador celeste (0 grados), de forma que las constelaciones situadas al norte del mismo se hallan en el hemisferio celeste norte, y las del sur, lógicamente, en el hemisferio celeste sur. Ursa Major, la popular Osa Mayor, es una constelación del hemisferio norte; Centaurus, en cambio, lo es del hemisferio sur. La única diferencia concierne a los nombres de las coordenadas, puesto que en astronomía, en lugar de la palabra latitud que se usa en geografía para ubicar cualquier lugar de la Tierra, se habla de declinación. Por tanto, se dice que las constelaciones, estrellas y objetos celestes situados al norte del ecuador celeste tienen declinación norte, y las que están al sur, declinación sur.

Para distinguir los astros con declinación sur de los que tienen declinación norte, en los mapas del cielo se utiliza el signo negativo (−) para los primeros. Un ejemplo: la declinación de la estrella Sirius, que es −16 grados, 42 minutos y 47 segundos. En los objetos celestes con declinación norte, los datos pueden aparecer en los mapas indistintamente sólo con la numeración correspondiente a su posición o bien precedida ésta del signo +. Por tanto, la declinación de la estrella Vega puede expresarse como 38 grados, 46 minutos y 59 segundos, o también como +38 grados, 46 minutos y 59 segundos.

Cielos oscuros. *Durante el paso del cometa Hyakutake –en la foto–, muchas personas no consiguieron observarlo desde el interior de las ciudades debido a la presencia de luces parásitas. Miles de observadores optaron, en cambio, por trasladarse a zonas con cielos oscuros, como el que se ve en esta imagen. (Vicente Aupí)*

Como anteriormente hemos visto, la declinación celeste equivale a la latitud terrestre. La otra coordenada astronómica básica se denomina ascensión recta, que se corresponde con la longitud terrestre. La principal diferencia es que la longitud terrestre se especifica siempre en grados, minutos y segundos de arco, pero para la ascensión recta se utilizan habitualmente horas, minutos y segundos (aunque en algunos atlas y manuales también se utilizan los grados).

Las 24 horas de ascensión recta en que está dividida la esfera celeste abarcan 360 grados, y una hora de ascensión recta comprende 15 grados de cielo. La ascensión recta tiene como abreviatura usual las siglas AR, aunque ocasionalmente también puede aparecer descrita como RA atendiendo a la denominación inglesa *right ascension*. Por su parte, la declinación se abrevia con las siglas DEC. Para ambas coordenadas también se usan en numerosos manuales y atlas astronómicos las letras griegas alfa y delta. Así, la ascensión recta es α y la declinación es δ.

Constelaciones de referencia

Es muy conveniente para el principiante que inicie su recorrido por el cielo a partir de una estrella o constelación de referencia. En el hemisferio norte, durante el invierno, debe mirarse hacia el sur hacia la medianoche en busca de la constelación de Orion, que no es sólo una de las más bellas y espectaculares, sino también un excelente punto de partida en las primeras jornadas de identificación de las principales estrellas. Ayudados de una carta estelar como la correspondiente al mes de enero, apreciaremos la extraordinaria forma de esta constelación, en la que las estrellas del centro, que componen el denominado Cinturón de Orion, son un magnífico recurso de orientación.

Vistas desde el hemisferio norte, estas tres estrellas son, de izquierda a derecha, Alnitak, Alnilam y Mintaka. Popularmente se las conoce desde antaño como "las tres marías", y su observación ya es una maravilla, pero además suponen una buena guía por su especial ubicación, ya que el ecuador celeste pasa muy cerca de Mintaka, por lo que una mitad de Orion se halla al norte y la otra mitad al sur. Corresponden a la parte norte la supergigante roja Betelgeuse y la gigante azul Bellatrix.

Trazos de estrellas. *La rotación de la Tierra produce al observador la sensación de que las estrellas se mueven en el cielo, pero es nuestro planeta el que lo hace. Por esa razón, las fotografías de más de un minuto de exposición sin un mecanismo de seguimiento que corrija el desplazamiento del cielo aparecen con los clásicos trazos estelares. (Vicente Aupí)*

Al sur del ecuador celeste queda la supergigante azul Rigel, la estrella más brillante de Orion, y la más modesta Saiph, también de color azul, aunque mucho más apagada que sus compañeras de constelación. Si trazamos una línea imaginaria entre Rigel y Saiph, a mitad de camino entre el centro de dicha línea y el Cinturón de Orion que forman Alnitak, Alnilam y Mintaka, encontraremos el espectacular escenario formado por la famosísima nebulosa M 42/NGC 1976 y Theta (θ) Orionis, popularmente conocida como Estrella del Trapecio. θ Orionis es, en realidad, un sistema estelar múltiple del que el telescopio revela rápidamente cuatro de sus componentes.

Regresando al Cinturón de Orion, el observador apreciará que al este del mismo se halla Sirius, la estrella más brillante del cielo después del Sol. Tiene una magnitud visual de –1,44, por lo que sólo la Luna y algunos planetas la

superan en brillo en el firmamento nocturno. Se trata de la estrella principal de la constelación de Canis Major o Can Mayor, cuyas formas sugieren esa figura imaginaria a numerosos observadores.
Si visualmente se unen con otra línea imaginaria Sirius y las estrellas del Cinturón de Orion, la prolongación de la misma hacia el oeste nos traslada hasta la estrella Aldebaran, una gigante anaranjada de magnitud visual –0,63, la más brillante de Taurus. En esta constelación se hallan dos de los cúmulos más bellos del hemisferio norte: las Hyades y las Pleiades (M 45). El primero de ambos rodea a Aldebaran, pese a que esta estrella no pertenezca físicamente al cúmulo –sólo se halla en la misma perspectiva–, y las Pleiades (M 45) son fácilmente localizables prolongando todavía más hacia el oeste la línea que va desde Sirius a Aldebaran, pasando por el Cinturón de Orion.

Pleiades (M 45). *Imagen del famoso cúmulo estelar abierto con un sencillo teleobjetivo de 200 mm de longitud focal. Este tipo de objetivos fotográficos ya permiten captar las bellas nebulosas que rodean a las principales estrellas de las Pleiades. (Vicente Aupí)*

Si tras estos primeros pasos por el firmamento visible en dirección sur nos damos la vuelta y miramos hacia el norte, descubriremos la constelación de Ursa Major, la célebre Osa Mayor, destacando sobre las demás. En las largas madrugadas invernales, esta constelación y la de Cassiopeia ocupan posiciones enfrentadas –obsérvese en un mapa celeste–, con la estrella Polaris (Ursa Minor) equidistante entre ambas. Contemplamos ahora la zona circumpolar de la bóveda celeste en el hemisferio norte, que es invisible desde los países más australes. Mientras que en las zonas ecuatoriales de la Tierra puede verse todo el cielo a lo largo del año, desde el polo norte únicamente puede accederse a las constelaciones del hemisferio norte, y las estrellas situadas al sur del ecuador celeste no son visibles. De igual manera, desde el polo sur no son visibles las constelaciones del cielo boreal. Por esta razón, en países muy septentrionales, como Suecia y Finlandia, la mayor parte del hemisferio celeste sur queda bajo el horizonte y no se puede ver en ninguna época del año. Incluso desde España y Estados Unidos, que se hallan en latitudes medias del hemisferio norte, es imposible observar estrellas muy australes como Rigil Kentaurus –Alfa Centauri– y objetos celestes famosos como las Nubes de Magallanes y el cúmulo globular 47 Tucanae/NGC 104.

PLANISFERIOS

Los planisferios que ocupan las siguientes páginas permitirán al observador identificar y recorrer las constelaciones y estrellas visibles a lo largo del año. En los mapas celestes del hemisferio norte, la posición de las estrellas corresponde a la medianoche, en tiempo universal, del día 15 de cada mes. Un examen rápido de cada planisferio ya revelará al lector los cambios estacionales que se producen en el cielo y la aparición y desaparición de constelaciones, según la época, a causa de los cambios de posición de la Tierra en el espacio durante su órbita alrededor del Sol.
Aunque, como se ha descrito antes, los límites entre constelaciones están establecidos por la Unión Astronómica Internacional (IAU) con el fin de ordenar los objetos celestes conocidos, no ocurre lo mismo con las figuras de las mismas, por lo que la forma de cada constelación ha quedado sujeta siempre a la creatividad e imaginación de cada cultura o de cada autor. Ello

Polo sur. *Rotación del cielo en torno al polo sur celeste en una imagen tomada desde la base del Aconcagua, en los Andes, a unos 4000 metros de altitud. El efecto túnel es el mismo que se produce en el polo celeste norte, pero las estrellas son distintas. (Joan Manuel Bullón)*

ha hecho que las líneas que unen las estrellas principales para "dibujar" en el cielo el animal o héroe mitológico que da nombre a la constelación no coincidan necesariamente entre unos atlas y otros, ya que su único cometido en los manuales modernos es aportar una referencia visual o artística para que sea posible reconocerlas.

En las siguientes páginas, el lector encontrará los mapas necesarios para orientarse en el cielo. En los mapas mensuales del hemisferio norte, se ha tomado como referencia el firmamento visible a una latitud aproximada de 40 grados norte. El cielo de cada mes está representado en cuatro planisferios, dos en la página izquierda y dos en la derecha. El planisferio superior de la página izquierda muestra el cielo que puede observarse si orientamos nuestra mirada hacia el horizonte norte, mientras que el inferior corresponde a la disposición celeste cuando miramos hacia el sur. El lector pronto se dará cuenta de que en ambos planisferios aparecen las mismas constelaciones, aunque vistas de diferente forma según hacia dónde miremos. En esta guía se ha optado por incluir ambas disposiciones porque servirán de gran ayuda para el principiante a la hora de reconocer las principales estrellas.

La página de la derecha muestra exactamente el mismo cielo que en los dos planisferios de la izquierda, pero sin las líneas arbitrarias que unen las

Polaris. *Fotografía de Polaris, la estrella polar boreal, tomada desde el volcán Popocatepetl, en México, a más de 4000 metros de altitud. Aparecen tanto la constelación de Ursa Minor, a la que pertenece Polaris, como Ursa Major (izquierda). (Joan Manuel Bullón)*

constelaciones ni los nombres de las mismas. Por tanto, los planisferios mensuales del hemisferio norte que aparecen en las páginas de la derecha representan fidedignamente el aspecto del cielo tal como lo vemos con nuestros ojos, pero sin el artificio de las líneas de conexión entre estrellas de cada constelación.

El cielo del hemisferio sur está representado con el mismo esquema que los del hemisferio norte, de forma que el lector encontrará en la página izquierda la disposición de las estrellas con la referencia añadida de sus nombres y los de las constelaciones, así como los trazos que forman el dibujo de éstas. A la derecha, se muestra el cielo tal como se ve. Para los planisferios del cielo austral se ha tomado como referencia el firmamento visible desde una latitud de 50 grados sur.

Debe recordarse, en cualquier caso, que las estaciones del año están invertidas en ambos hemisferios. Cuando es invierno en las latitudes boreales, es verano en las australes, y lo mismo ocurre con la primavera y el otoño.

De forma orientativa, todos los planisferios ajustan el grosor de las estrellas a su brillo. Por tanto, los puntos más pequeños corresponden a las estrellas más débiles y los más gruesos a las más brillantes. Se ha incluido, asimismo, por su gran interés, el trazo de la Vía Láctea, visible en numerosas épocas del año. Además del atractivo de su observación, servirá de ayuda al observador para orientarse en la bóveda celeste.

PLANISFERIOS DE LOS HEMISFERIOS NORTE Y SUR

PLANISFERIO 1

Cielo visible el 15 de enero a las 00 horas de tiempo universal (T.U.) Hemisferio norte Latitud 40º

HEMISFERIO NORTE

Cielo visible el 15 de enero a las 00 horas de tiempo universal (T.U.) Hemisferio norte Latitud 40º

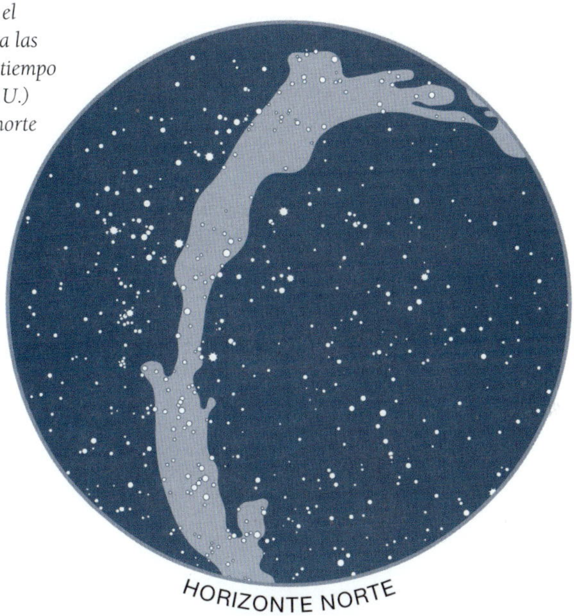

PLANISFERIO 2

Cielo visible el 15 de febrero a las 00 horas de tiempo universal (T.U.)
Hemisferio norte
Latitud 40º

HORIZONTE NORTE

HORIZONTE SUR

HEMISFERIO NORTE

Cielo visible el 15 de febrero a las 00 horas de tiempo universal (T.U.) Hemisferio norte Latitud 40º

HORIZONTE NORTE

HORIZONTE SUR

PLANISFERIO 3

Cielo visible el 15 de marzo a las 00 horas de tiempo universal (T.U.) Hemisferio norte Latitud 40º

HORIZONTE NORTE

HORIZONTE SUR

HEMISFERIO NORTE

Cielo visible el 15 de marzo a las 00 horas de tiempo universal (T.U.) Hemisferio norte Latitud 40º

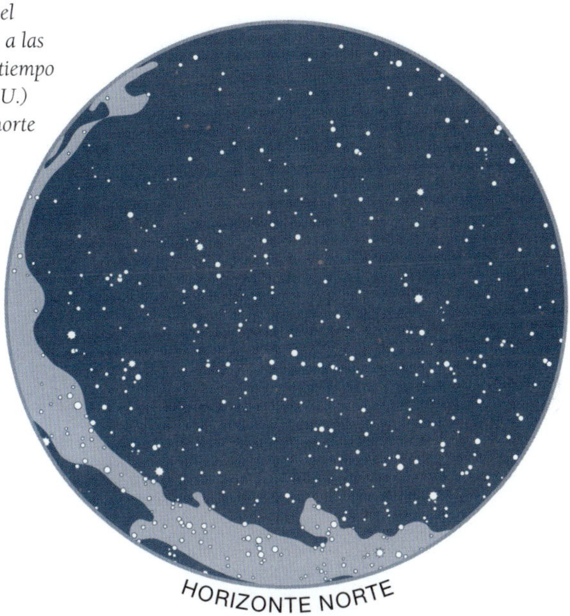

PLANISFERIO 4

Cielo visible el 15 de abril a las 00 horas de tiempo universal (T.U.) Hemisferio norte Latitud 40º

HORIZONTE NORTE

HORIZONTE SUR

HEMISFERIO NORTE

Cielo visible el 15 de abril a las 00 horas de tiempo universal (T.U.) Hemisferio norte Latitud 40º

HORIZONTE NORTE

HORIZONTE SUR

PLANISFERIO 5

Cielo visible el 15 de mayo a las 00 horas de tiempo universal (T.U.) Hemisferio norte Latitud 40°

HORIZONTE NORTE

HORIZONTE SUR

HEMISFERIO NORTE

Cielo visible el 15 de mayo a las 00 horas de tiempo universal (T.U.) Hemisferio norte Latitud 40º

HORIZONTE NORTE

HORIZONTE SUR

PLANISFERIO 6

Cielo visible el 15 de junio a las 00 horas de tiempo universal (T.U.) Hemisferio norte Latitud 40º

HORIZONTE NORTE

HORIZONTE SUR

HEMISFERIO NORTE

Cielo visible el 15 de junio a las 00 horas de tiempo universal (T.U.) Hemisferio norte Latitud 40º

PLANISFERIO 7

Cielo visible el 15 de julio a las 00 horas de tiempo universal (T.U.) Hemisferio norte Latitud 40º

HEMISFERIO NORTE

Cielo visible el 15 de julio a las 00 horas de tiempo universal (T.U.) Hemisferio norte Latitud 40º

PLANISFERIO 8

Cielo visible el 15 de agosto a las 00 horas de tiempo universal (T.U.) Hemisferio norte Latitud 40º

HORIZONTE NORTE

HORIZONTE SUR

HEMISFERIO NORTE

Cielo visible el 15 de agosto a las 00 horas de tiempo universal (T.U.) Hemisferio norte Latitud 40º

PLANISFERIO 9

Cielo visible el 15 de septiembre a las 00 horas de tiempo universal (T.U.) Hemisferio norte Latitud 40º

HORIZONTE NORTE

HORIZONTE SUR

HEMISFERIO NORTE

Cielo visible el 15 de septiembre a las 00 horas de tiempo universal (T.U.) Hemisferio norte Latitud 40º

HORIZONTE NORTE

HORIZONTE SUR

PLANISFERIO 10

Cielo visible el 15 de octubre a las 00 horas de tiempo universal (T.U.) Hemisferio norte Latitud 40º

HORIZONTE NORTE

HORIZONTE SUR

HEMISFERIO NORTE

Cielo visible el 15 de octubre a las 00 horas de tiempo universal (T.U.) Hemisferio norte Latitud 40º

PLANISFERIO 11

Cielo visible el 15 de noviembre a las 00 horas de tiempo universal (T.U.) Hemisferio norte Latitud 40º

HORIZONTE NORTE

HORIZONTE SUR

HEMISFERIO NORTE

Cielo visible el 15 de noviembre a las 00 horas de tiempo universal (T.U.) Hemisferio norte Latitud 40º

PLANISFERIO 12

Cielo visible el 15 de diciembre a las 00 horas de tiempo universal (T.U.) Hemisferio norte Latitud 40º

HORIZONTE NORTE

HORIZONTE SUR

HEMISFERIO NORTE

Cielo visible el 15 de diciembre a las 00 horas de tiempo universal (T.U.) Hemisferio norte Latitud 40º

PLANISFERIO 13

Cielo visible el 15 de enero a las 00 horas de tiempo universal (T.U.) Hemisferio sur Latitud –50º

HEMISFERIO SUR

Cielo visible el 15 de enero a las 00 horas de tiempo universal (T.U.) Hemisferio sur Latitud –50º

PLANISFERIO 14

Cielo visible el 15 de febrero a las 00 horas de tiempo universal (T.U.) Hemisferio sur Latitud –50°

HEMISFERIO SUR

Cielo visible el 15 de febrero a las 00 horas de tiempo universal (T.U.) Hemisferio sur Latitud –50º

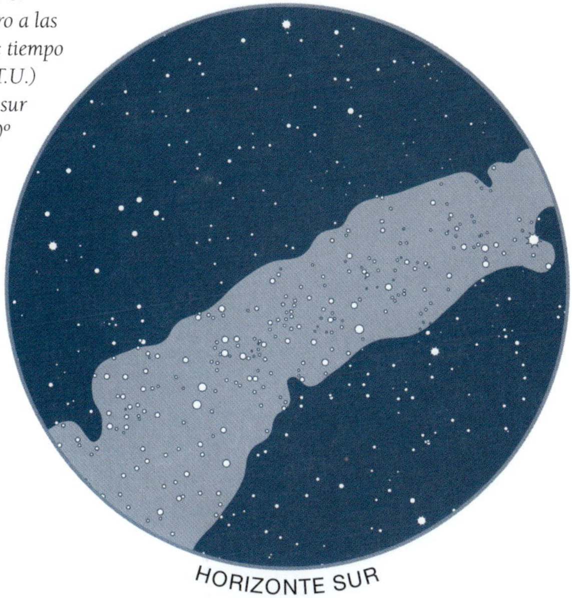

PLANISFERIO 15

Cielo visible el 15 de marzo a las 00 horas de tiempo universal (T.U.) Hemisferio sur Latitud –50º

HEMISFERIO SUR

Cielo visible el 15 de marzo a las 00 horas de tiempo universal (T.U.) Hemisferio sur Latitud –50º

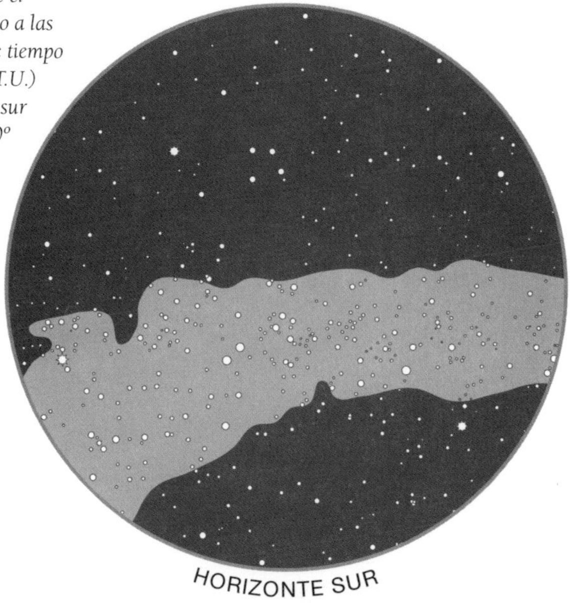

PLANISFERIO 16

Cielo visible el 15 de abril a las 00 horas de tiempo universal (T.U.) Hemisferio sur Latitud –50º

HORIZONTE SUR

HORIZONTE NORTE

HEMISFERIO SUR

Cielo visible el 15 de abril a las 00 horas de tiempo universal (T.U.) Hemisferio sur Latitud –50º

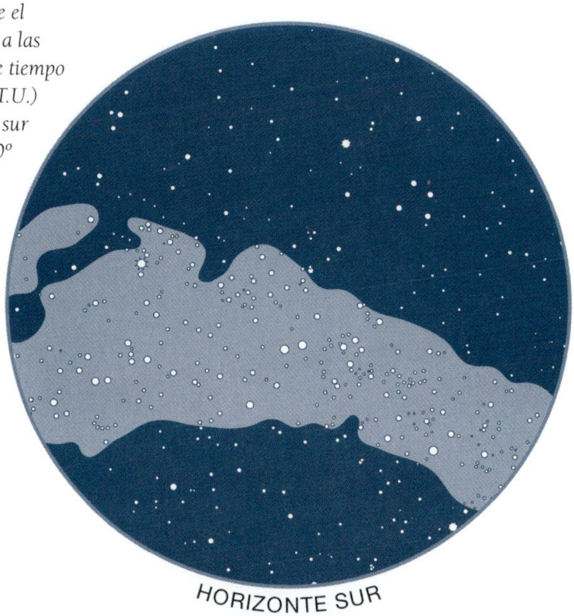

PLANISFERIO 17

Cielo visible el 15 de mayo a las 00 horas de tiempo universal (T.U.) Hemisferio sur Latitud –50º

HORIZONTE SUR

HORIZONTE NORTE

HEMISFERIO SUR

Cielo visible el 15 de mayo a las 00 horas de tiempo universal (T.U.) Hemisferio sur Latitud –50º

PLANISFERIO 18

Cielo visible el 15 de junio a las 00 horas de tiempo universal (T.U.) Hemisferio sur Latitud –50º

HORIZONTE SUR

HORIZONTE NORTE

HEMISFERIO SUR

Cielo visible el 15 de junio a las 00 horas de tiempo universal (T.U.) Hemisferio sur Latitud –50º

HORIZONTE SUR

HORIZONTE NORTE

PLANISFERIO 19

Cielo visible el 15 de julio a las 00 horas de tiempo universal (T.U.) Hemisferio sur Latitud –50º

HORIZONTE SUR

HORIZONTE NORTE

HEMISFERIO SUR

Cielo visible el 15 de julio a las 00 horas de tiempo universal (T.U.) Hemisferio sur Latitud –50º

PLANISFERIO 20

*Cielo visible el
15 de agosto a las
00 horas de tiempo
universal (T.U.)
Hemisferio sur
Latitud –50º*

HORIZONTE SUR

HORIZONTE NORTE

HEMISFERIO SUR

Cielo visible el 15 de agosto a las 00 horas de tiempo universal (T.U.) Hemisferio sur Latitud –50º

PLANISFERIO 21

Cielo visible el 15 de septiembre a las 00 horas de tiempo universal (T.U.) Hemisferio sur Latitud –50º

HORIZONTE SUR

HORIZONTE NORTE

HEMISFERIO SUR

Cielo visible el 15 de septiembre a las 00 horas de tiempo universal (T.U.) Hemisferio sur Latitud –50º

PLANISFERIO 22

Cielo visible el 15 de octubre a las 00 horas de tiempo universal (T.U.) Hemisferio sur Latitud –50º

HORIZONTE SUR

HORIZONTE NORTE

HEMISFERIO SUR

Cielo visible el 15 de octubre a las 00 horas de tiempo universal (T.U.) Hemisferio sur Latitud –50º

HORIZONTE SUR

HORIZONTE NORTE

PLANISFERIO 23

Cielo visible el 15 de noviembre a las 00 horas de tiempo universal (T.U.)
Hemisferio sur
Latitud –50º

HORIZONTE SUR

HORIZONTE NORTE

HEMISFERIO SUR

Cielo visible el 15 de noviembre a las 00 horas de tiempo universal (T.U.) Hemisferio sur Latitud –50º

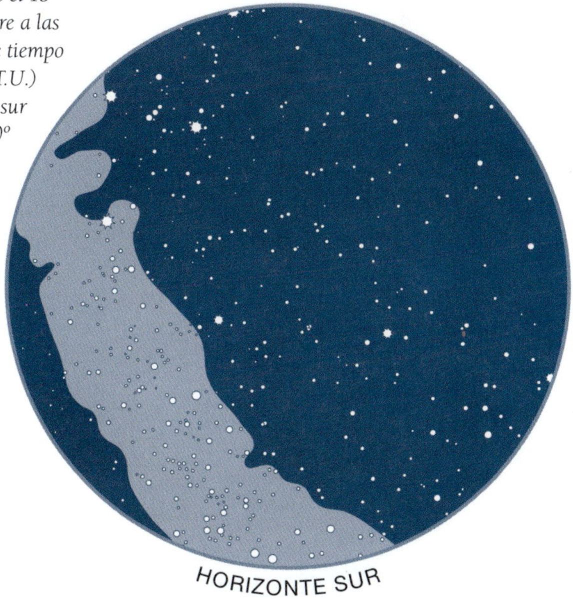

PLANISFERIO 24

Cielo visible el 15 de diciembre a las 00 horas de tiempo universal (T.U.) Hemisferio sur Latitud –50º

HORIZONTE SUR

HORIZONTE NORTE

HEMISFERIO SUR

Cielo visible el 15 de diciembre a las 00 horas de tiempo universal (T.U.) Hemisferio sur Latitud –50º

SEGUNDA PARTE

EXPLORAR LA BÓVEDA CELESTE

EL CIELO A SIMPLE VISTA

El uso del telescopio o de otros sistemas de ayuda óptica, como los prismáticos, son imprescindibles para estudiar el cielo en profundidad. Pero nuestros propios ojos también son una excelente herramienta de observación que se desperdicia habitualmente ante la equivocada creencia de que siempre es necesario recurrir a los instrumentos astronómicos. Los telescopios tienen un campo visual muy limitado, por lo que únicamente permiten observar áreas muy restringidas u objetos celestes concretos. En cambio, nuestra vista ofrece una magnífica visión de conjunto que es importantísima en los pasos iniciales de la exploración del Cosmos, y sólo con ella aprenderemos a reconocer las estrellas principales y las formas de las constelaciones.

Hale-Bopp, Doble Cúmulo y M 31. *Cuando el cometa Hale-Bopp (centro) cruzó el firmamento boreal en la primavera de 1997, fue posible fotografiarlo en compañía de la Galaxia de Andromeda (M 31) –abajo– y el Doble Cúmulo de Perseus (arriba). (Vicente Aupí)*

Luces de Europa. *En esta espectacular fotografía nocturna de Europa se ve claramente el estado de la contaminación lumínica en el viejo continente. La imagen fue elaborada a partir de los datos del Defense Meteorological Satellite Program. (International Dark-Sky Association/W. T. Sullivan)*

El problema actual más grave es que resulta sumamente difícil observar el cielo en buenas condiciones porque una gran parte de los aficionados vive en zonas urbanas, donde las luces parásitas dificultan enormemente la visión. Por tanto, siempre es aconsejable que los programas de observación se desarrollen desde el campo o en lugares alejados de los focos de contaminación lumínica. Desde una ciudad, incluso con telescopios potentes, es prácticamente imposible observar el cielo en buenas condiciones, pero en plena naturaleza, la visión de una noche estrellada únicamente con nuestros propios ojos puede constituir uno de los mejores espectáculos de nuestra vida.

El aficionado debe saber que desde las zonas no contaminadas lumínicamente es posible reconocer a simple vista objetos difusos como la Galaxia de Andromeda (M 31/NGC 224), la Nebulosa de Orion (M 42/NGC 1976) y el cúmulo globular M 13/NGC 6205. De ellos, sólo el telescopio mostrará una visión en detalle, pero muchos principiantes se sorprenden cuando logran atisbar estos tres objetos sólo con sus ojos.

Localización de los planetas

La presencia de planetas en el cielo también es un magnífico espectáculo a simple vista. Sin embargo, Mercurio y Venus, por diversos motivos, no son un buen aliciente vistos a través del telescopio. En el primer caso, su escasa altura sobre el horizonte –a causa de su proximidad al Sol– dificulta la observación, y es prácticamente imposible distinguir detalles de la superficie de Mercurio por muchos aumentos que se utilicen. En Venus, la superficie permanece oculta siempre por una densísima capa de nubes que en la visión telescópica sólo nos muestra un disco blancoazulado carente de rasgos, y los únicos cambios perceptibles se deben a la evolución de las fases, ya que los cambios de posición de este planeta modifican la porción de su superficie iluminada por el Sol.

La Luna y Júpiter. *Periódicamente, la Luna y algún planeta se alinean en el espacio desde la perspectiva de la Tierra. En este caso, la Luna aparece cerca de Júpiter (arriba), que habitualmente es el segundo planeta más brillante, al que únicamente supera Venus. (Joan Manuel Bullón)*

En cambio, localizar Mercurio en un bello atardecer a ras de horizonte es un espectáculo astronómico sumamente sugestivo, y la visión de Venus a simple vista figura entre las más espectaculares que pueden aportarnos nuestros ojos. Después del Sol y de la Luna, Venus es el astro más brillante. Ningún otro planeta le supera, ya que en las épocas de mayor esplendor alcanza una magnitud de –4,7, por lo que destaca de manera espectacular en el cielo. La intensidad de su resplandor convierte a Venus en el único astro que, además del Sol y de la Luna, es capaz de hacer sombra. Para comprobarlo, es recomendable efectuar el experimento desde el interior de una habitación cuya ventana esté orientada hacia el lugar del cielo donde brille el planeta. Cerrando parcialmente las cortinas o la persiana para dejar pasar únicamente un resquicio de luz, puede comprobarse que Venus forma pequeñas sombras que sorprenderán al observador. El experimento debe realizarse, en cualquiera de los casos, en noches con la atmósfera diáfana.

Lluvias de meteoros

La observación a simple vista también es el mejor recurso para estudiar las lluvias de meteoros o estrellas fugaces. Estos fenómenos se producen cuando la Tierra, durante su órbita, atraviesa zonas del espacio en las que existen restos meteóricos desprendidos de cometas, habitualmente de muy pequeño tamaño. Al entrar en la atmósfera durante el encuentro con nuestro

Caído del cielo. *Esta composición fotográfica demuestra la espectacularidad de las lluvias de meteoros. Bólidos como éste se producen con cierta frecuencia y es fácil observarlos en las épocas de las principales lluvias, pero fotografiarlos es más difícil. (Pavel Spurny)*

planeta, las partículas meteóricas se calientan hasta alcanzar la incandescencia y originan estelas sobre el cielo estrellado, en ocasiones muy espectaculares por su intenso brillo. Comoquiera que el recorrido del meteoro puede abarcar decenas de grados de arco en la bóveda celeste, el telescopio no es adecuado para su estudio y lo idóneo es observar a simple vista. Por ello, con el fin de abarcar la mayor parte del firmamento, los observadores de meteoros suelen tumbarse sobre el suelo para detectarlos cualquiera que sea la dirección de la que provengan.

Los meteoros o estrellas fugaces pueden aparecer en cualquier noche del año, pero a lo largo de los últimos siglos se han identificado las épocas de mayor intensidad, que coinciden con el paso de la Tierra por la órbita de algunos cometas conocidos. En esos momentos se producen las llamadas lluvias de estrellas fugaces, al aumentar la frecuencia de meteoros, que puede llegar a miles en una hora o, incluso, a millones cuando se han producido las "tormentas" más intensas de la historia. La más popular de las lluvias de meteoros es la de las Perseidas, cuyo máximo se produce habitualmente en torno al 11 o 12 de agosto. En los años más favorables, su observación en un cielo atravesado por el espectacular trazo estelar de la Vía Láctea, es un espectáculo que no podrá olvidarse nunca.

Aunque la de las Perseidas es la más observada anualmente porque coincide en agosto con el buen tiempo del verano en los países del hemisferio norte, hay otras lluvias muy interesantes a lo largo del año y es aconsejable observarlas. Las Gemínidas en el mes de diciembre y las Cuadrántidas a principios de enero pueden alcanzar intensidades similares a las de las Perseidas, superando los 50 meteoros a la hora con frecuencia.

Las lluvias de meteoros están siempre asociadas a cometas. Las Perseidas tienen como cometa inductor al Swift-Tuttle, las Oriónidas al Halley y las Táuridas al Encke. Para ellas, la intensidad de las lluvias puede variar de un año a otro, pero en otros casos se producen ocasionalmente verdaderas "tormentas" de estrellas fugaces. Así ocurre cuando, cada 33 años aproximadamente, el cometa Tempel-Tuttle alcanza su posición más próxima al Sol (perihelio). Aunque todos los años se produce la lluvia de meteoros de las Leónidas cuando la Tierra cruza la órbita del Tempel-Tuttle entre los días 15 y 19 de noviembre, cuando el cometa regresa otra vez al perihelio aumenta espectacularmente la frecuencia de meteoros y se producen de nuevo extraordinarias tormentas. Así ocurrió en 1966 y en 1999, especialmente en el primer caso, en el que se llegaron a contabilizar más de 100 000 trazos meteóricos en menos

Lluvia de estrellas fugaces. *Esta antigua ilustración da testimonio del impacto que causaban entre las gentes las grandes lluvias de meteoros o estrellas fugaces, como ésta de las Leónidas en 1833. A veces, la intensidad puede ser de miles de estrellas fugaces en una hora. (Observatorio Astronómico de la Universidad de Valencia)*

de una hora. En 1999, si bien la intensidad fue menor, la noche del máximo millones de personas de todo el planeta asistieron a un impresionante acontecimiento protagonizado por miles de estelas luminosas resplandeciendo en el cielo estrellado.

Hale-Bopp y Dumbell. *En tránsito hacia las constelaciones más próximas al polo celeste norte, el Hale-Bopp se hallaba en invierno de 1997 en Vulpecula y el viento del Sol aún no había desarrollado la cola cometaria en su máxima extensión. Junto al cometa aparece, arriba a la izquierda, la espectacular nebulosa planetaria Dumbell (M 27). (Vicente Aupí)*

ASTERISMOS: LEYENDAS DEL CIELO

Los nombres legendarios de los cielos exceden, con mucho, las 88 constelaciones aceptadas internacionalmente. Amén de las principales estrellas y de objetos celestes que han cobrado fama década a década, existen otras formas y figuras en el firmamento cuya belleza o pecu-liaridad han obligado a la humanidad a volver los ojos hacia ellas. Quizá el ejemplo más clásico sea el Carro Mayor, también conocido como Gran Carro Celeste, que forman las siete estrellas principales de la constelación de Ursa Major, la Osa Mayor. Esta agrupación y otras muchas que no abarcan la totalidad de las estrellas de una constelación, o que están formadas por estrellas de varias constelaciones, se denominan asterismos. Son figuras celestes diferentes a las constelaciones, pero que forman parte de ellas y que son conocidas desde tiempos inmemoriales, cuando las diferentes civilizaciones empezaron a añadir sus propias visiones a la concepción del cielo.

Existen decenas de asterismos de inigualable belleza. Algunos de ellos deben contemplarse a simple vista y otros, a lo sumo, con unos sencillos prismá-

Fotos de gran campo. *Las Pleiades (M 45), en una imagen de gran campo con un objetivo fotográfico estándar de 50 mm de longitud focal. Estas lentes de bajo precio suministradas habitualmente con las cámaras, proporcionan excelentes resultados para la fotografía de campos estelares. (Vicente Aupí)*

El cúmulo estelar más bello. *Si visualmente muchos observadores ya comprueban que se trata del cúmulo más hermoso del cielo, fotografías como ésta de las Pleiades (M 45) invitan a dirigir la mirada hacia él una y otra vez. La fotografía fue elaborada a partir de cuatro tomas de 50, 45, 40 y 35 minutos, respectivamente, al foco directo de un telescopio Schmidt-Cassegrain de 254 mm de abertura. (Joaquín Tío)*

ticos de gran campo. Salvo casos contados, el telescopio no es herramienta para identificar y observar asterismos, aunque existe una hermosa: las Pleiades (M 45), perteneciente a la constelación de Taurus y considerado con toda justicia el cúmulo estelar más bonito del hemisferio celeste norte. La fama de las Pleiades ha sobrepasado abrumadoramente su clasificación astronómica como cúmulo estelar, de suerte que es difícil encontrar lugares del mundo –salvo aquellos del hemisferio sur en que no es posible contemplarlo– donde no se conozca esta intrigante aglomeración de estrellas. En España y Latinoamérica se las conoce como "Siete Hermanas" o "Siete Cabrillas", y muchos pueblos que las han observado durante siglos nunca han necesitado saber si se trataba de un cúmulo o cuál era su clasificación astronómica; su mera contemplación en los cielos invernales bastaba para comprender la magia del Cosmos.

Las Hyades y Praesepe (M 44) –el Pesebre– son otros dos cúmulos estelares cuya fama los ha erigido en notables asterismos. El primero de ambos es visible con nuestros propios ojos, en forma de Y, y el Pesebre es una condensación estelar existente en la constelación de Cancer, aunque a las personas que no tienen buena vista puede parecerles una nube difusa.

Las tres marías. *Las estrellas Alnitak, Alnilam y Mintaka (de izquierda a derecha) componen el Cinturón de Orion (Región celeste 10), que divide esta constelación en dos partes a la altura del ecuador celeste. Las tres son estrellas muy luminosas rodeadas de una bella nebulosidad azul. (Vicente Aupí)*

Este cúmulo puede observarse de las tres formas clásicas: a simple vista destacando sobre el cielo en una noche estrellada, con unos binoculares –lo más recomendable– y con telescopio, aunque en este caso, pese a que pueda sorprender, los pequeños anteojos aventajan a los grandes. No es ninguna casualidad; el cúmulo del Pesebre abarca más de un grado de arco en el cielo, por lo que ya resulta complicado encajarlo en el campo visual de los telescopios de mediano tamaño. Asimismo, al tratarse de estrellas relativamente brillantes, los pequeños refractores de 80 mm de abertura o los reflectores de 100 mm son más que suficientes para deleitarse con la grandiosidad de este obsequio del cielo nocturno, para el que la época más favorable de observación es la primavera boreal.

En el hemisferio boreal existe otro asterismo que puede considerarse una réplica de la constelación austral de Crux, la Cruz del Sur. Lo forman cinco de las principales estrellas de la constelación de Cygnus, entre ellas las famosas Deneb (α Cygni) y Albireo (β Cygni). Junto a las estrellas gamma, delta y épsilon de esta constelación, Deneb y Albireo forman una cruz fácil de distinguir incluso desde zonas con cielo mediocre, ya que tienen el brillo necesario. Las cinco forman la denominada "Cruz del Norte", y lo cierto es

Cielo estival. *La Vía Láctea se extiende en la bóveda celeste a través de numerosas constelaciones. Para los observadores del hemisferio norte, el verano es la mejor época de observación, cuando las constelaciones de Cygnus –en la foto–, Aquila y Lyra presiden el firmamento nocturno en las proximidades del cenit. (Vicente Aupí)*

que la mayoría de los observadores principiantes identifican claramente este asterismo como primer paso en la localización global de la constelación de Cygnus, que abarca más estrellas. Aunque la Cruz del Sur es una constelación emblemática de los cielos australes y la Cruz del Norte sólo es un asterismo, la realidad es que éste resulta tanto o más sencillo de observar que aquél. Cygnus –la constelación que alberga el asterismo de la Cruz del Norte– y Crux también comparten dos objetos celestes realmente espectaculares. Se trata de dos nebulosas extraordinariamente oscuras que rompen el denso trazo de las nubes estelares de la Vía Láctea y que se denominan, respectivamente, Saco de Carbón y Saco de Carbón del Norte.

El Cuadrado de Pegasus, dentro de la constelación del mismo nombre, es otro asterismo notable. Además del interés de su observación, este gran cuadrado es famoso porque supone una gran ayuda para los observadores en la localización de la Galaxia de Andromeda (M 31/NGC 224) y otros objetos celestes, como el cúmulo globular M 15/NGC 7078 y el Quinteto de Stephan, un grupo de cinco galaxias de brillo débil cuya localización exige tanto un

cielo limpio y libre de luces como un telescopio de mediana potencia. El asterismo lo forman las estrellas alfa, beta y gamma (la supergigante Algenib) de la constelación de Pegasus, así como Alpheratz (α Andromedae).
Todos estos asterismos tienen fama mundial entre los observadores al tratarse de los más sobresalientes en el cielo. Sin embargo, muchos aficionados ven otras formas y "crean" sus propios asterismos uniendo estrellas de una o varias constelaciones dibujando, con sus propios ojos, nuevas figuras celestes. En realidad, las constelaciones nacieron así, de la mano de las apreciaciones subjetivas de sabios de la antigüedad que hoy se aceptan internacionalmente con el fin de ordenar y clasificar mejor las estrellas y los objetos celestes. Sin embargo, la verdadera magia del cielo consiste en que cada uno podamos ver en él las formas que nuestra propia imaginación nos hace dibujar. Y uno de los mejores ejemplos de ello es el asterismo del Triángulo Estival, que en las noches de julio y agosto corona el firmamento. Lo forman las brillantes y hermosa estrellas Vega (α Lyrae), Deneb (α Cygni) y Altair (α Aquilae).

AURORAS POLARES

Desde los países más próximos a los polos se asiste casi todos los años a un bello fenómeno luminoso que produce la interacción de las partículas solares con la atmósfera de la Tierra y que es conocido con el nombre de aurora polar. Aunque el mayor número de observaciones y estudios en torno al círculo polar ártico ha influido para que casi siempre se hable de auroras boreales, el fenómeno es compartido por el hemisferio sur, donde se conocen como auroras australes. Algunos años, el número de auroras polares puede superar las 100. Cuando ocurre, el cielo se tiñe de colores rojo y verde y formas diversas: arcos, rayos y franjas de enorme tamaño con el telón de fondo de las estrellas. Astrónomos y meteorólogos comparten aquí un bello campo de estudio al tratarse de un proceso atmosférico inducido por la radiación solar, cuyas oscilaciones influyen en la frecuencia e intensidad de las auroras. En las épocas de menor actividad solar, el campo de visión de las

Aurora australis. *Esta espectacular aurora polar fue fotografiada desde la estación científica próxima al polo sur, en la Antártida, donde se registran las temperaturas más frías de la Tierra. (NOAA/John Bortniak)*

auroras queda restringido a las áreas polares, y hay épocas, constatadas históricamente, en las que no se tiene constancia de que se hayan producido. Por contra, durante los máximos de actividad solar la zona de visibilidad llega hasta las latitudes medias de ambos hemisferios, por lo que se observan desde Europa central y el norte de Estados Unidos. Ocasionalmente, con intervalos de varias décadas, las auroras boreales se han visto desde el norte de España, aunque con menor espectacularidad por su escasa altura sobre el horizonte. El escenario de las auroras polares es la alta atmósfera, a alturas entre los 100 y los 400 kilómetros. Las luces de colores surgen al excitarse las partículas atmosféricas por el choque con los electrones empujados por las fulguraciones solares. El rojo es la tonalidad más habitual, pero las emisiones de los átomos de oxígeno dan lugar a auroras dominadas por el verde, y a veces ocasiones se producen también aureolas con matices plateados.

El mínimo de Maunder

Las observaciones históricas de las auroras polares han ayudado a entender la influencia del Sol en el clima de la Tierra. Actualmente todavía existen incertidumbres sobre los mecanismos con los que el ciclo solar modela su influencia en el clima, pero la coincidencia de las oscilaciones en ambos ha permitido constatar la existencia de una estrecha relación.
Entre los mejores ejemplos de esta evidencia hay que citar el mínimo de Maunder, un periodo de 70 años entre 1645 y 1715 en el que la actividad

Creencias medievales. *Los artistas de la Edad Media reflejaban en dibujos como éste las creencias populares sobre la naturaleza de las auroras polares. De la colección del doctor Herbert Kroehl. (National Geophysical Data Center)*

solar fue prácticamente nula. En esos siete decenios no se detectaron manchas en el Sol y el registro científico de auroras polares fue mínimo, hasta el punto de que en más de la mitad de ese periodo no hubo constancia de que se produjeran.

Por otra parte, el periodo 1645-1715 forma parte de una de las etapas más frías de la historia reciente de la Tierra. Desde el siglo XVII hasta finales del XIX, en Europa se vivió la llamada "pequeña edad del hielo", una miniglaciación que produjo inviernos gélidos y veranos más frescos y lluviosos de lo habitual, con grandes trastornos para las cosechas. La extraordinaria disminución de la actividad solar fue establecida, con posterioridad a dicho periodo, por el astrónomo inglés Walter Maunder, del Observatorio de Greenwich.

Además de la ausencia de manchas solares y de auroras polares, existe otra evidencia científica que avala aquel mínimo de actividad en el Sol. Se trata del aumento de la presencia de carbono 14 en los anillos de crecimiento de los árboles coincidiendo con el mínimo de Maunder. El contenido de carbono 14 está influido por los rayos cósmicos, que dependen, a su vez, de la intensidad de la actividad solar: cuando ésta es menor, aumenta la proporción de rayos cósmicos en la alta atmósfera y, consecuentemente, el carbono 14 deja sus huellas de forma mucho más palpable en los anillos de crecimiento de los árboles, en los que está escrita la historia del clima de la Tierra.

Magnetismo en colores. *Las auroras polares pueden ser boreales o australes, según la zona polar en la que ocurran. Ambas obedecen a reacciones atmosféricas producidas por la interacción magnética de la Tierra con el viento del Sol, que a veces propician espectáculos extraordinariamente bellos, como el que aparece en la fotografía, captada en la isla australiana de Kangaroo. (David Miller/National Geophysical Data Center)*

LUZ ZODIACAL Y LUZ ANTISOLAR

Es muy probable que el primero en estudiar el fenómeno desde una óptica científica fuera el naturalista alemán Alexander von Humboldt. A principios del siglo XIX, durante su viaje por las zonas tropicales del continente americano, observó sorprendido la existencia de un halo luminoso en las proximidades del horizonte, cuya existencia no había sido descrita hasta entonces. El fenómeno, conocido como luz zodiacal, se produce en primavera tras la caída del Sol y en las madrugadas otoñales antes de su salida. El observador puede apreciar un cono de luz que surge oblicuamente sobre el horizonte, aproximadamente en la misma dirección en la que se ha puesto el Sol o en la que saldrá.

Se sabe en la actualidad que la luz zodiacal la produce el polvo cósmico presente en el espacio interplanetario, al reflejar los rayos solares. Para observarlo, hay que mirar siempre hacia el horizonte oeste en los meses de primavera, aproximadamente una hora u hora y media después del ocaso. En otoño, la luz zodiacal se produce entre una hora y una hora y media antes del orto solar, por lo que debe orientarse la mirada al horizonte este.

El hecho de que las épocas más favorables para observar la luz zodiacal sean los meses de primavera y otoño no es casualidad. En ambas estaciones, la

Luz zodiacal. *Estos seis fotogramas en los que aparecen la Luna y Venus tienen un tercer protagonista: la luz zodiacal, en forma de halo que surge tras el limbo lunar. Aunque las imágenes fueron obtenidas por la nave espacial Clementine, los observadores terrestres también pueden ver la luz zodiacal en primavera y otoño, cuando la luz solar se refleja en el polvo espacial.* (NASA)

eclíptica tiene la máxima inclinación sobre el horizonte, lo que facilita la visión del halo luminoso, que nunca debe confundirse con la Vía Láctea a pesar de que pueda parecer una prolongación de la misma. Las exigencias de una atmósfera limpia y libre de luces parásitas que se dan con carácter general para observar el cielo, se tornan un requisito imprescindible en el caso de la luz zodiacal. Se entenderá fácilmente la dificultad para verla desde las grandes ciudades o zonas contaminadas, puesto que el fenómeno se produce justamente por encima del horizonte, que es donde la atmósfera suele estar más sucia en las áreas urbanas. En la alta montaña y en las regiones tropicales de escasa densidad de población, la luz zodiacal aporta una aureola de pureza al firmamento en las horas en las que la negrura de la noche empieza a diluirse y la bóveda celeste se torna de color azul oscuro. Las partículas que reflejan los rayos solares se conocen como polvo zodiacal, constituido por pequeñísimos restos de cometas y asteroides cuyo espesor es de sólo unas micras y que se extienden hasta unos 700 millones de kilómetros, aproximadamente, del Sol.

Luz antisolar o *gegenschein*
Además de la luz zodiacal, el polvo cósmico existente en el espacio interplanetario del Sistema Solar también produce otro fenómeno luminoso menos conocido, aunque de gran belleza cuando consigue observarse en buenas condiciones. Es la denominada luz antisolar, que en astronomía también se conoce con el término alemán acuñado tras su descubrimiento: *gegenschein*. En este caso, el halo luminoso sólo abarca varios grados de la bóveda celeste y es mucho más tenue que la luz zodiacal, por lo que para poder contemplarlo las condiciones atmosféricas deben ser excelentes. La principal diferencia entre la luz zodiacal y la luz antisolar es que aquélla brilla poco antes de la salida del Sol o poco después de la puesta, mientras que el *gegenschein* se produce en torno a la medianoche, cuando el polvo zodiacal existente en la dirección opuesta del Sol refleja hacia la Tierra, como si fuera un espejo cósmico, la luz de la estrella que nos alumbra cada día.
Tanto en la luz zodiacal como en la luz antisolar, la recomendación es la misma: olvidarse de los telescopios y recurrir a nuestros propios ojos. En ambos casos, no obstante, pueden ser útiles unos prismáticos, como los de 7 × 50 que se utilizan habitualmente en astronomía, ya que tienen el campo lo suficientemente amplio. Ambos tipos de fenómeno luminoso abarcan varios grados de la bóveda celeste, por lo que el telescopio no es aconsejable, ya que con él, incluso con la menor ampliación, el campo visual útil es de poco más de un grado, lo que hará que solamente tengamos una visión parcial del halo de luz. Ocurre en estos dos casos lo mismo que en las lluvias de meteoros, ya que el observador necesita una visión de conjunto para poder apreciar adecuadamente la belleza de acontecimientos astronómicos muy especiales.

LUZ CENICIENTA Y LUNA AZUL

En cualquier época del año, en medio de un cielo intensamente azul, la Luna creciente ofrece todos los meses una de sus facetas más bellas: la luz cenicienta. Ocurre a los pocos días de la Luna nueva, la fase del ciclo lunar en la que el satélite de la Tierra no es visible porque está delante del Sol. Tres o cuatro días después, a mitad de camino entre las fases de Luna nueva y cuarto creciente, nuestra compañera en el espacio se presenta al anochecer con una pequeña porción iluminada de su hemisferio visible, que noche tras noche se baña en la luz del Sol hasta alcanzar su máximo en la Luna llena, dos semanas después de la fase nueva.

Es en ese pequeño creciente lunar de tres o cuatro días cuando es posible disfrutar del bello espectáculo de la luz cenicienta. Aunque el Sol sólo inunda con sus rayos una pequeña porción lunar, en las jornadas con una atmósfera transparente puede apreciarse que el hemisferio no iluminado también

Luz cenicienta. *Durante los primeros días del creciente, los rayos solares que la Tierra refleja hacia el espacio iluminan tenuemente la superficie de la Luna. Junto a la porción lunar iluminada directamente por el Sol, aparece el bello espectáculo de la luz cenicienta, que permite ver claramente las zonas en penumbra. El fenómeno es más perceptible desde la montaña y queda patente en las fotografías. (Joan Manuel Bullón)*

se asoma ante nosotros bañado en una difusa luz de color entre azulado y grisáceo. Es la luz cenicienta, que asombra a muchas personas en los días en que muestra su máxima intensidad, ya que pueden observarse muy bien algunos de los rasgos principales de la superficie lunar, como los mares. Los profanos se preguntan a qué es debido ese mágico resplandor que revela a nuestros ojos zonas de la Luna que, en teoría, no deberíamos ver porque están ocultas a la luz del Sol. La respuesta está en la Tierra, que envía hasta la Luna el reflejo de los rayos solares con esa caprichosa tonalidad azul que da origen a la luz cenicienta.

Entender el mecanismo del fenómeno es fácil. En esencia, es el proceso inverso al que se produce cuando la Luna ilumina la Tierra y produce sombras aquí, algo que es fácilmente perceptible durante la fase llena y varios días antes de la misma. Cualquier persona puede comprobar, cuando está en plena naturaleza y ya ha adaptado su vista a la penumbra de la luz lunar, que la Luna llena forma espectaculares sombras. Pues bien, la Tierra hace lo mismo allí que la Luna aquí; es decir, refleja la luz del Sol. La principal diferencia estriba en la tonalidad, puesto que la luz lunar que llega hasta nosotros es fundamentalmente blanca y la que envía nuestro planeta hasta su satélite tiene ese hermoso matiz azul de la luz cenicienta. Hay que aclarar que ni la Tierra ni la Luna tienen luz propia, por lo que ambas sólo reflejan hasta su compañera la luz solar que reciben.

También es interesante que se comprenda la correspondencia de fases entre la Luna y la Tierra, ya que debido a las posiciones que guardan ambas respecto al Sol, la proporción iluminada del hemisferio de cada una de ellas es inversa. Por tanto, cuando la Luna está en fase creciente para nosotros, un supuesto observador lunar vería la Tierra en fase menguante. Si la Luna fuera menguante, la Tierra estaría creciente, y por extensión, en Luna llena hay "Tierra nueva", y viceversa: en Luna nueva, "Tierra llena".

Ésta es la razón por la que la Luna recibe suficiente iluminación para que se produzca la luz cenicienta. Si la Tierra únicamente estuviera en un pequeño creciente, reflejaría muy poca luz, pero al estar casi llena, el hemisferio visible de la Luna recibe la cantidad necesaria.

La luz cenicienta de Venus

Si bien la luz cenicienta de la Luna se ha observado durante milenios gracias a que es visible sin telescopios, en Venus no ha sucedido lo mismo. Los astrónomos vieron ya, hace varios siglos, que este planeta también mostraba un brillo anormal en el hemisferio no iluminado por el Sol, aunque este fenómeno no es posible apreciarlo si no es a través del telescopio. En Venus el fenómeno de la luz cenicienta también se produce cuando el disco del planeta se halla en un pequeño creciente, de forma que junto a la parte iluminada por la luz solar, el área en sombra no aparece oscura, sino que muestra un débil brillo de tonalidad –como también ocurre en la Luna– entre azul y grisácea.

Como es lógico, debido a la distancia que separa a ambos planetas, la luz cenicienta de Venus no tiene su origen en los rayos solares que devuelve la Tierra al espacio, por lo que las causas son diferentes a las de la luz cenicienta lunar. La teoría más consolidada atribuye el fenómeno a los complejos mecanismos de refracción en la atmósfera de Venus, cuya densidad es extraordinariamente mayor que la de la Tierra. Una parte de la luz solar que recae sobre el hemisferio iluminado por el Sol va a parar, gracias a la refracción, a la zona de oscuridad.

Aunque es imposible ver la luz cenicienta de Venus a simple vista, hasta los más pequeños telescopios pueden revelarla cuando se produce, ya que el tamaño angular del planeta, al tratarse del más cercano a la Tierra, es lo suficientemente grande. El observador apreciará el "bocado" del creciente en la fase de Venus y, en el hemisferio en sombra, un débil brillo. La espectacularidad, no obstante, es menor que la de la luz cenicienta de la Luna.

Venus y Mercurio son los dos únicos planetas cuya órbita es más próxima al Sol que la de la Tierra. Las posiciones angulares respecto a nosotros y al Sol se traducen en que en aquellos dos planetas muestren fases, como la Luna, puesto que no siempre su hemisferio iluminado aparece frente a nosotros. En los demás planetas, cuyas órbitas son exteriores a la de la Tierra, la fase es prácticamente imperceptible.

Venus azul. *Una imagen de Venus digitalizada en color por la NASA tras una toma de la Galileo. Venus recuerda aquí a la Tierra por el color azul, pero ambos son muy diferentes, ya que la temperatura ambiente en el planeta vecino se aproxima a los 500 grados a causa de su intenso efecto invernadero. (NASA/JPL)*

Luna azul

En Estados Unidos y otros países anglosajones se da una importancia especial a los meses en los que la Luna llena ocurre dos veces. Esa segunda lunación se conoce allí como "Luna azul" y goza de tanta popularidad que algunas personas le atribuyen poderes mágicos. Sin embargo, como puede confirmarse en cualquier almanaque lunar, esto ocurre periódicamente, cada tres o cuatro años, y no tiene nada que ver con alteraciones o fenómenos anormales en la Luna, sino con las coincidencias entre nuestro calendario y las fases lunares. Efectivamente, la lunación es el tiempo que transcurre entre cada una de las fases y su repetición, es decir, de Luna nueva a Luna nueva; de cuarto creciente a cuarto creciente; de Luna llena a Luna llena, o de cuarto menguante a cuarto menguante. Este periodo también se conoce astronómicamente como mes sinódico y tiene una duración media de 29,5 días, lo que explica que cada cierto tiempo pueda producirse la Luna llena dos veces en un mismo mes, de la misma forma que puede ocurrir con cualquiera de las demás fases.

La verdadera Luna azul no tiene nada que ver con esto y, cuando se produce, es debida a fenómenos naturales impredecibles que tienen su origen en el vulcanismo terrestre y sus consecuencias sobre la atmósfera. Aunque la Luna no cambia de color, las erupciones volcánicas acontecidas en la Tierra han hecho que, ocasionalmente a lo largo de la historia, nosotros sí que la hayamos visto con matices diferentes. Las cenizas escupidas a la atmósfera desde el interior de nuestro planeta, al alterar la transparencia del aire, son las que han propiciado las más famosas lunas azules, como las referidas con numerosos testimonios tras la violenta erupción volcánica en la isla de Krakatoa en 1883 o la más reciente del volcán Pinatubo en 1991. En esas ocasiones, el habitual aspecto blanco grisáceo de la Luna vira hacia delicados tonos azulados que son percibidos por las personas con mejor vista, pero ello sólo ocurre varias veces en un mismo siglo, ya que habitualmente es necesario que las alteraciones se den en la alta atmósfera, algo que sólo son capaces de producir las grandes erupciones volcánicas.

En enero de 1992, meses después de la erupción del Pinatubo, además de las referencias acerca de su color azul cuando estaba en fase llena, la Luna sobrecogió a millones de observadores al desaparecer del cielo en uno de los eclipses lunares más oscuros del siglo XX como consecuencia del polvo volcánico depositado en la estratosfera. En esa ocasión, la Luna no pudo verse con el color rojo o anaranjado habitual en los momentos de totalidad de un eclipse, y se sumió en la oscuridad.

TERCERA PARTE

EL SOL

OBSERVAR LA ESTRELLA MÁS CERCANA

El Sol, por dentro y por fuera. *El Solar and Heliospheric Observatory (SOHO) ha aportado en los últimos años la más amplia y valiosa información sobre la naturaleza del Sol, e imágenes como ésta, que nos muestran cómo es nuestra estrella por dentro y por fuera. (SOHO)*

El Sol es una excelente fuente de satisfacción para quienes deseen observar un astro con el mayor detalle posible, mediante instrumentos sumamente sencillos y, sobre todo, en un horario mucho más asequible que el que impone el estudio del firmamento nocturno. La estrella más cercana a nosotros es una enana de color blanco-amarillento que podemos considerar muy común entre las 150 000-200 000 millones que hay en la Vía Láctea. El hecho de que para los habitantes de la Tierra sea tan importante se debe exclusivamente a su proximidad, pero si se hallara a la distancia de otras estrellas, como por ejemplo Vega, situada en la constelación de Lyra, ni siquiera brillaría tanto y desde la Tierra la veríamos como un punto débil de luz, apenas discernible, ya que su resplandor estaría próximo al límite de visibilidad a ojo desnudo.

La magnitud aparente del Sol es de –26,7. Es tan brillante que mirarlo directamente sin protección, incluso a simple vista, causa daños irreversibles en el ojo. En cambio, su magnitud absoluta –el brillo que mostraría a 32,6 años luz– sólo es de 4,83. Desde el punto de vista de la observación astronómica, todos estos datos nos recuerdan la importancia de las distancias en el espacio, que determinan que sea mucho más sencillo estudiar el Sol, la Luna y los planetas que las galaxias más lejanas, cuya débil luz sólo pueden captar los más potentes telescopios.

Observar con seguridad

Aunque parezca una redundancia recordar el peligro que entraña la observación del Sol, es necesario insistir en ello porque normalmente esta advertencia sólo se refiere a la observación directa, sin protección. Sin embargo, en esta obra debe dejarse claro que el riesgo no reside únicamente en observar directamente –con o sin telescopio–, sino que también se extiende a determinados filtros vendidos en el comercio, cuyo mal uso los ha convertido en el principal peligro actual que entraña el estudio del Sol para los aficionados a la astronomía. Se trata de los filtros de color oscuro que se insertan en el ocular y que, de forma muy habitual, se venden en el comercio como dotación de un telescopio. Colocar un filtro solar en el ocular es un contrasentido, porque reciben todo el calor que le envía la lente –o el espejo– del telescopio y se calientan extraordinariamente, con consecuencias desastrosas que, muchas veces, han supuesto su rotura.

El sistema más seguro es usar filtros que se colocan delante del objetivo (lente o espejo), pero nunca detrás. Instalando el filtro delante se evita que el calor y la luz pasen a través del objetivo, ya que el efecto de reducción de la energía solar se produce antes de que entre en el sistema óptico del instrumento. Los filtros traseros que se instalan en el ocular deben descartarse como recomendación general, y sólo pueden usarse excepcionalmente si además se utiliza algún otro sistema de filtración añadido, como un helioscopio (prisma solar).

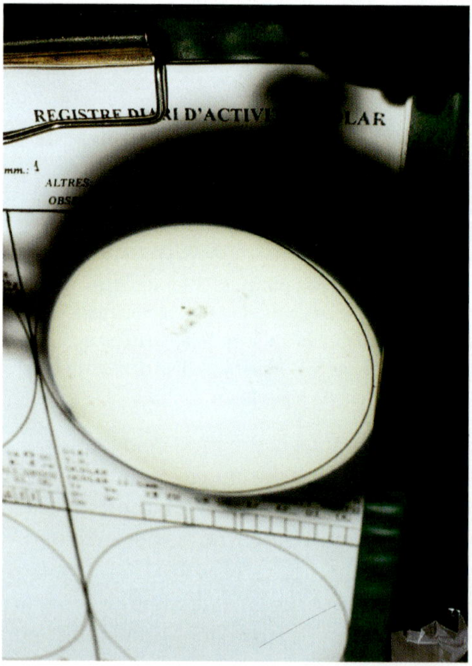

Registro de la actividad solar. *Los entusiastas de la heliofísica observan diariamente el Sol y proyectan su imagen telescópica sobre una hoja en la que dibujan la posición y tamaño de las manchas y fáculas. El sistema de proyección es uno de los más seguros. (Joan Manuel Bullón)*

Además de los filtros delanteros que protegen el telescopio, el otro sistema universal de observación solar segura es el de proyección. En éste no se mira por el telescopio, sino que se proyecta su imagen sobre una pantalla situada a corta distancia del ocular. Su seguridad es total y cuenta con la ventaja añadida de que la imagen solar pueden verla varias personas a la vez, aunque la riqueza de detalles es algo menor que la que puede obtenerse en una observación con filtros solares. Cuando se usa el sistema de proyección es esencial que la pantalla esté en un lugar en penumbra, ya que a plena luz no se obtiene el necesario contraste en la imagen para apreciar las manchas y fáculas solares.

Refractores para el Sol. *Los observadores del Sol tienen en el telescopio refractor su mejor aliado, gracias a que son menos sensibles a las turbulencias atmosféricas. Esta fotografía fue tomada con un refractor de 120 mm de abertura y 1000 mm de longitud focal, mediante proyección en la película con un ocular del tipo Plösl de 6 mm. (Branimir Alexandrov)*

Telescopios pequeños: lo mejor para el Sol

El Sol es la gran excepción a la regla habitual que nos exige aumentar la abertura del telescopio para observar más detalles. Los refractores de 50 a 100 mm de abertura son, sin duda alguna, el instrumento más adecuado para el estudio del Sol por numerosos motivos, que imposibilitan para esta faceta de la observación astronómica a los telescopios de grandes aberturas. La clave de su utilidad es, precisamente, su menor poder óptico, que en un astro tan brillante no sólo es suficiente para una buena observación, sino también la garantía de que la imagen no estará desvirtuada por las grandes turbulencias atmosféricas que se producen durante el día. Aunque pueda parecer sorprendente, es así: las grandes aberturas son muy útiles para rastrear el cielo nocturno en busca de galaxias de débil brillo,

Observatorio solar. *Éste es el edificio que alberga la torre solar del Instituto de Astrofísica de Canarias (IAC), en su observatorio de Izaña, en la isla de Tenerife. Su latitud, mucho más próxima al ecuador que la España continental, favorece el estudio del Sol. (Joan Manuel Bullón)*

pero son inservibles para el astro rey, porque además del peligro que supone su notable intensificación de la imagen, su propia capacidad los hace vulnerables a los problemas ópticos añadidos, como la reverberación de la imagen a causa del calor y las turbulencias.

Otro buen consejo es no observar el Sol en las horas centrales del día. Los mejores momentos se producen unas dos o tres horas después de la salida del Sol, cuando ha ganado suficiente altura sobre el horizonte para que su imagen sea limpia y no le afecte la suciedad del aire suspendida en las capas más bajas de la atmósfera. Asimismo, en esa franja horaria el calor no es muy intenso y se evitan las notables corrientes verticales de aire que se producen a mediodía, muy perjudiciales por la inestabilidad de imagen que producen.

El punto de observación es importantísimo. Hay que huir del asfalto y de la proximidad de tejados, optando preferentemente por zonas arboladas o con vegetación en el suelo, que contribuirán a reducir las turbulencias. A este respecto, lo que es aconsejable para la observación nocturna, resulta imprescindible en el caso del Sol.

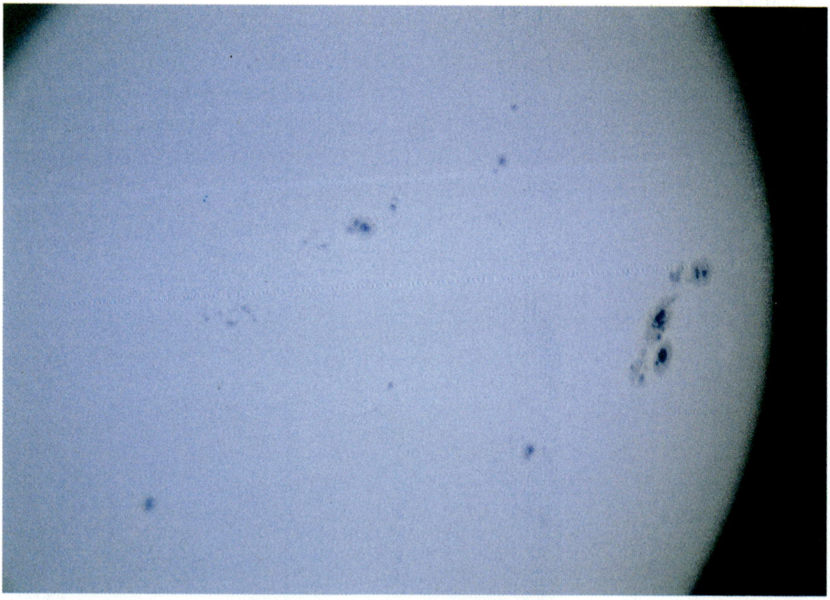

Manchas solares. *Visual o fotográficamente, miles de observadores estudian diariamente la evolución de las manchas solares. Esta imagen corresponde al año 2001, en el que la actividad solar fue máxima. (Branimir Alexandrov)*

LA FOTOSFERA, LA CROMOSFERA Y LA CORONA

La modernización de los medios de observación ha puesto al alcance del astrónomo aficionado recursos que nada tienen que envidiar a los de los grandes observatorios, y esto es más evidente todavía cuando el objetivo de estudio es el Sol. Aunque en algunos casos se trata de una inversión importante, el instrumental orientado a la observación solar permite actualmente estudiar casi todos los procesos y fenómenos de interés que ocurren en nuestra estrella.

El Sol tiene un diámetro de 1,39 millones de kilómetros y su edad se estima en unos 4500 o 5000 millones de años. Es una estrella en la plenitud de su vida que se encuentra en la Secuencia Principal, la fase de la evolución estelar en la que en su interior el hidrógeno se transforma en helio de forma estable, manteniendo el equilibrio entre la energía que la expande y la fuerza gravitatoria que la contrae. En el plazo de otros 4500 o 5000 millones de años, el Sol abandonará la Secuencia Principal al agotar sus reservas de combustible e iniciará el proceso de conversión en gigante roja, aumentando de volumen hasta "tragarse" la Tierra. Aunque no alcanzará el tamaño de Betelgeuse (α Orionis) o Antares (α Scorpii), se transformará en una estrella inmensa, aunque más fría, y a la larga pasará a enana blanca y acabará sus días como enana negra. Al no ser muy masivo, no llegará a convertirse en agujero negro, ya que este destino queda reservado a aquellas estrellas cuya masa es superior a 1,4 veces la del Sol.

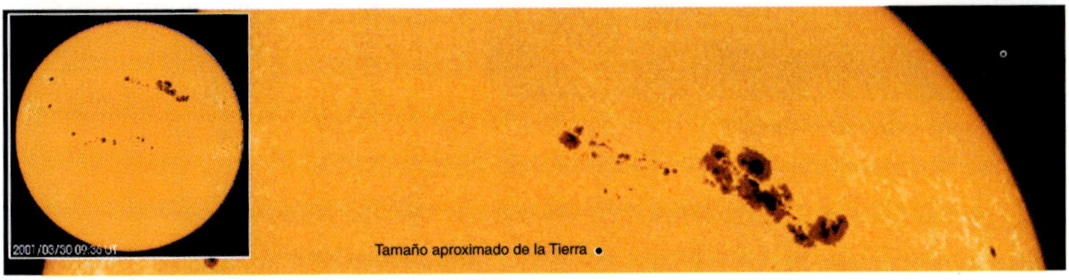

La Tierra y el Sol. *En esta fotografía de las manchas solares se ha introducido, como referencia, el tamaño aproximado de la Tierra, que sólo equivale a un pequeño e insignificante punto en comparación con el Sol. (SOHO)*

Sol total. *Para fotografiar el Sol entero –siempre con filtro– las longitudes focales a partir de 1000 mm son suficientes a foco directo o con un duplicador de focal, como una lente del tipo Barlow de buena calidad, como la utilizada en esta foto. (Branimir Alexandrov)*

Manchas y fáculas solares

Miles de observadores repartidos por todo el planeta tienen una cita diaria con el Sol a través del telescopio. Gracias a la red mundial de observación, el ciclo de actividad solar es una de las parcelas astronómicas que presenta un mayor volumen de datos, en cuya elaboración participan fundamentalmente personas aficionadas que no viven profesionalmente de la astronomía y cuya principal pasión es el estudio de las manchas y fáculas solares. Diariamente dibujan y registran el número de manchas y fáculas, así como su distribución en el disco solar, y ello permite obtener un extraordinario volumen de información a lo largo de cada año. Además de la contribución científica que supone, para cada observador es una actividad interesantísima porque se asiste a la evolución del ciclo solar, desde las épocas de máxima actividad a las que apenas aparecen manchas solares.

Fotografía con helioscopio. *La observación visual y fotográfica del Sol es más segura cuando además de un filtro se utiliza un helioscopio de Herschel, un instrumento astronómico que desvía fuera del eje óptico una gran parte de los rayos de luz y sólo deja pasar la cantidad necesaria para una adecuada observación. El filtro usado aquí es un V-7. (Joan Manuel Bullón)*

Estos fenómenos, relacionados con el magnetismo, se producen en la fotosfera, que es la capa superficial del Sol y por ello la que mayores facilidades de observación permite, ya que sólo es necesario un pequeño telescopio –preferentemente refractor– y un filtro seguro de los que se instalan delante del objetivo, o bien un sistema de proyección para visualizar el disco solar sobre una pantalla. La radiación procedente de la fotosfera se halla dentro del espectro visible y por eso es fácil observar los fenómenos que se producen en ella. Lo único necesario es, precisamente, reducir hasta índices tolerables,

mediante un filtro, la radiación que recibe el telescopio. La mayor parte de filtros actuales para este cometido proporcionan, además, imágenes en colores reales o muy próximos a ellos, por lo que la observación es de lo más sugestivo.
Las manchas solares son regiones oscuras cuya temperatura es más fría que la de la fotosfera. Su tamaño puede ser de sólo centenares de kilómetros o, por el contrario, encadenarse en grupos que abarcan centenares de miles de kilómetros. Recuérdese que el disco solar que vemos por el telescopio tiene un diámetro real de 1,39 millones de kilómetros, a pesar de que al hallarse a una distancia media de unos 150 millones de kilómetros de la Tierra, su tamaño aparente es equivalente al de la Luna cuando está llena.
La observación de las manchas es bastante fácil. Con unos 50 aumentos en un refractor de 80 mm de abertura y 1200 mm de longitud focal se obtiene una imagen entera del disco solar en la que aparecerán las principales manchas y los cinturones que forman, repartidos por la fotosfera a ambos lados del ecuador solar. Con 80-150 aumentos se puede observar en detalle cada grupo de manchas y se distinguirá, en cada una de ellas, la zona oscura del interior, a la que se llama umbra, y el anillo exterior, algo más claro, formado por la penumbra. Aunque ello no es necesario para quienes no pretendan hacer observaciones sistemáticas, la red mundial de seguimiento de la actividad solar ha establecido como patrones que la imagen telescópica se haga a 65 aumentos –con el fin de obtener una imagen global del disco– y que el círculo sobre el que se dibujan las manchas y fáculas tenga un diámetro de 150 mm.
Las fáculas son un poco más esquivas, especialmente porque si las condiciones atmosféricas no son buenas, la imagen del Sol no es demasiado contrastada. Suelen estar cerca del limbo solar y tienen una tonalidad más clara que la fotosfera, en forma más alargada y menos compacta habitualmente que las manchas. Se trata, en este caso, de zonas más calientes, cuyo brillo contrasta notablemente con el de las áreas oscuras de las manchas y aporta mayor espectacularidad todavía a la observación solar.
A gran aumento y en excelentes condiciones, algunos observadores consiguen detectar la

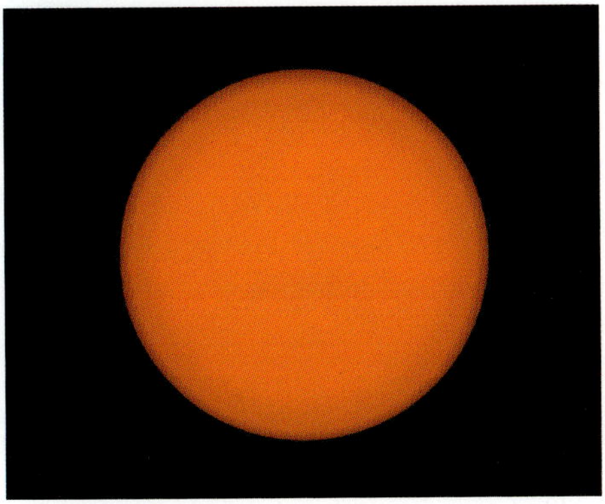

Filtro solar. *Fotografía a través de un telescopio refractor dotado de un filtro delantero, que muestra el Sol en colores muy próximos a los reales. El uso de filtros pequeños que, a diferencia de éste, se instalan en el ocular es peligroso, ya que reciben de lleno todo el calor de la imagen solar y pueden romperse. (Vicente Aupí)*

granulación de la fotosfera, que se aprecia más fácilmente en la umbra de las manchas. Los gránulos tienen un tamaño habitual de menos de 1000 kilómetros y por eso es muy complejo observarlos sin sistemas especializados en su estudio.

Fulguraciones y protuberancias: el fuego del Sol

Después de décadas en las que el observador tenía que conformarse con el estudio de las manchas y fáculas, recientemente ha aumentado de forma extraordinaria el interés popular por otros fenómenos mucho más espectaculares, como las fulguraciones, cuyo estudio no estaba al alcance de los aficionados. Ahora, en cambio, existe una gran oferta de instrumental para este tipo de estudios, aunque debe advertirse de antemano que el precio de los filtros es muy caro y, habitualmente, equivale al de un telescopio de media o gran abertura, según el tipo.

La región solar en la que se producen estos espectaculares fenómenos es la cromosfera. Está situada encima de la fotosfera, pero en condiciones normales no es visible y su estudio requiere el uso de filtros especiales H-alfa (Hα) o de la línea K del calcio, que sólo dejan pasar las longitudes de onda en una

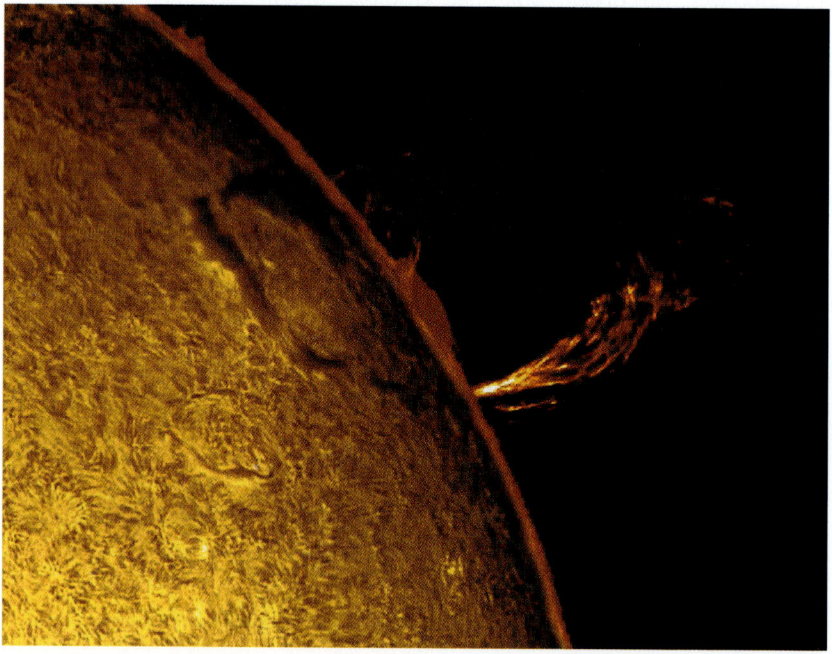

Protuberancia solar. *El uso de filtros especiales del tipo H-alfa depara imágenes solares de gran espectacularidad, como la de esta protuberancia que surge del limbo. (Jack Newton)*

estrecha banda, ocultando el resto. En realidad, el problema es que el conjunto de las emisiones solares impide al observador apreciar la cromosfera, y ésa es la razón por la que las fulguraciones sí que son visibles durante unos instantes en los eclipses totales de Sol.

Los filtros interferenciales Hα y de la línea del calcio limitan el paso de la luz solar a una estrecha banda, en condiciones parecidas a las que se dan en un eclipse, por lo que permiten observar fulguraciones y protuberancias (también llamadas prominencias), así como los filamentos que serpentean por el disco solar. Las protuberancias son, sin duda, lo más espectacular que puede observarse en el Sol, en forma de extraordinarias llamaradas o chorros de fuego que surgen junto al limbo y que pueden alcanzar miles de kilómetros de longitud. Las llamadas protuberancias quiescentes pueden durar hasta un año y superan fácilmente los 200 000 kilómetros, pero las protuberancias activas son más efímeras y más pequeñas, y se producen en el entorno de las manchas solares. Sea cual sea su tipo, para contemplarlas son necesarios los filtros interferenciales, y entre éstos, los de paso de banda más estrecho (inferior a 0,6 angstrom) son los que mayores prestaciones tienen, aunque también son los más caros.

Este tipo de filtros puede proporcionar extraordinarios resultados, pero su manejo es mucho más delicado que el del filtro solar estándar utilizado en estudios de la fotosfera (manchas y fáculas). Los Hα están hechos de multicapas que, con el paso del tiempo, pueden deshacerse si el telescopio recibe una excesiva luminosidad, por lo que es aconsejable que la distancia focal resultante (mediante el ocular correspondiente) sea superior a f:30. Antes de usarlo es conveniente cerciorarse de las condiciones que debe reunir el dispositivo óptico, ya que los filtros no pueden adaptarse a todos los telescopios.

La corona solar

El Sol está rodeado de una enorme nube de gas extraordinariamente caliente: la corona. Es la región solar más difícil de observar, y su estudio exige instrumental más complejo que el de las protuberancias y fulguraciones. En los eclipses totales es posible ver la corona y fotografiarla rodeando el disco solar en forma de gran halo, pero en condiciones normales no es posible hacerlo salvo que se utilice un instrumento especial llamado coronógrafo.

El coronógrafo fue inventado a mediados del siglo XX por el astrónomo francés Bernard Lyot. En esencia, es un telescopio refractor con una lente de alta calidad al que se ha añadido un dispositivo de ocultación que se encarga de producir un eclipse artificial tapando la fotosfera. Pero eso no es suficiente, ya que el coronógrafo no es útil a baja altitud y debe observarse con él desde zonas de gran pureza atmosférica, como la alta montaña, donde la oscuridad del cielo sea notable. El propio Lyot usaba el coronógrafo desde el

Observatorio de Pic du Midi, a casi 2900 metros de altitud, en los Pirineos franceses.

Además de la corona solar, el coronógrafo también permite estudiar las protuberancias en la cromosfera, que surgen alrededor del limbo, aunque lógicamente no es posible ver las fulguraciones de las zonas activas internas, ya que el sistema de ocultación del instrumento impide ver el disco del Sol.

LA MAGIA DE LOS ECLIPSES

"Fue especialmente en ese momento cuando permanecimos sumergidos bajo el solemne silencio que se enseñoreó de la naturaleza durante aquella noche momentánea [...]. En aquellos últimos instantes la curva en forma de media luna disminuyó con una velocidad extraordinaria y pronto quedó reducida a un tenue filo rematado por puntas agudísimas; los relieves del contorno lunar lo dividieron en muchas partes y, por fin, desapareció. Toda la escena cambia de manera impensable y completa. En medio de un cielo color plomo se destaca un disco completamente negro rodeado por una aureola magnífica de rayos plateados, entre los cuales centellean hilos de llamas rosáceas. Este espectáculo es al mismo tiempo terrible y sublime."

Quizá no haya en la literatura astronómica ninguna descripción mejor que ésta, del padre Angelo Secchi, sobre un eclipse total de Sol. La escribió después de asistir al de 1860 desde el Desierto de Las Palmas, en la provincia de Castellón.

Sombra lunar sobre Europa. *El eclipse total de Sol del 11 de agosto de 1999 se observó de todas las maneras posibles, tal como prueba esta fotografía del satélite Meteosat. En ella se puede ver perfectamente cómo la sombra de la Luna cruza Europa central durante la fase de totalidad. Quienes se hallaban en la zona oscurecida asistían en ese instante al más bello espectáculo astronómico que pueda imaginarse. (Eumetsat)*

La banda de totalidad cruzó el sur de Europa, y aquel eclipse despertó un interés popular enorme, comparable al del 11 de agosto de 1999, el más observado de la historia de la astronomía gracias a la circunstancia de que fue visible desde gran parte de Europa continental. El de 1860 fue, además, un episodio fundamental en la historia de las exploraciones planetarias, porque Urbain Jean Joseph Le Verrier predijo erróneamente que Vulcano aparecería entre las sombras para convertirse en el planeta más próximo al Sol. Pese a que lo buscaron miles de personas durante la totalidad, el supuesto planeta no apareció.

En los últimos dos siglos, cada eclipse total de Sol ha movido a millones de personas a desplazarse hasta los rincones de la Tierra por los que pasa la franja de ocultación total, es decir, donde realmente se hace de noche y la Luna eclipsa al astro rey por completo.

El ciclo de Saros, una obra del espacio y del tiempo

Todos los eclipses, sean solares o lunares, se producen por una alineación entre el Sol, la Tierra y la Luna. Los solares tienen lugar cuando la Luna se interpone entre el Sol y la Tierra, pero de su posición exacta y de las distancias entre los tres astros depende que el eclipse sea parcial o total. Si la alineación no es exacta, el eclipse sólo es parcial y la Luna oculta nada más una porción, mayor o menor, de la superficie del Sol. En los totales, durante la fase de parcialidad, la Luna ensombrece paulatinamente el disco solar hasta el momento culminante en que lo oculta por completo y se produce la fase de totalidad, que puede durar desde sólo dos minutos hasta más de siete, como ocurrió en el famoso eclipse de 1991, observado desde América Central.

Todos los eclipses están gobernados por el ciclo de Saros, equivalente a 223 lunaciones o 18 años y 11 días, en el que el Sol, la Luna y la Tierra repiten sus posiciones respectivas. Cuando se completa un ciclo, se repite un eclipse solar de similares características al que se produjo 223 lunaciones antes, pero en una zona geográfica distinta. Al cabo de tres ciclos, sin embargo, el eclipse ocurre de la misma forma y prácticamente en el mismo lugar, tras un periodo de 54,1 años.

La parcialidad de un eclipse de Sol es visible desde gran parte de un hemisferio terrestre, pero la estrechez de la banda de totalidad se debe a la coincidencia de los diámetros aparentes de la Luna y el Sol. Ambos tienen un tamaño angular equivalente en el cielo, de poco más de medio grado –el enorme tamaño real del Sol se compensa con el de la Luna por la proximidad de ésta a la Tierra–, por lo que la sombra lunar cubre a duras penas el disco solar y esto sólo puede verse así desde una franja longitudinal que recorre la superficie terrestre, a ambos lados de la cual asoma la luz solar y el eclipse sólo se ve como parcial. Lo que para nosotros es un eclipse solar, se convertiría en un eclipse de Tierra para un hipotético observador lunar, que vería una diminuta bola –la sombra

Eclipse total de Sol. *La imagen corresponde al día 3 de noviembre de 1994 y en ella aparece la corona solar durante la fase de totalidad de el eclipse de Sol que pudo observarse desde Huachacalla, en Bolivia. La toma se hizo con un refractor de 90 mm de abertura y 1000 mm de longitud focal, con una exposición de 1/2 segundo sobre película de 400 ISO. (Joan Manuel Bullón)*

de la Luna– avanzando por el hemisferio terrestre visible. Esa bola, como ya se ha calculado antes en numerosos eclipses, avanza a velocidades que pueden aproximarse a los 8000 kilómetros por hora cuando el eclipse ocurre en las regiones polares.

Los eclipses parciales son un formidable espectáculo, pero no se pueden comparar a las sobrecogedoras sensaciones de un eclipse total. Entre ambos fenómenos hay una tercera clase de eclipse, el anular, cuya única diferencia respecto a uno total es que el Sol muestra un anillo de luz alrededor de la Luna. En este caso el interés sí es comparable al de un eclipse total, a pesar de esa pequeña diferencia. Los eclipses anulares de Sol se producen cuando la Luna está en el apogeo, su punto orbital más lejano a la Tierra, en el que se halla a más de 400 000 kilómetros de distancia y, por tanto, su diámetro aparente en el cielo es menor que el del disco solar, que no llega a ocultar totalmente. Por esa razón, el limbo solar asoma en forma de anillo en torno a la Luna.

El 3 de octubre de 2005 se producirá un eclipse anular de Sol observable desde España y el Mediterráneo. Será un bello acontecimiento astronómico porque la duración de la fase anular será de 4 minutos y 32 segundos, casi el doble de lo que duró la totalidad en el famoso eclipse de agosto de 1999 observado desde Europa Central.

Entre los totales, el más largo de la primera década del siglo XXI es el que podrá observarse el 22 de julio de 2009 desde India y gran parte de Asia. La totalidad durará 6 minutos y 39 segundos. Un año más tarde, el 11 de julio de 2010, habrá otro eclipse total muy largo, de 5 minutos y 20 segundos de duración, visible en el Pacífico Sur y una pequeña franja de Chile y Argentina.

Observar un eclipse

Nunca es aconsejable que quien observa un eclipse total de Sol por primera vez acuda a esa cita pertrechado de cámaras fotográficas. La mayor parte de los astrónomos coinciden en que el primer eclipse no debe fotografiarse, sino observarse, pues combinar ambas actividades supone, en la práctica, perder numerosos detalles de un fenómeno al que sólo se asiste una o varias veces en la vida. Como ocurre con la observación solar en condiciones normales, en el seguimiento de un eclipse es obligatorio el uso de filtros protectores, tanto a simple vista como con prismáticos o telescopios. Sólo durante la fase de plena totalidad, conociendo la duración de la misma, puede prescindirse temporalmente de los filtros, pero observar sin ellos durante la parcialidad entraña los mismos peligros que la observación normal.

Teniendo en cuenta estas medidas de precaución, a lo largo de un eclipse deben efectuarse dos tipos de observación: a simple vista y con prismáticos o telescopio. Nuestros propios ojos y nuestros propios oídos nos harán sentir la magnitud de este acontecimiento cósmico durante los minutos previos a la totalidad, cuando la oscuridad creciente invade el entorno. En plena naturaleza, la caída repentina de la noche causa un notable descenso de la temperatura, muchas veces acompañado de súbitas ráfagas de viento, y la luz deja su sitio a un silencio palpable, muy parecido al que se produce al anochecer en un día normal.

En los instantes previos a la totalidad –y también cuando concluye ésta– podremos observar los Gránulos de Baily (también llamados Cuentas de Baily), en forma de perlas de fuego que bordean el disco lunar cuando aún es visible la última porción del Sol. Llegada la totalidad, si se dispone de la ayuda de unos prismáticos o un telescopio, se observarán las protuberancias que surgen del limbo y la corona solar, una enorme aureola blanca e incandescente que rodea al invisible Sol y que contrasta con el disco negro de la Luna. En la fase posterior de parcialidad, la luz crece paulatinamente al mismo tiempo que la Luna se retira.

Los eclipses obligan casi siempre a efectuar largos viajes hasta el país desde el que es visible la fase de totalidad. Es aconsejable que antes de partir el observador organice bien su viaje y también que haga un programa de observación del eclipse informándose de la duración de las fases de parcialidad y de totalidad. Esta programación es más necesaria en este fenómeno que en cualquier otro y es la garantía de éxito en una experiencia inolvidable.

EL RAYO VERDE

Lo persiguen millones de personas desde siempre, pero el rayo verde del Sol sólo se ha dejado ver ante una privilegiada minoría de observadores, que recuerdan ese momento como uno de los mejores que les ha brindado el cielo. Los amantes del Sol podrán tener alguna vez a su alcance, si se lo proponen, las protuberancias y la corona solar, porque eso únicamente exige asistir a algún eclipse total o adquirir el equipo necesario para observarlas, pero ningún instrumento óptico es la llave para contemplar el rayo verde, como saben todos los que infructuosamente han intentado verlo.

No nos encontramos ante ningún fenómeno solar propiamente dicho. El rayo verde es un efecto óptico que tiene lugar aquí mismo, en la Tierra, en

El rayo verde. *En los amaneceres más diáfanos, o en el ocaso, el Sol regala de vez en cuando su hermoso rayo verde, un fenómeno que ha dado pie a tantas citas literarias como referencias científicas. Puede variar sus matices desde el verde nítido al amarillo-verdoso, como en esta fotografía obtenida desde el pico de Javalambre, a 2020 metros de altitud, tras una madrugada de observación del cometa Halley en marzo de 1986. (Vicente Aupí)*

determinadas condiciones atmosféricas que sólo se dan excepcionalmente. Se produce indistintamente al amanecer o en el ocaso, cuando la refracción del aire descompone la luz solar en sus diferentes longitudes de onda y durante unos instantes el borde superior del Sol aparece coronado por un rayo verde aureolado, a veces en forma de capas sucesivas que son visibles fugazmente. Si se busca el rayo verde al alba es necesario estar muy atentos, ya que de producirse ocurrirá antes de que el Sol comience a ascender. En cambio, en la puesta es un poco más sencillo verlo, porque puede seguirse el camino descendente del Sol a medida que se va ocultando bajo el horizonte. Aparece en el momento culminante, cuando la parte superior del disco solar está a punto de desaparecer de nuestra vista.

Según la creencia popular, la mayor probabilidad de observar el rayo verde se da en el mar, pero también ha sido observado desde el campo y la montaña. La única condición realmente imprescindible que parece darse siempre es que la transparencia atmosférica sea excelente, como ocurre cuando la visibilidad es superior a los 100 kilómetros.

CUARTA PARTE

LA LUNA

EL ASTRO MÁS PRÓXIMO

La Luna es el único satélite natural conocido de la Tierra y el astro más próximo, a una distancia media de 384 000 kilómetros. Con sus 3476 kilómetros de diámetro es la quinta luna más grande del Sistema Solar, ya que sólo la superan tres de los satélites galileanos de Júpiter (Ganimedes, Io y Calisto) y Titán, el mayor de Saturno. No ha habido ningún otro astro mejor observado y explorado que la Luna, con el añadido de que es, por el momento, el único lugar del espacio en el que el hombre ha puesto su pie. Para el observador del cielo, la Luna es, llana y simplemente, el astro más asequible. Su magnitud, cuando está llena, es de –12,7, y su diámetro aparente supera el medio grado. Por el influjo gravitatorio de la Tierra siempre presenta hacia nosotros el mismo hemisferio, por lo que desde nuestra perspectiva es imposible observar la cara oculta. De ésta se obtuvieron las primeras imágenes en 1959 gracias a la sonda espacial *Luna 3*, de la antigua Unión Soviética, y a partir de ese momento las sucesivas misiones, tanto rusas como estadounidenses, han permitido obtener una cartografía completa y

Cuarto creciente. *Esta fase lunar se distingue del cuarto menguante porque únicamente se observa por la tarde o en la primera parte de la noche. Durante el creciente, el Sol ilumina la parte oriental del hemisferio visible de la Luna. (Vicente Aupí)*

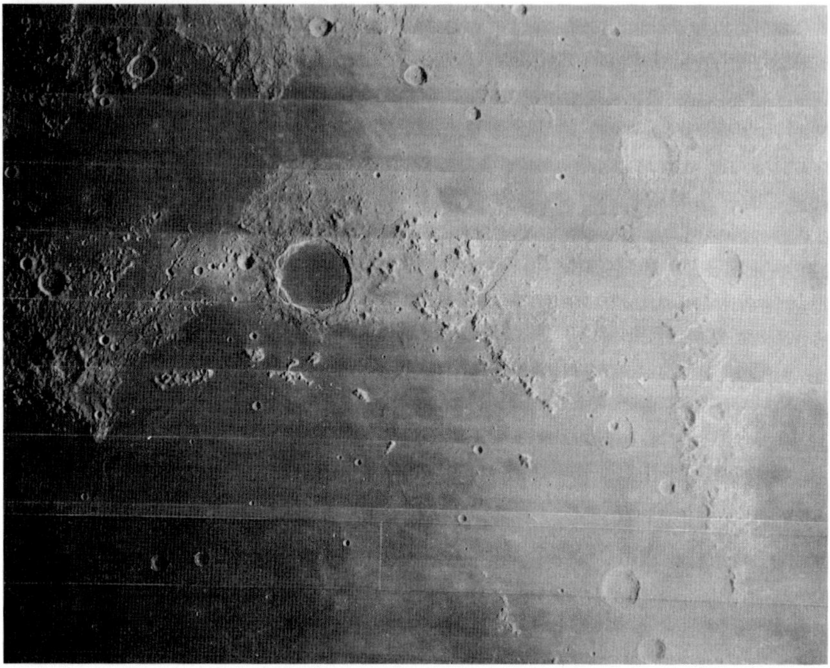

Mare Imbrium. *El entorno de este mar lunar es de gran espectacularidad. El cráter principal de la imagen es Plato, cuyo interior parece perfectamente plano. Está rodeado por la cadena montañosa de los Alpes y, dentro de ella, destaca, a la derecha de Plato, la gran fractura de la sima Vallis Alpes. (Lunar and Planetary Institute)*

elaborar atlas lunares digitalizados, como el del Lunar&Planetary Institute al que pertenecen algunas de las espectaculares fotografías de estas páginas. Los colores dominantes en la superficie lunar son el blanco y el gris, y los accidentes más llamativos de forma general son las grandes llanuras denominadas mares y los numerosos cráteres existentes en las tierras altas, que constituyen una prueba del intenso bombardeo meteorítico al que ha quedado sometida durante miles de millones de años. La exploración en detalle, mediante el telescopio, también revela la presencia de otros grandes accidentes como las cadenas montañosas y extraordinarias figuras, así como cráteres de gran espectacularidad que albergan picos centrales en el interior.

La lunación: un satélite que crece y que mengua

La órbita de la Luna alrededor de la Tierra y las posiciones respectivas de ambas respecto al Sol determinan las fases lunares, el ciclo de iluminación del hemisferio lunar visible, conocido como lunación o mes sinódico. Salvo en Luna nueva es posible ver algún fragmento lunar en algún momento del día o

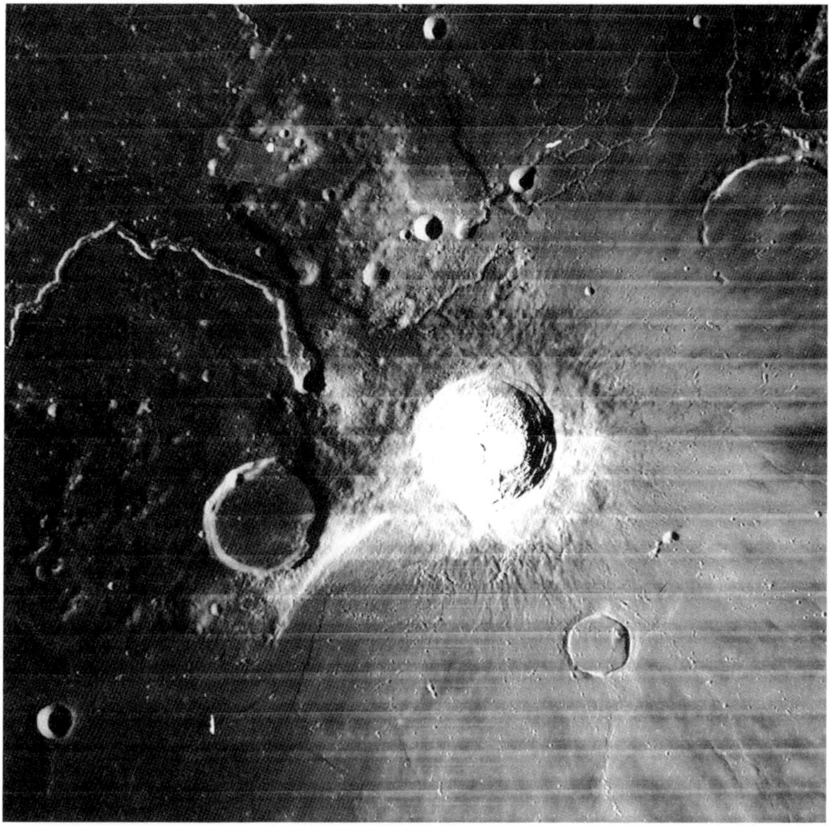

Aristarchus. *Ningún otro cráter brilla tanto como Aristarchus en el hemisferio visible de la Luna. Durante el cuarto menguante destaca con Copernicus en la zona iluminada. (Lunar and Planetary Institute)*

de la noche, por lo que es bastante fácil adaptar los programas de observación merced al número de horas disponibles para esta actividad.

La lunación o mes sinódico dura 29,5 días y se entiende como el periodo comprendido desde una fase hasta que ésta se produce de nuevo. Por ejemplo, de Luna nueva a Luna nueva o de cuarto creciente a cuarto creciente. El periodo orbital, en cambio, dura 27,3 días, por lo que hay un desfase de más de 2 días entre el mes sidéreo y el mes sinódico o lunación.

La Luna está nueva cuando se halla delante del Sol y éste sólo ilumina su cara oculta, pero no el hemisferio visible desde la Tierra. Después, se separa de dicha posición con su trayectoria orbital y al cabo de una semana, aproximadamente, tiene lugar el cuarto creciente, cuando los rayos solares bañan de luz medio hemisferio lunar merced a las posiciones relativas –en ángulo recto– del Sol, la Tierra y la Luna. Una semana más tarde, el satélite terrestre se sitúa en la parte contraria al Sol –la Tierra está en medio– y todo su hemisferio recibe la luz solar: es Luna llena. El cuarto menguante llega a la tercera semana desde la Luna nueva, y a los 29,5 días se completa el mes sinódico con la siguiente Luna nueva.

Distinguir el cuarto creciente del cuarto menguante es muy fácil. La Luna sólo puede estar en cuarto creciente al atardecer o en la primera mitad de la noche, y la Luna en cuarto menguante sale a medianoche y se pone al siguiente mediodía. Otra regla sencilla es analizar qué sector del hemisferio lunar está iluminado por el Sol. La Luna creciente tiene a oscuras una porción de su parte izquierda e iluminada la derecha, y en la Luna menguante la oscuridad se halla en el sector derecho. Por esta razón, en cada uno de los cuartos pueden observarse diferentes accidentes lunares y es aconsejable tenerlo en cuenta, puesto que la Luna llena no es recomendable para estudios detallados a causa del intensísimo resplandor.

El equilibrio de la luz en los dos cuartos facilita mucho las cosas y es posible apreciar extraordinarios detalles tanto en las áreas directamente bañadas por el Sol como en las más próximas al terminador, la línea que separa la zona de oscuridad de la iluminada.

La Luna, a grandes rasgos

En la Luna ocurre algo similar a lo del Sol: no son necesarios grandes telescopios porque se trata de un cuerpo celeste muy brillante. Un refractor de 70-80 mm o un reflector de 100 mm son más que suficientes para observaciones visuales, tanto en panorámicas generales como a 150-200 aumentos en condiciones favorables. Estos instrumentos ya facultan al observador para estudiar pequeños detalles y es posible obtener excelentes fotografías.

Cuando la Luna está llena, sólo algunos de los principales cráteres destacan sobre el conjunto debido al exceso de iluminación. El más llamativo es Tycho, situado muy al sur, debajo de del Mare Nubium, cuya característica más notable son las largas e intensas radiaciones que parten de él en todas direcciones y que alcanzan larguísimas distancias. Debe observarse, por ejemplo, cómo una de ellas llega hasta el Mare Nectaris por el sureste. Estas líneas son las gigantescas salpicaduras de rocas que se produjeron en la colisión del meteorito que abrió el cráter Tycho.

Copernicus, a la izquierda del centro, también destaca en el primer vistazo general a la cara visible de la Luna. Es un cráter excepcional en el que pueden verse muchísimos detalles durante el cuarto menguante, pero cuando hay Luna llena las cosas se complican por culpa del intenso resplandor, que elimina las sombras y el contraste.

En la fase llena, la imagen dominante del hemisferio visible tiene como protagonistas a los mares, cuya polvorienta naturaleza les ha dado ese matiz gris. Hace miles de millones de años, el actual Mare Imbrium, el más grande de los mares, fue escenario de la mayor colisión cósmica sufrida por la Luna al caer un meteorito de gran tamaño. El paso del tiempo borró después las huellas de aquella catástrofe al inundarse de lava la cuenca del Mare Imbrium, que hoy vemos como una gran fosa grisácea.

Los mares lunares, evidentemente, no son como los terrestres. No hay agua en ellos, pero han heredado el nombre que les dio Galileo Galilei tras sus primeras observaciones con el telescopio que él mismo se fabricó, y que también le reveló la presencia de cráteres y cadenas montañosas.

En el cuarto creciente –o en Luna llena– son visibles el Mare Serenitatis, el Mare Tranquilitatis –el lugar donde alunizó el *Apolo 11*, la primera nave que llevó al hombre a la Luna– y el Mare Foecunditatis. Los tres forman una larga franja diagonal en el sector noreste, a cuya derecha se encuentra el más pequeño Mare Crisium.

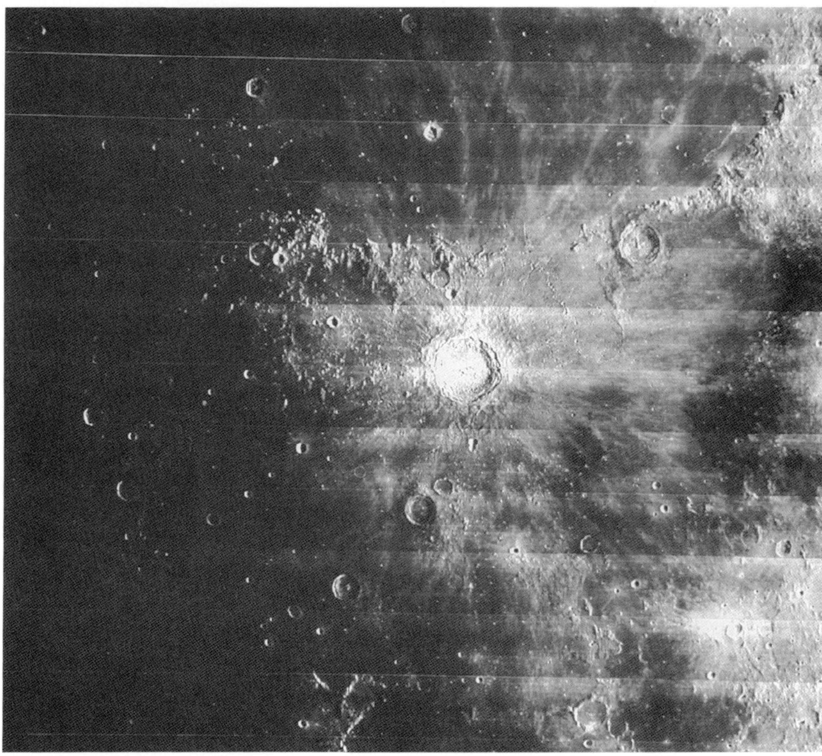

Radiaciones en Copernicus. *Esta imagen de gran campo, captada por la sonda* Lunar Orbiter *de la NASA, muestra las extensas radiaciones que surgen hacia el exterior desde el cráter Copernicus y que son el vestigio del gran impacto que formó el circo. (Lunar and Planetary Institute)*

El único "océano" lunar es el Oceanus Procellarum, que abarca todo el cuadrante noroeste y que es visible en Luna llena o cuarto menguante. En medio de él se encuentra el punto más brillante de la superficie lunar, el cráter Aristarchus.

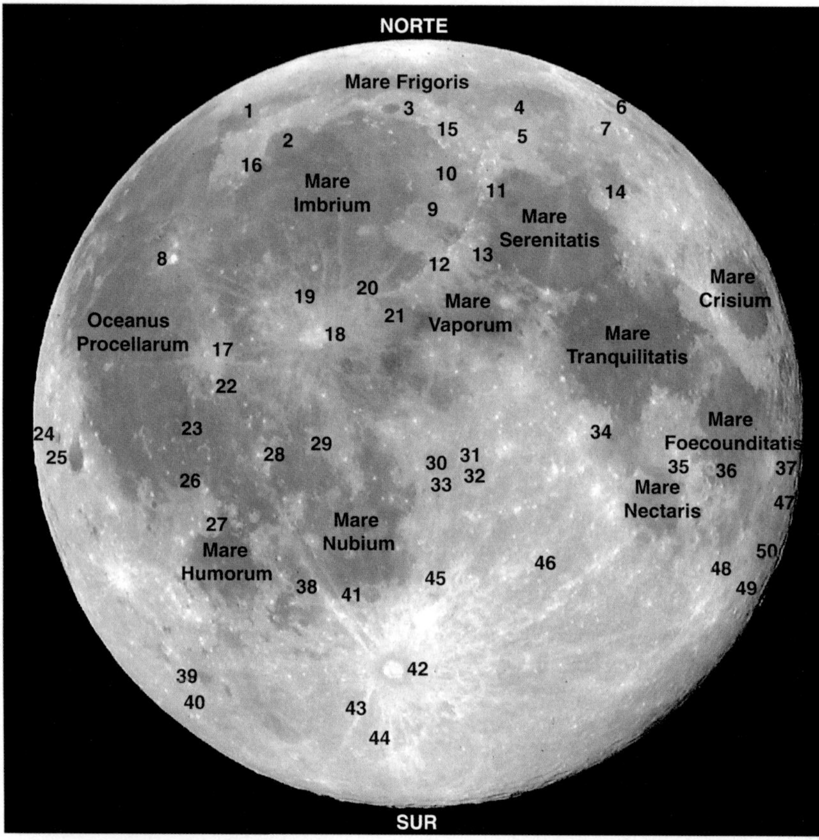

Principales accidentes de la Luna, *1, Sinus Roris. 2, Sinus Iridum. 3, Plato. 4, Aristoteles. 5, Eudoxus. 6, Endymion. 7, Atlas. 8, Aristarchus. 9, Archimedes. 10, Aristillus. 11, Montes Caucasus. 12, Montes Apeninus. 13, Montes Haemus. 14, Posidonius. 15, Alpes. 16, Montes Jura. 17, Kepler. 18, Copernicus. 19, Montes Carpatus. 20, Eratosthenes. 21, Sinus Aestuum. 22, Encke. 23, Flamsteed. 24, Riccioli. 25, Grimaldi. 26, Letronne. 27, Gassendi. 28, Euclides. 29, Fra Mauro. 30, Ptolemaeus. 31, Hipparchus. 32, Albategnius. 33, Alphonsus. 34, Hypathia. 35, Gutenberg. 36, Goclenius. 37, Langrenus. 38, Campanus. 39, Schickard. 40, Wargentis. 41, Pitatus. 42, Tycho. 43, Longomontanus. 44, Clavius. 45, Purbach. 46, Sacrobosco. 47, Vendelinus. 48, Petavius. 49, Humboldt. 50, Hecataeus.*

CRÁTERES, MONTAÑAS Y MARES

Barrer lentamente la Luna con el telescopio es una gratificante experiencia. Los cráteres y las cadenas montañosas, junto a otros accidentes como las simas y los valles, rompen la aparente monotonía que tiene a primera

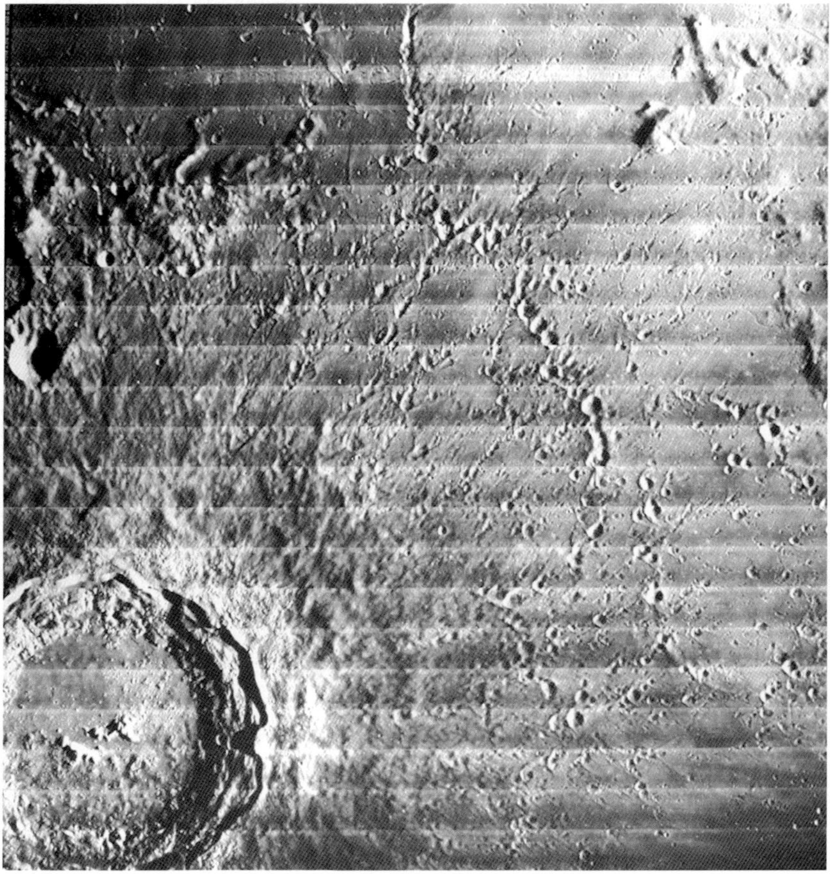

Copernicus. *Este cráter (abajo izquierda) constituye un gran aliciente para los observadores lunares. Es muy fotogénico y su gran tamaño destaca durante el cuarto menguante. Nótese la presencia de los picos montañosos en el interior del circo. (Lunar and Planetary Institute)*

Cráter Aitken. *En este oscuro cráter de la Luna, la NASA encontró indicios de la existencia de hielo, un sorprendente hallazgo en un satélite tan inhóspito, donde el polvo y las rocas son la principal característica de su superficie y no existe atmósfera perceptible. La imagen pertenece al atlas digital de la Luna elaborado a partir de las tomas del* Lunar Orbiter. *(Lunar and Planetary Institute)*

vista la superficie lunar. A media potencia, entre 80 y 125 aumentos, los telescopios de más de 80 mm de abertura revelan en detalle las más tortuosas formas labradas por la naturaleza lunar durante millones de años.

Cerca del Oceanus Procellarum se encuentra Copernicus. Se trata de uno de los circos preferidos por los observadores lunares y por los astrofotógrafos, porque se presta muy bien a retratos ampliados en los que aparecen sus picachos interiores, entre los que hay dos muy destacados. Sus paredes aterrazadas tienen una altura de unos 4000 metros respecto al fondo del cráter y muestran su escalonamiento de forma espectacular cuando los rayos solares entran de forma rasante.

El diámetro es de 93 kilómetros y alrededor del circo se ven claramente

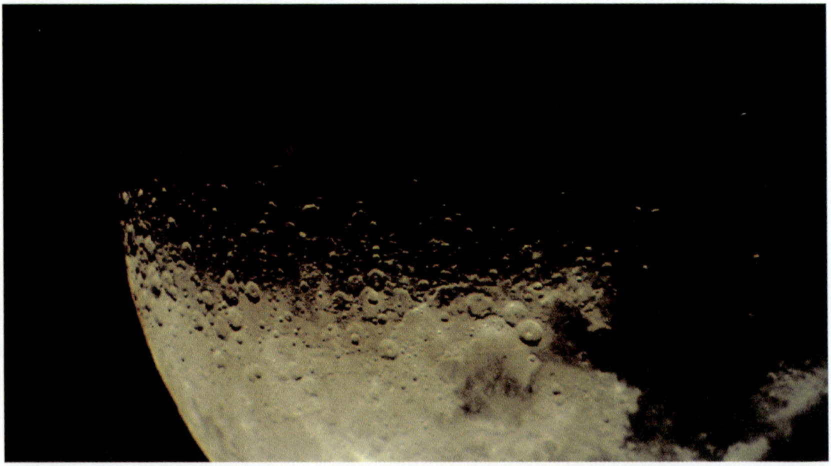

Imagen telescópica de la Luna. *En los estudios lunares, los telescopios aventajan claramente a los binoculares por su poder de ampliación de imagen. La observación de los cráteres puede hacerse en detalle, como en esta fotografía obtenida mediante un refractor de 102 mm de abertura. (Vicente Aupí)*

largas radiaciones que por el sector norte penetran en los Montes Carpatus, de más de 350 kilómetros de longitud, y cuya vertiente norte recae sobre el Mare Imbrium.
Al oeste de Copernicus se encuentra la zona dominada por el cráter Kepler. Aunque es pequeño, con un diámetro de sólo 31 kilómetros, figura entre los más brillantes y forma un triángulo fácil de reconocer con Aristarchus (al norte) y Copernicus (al este). Inmediatamente al sur de Kepler está el cráter Encke, de 28 kilómetros, pero muy diferente a pesar de su similar tamaño. En este caso, las paredes del cráter son mucho más bajas y el interior parece relleno; es especialmente llamativo un promontorio que recorre el circo longitudinalmente de norte a sur.
Prácticamente a mitad de camino entre Copernicus y Kepler debe rastrearse la superficie lunar en busca de los antiguos volcanes que son visibles en las inmediaciones del cráter Hortensius. A primera vista no es fácil localizarlos, pero la presencia de un halo de trazos oscuros en el terreno delata claramente a dos de ellos, y con telescopios potentes se pueden observar varios más muy cerca del propio Copernicus. Es necesario hacer la observación a media o alta potencia, porque a pocos aumentos no se ven bien. Igualmente es aconsejable esperar a que la luz solar llegue rasante durante el paso del terminador, lo que ocurre unos dos días después del cuarto creciente, cuando la Luna está gibosa.
Muy cerca del limbo occidental, Riccioli y Grimaldi parecen mares en miniatura. Se trata de dos cráteres de considerable tamaño, con diámetros de 139 y 172 kilómetros, respectivamente. A través de telescopios pequeños ambos destacan notablemente por la oscuridad del fondo de sus circos.

Wargentin, una maravilla del vulcanismo lunar

En el extremo suroeste del hemisferio visible de la Luna se halla el cráter Wargentin, probablemente el más extraordinario. Tiene 84 kilómetros de diámetro y es único en el paisaje lunar porque hace millones de años sufrió una colosal erupción volcánica que derramó lava por una extensa región. El torrente fue tan grande que el propio cráter permanece en la actualidad rebosante de lava solidificada, que puede verse a través de los telescopios claramente al haber rellenado el hueco interior del circo. Wargentin parece un cráter que alguien hubiera decidido tapiar, por lo que su aspecto marca un contraste con el de los demás cráteres, huecos en su interior.
En la imagen clásica de los telescopios pequeños no hay otro cráter que destaque tanto en Luna llena como Tycho, cerca del polo sur. El cráter propiamente dicho tiene 102 kilómetros de diámetro, pero sus radiaciones superan los 1000 kilómetros. En su interior hay varias montañas y las paredes del circo superan los 4000 metros. Para ver bien Tycho es preferible descartar la Luna llena y esperar al paso del terminador tras el cuarto creciente. Al sur de Tycho hay varios cráteres muy importantes. Clavius es muy grande,

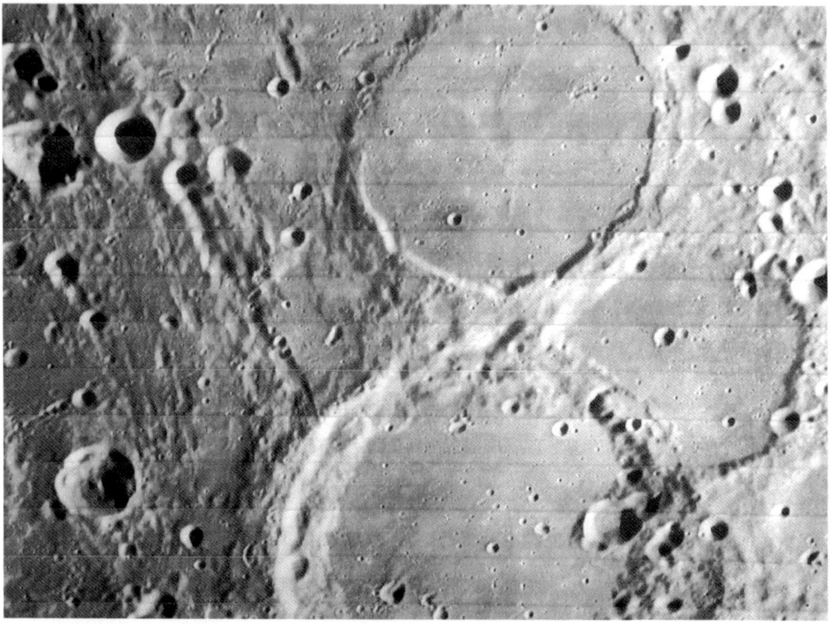

Cráter Wargentin. *En un caso excepcional en la Luna, el cráter Wargentin (arriba), muy próximo al limbo suroeste, está relleno de lava solidificada. La observación de este accidente lunar, de 84 kilómetros de diámetro, es un regalo a través del telescopio. (Lunar and Planetary Institute)*

con un diámetro de 245 kilómetros, y alberga en su fondo una peculiar hilera de cráteres pequeños que cruza ovalmente el circo principal. Cerca está Longomontanus, de 145 kilómetros, de paredes muy irregulares pero de gran altura: más de 4300 metros. Con un telescopio pequeño la propia irregularidad de la pared norte de Longomontanus hace que este cráter y Wilhelm, situado encima de él, parezcan un mismo accidente lunar.

En el sector oriental, muy cerca del limbo y en las inmediaciones del Mare Foecunditatis, hay una larga cadena de interesantes cráteres, como Langrenus y Humboldt, que ya son visibles cuando la Luna muestra los primeros días del creciente. Petavius, al oeste de ambos, muestra una característica grieta en su interior.

Mares y montañas

En la Luna, mares y montañas forman parte del mismo paisaje en numerosos aspectos. Las principales alturas desempeñan el papel de divisoria de algunos de los mares más importantes, como el Mare Imbrium y el Mare Serenitatis, separados por la confluencia de dos de las mayores cadenas montañosas: Apenninus y Caucasus. Ambas cordilleras superan los 400 kilómetros de longitud y ofrecen un sensacional espectáculo a través del telescopio, especialmente en los momentos en que son atravesadas por el terminador. El juego de luces que produce el avance de los rayos solares por la superficie lunar es indescriptible, porque aparecen sucesivamente los diferentes picos que forman cada macizo. Al noroeste de los Montes Caucasus se encuentran los Alpes. Su tamaño es algo inferior, de unos 280 kilómetros, pero poseen uno de los accidentes lunares más impresionantes: el Vallis Alpes, una fractura del terreno completamente recta que cruza la cordillera en una longitud de 166 kilómetros y una anchura de unos 10. Su aspecto es el de un canal, y es conveniente observarlo con unos 100-150 aumentos, porque en una imagen de conjunto puede pasar desapercibido. Muy cerca de Vallis Alpes, en dirección noroeste, se halla Plato. Es un circo de 106 kilómetros cuyo aspecto es muy diferente al de la mayoría de los cráteres, ya que sus paredes son más bajas de lo habitual –de 1000 a 2000 metros de altitud– y el fondo es muy oscuro y bastante llano. Cuando se observa con telescopios de gran abertura a unos 200 aumentos, la llanura interior revela la presencia de pequeños cráteres que no se aprecian en una ojeada de conjunto. También es muy interesante observar conjuntamente Plato y Vallis Alpes en el mismo campo, ya que están muy cerca.

Luna casi llena. *Fotografía obtenida poco después de la Luna llena, cuando el hemisferio iluminado empieza a menguar. A partir de ese momento, las sombras vuelven a aportar contraste a la observación lunar a medida que el terminador avanza hacia el limbo. (Vicente Aupí)*

ECLIPSES Y OCULTACIONES POR LA LUNA

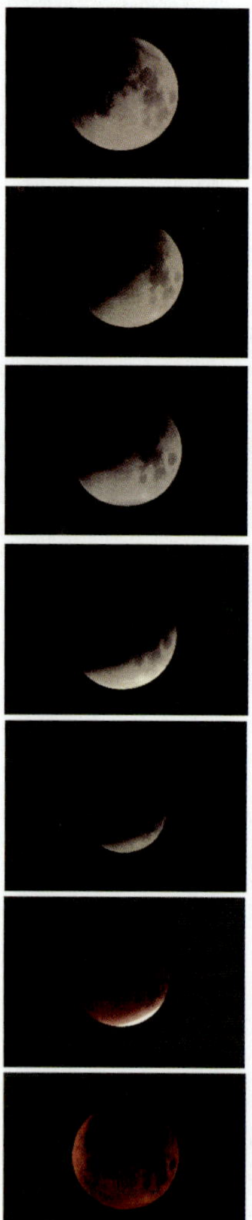

El complejo mecanismo de alineaciones del ciclo de Saros se traduce en ocultaciones periódicas de la Luna por parte de la Tierra, cuando ésta se sitúa en perfecta alineación con el Sol e impide que la luz llegue hasta su satélite natural. Los eclipses lunares no alcanzan la grandiosidad de los totales de Sol, pero un eclipse total de Luna es más espectacular que uno parcial del Sol y cuenta con la ventaja añadida de la facilidad de observación. No sólo no existe ningún riesgo en su contemplación –sea cual sea el sistema óptico elegido–, sino que además la franja geográfica desde la que es visible el fenómeno es mucho más grande que la banda de totalidad de los solares. Asimismo, la fase de totalidad de un eclipse de Luna puede durar hasta 1 hora y 44 minutos, por lo que se trata de un bello y prolongado espectáculo que proporciona toda clase de facilidades para su observación.

Si en los eclipses solares es la Luna la que tapa el Sol y proyecta su sombra hasta una parte de la Tierra, en los eclipses lunares es nuestro planeta el que sumerge a la Luna en su cono de sombra. En realidad, el eclipse lunar que contemplamos desde aquí es un eclipse de Sol visto desde la Luna, donde un privilegiado observador vería en magníficas condiciones y con una mayor duración algunos de los bellos fenómenos asociados a un eclipse de Sol, como la aparición de la corona.

Los eclipses de Luna pueden ser penumbrales (la sombra de la Tierra no llega a oscurecer el hemisferio visible),

Eclipse total de Luna. *Secuencia fotográfica del eclipse total de Luna del 17 de agosto de 1989. La última imagen corresponde a la fase de totalidad, cuando la sombra de la Tierra oculta por completo la superficie del hemisferio lunar visible. (Vicente Aupí)*

parciales o totales. En los parciales, la sombra recorta un sector del disco lunar, pero no llega a ocultarlo en su totalidad. Aunque resultan un buen espectáculo y es interesante observarlos, no se pueden comparar a los totales, ya que los momentos más bellos de un eclipse lunar se producen cuando en la totalidad la Luna adquiere un sorprendente color rojo. El negro creciente que la sombra terrestre ha ido proyectando paulatinamente sobre la superficie lunar se transforma en la totalidad en una delicada tonalidad rojiza, cuya intensidad varía de un eclipse a otro dependiendo de diversos factores.

Luna roja entre las estrellas

En la antigüedad se desconocían totalmente las causas por las que la Luna se volvía roja en los eclipses. Ahora es sabido que se trata de un fenómeno atmosférico que tiene su origen en la Tierra, cuando un 3 por 100, aproximadamente, de los rayos solares continúa alcanzando la superficie lunar gracias a la refracción del aire. Dicho de otra manera, la atmósfera terrestre actúa como una lente cósmica que ilumina tenuemente la Luna, que no llega a oscurecerse del todo, algo que sí ocurriría si nuestro planeta no estuviera rodeado de aire.

Estrellas en un eclipse. *Durante la fase de totalidad de un eclipse lunar reaparecen en el cielo las estrellas que no eran visibles momentos antes a causa del intenso resplandor de la Luna llena. El satélite de la Tierra aparece en esos momentos –los más bellos del eclipse– con una extraordinaria tonalidad roja, rodeado de estrellas. (Vicente Aupí)*

El ciclo de actividad solar y las condiciones de la atmósfera de la Tierra influyen decisivamente en la coloración de los eclipses lunares. La intensidad de éstos fue estudiada en la tercera década del siglo XX por el astrónomo francés André Danjon, quien creó una escala de acuerdo con sus propias observaciones. Dicha escala tiene cuatro grados diferentes, desde L0, que se aplica a los eclipses muy oscuros, a L4, en los que el color rojo alcanza la máxima intensidad y llega a adquirir una tonalidad cobriza o anaranjada.

Si la atmósfera de la Tierra está muy limpia –como por ejemplo tras un largo tiempo sin erupciones volcánicas importantes– y el eclipse es próximo a las épocas de menor actividad solar, la coloración roja alcanza su máxima intensidad. En cambio, la presencia de aerosoles en el aire enturbia los rayos de luz que llegan a la Luna por la atmósfera, y en algunas ocasiones, como en enero de 1992, se han observado eclipses notablemente oscuros. Esta vez, la causa fue la precedente erupción del volcán Pinatubo, que inyectó cenizas sobre la alta atmósfera.

Aunque lo idóneo es estudiar un eclipse lunar por el telescopio, hay una parte especialmente hermosa que debe contemplarse a simple vista. Se trata de los momentos en que concluye la parcialidad y la sombra de la Tierra sumerge en la oscuridad a la Luna. En esos instantes, el cielo casi vacío que había al principio del eclipse se llena de estrellas –el resplandor lunar impedía verlas– como por arte de magia, y la Luna roja flota en el firmamento rodeada de campos estelares.

La visión de un eclipse lunar por el telescopio es impresionante. La ausencia de las prisas típicas de un eclipse total de Sol –en éste la duración máxima de la totalidad es inferior a 8 minutos– permite ahora recrearse en toda clase de detalles, ya que la iluminación residual es suficiente para ver perfectamente los principales accidentales lunares, como los grandes cráteres, sólo que a diferencia de lo habitual ahora parecen de color rojo. Asimismo, es vertiginoso observar por el telescopio el avance de la sombra de la Tierra por la superficie lunar, ya que los cráteres y las montañas van desapareciendo ante nuestra vista de forma sobrecogedora.

Para la observación de los eclipses lunares sirven todos los telescopios. Instrumentos tan sencillos como los de aberturas de 50-60 mm en monturas acimutales permiten maravillosas vistas de este fenómeno. El seguimiento fotográfico no exige aberturas mayores que ésas, pero para las tomas durante la totalidad es conveniente que la montura sea ecuatorial, ya que pueden ser necesarias exposiciones de más de 30 segundos, con las que la Luna saldría borrosa si no se corrige el desplazamiento de la imagen originado por la rotación terrestre. En las fases de parcialidad, las exposiciones son bastante parecidas a las de la fotografía lunar en condiciones normales. La luz es la misma que la diurna, por lo que debe tomarse como referencia el punto de partida en el que se disparan velocidades de 1/125 o 1/250 de segundo a f:11.

Ocultaciones de planetas y estrellas

El considerable tamaño aparente de la Luna en el cielo propicia otros espectáculos celestes además del de los eclipses. Se trata de las ocultaciones de astros más lejanos, que se producen durante el avance de la Luna por el firmamento, que es muy rápido respecto al fondo de cielo.

Diariamente, el disco lunar pasa por delante de numerosas estrellas, pero gran parte de ellas son de brillo débil y la ocultación no es espectacular. En cambio, cuando la ocultación afecta a estrellas brillantes, su observación es excelente, hasta el punto de que las más notables efemérides de este tipo son seguidas por grupos de observadores desde diferentes puntos, ya que tienen una gran utilidad científica para el cálculo de distancias y posiciones. Casi todos los anuarios astronómicos editados por observatorios profesionales incluyen las principales ocultaciones por la Luna, datos que en España aparecen reflejados en las ediciones que publican el Observatorio Astronómico Nacional y el Observatorio de San Fernando.

La Luna carece virtualmente de atmósfera, y ello permite observar con extraordinaria nitidez la ocultación de una estrella, incluso aunque sea rasante, es decir, que el limbo lunar sólo la oculta tangencialmente durante unos breves instantes. Asimismo, algunos cúmulos muy famosos como las Pleiades (M 45) y Praesepe (M 44) son ocultados por la Luna de forma periódica. Deben observarse estas ocultaciones con unos prismáticos potentes o con un telescopio a pocos aumentos, de forma que permitan ver la mayor parte de ambos cúmulos.

En el caso de los planetas, Júpiter y Saturno suelen protagonizar las más hermosas ocultaciones por la Luna. El estudio del fenómeno a través del telescopio muestra cómo el planeta se aproxima lentamente al limbo lunar y desaparece detrás de él; al cabo de un rato, el planeta eclipsado reaparece por el otro lado. Dado el pequeño diámetro aparente de los planetas, deben usarse más de 100 aumentos para que la imagen sea lo suficientemente grande, aunque no hay que excederse porque un error de cálculo sobre el punto de reaparición impediría ver el fenómeno si la imagen es muy restringida y el planeta se queda fuera del campo del ocular.

Tanto en la ocultación de planetas como en la de las estrellas, a la entrada del astro ocultado tras la Luna se la denomina inmersión, y a la salida, emersión.

FENÓMENOS LUNARES TRANSITORIOS

Para quienes no se conformen con las clásicas observaciones de la Luna, los fenómenos lunares transitorios o TLP (abreviatura de la expresión inglesa *Transient Lunar Phenomenon*) constituyen un gran aliciente que le conducirá, al mismo tiempo, a explorar los más recónditos lugares del satélite de la Tierra y a investigar enigmáticos sucesos de gran interés científico. Sorprendentemente, la Luna es un astro olvidado por los astrónomos. Ni los observatorios profesionales ni la gran mayoría de los aficionados realiza observaciones sistemáticas en ella, y es habitual que sólo se orienten los telescopios hacia su grisáceo hemisferio visible como efímero pasatiempo, a pesar de que se trata del cuerpo celeste en el que más detalles pueden percibirse, gracias a su cercanía y a su brillo.

Los TLP son cambios súbitos de la apariencia lunar a causa de emisiones de gases en la superficie, pequeñas erupciones volcánicas o terremotos. Se manifiestan con un brillo anormal que puede durar varios segundos, o con cambios de color –lo más frecuente es un enrojecimiento– que rompen la

Arzachel y Alphonsus. *Estos dos cráteres de la Luna destacan mucho cuando la luz solar es rasante y sus picos centrales asoman desde el interior. La imagen fue tomada con el telescopio de 600 mm del Observatorio de Pic du Midi, a 2900 metros de altitud, en los Pirineos de Francia. (Vicente Aupí)*

tonalidad blanco-grisácea dominante. El más famoso TLP es el observado en 1958 por el astrónomo Nicolai Kozyrev, que vio una extraña erupción rojiza en el cráter Alphonsus. Ya se tenía constancia entonces de que se habían producido sucesos como ése, pero el testimonio de Kozyrev sirvió para dar credibilidad a un fenómeno lunar en cuya existencia creían pocos astrónomos. Pese a las observaciones de Kozyrev y otros, los TLP nunca han podido fotografiarse y son muy raros. Es posible que el observador que decida buscarlos no llegue a verlos, pero se saben cuáles son los puntos de la Luna más propicios para ellos, por lo que las personas interesadas deben centrar en ellos sus estudios.

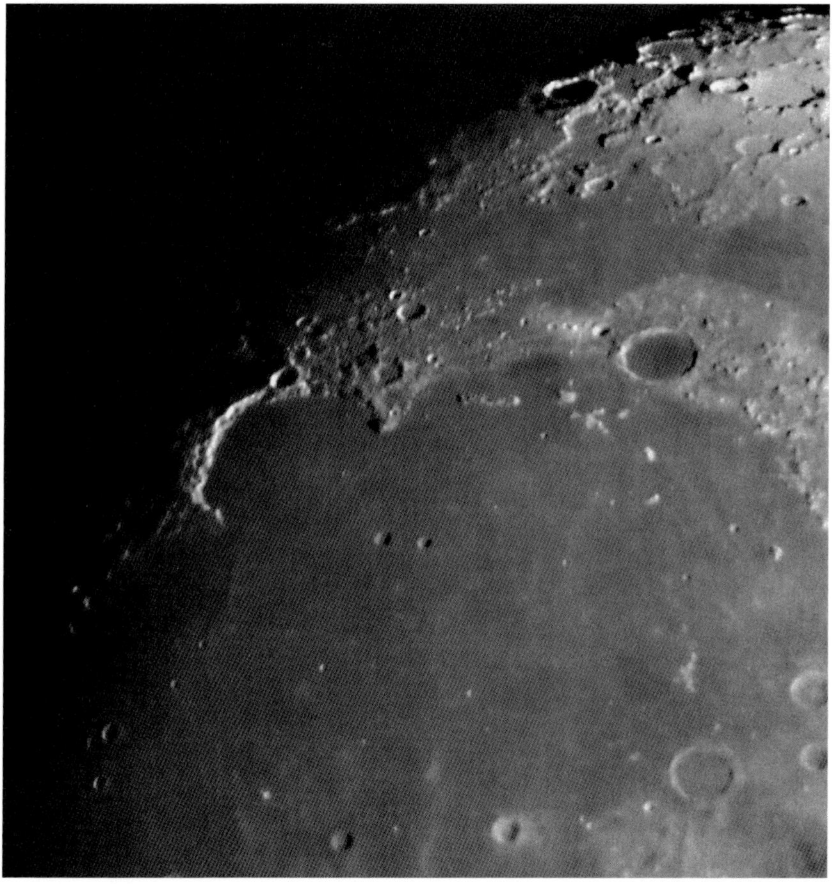

Sinus Iridum. *Esta "bahía" lunar (centro izquierda) es un lugar fácilmente observable con telescopio, ya que se trata de una planicie que rompe una elevación abrupta del terreno en las proximidades del cráter Plato (derecha). La imagen fue tomada con un telescopio del tipo Schmidt-Cassegrain de 203 mm de abertura y película fotográfica Technical Pan. (Francisco Catalá)*

Aristarchus, Alphonsus y otros cráteres enigmáticos

Existen más de 1000 observaciones de TLP por parte de astrónomos aficionados y profesionales. Con ellas se han podido delimitar las áreas de mayor probabilidad, y entre ellas es el cráter Aristarchus el punto donde se han concentrado más sucesos. Aproximadamente la tercera parte de los fenómenos transitorios lunares se produce en este cráter, cuya localización es sencilla al tratarse del punto más brillante de la Luna, inmerso en la vasta extensión oscura del Oceanus Procellarum. Aristarchus no es visible hasta el día número 11 de la lunación. Ese día, el terminador –la frontera entre la zona de oscuridad y el sector iluminado– cruza este cráter y propicia los momentos favorables para detectar cualquier posible TLP. El tipo de luz que se da en

Copernicus y montes Carpatus. *La fotografía lunar de alta resolución aporta magníficas escenas de conjunto, como la que protagonizan en este caso el cráter Copernicus y los montes Carpatus, a su derecha. El juego de luces rasantes del terminador realza claramente los accidentes lunares. (Francisco Catalá)*

estas circunstancias es especialmente propicio porque facilita la observación de posibles anomalías, mientras que éstas no se podrían percibir en Luna llena por el exceso de luz. También es factible estudiar Aristarchus en busca de los TLP cuando la Luna está en un menguante avanzado y el terminador vuelve a pasar por el cráter.

Si el telescopio utilizado es de suficiente abertura, por ejemplo superior a 200 mm, es recomendable observar Aristarchus a 150-200 aumentos. Se obtendrá así una gran ampliación que revelará todos los detalles y cualquier suceso. En los telescopios más pequeños debe buscarse un compromiso entre el aumento y la luz, evitando la máxima ampliación porque acarrea una visión más borrosa que puede dar origen a falsos TLP ocasionados por la propia inestabilidad de imagen. Un buen equilibrio se obtiene a aproximadamente 100-120 aumentos.

Alphonsus es más difícil de localizar que Aristarchus. Se halla al noreste del Mare Nubium, y ocupa el lugar central de un trío de cráteres grandes junto a Ptolemaeus y Arzachel. Aquí es donde Kozyrev vio el más famoso de todos los TLP. Se halla bastante próximo al centro del hemisferio visible, por lo que el paso del terminador por este cráter ocurre poco después del cuarto creciente. La vigilancia de este punto, sin embargo, no ha dado frutos y no ha vuelto a repetirse ningún suceso como el que Kozyrev contempló desde el Observatorio de Crimea.

El cráter Gassendi, en el cuadrante suroeste, ha reclamado la atención de los observadores lunares desde principios del siglo XX. Aquí también se han observado TLP, pero se trata, además, de uno de los cráteres más bellos de la Luna. Tiene un diámetro de 101 kilómetros y su muralla norte está abierta por otro cráter mucho más pequeño. El sector sur de Gassendi invade buena parte del Mare Humorum y la observación del conjunto que forman ambos es sensacional durante el cuarto menguante.

QUINTA PARTE

LOS PLANETAS

MERCURIO Y VENUS, LOS VIAJEROS DEL SOL

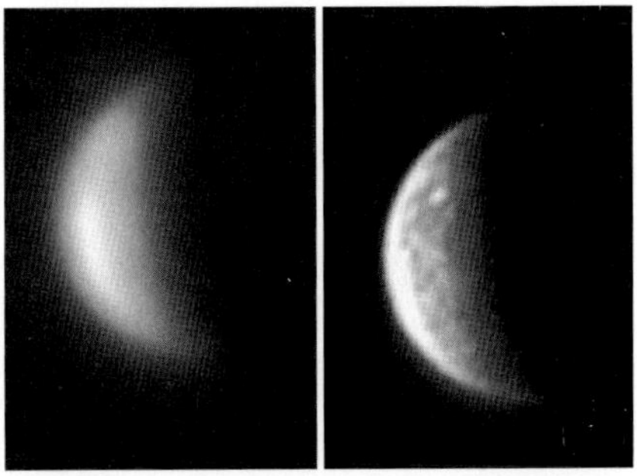

Mercurio por el telescopio. *Observar detalles en Mercurio es bastante difícil a causa de su posición siempre cercana al horizonte. Habitualmente, los telescopios no muestran más que una pequeña bola difusa, pero algunos astrónomos han conseguido fotografías de gran calidad a través del telescopio, como este doble retrato del planeta más próximo al Sol. (Ron Dantowitz/ Museo de la Ciencia de Boston)*

La popularidad de los planetas guarda una evidente relación con su brillo y con la facilidad para dejarse observar. A Venus lo conoce todo el mundo y se da en él la paradoja de que se le venera más entre los profanos que entre los aficionados a la astronomía, porque no es un planeta que muestre muchos detalles a través del telescopio. En cambio, su imagen rutilante en el cielo azul oscuro del atardecer o del amanecer ha cautivado de tal manera al ser humano que poetas y pintores se han visto impulsados a convertirlo en protagonista de sus obras. El "lucero del alba" y el "lucero vespertino" son los dos nombres más famosos con los que la humanidad ha descrito la belleza de Venus, al que sólo el Sol y la Luna ganan en brillo, ya que su magnitud en el máximo es de –4,7. Recuérdese que Sirius, la estrella más brillante, es de magnitud –1,44.

Toda esta fama desaparece cuando hablamos de Mercurio. Preguntar a la gente si ha visto alguna vez este planeta trae casi siempre una negación por respuesta, y la proporción no cambia mucho entre los observadores del cielo. El problema de Mercurio es que tiene una órbita demasiado próxima al Sol y su distancia al astro rey oscila entre los 46 y los 70 millones de kilómetros, por lo que resulta imposible observarlo durante las horas nocturnas. Hay que buscarlo necesariamente tras la puesta de sol o poco antes del amanecer, cuando el horizonte oculta el resplandor solar. Una vez localizado a simple vista, el observador se lleva cierta sorpresa, porque en las épocas de mayor brillo supera a Sirius y alcanza la magnitud –2,0, equiparable a las que tienen en la oposición Júpiter y Marte.

La visión telescópica de Mercurio suele decepcionar. Su pequeño tamaño, con un diámetro real de 4879 kilómetros, se traduce en la imagen de una pequeña bola sin rasgos, y el único detalle habitualmente visible es su fase, la porción de su hemisferio iluminada por la luz del Sol. Esta ausencia de detalles superficiales no es algo inherente a la imagen de los telescopios pequeños, sino que tampoco los grandes observatorios especializados en estudios planetarios pudieron en su momento revelar datos importantes sobre Mercurio. Hubo que esperar a que llegara a este planeta la nave espacial *Mariner 10,* que en 1975 envió a la Tierra las primeras imágenes de un planeta de aspecto lunar, lleno de cráteres y sometido al castigo de brutales oscilaciones térmicas entre el día y la noche: casi 500 grados a pleno sol y –180 cuando reina la oscuridad.
A pesar de las dificultades generales de observación, los avances conseguidos en el instrumental astronómico permiten algunas ventajas. Así, algunos

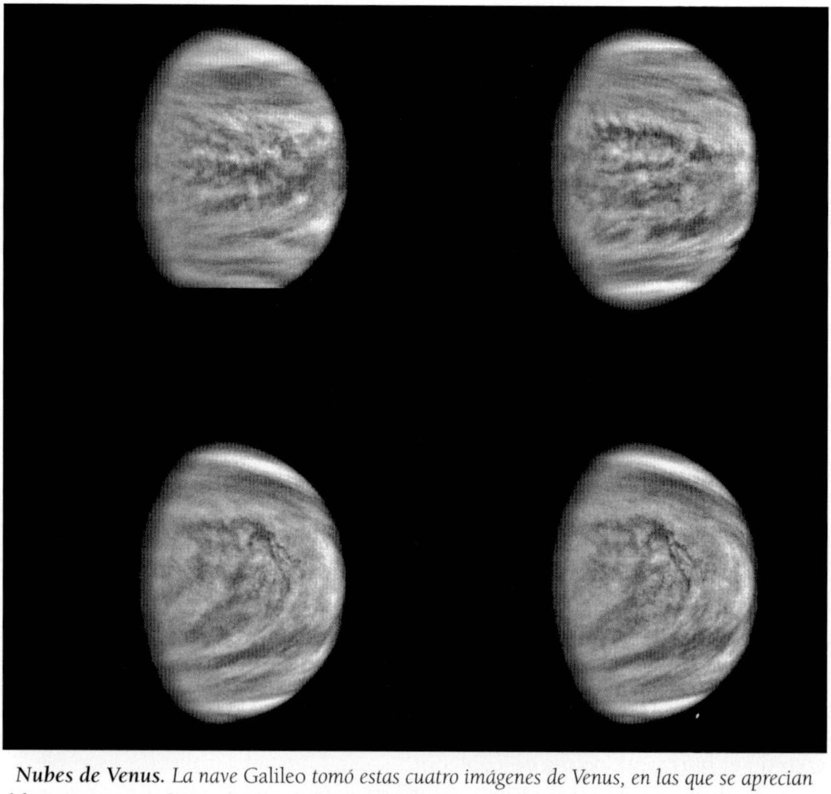

Nubes de Venus. *La nave* Galileo *tomó estas cuatro imágenes de Venus, en las que se aprecian diferentes aspectos de su cobertura nubosa, tan densa que impide observar la superficie del planeta desde la Tierra. La presión atmosférica en aquel planeta es 90 veces superior a la del nuestro.* (NASA/JPL)

astrónomos dotados de telescopios robotizados prefieren localizar Mercurio a plena luz del día, cuando está muy alto en el cielo. Esta opción permite observarlo en mejores condiciones, porque se evitan las turbias imágenes del amanecer y el anochecer a causa de su proximidad al horizonte, aunque es necesario advertir que la localización diurna entraña cierto riesgo por la presencia del Sol, y debe tenerse sumo cuidado en no dirigir accidentalmente el telescopio hacia él.

Tránsitos por el Sol

Mercurio y Venus son los dos únicos planetas con órbitas interiores, por lo que también son los dos únicos que cruzan periódicamente por delante del Sol. Los demás planetas también pueden, como ellos, pasar por detrás, pero nunca por delante debido a que sus órbitas son más lejanas que la de la Tierra.
El paso de Mercurio y Venus por delante del Sol se denomina tránsito. Este concepto también se utiliza para otras efemérides, como el paso de las lunas de Júpiter por delante de este planeta, que también son muy espectaculares, o cuando algún asteroide cruza el disco solar.
Los tránsitos de Mercurio y Venus tienen un complicado mecanismo, pero ya han sido estudiados en varias ocasiones desde que el astrónomo francés Pierre

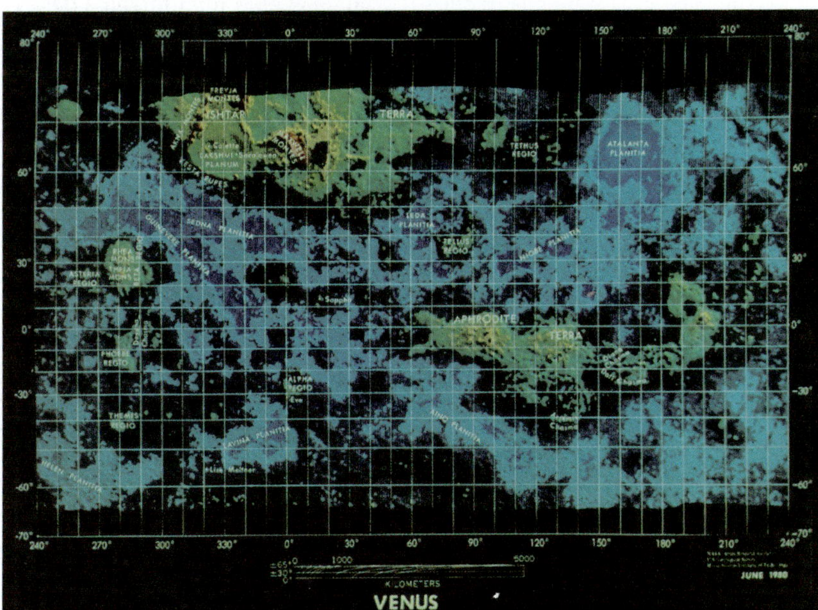

Mapa de Venus. *La NASA trazó este mapa topográfico de Venus a partir de las imágenes de radar enviadas por la nave espacial* Pioneer. *En la ventana óptica, fotografiar la superficie de este planeta no es posible porque queda oculta bajo las densas nubes.* (NASA)

Gassendi fue el primero que observó uno de Mercurio el 7 de noviembre de 1631. Los próximos tránsitos de este planeta se producirán el 7 de mayo de 2003 y el 8 de noviembre de 2006.

Los tránsitos de Venus se rigen por una periodicidad diferente, pero también hay dos de ellos muy próximos: los días 8 de junio de 2004 y 6 de junio de 2012. En Mercurio, los tránsitos ocurren siempre en mayo o noviembre, y en Venus tienen lugar en junio o diciembre. Ello se debe a que para que puedan observarse desde la perspectiva terrestre, ambos planetas tienen que estar en el nodo de sus órbitas durante la conjunción inferior. Asimismo, los puntos de visibilidad desde la Tierra varían en cada tránsito, como también ocurre en los eclipses de Sol. Cuando Mercurio o Venus cruzan por delante del Sol se produce un gran espectáculo, ya que se observa una bola negra que se mueve de forma sorprendente de un lado a otro del disco solar. Como en los demás estudios solares, los tránsitos han de observarse con la protección de un filtro.

La periodicidad de los tránsitos sigue intervalos fijos, pero es sumamente caprichosa. En Mercurio, la pauta es ésta: un tránsito al cabo de 13 años; otro a los 7; uno más 10 años después, y un cuarto que cierra el ciclo, 3 años más tarde. Tras ello se inicia la misma pauta. En el caso de Venus, la periodicidad de los tránsitos es la siguiente: 8 años, 121 años, 8 años nuevamente y 105 años, y así sucesivamente.

El paso de Mercurio de mayo de 2003 y el de Venus de junio de 2004 podrán observarse desde España, pero estos fenómenos han obligado a los astrónomos, durante siglos, a cruzar medio mundo para poder observarlos. Ello ha dado origen a conmovedoras historias, como la de Guillermo Le Gentil, quien en 1760 embarcó rumbo a la India con la finalidad de establecer un campo de observaciones para estudiar un tránsito de Venus por el Sol, previsto para 1761.

Según rezan las crónicas sobre la odisea de Le Gentil, el astrónomo francés inició el viaje con un año de antelación para disponer de tiempo suficiente en los preparativos y encontrar el lugar adecuado de observación en la India. Pero mientras navegaba, la guerra que Francia e Inglaterra libraban por el dominio del país asiático le impidió arribar al lugar previsto, el enclave de Pondichery, en el que el ejército francés había establecido su cuartel principal. El día del tránsito de Venus, el 6 de junio de 1761, Le Gentil aún no había llegado a tierra y debió renunciar a la observación del acontecimiento, pero tal como él mismo había calculado, cabía una segunda posibilidad: el siguiente tránsito, de acuerdo con los ciclos ya sabidos, se produciría ocho años más tarde, en 1769. En ese interludio, las hostilidades entre franceses e ingleses concluyeron y esto permitió al estudioso trasladarse a Pondichery en 1768, anticipándose un año a la fecha señalada, un margen suficiente para organizar su base de observaciones. En el día previsto, el 3 de junio, Le Gentil tenía todos sus instrumentos dispuestos para seguir el tránsito de Venus cuando las nubes llenaron el cielo y le negaron toda visión del fenómeno a pesar de que en esa época del año lo habitual era que estuviese totalmente despejado en aquella región.

Dado que esta vez no habría una tercera oportunidad, puesto que el siguiente tránsito tardaría 105 años, el resignado astrónomo optó por regresar a su país, inconsciente de que a su vuelta le esperaban los mayores sinsabores de su existencia. Tras conseguir desembarcar en Francia once años después de su partida, Le Gentil comprobó estupefacto que en París se le había dado por muerto y que ninguna de sus cartas desde el otro lado del planeta llegó a su destino durante su larga aventura. Más aún, su cargo en la Academia de París fue asignado a otra persona al conocerse su desaparición y sus bienes habían ido a parar a manos de sus familiares, que se repartieron la herencia.

MARTE, EL MUNDO MÁS PARECIDO A LA TIERRA

Después de tantas misiones espaciales y de los increíbles paisajes que han obtenido las cámaras fotográficas, quizá a algunas personas les parezca fuera de lugar observar Marte a través del telescopio. Sin embargo, en las favorables épocas de la oposición, cuando este planeta alcanza el tamaño y el brillo adecuados para una correcta observación, ningún otro objeto depara las mismas sensaciones que Marte, cuya exploración resulta emocionante nada más atisbar alguno de sus dos casquetes polares y comprobar que tenemos ante nuestros ojos el lugar del Sistema Solar más parecido a la Tierra. Júpiter es una gran fuente de satisfacciones por la facilidad de su observación, y los anillos de Saturno impresionan a cualquiera, pero Marte es Marte y no

Planetas hermanos. *La Tierra y Marte, pese a sus notables diferencias, son mundos hermanos. El planeta rojo es el más parecido al nuestro que existe en el Sistema Solar y la ciencia aún tiene pendiente de resolución el enigma sobre la existencia de vida allí, ya sea en el presente o en el benigno pasado que permitió la formación de océanos, ríos y lagos hace millones de años.* (NASA/JPL)

resulta difícil comprender, cuando se centra su imagen en el ocular del telescopio, la fascinación que ha causado siglo a siglo, decenio a decenio, entre los astrónomos que han sido a la vez ciencia y leyenda en la historia de la astronomía: Christian Huygens, Jean Dominique Cassini, William Herschel, Eugène Michael Antoniadi, Percival Lowell, Edward Emerson Barnard y Gerard Peter Kuiper. Ellos son sólo un puñado entre la multitud de astrónomos que ha estudiado Marte desde que, en el año 1659, Huygens vio por primera vez Syrtis Major, la gran región oscura que domina la imagen telescópica del planeta rojo, formada por grandes depósitos de polvo y que hoy siguen observando miles de aficionados.

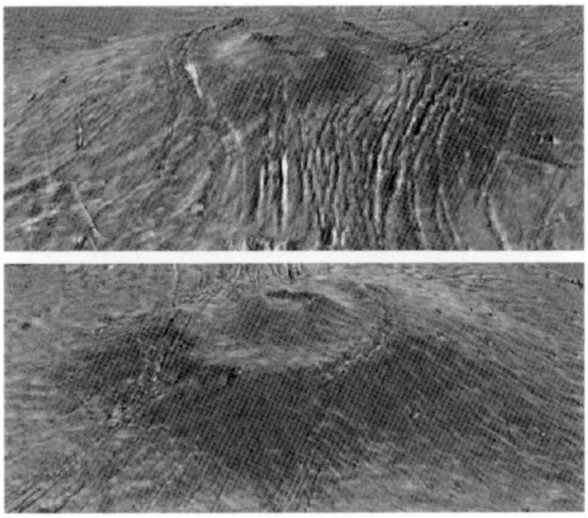

Volcán Alba Patera. *Marte tiene repartidos por su superficie antiguos volcanes con impresionantes calderas. Uno de ellos es Alba Patera, del que aquí aparecen dos vistas correspondientes a imágenes de la sonda espacial* Viking. *(NASA/MOLA Science Team)*

Marte en oposición

Cada dos años, aproximadamente, el planeta rojo entra en oposición al situarse en el lugar opuesto al Sol en la bóveda celeste. Ésta es sin duda la mejor época para observarlo, porque es visible toda la noche y su tamaño aparente aumenta considerablemente respecto a las épocas de su periodo orbital en las que se halla en conjunción con el Sol. En las oposiciones perihélicas, el diámetro angular de Marte puede superar los 25 segundos de arco y queda al alcance de todos los telescopios, ya que incluso con refractores de 80 mm de abertura se pueden observar el casquete polar sur y los principales rasgos de su superficie. Sin embargo, fuera de las oposiciones, en los momentos más desfavorables, el tamaño aparente disminuye hasta los 3,5 segundos de arco, por lo que las condiciones ni siquiera son buenas para estudios con grandes telescopios.

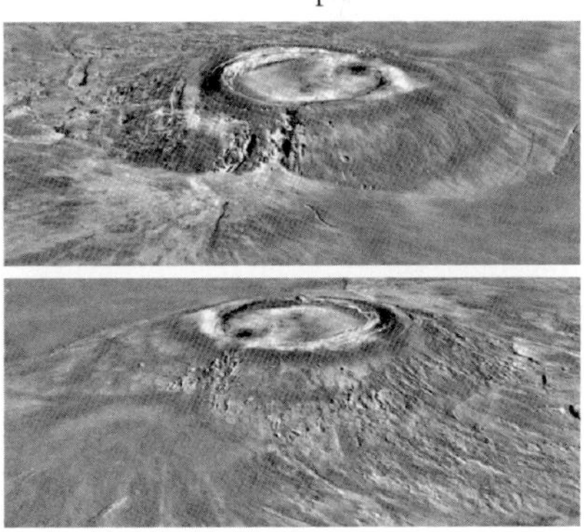

Arsia Mons. *En la región marciana de Tharsis se encuentra el volcán Arsia Mons, descubierto durante la misión espacial* Viking. *Obsérvese la aparición de escarcha en la caldera, visible en las dos imágenes (NASA/MOLA Science Team)*

Precisamente, el carácter cambiante es el atributo que mejor define la

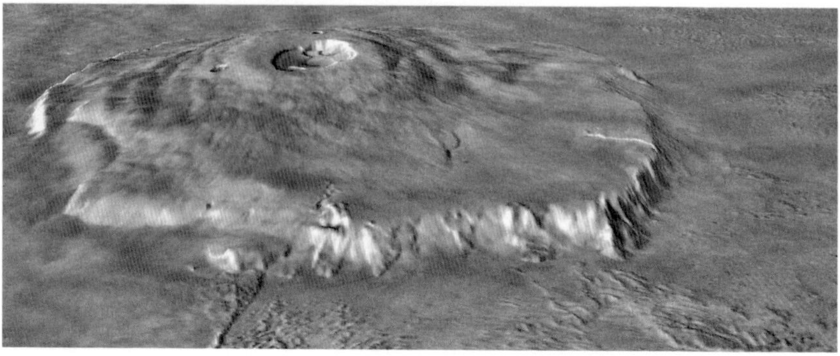

El volcán más grande. *Olympus Mons es el mayor volcán del Sistema Solar, tal como acreditan sus dimensiones: 27 kilómetros de altura y más de 600 kilómetros de diámetro. Es uno de los accidentes de Marte más impresionantes, y en la Tierra no existe nada que se le parezca. (NASA/MOLA Science Team)*

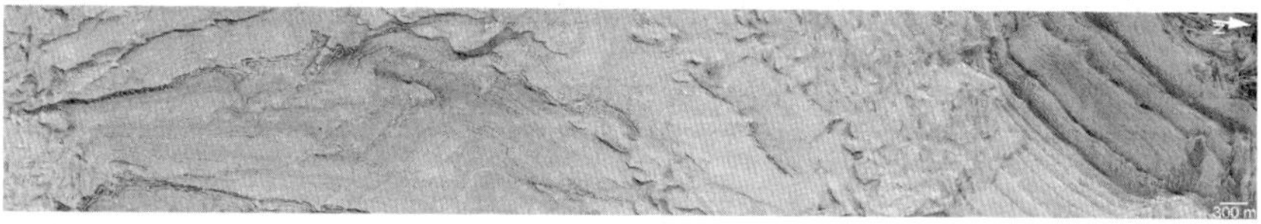

Cráter Becquerel. *Esta apaisada y extraña imagen es muy reciente dentro de la colección fotográfica de la NASA sobre Marte, puesto que data de enero del año 2001. Fue obtenida por la sonda espacial Mars Global Surveyor y muestra el aspecto del cráter Becquerel y los sedimentos que hay a su alrededor. (NASA/JPL/Malin Space Science Systems)*

historia de Marte, la de sus observaciones y, también, la de las teorías acerca de su naturaleza. Hasta mediados del siglo XX se creyó que este planeta era mucho más parecido a la Tierra de lo que sabemos en la actualidad, y desde finales del siglo XIX a las primeras décadas del XX, muchos astrónomos creyeron ver por el telescopio vegetación y paisajes comparables a los de aquí. Sólo las exploraciones espaciales, fundamentalmente gracias a las naves *Mariner* y *Viking*, desterraron esas ideas y revelaron un planeta de tenue atmósfera, desértico e inhóspito, sin presencia aparente de formas de vida en su superficie. Recientemente otra nave, la *Mars Global Surveyor*, ha detectado afloramientos temporales de agua líquida desde el subsuelo a la superficie, y a pesar de que el concepto actual de Marte es muy distinto del que se tenía a mediados del siglo XX, la ciencia debe aclarar aún si hay vida allí o no.

La exploración con telescopio

Todas las descripciones que se anotan a continuación quedan referidas, por supuesto, a la observación de Marte realizada durante la favorable época de la oposición, en la que puede alcanzar la magnitud –2,8 y superar en brillo a los demás planetas, a excepción de Venus. En estas condiciones, la satisfacción está garantizada con la mayor parte de los telescopios, pero debe dejarse claro de antemano que la visión de detalles muy específicos, como las nubes marcianas o los pequeños cambios que se producen cerca de los casquetes polares, sólo está al alcance de aberturas mínimas de 250-300 mm. Los estudios con un refractor de 100 mm o un reflector de 150 mm revelarán los rasgos básicos, que son muchos y muy sugestivos, porque son claramente visibles los casquetes de hielo de los polos, Syrtis Major y los cambios de color que ser producen en la superficie a causa de la dinámica atmosférica. En particular, Marte ha sufrido ocasionalmente violentas transformaciones de su árido paisaje a causa sobretodo de gigantescas tormentas de polvo que suelen producirse cuando se halla en el perihelio, como sucedió en 1971. En esas condiciones, los contrastes habituales de su superficie, que varían del ocre al verde oscuro, tienden a desaparecer, y la tempestad planetaria muestra a los observadores una coloración global anaranjada. Marte registra notables cambios estacionales, cuya envergadura es proporcionalmente gigantesca respecto a lo que ocurre en la Tierra. El año marciano dura 687 días (casi dos años terrestres), aunque el día de allí, con una duración de 24,6 horas, es muy parecido al nuestro. Se ha comprobado también que existe notable similitud entre las estaciones marcianas y terrestres. La disposición del eje de rotación de Marte y su situación orbital en las oposiciones hacen que cuando éstas son perihélicas observemos el casquete polar sur, y cuando son afélicas –se halla en su punto más lejano al Sol– veamos el polo norte.

Gaspra, Fobos y Deimos. *La NASA elaboró esta imagen compuesta para comparar los tamaños del asteroide Gaspra (arriba) y los de las lunas de Marte: Fobos (derecha) y Deimos (izquierda). Estas dos últimas son asteroides capturados gravitatoriamente por el planeta rojo y son los satélites más pequeños del Sistema Solar, con 15 y 27 kilómetros de diámetro máximo, respectivamente. (NASA/JPL)*

En las oposiciones perihélicas es típico que el verano marciano muestre a los observadores el espectacular retroceso del casquete polar sur, ya que las temperaturas estivales son más altas en el hemisferio sur marciano que en el norte. Por esta razón, el casquete norte conserva de forma perenne una importante masa de hielo incluso cuando es verano en este hemisferio. Con telescopios de 250-300 mm es muy interesante buscar las nubes marcianas, para lo cual son adecuados los filtros de colores. Igualmente, en excelentes condiciones de observación, ocasionalmente se observan los grandes depósitos de escarcha que se forman en algunas zonas al amanecer. Fotográficamente, con estas aberturas es factible retratar el casquete polar visible en cada oposición, así como Syrtis Major y algunos de los accidentes principales.

Las oposiciones del siglo XXI

Hasta el año 2020 Marte protagonizará algunas de las mejores oposiciones de los últimos siglos. La mejor de todas es, precisamente, la más inmediata: la del 3 de agosto de 2003. El planeta rojo alcanzará un diámetro angular de 25,1 segundos de arco, un tamaño que sólo se dio una vez en el siglo XX, en la oposición de 1924. Su distancia a la Tierra en el año 2003 será inferior a los 56 millones de kilómetros, por lo que las condiciones de observación serán todavía más favorables que las de la última oposición, en junio de 2001, y que las de 1956, 1971 y 1988, que fueron las que mayor expectación despertaron en la segunda mitad del siglo XX.

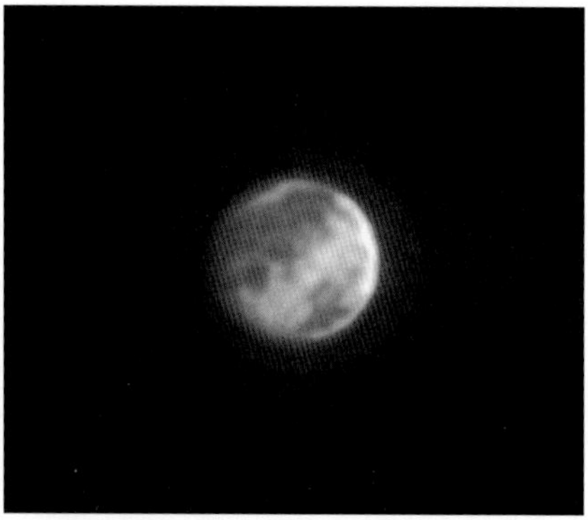

Marte en oposición. *El planeta rojo arrancó en condiciones muy favorables su ciclo de oposiciones del siglo XXI, ya que durante el verano del año 2001 alcanzó un notable tamaño angular. Esta imagen fue tomada mediante una combinación de dos exposiciones de 0,1 segundos mediante una cámara CCD adaptada al gran refractor de 200 mm de abertura y 3000 mm de longitud focal del Centro Astronómico del Alto Turia. (Enrique Arce/Vicente Peris)*

En la próxima década, Marte tendrá dos oposiciones excelentes en los años 2018 y 2020, superando en ambas los 20 segundos de arco de diámetro aparente. En cambio, en enero de 2010 y marzo de 2012, el tamaño angular sólo será de 14 segundos de arco, porque Marte estará en el afelio y esto empeorará las condiciones de observación. Estos vaivenes se deben a los cambios de posición entre Marte, la Tierra y el Sol. Para que se den las circunstancias más favorables, el planeta rojo no tiene que estar sólo en oposición, sino que ha de presentar también la suficiente cercanía a nosotros para que los telescopios puedan aportar imágenes grandes de él.

Hay una recomendación final que debe hacerse especialmente con Marte, a pesar de que se trate de una norma básica para lo estudios planetarios: es fundamental para una buena observación elegir un lugar adecuado que esté alejado de focos de calor y en el que las oscilaciones térmicas diarias sean las menores posibles. El autor ha observado mejores imágenes de Marte con un pequeño refractor de fluorita de 80 mm de abertura en las faldas de una montaña con horizonte libre hacia el sur, a unos 1500 metros de altitud, que con un pesado Schmidt-Cassegrain de 256 mm desde un lugar llano y caluroso situado 1000 metros más abajo. La imagen del primer telescopio era más nítida y estable que la del segundo porque la refracción del aire era menos acusada. Imágenes nítidas a 150 aumentos son más recomendables que las difusas de 300, porque permiten ver más detalles a pesar de su menor tamaño, y esto es particularmente imprescindible en el caso de Marte, ya que su imagen telescópica es la más sensible entre todos los planetas a los problemas de observación relacionados con las turbulencias atmosféricas.

JÚPITER Y LAS LUNAS GALILEANAS

Aunque el título de planeta más bello lo ostenta Saturno, Júpiter es el favorito de los aficionados por un motivo fundamental: es el más fácil de observar. Mercurio no muestra rasgos en el telescopio, Venus es el más brillante, pero sus nubes impiden ver la superficie; Marte es el más fascinante, pero sólo se puede estudiar en buenas condiciones cada dos años y no siempre con el tamaño angular adecuado para los pequeños telescopios, y el trío formado por Urano, Neptuno y Plutón está tan lejos que su exploración ha quedado reservada a las naves espaciales.

En cambio, en Júpiter todo son facilidades. Salvo las épocas muy concretas en que se halla en conjunción con el Sol, su largo periodo orbital de casi 12 años y su gran tamaño real permiten observarlo muy bien durante largos periodos.

Las lunas de Galileo. *Las imágenes planetarias son el máximo reto del astrofotógrafo. En Júpiter es complejo lograr una exposición equilibrada que permita ver, a la vez, detalles superficiales del planeta y algunas de las lunas galileanas. Esta imagen es un ejemplo de los resultados que se consiguen con una exposición correcta para tal cometido. (Branimir Alexandrov)*

Retrato de Júpiter. *El mayor planeta del Sistema Solar presentaba este formidable aspecto el día 7 de diciembre del año 2000, cuando fue retratado por la nave espacial* Cassini *durante su periplo al encuentro de Saturno. Obsérvese a la derecha la Gran Mancha Roja y, a la izquierda, la negra sombra de una de las lunas galileanas, que se hallaba en tránsito. (NASA/JPL/University of Arizona)*

En la oposición su magnitud llega –2,8, por lo que después de Venus es el planeta más brillante a pesar de que ocasionalmente, en los momentos más favorables, Marte pueda igualar ese brillo. Y lo que es mejor, el diámetro angular de Júpiter puede llegar a 48 segundos de arco y siempre es asequible para obtener una imagen detallada de él. Hasta los telescopios de 60 mm revelan algunas de sus principales bandas ecuatoriales si las condiciones son buenas, mientras que las aberturas de 100-150 mm amplían claramente el volumen de detalles, entre los que se encuentra la famosa Mancha Roja, la mayor tormenta conocida en el Sistema Solar, que fue observada por primera vez en las primeras décadas del siglo XIX y dura ya, por tanto, casi 200 años. Los telescopios modestos no muestran el color de la Mancha Roja, sí es fácil distinguir su forma de óvalo y seguir su evolución, ya que se mueve rápidamente por la rotación del planeta, cuyo periodo es inferior a las 10 horas. El seguimiento de las franjas oscuras ecuatoriales es muy interesante. Casi siempre son visibles las dos principales, las más próximas al ecuador, pero cuando la atmósfera está serena, los telescopios de 100-150 mm aportan preciosas vistas en las que se aprecian perfectamente las bandas más próximas a las regiones polares, así como las estrías verticales que surgen de ellas. Júpiter es el planeta más grande del Sistema Solar, con un diámetro que roza los 143 000 kilómetros. Su distancia al Sol, no obstante, es de casi 800 millones de kilómetros, por lo que su temperatura es sumamente fría, del orden de –150 grados. La sonda *Voyager 1* descubrió en 1979 que el planeta está rodeado por un anillo que no es visible por los telescopios. Aunque su envergadura es inferior a la del anillo de Saturno, el hallazgo sorprendió a los científicos, pero sólo fue el principio, porque más tarde se descubrió también que Urano y Neptuno, tercer y cuarto planeta más grandes, respectivamente, tenían sus propios anillos. Así pues, los cuatro planetas más grandes del Sistema Solar, todos ellos gaseosos, tienen anillo.

Lunas en tránsito

Júpiter tiene 39 lunas, pero el número no para de crecer. Las cuatro primeras fueron descubiertas en 1610 por Galileo Galilei y se llaman Ganimedes, Europa, Io y Callisto. La quinta, Amalthea, no fue descubierta hasta 1892 por Edward Emerson Barnard, y para conocer el resto ha habido que esperar a la labor de las naves espaciales *Voyager* y de grandes telescopios modernos,

La luna más grande. *Descubierta por Galileo en 1610 junto a Io, Callisto y Europa, Ganimedes es la luna más grande del Sistema Solar, con un diámetro de 5262 kilómetros. También figura entre las más bellas, y esta imagen de la NASA es prueba de ello. (NASA/JPL)*

Júpiter con Io. *El papel que desempeñan las cámaras CCD en la obtención de imágenes planetarias queda patente en este encuadre en el que aparecen Júpiter y su satélite Io (arriba, izquierda). Las cámaras fotográficas tradicionales nunca obtienen los mismos detalles de los planetas. (Enrique Arce/Vicente Peris)*

como el propio Hubble, que han ampliado la familia de forma notable, aunque en la mayor parte de los casos se trata de satélites cuyo tamaño es de sólo unas cuantas decenas de kilómetros, en comparación con el diámetro de 5262 kilómetros que tiene Ganimedes, que no sólo es la mayor luna de Júpiter, sino también la más grande del Sistema Solar. Su tamaño supera al de Mercurio y Plutón.

Ganimedes, Io, Europa y Callisto son muy brillantes, ya que su magnitud intrínseca oscila entre 4,6 y 5,7. Todos ellos deberían ser observables, pues, a simple vista, pero el extraordinario brillo de Júpiter impide distinguirlos. Sin embargo, las cuatro lunas galileanas ya aparecen ante el observador con unos simples prismáticos de 7 × 50, siempre y cuando se use un trípode para sostener el instrumento.

Los telescopios, incluso los de 80 mm de abertura, permiten ver bastantes más cosas que los simples puntitos de luz de los satélites junto a Júpiter. Así, entre los mejores espectáculos celestes que depara el Sistema Solar se encuentran los eclipses y tránsitos de Ganimedes, Io, Europa y Callisto. El tránsito de una luna joviana es muy parecido al paso de Mercurio o Venus por el Sol, con la ventaja de que pueden observarse prácticamente a diario. El telescopio muestra el disco brillante de Júpiter, con sus bandas ecuatoriales y la Mancha Roja, y la aparición de un punto negro, como de una diminuta bola, que avanza por la superficie joviana. Ese punto negro es la sombra de la luna en tránsito, que produce un microeclipse sobre Júpiter. Al pasar por detrás del gigantesco planeta, las lunas galileanas también son eclipsadas y desaparecen de la vista del observador. Seguir la evolución de estos satélites, bien en tránsito o bien cuando son eclipsadas, puede ser tan interesante como estudiar los rasgos superficiales del planeta. La información sobre la fecha y hora de estas efemérides son publicadas periódicamente por las revistas especializadas y por algunos anuarios de observatorios astronómicos. Lamentablemente, ninguna de las cuatro lunas galileanas tiene el tamaño suficiente para que puedan apreciarse detalles en ellas. Sin embargo, gracias a las misiones espaciales enviadas por la NASA tenemos en la actualidad una valiosísima información sobre su naturaleza. Io es un satélite lleno de volcanes, cuya gran actividad lo convierten en uno de los lugares más inhóspitos del Sistema Solar. Ganimedes, el satélite más grande que se conoce, tiene su superficie helada y llena de surcos, como si fuera un campo arado. Callisto también tiene su superficie helada, pero es muy llamativa la presencia de cráteres de impacto que la perforan. Y Europa es una de las lunas más increíbles del Sistema Solar, con una costra de hielo bajo la que puede haber un océano de agua salada de unos 100 kilómetros de profundidad, tal como sugieren numerosos estudios elaborados a partir de las imágenes de las sondas espaciales *Voyager* y *Galileo*. Por esta razón, Europa es, junto a Marte, la principal esperanza de los exobiólogos para encontrar otras formas de vida fuera de la Tierra.

SATURNO

Para quienes observan por primera vez el cielo con un telescopio, Saturno es el objeto celeste más maravilloso. No se aprecian tantos detalles como en Júpiter, pero hay uno de ellos que nunca se olvidará: los anillos que rodean al planeta. Su imagen causa habitualmente una gran emoción, porque simboliza perfectamente la belleza del firmamento, y el telescopio le muestra al observador debutante ese hermoso astro que él deseaba ver.
La armonía cósmica que evoca Saturno no se da en ningún otro astro, y ni siquiera la espectacularidad visual de los cráteres lunares o de las protuberancias solares causa las mismas sensaciones que la estampa de este planeta, cuya perfección de formas es obra de la gravedad, que ha trabajado durante millones de años para dibujar los anillos alrededor de él.

El vaivén de Saturno. *Esta secuencia fotográfica de Saturno refleja los cambios de posición respecto a la perspectiva terrestre, que producen una cíclica inclinación aparente de los anillos.* (NASA/STScI/AURA)

El planeta más bello. *Aunque los telescopios nunca podrán igualar esta fotografía de la sonda espacial* Voyager, *lo que miles de observadores ven de Saturno casi diariamente a través del ocular es equiparable en belleza. Hasta los más sencillos refractores de 50 o 60 mm de abertura permiten ver los anillos, siempre que el telescopio disponga de trípode y la imagen sea estable. (NASA/JPL)*

El hombre, sin embargo, no pudo ser testigo de la belleza de Saturno hasta que se inventó el telescopio. Su magnitud visual sólo es de –0,3 en las épocas de máximo brillo, por lo que Venus, Marte y Júpiter destacan mucho más que él en el cielo, y esto hizo que en la antigüedad fuera el planeta que menos interés despertó entre los astrónomos. En ello influyó también su lentitud, ya que al ser el más lejano –su distancia media al Sol es de 1427 millones de kilómetros– los demás se desplazan con mayor rapidez entre las estrellas.

Su periodo de revolución orbital en torno al Sol es de 25 años, de forma que Saturno pasa lentamente de una constelación a otra y cada año se le localiza fácilmente en el cielo. Galileo fue el primero en observarlo con el telescopio, pero no pudo descubrir los anillos porque la óptica del instrumento que usaba no tenía la resolución necesaria. Los anillos de Saturno, de hecho, le causaron a él y a otros astrónomos de su época considerables quebraderos de cabeza, porque la imagen que veían les mostraba un planeta caótico, diferente a las esferas perfectas de Júpiter y la Luna.

La resolución del problema se consiguió en 1656 gracias a Christian Huygens, quien comprendió que el planeta estaba rodeado de un anillo y así lo anunció públicamente. Actualmente sabemos, gracias a las sondas espaciales, que el planeta tiene al menos siete anillos de diferentes grosores, aunque desde la Tierra los telescopios sólo muestran habitualmente los principales: los anillos A, B y C. El más grueso de ellos es el B, el anillo central, que tiene un espesor de unos 25 000 kilómetros.

Saturno, debido a su mayor distancia, es todavía más frío que Júpiter, y su temperatura no anda lejos de los –200 grados.

La División de Cassini y los cambios en los anillos

Los anillos A y B están separados por la División de Cassini, un hueco de unos 5000 kilómetros de anchura que fue descubierto en 1675 por Jean Dominique Cassini. Esta división resulta fácilmente reconocible mediante casi todos los telescopios, sobre todo cuando la atmósfera se presenta muy serena y Saturno se halla en muy buenas condiciones de observación. Asimismo, el anillo A está partido en dos por la División de Encke, cuya observación no está al alcance de los telescopios del aficionado.

División de Cassini. *Los anillos de Saturno revelan claramente en esta imagen de la nave* Voyager *la División de Cassini, el gran espacio principal que los separa y que es visible desde la Tierra a través de los telescopios. (NASA/JPL)*

El anillo C es difícil de distinguir del B a primera vista, pero cuando se analiza con detenimiento aparece claramente con su coloración más oscura, que le da una tonalidad grisácea en vez de la blanca dominante en el anillo B.

La visibilidad de los anillos no es siempre favorable. El planeta se balancea con un ciclo de 15 años que hace cambiar de posición los anillos, de forma que cuando Saturno tiene la máxima inclinación –en el año 2002–, la visión puede hacerse en las mejores condiciones. En cambio, en 1995, durante la fase intermedia del ciclo, Saturno estaba de canto respecto a nosotros y sólo era posible ver la esfera del planeta y dos finos segmentos que surgían a ambos lados del ecuador.

A través del telescopio

El tamaño angular de Saturno es claramente inferior al de Júpiter. En el máximo alcanza los 21 segundos de arco –menos que Marte en las oposiciones perihélicas–, pero lo habitual es que su diámetro aparente oscile en torno a los 18 segundos de arco. Por eso, al margen del aspecto distintivo que le otorgan los anillos, no es fácil reconocer detalles en la superficie planetaria, a diferencia de lo que ocurre en Júpiter.

Con telescopios de 80-100 mm cuesta demasiado reconocer el principal cinturón próximo al ecuador y sólo en los momentos en los que la atmósfera está realmente quieta es posible ver, durante pocos segundos, algunas bandas oscuras similares a las de Júpiter. Los telescopios de 250-300 mm mejoran bastante la visión de Saturno, pero nunca se alcanza la nitidez de detalles que presenta Júpiter. El uso de filtros amarillos puede ayudar en el estudio de las bandas ecuatoriales, ya que acentúa el contraste.

Saturno con una CCD. *Además de mostrar las divisiones de Cassini y Encke en los anillos, esta imagen de Saturno muestra al gigantesco planeta acompañado de dos de sus lunas: Rhea (izquierda) y Dione (abajo). (Enrique Arce/ Vicente Peris)*

Sí que son fáciles de distinguir, con telescopios de 80-100 mm, algunas de las 30 lunas de Saturno. Titán, descubierta por Christian Huygens en 1655 es la más brillante de ellas, con una magnitud de 8,3. El observador la reconocerá fácilmente, puesto que tiene un periodo orbital de 16 días y cambia de posición frecuentemente a uno y otro lado del planeta. Parece una pequeña estrella, pero su movimiento permite identificarla.

Titán es la segunda luna más grande del Sistema Solar, con un diámetro de 5150 kilómetros. Además, tiene unos atributos notables, porque ningún otro satélite tiene una atmósfera tan densa como la suya, que supera en este aspecto incluso a la de la Tierra. Por esta razón, las naves *Voyager* no pudieron fotografiar Titán durante sus misiones al sistema de Saturno, ya que la densa atmósfera oculta la superficie. En el año 2004 está previsto que el módulo *Huygens* de la sonda *Cassini* descienda sobre la superficie de esta impresionante luna para analizar la composición de su atmósfera y enviar los primeros datos acerca de la naturaleza de uno de los lugares más misteriosos del Sistema Solar. Algunos científicos no descartan que en Titán pueda haber océanos de metano y que allí se estén dando las condiciones previas para que en el futuro pueda haber vida.

Rhea, Tetis, Dione, Encelado y Japeto son las otras cinco lunas que, ocasionalmente, quedan al alcance de los telescopios de 100-150 mm de abertura. Como ocurre en Titán, hay que buscarlas por su proximidad y cambios de posición en torno a Saturno, pero no son tan sencillas de ver, ya que aparecen como puntitos muy tenues. Salvo Encelado, que fue descubierta por William Herschel en 1789, el hallazgo de estas lunas fue obra de Jean Dominique Cassini entre los años 1671 y 1684.

URANO, NEPTUNO Y PLUTÓN

Urano creciente. *Inasequible a los telescopios, Urano se dejó fotografiar por la nave* Voyager *cuando presentaba este sugestivo creciente y una gran parte del planeta permanecía a oscuras desde la perspectiva de la sonda espacial.* (NASA/JPL)

Los tres planetas más lejanos del Sistema Solar son también los más difíciles de observar. Urano, Neptuno y Plutón fueron confundidos con estrellas por muchos astrónomos hasta que se descubrió su verdadera naturaleza planetaria. El problema es su escaso brillo y la ausencia de detalles visibles por el telescopio, ya que su tamaño angular es diminuto en comparación con el de los demás planetas. Ésa es la razón por la que Mercurio, Venus, Marte, Júpiter y Saturno fueron los cinco planetas conocidos durante milenios, hasta que en 1781 William Herschel descubrió Urano, que se convirtió en el sexto planeta de la familia del Sol. Después le tocó el turno a Neptuno en 1846, año en que fue localizado por Johann Galle gracias a las predicciones de Urbain Jean Joseph Le Verrier y John Couch Adams. Y, finalmente, Clyde Tombaugh encontró Plutón en 1930, cerrando hasta la fecha la sucesión de planetas descubiertos en el Sistema Solar.

Urano, Neptuno y Plutón no son materia predilecta entre los observadores, aunque ello no resta interés al conocimiento de tres planetas muy peculiares que han protagonizado la búsqueda de nuevos mundos durante los tres últimos siglos. Aunque todavía no ha podido descartarse definitivamente que haya otros planetas más allá de Plutón y el fantasma del planeta X resurge de cuando en cuando, actualmente los astrónomos están más atentos a la búsqueda de nuevos planetas en otros sistemas solares.

Urano, un planeta para ver con los ojos

Ha sucedido con numerosos cuerpos celestes, y Urano no fue una excepción: lo vieron en la antigüedad muchos astrónomos, pero no repararon en que se trataba de un planeta, porque incluso a primera vista a través de los telescopios existentes siglos atrás, sólo parecía una estrella azulona. Su magnitud en las oposiciones oscila entre 5,7 y 6,1, por lo que queda al alcance del ojo humano, que en buenas condiciones, fuera de las ciudades y en sitios con cielos transparentes, puede distinguir estrellas hasta la magnitud 6,5. De hecho, una vez conocida su posición en el cielo, numerosos observadores han conseguido contemplarlo a simple vista, sin necesidad de recurrir a los prismáticos o el telescopio.

Anillos de Urano. *Gracias a las naves espaciales Voyager, en las décadas de 1970 y 1980 se asistió a una extraordinaria cadena de descubrimientos en los planetas exteriores del Sistema Solar. Uno de los grandes hallazgos fue, en realidad, una confirmación: la de que Urano tenía anillos, como Saturno y Júpiter, algo que ya se sospechaba desde que años antes se observó cómo una estrella parpadeaba junto al planeta. (NASA/JPL)*

La órbita de Urano en torno al Sol dura 84 años, y esta circunstancia contribuye a explicar por qué algunos astrónomos llegaron a verlo pero no se dieron cuenta de que se trataba de un planeta. Y es que, a causa de su lejanía, Urano se mueve tan lento en el cielo que parece otra estrella más. En el telescopio, con grandes aumentos, Urano se presenta como una canica, ya que su diámetro angular es de sólo 4 segundos de arco. Esto explica por qué es prácticamente imposible distinguir algún rasgo del planeta, aun en el supuesto de que se utilicen grandes telescopios.

La verdadera identidad de Urano, cuyo diámetro es de 51 118 kilómetros, la conocemos gracias a las sondas espaciales que han cruzado el Sistema Solar para fotografiarlo, pero desde la Tierra ha sido posible descubrir aspectos muy importantes, como la existencia de sus anillos, mucho más finos que los de Saturno. Fueron detectados porque su presencia hizo parpadear la imagen de una estrella que se hallaba detrás del planeta, y actualmente se sabe que hay 11 anillos, cuyo albedo es tan bajo que nunca han sido vistos directamente mediante los telescopios.

Urano, que se halla a 2870 millones de kilómetros de distancia media del Sol y cuya temperatura es inferior a los –200 grados, tiene otra particularidad muy significativa: su eje de rotación está inclinado casi 98 grados respecto a su plano orbital, por lo que sus polos apuntan periódicamente hacia la Tierra y el Sol. Otro dato que tener en cuenta es su número de lunas. Hasta la fecha se han contabilizado 20 satélites, entre los que los más destacados son Titania, Oberon, Ariel, Umbriel y Miranda. Los dos primeros fueron descubiertos por el propio William Herschel en 1787, siete años después de su histórico hallazgo de Urano. Estas lunas tienen magnitudes que oscilan entre la 14,0, en el caso de Titania, y la 16,5 en el de Miranda. Por tanto, quedan fuera del alcance de los telescopios pequeños, y sólo es posible localizarlas, y no siempre, con instrumentos potentes.

Neptuno, el último gigante

Con un diámetro de 49 528 kilómetros, Neptuno es casi tan grande como Urano, pero está mucho más lejos, ya que su distancia media al Sol es del orden de los 4500 millones de kilómetros. Es el último planeta gigante del Sistema Solar, puesto que Plutón es un mundo diminuto, incluso si se compara con la Tierra.

Mancha oscura en Neptuno. *Este extraño lugar de la gaseosa superficie de Neptuno guarda cierto parecido con la Gran Mancha Roja de Júpiter, y fue descubierto durante la misión* Voyager. *(NASA/JPL)*

La magnitud visual de Neptuno es de 7,8 y su tamaño angular, de apenas 2,5 segundos de arco. No es, por tanto, observable a simple vista y la imagen telescópica aporta menos detalles aún que en el caso de Urano. Su movimiento en el cielo es también más lento, puesto que su órbita tiene una duración de 165 años, y por ello Neptuno pasa largos periodos en cada una de las constelaciones celestes por las que pasa en su movimiento aparente sobre el cielo. Actualmente se halla en Capricornus.

La búsqueda y el descubrimiento de Neptuno supusieron una de las mayores gestas de la historia de la astronomía. Desde que William Herschel había localizado Urano en 1781, los astrónomos buscaban obsesivamente el octavo planeta del Sistema Solar, ya que apenas se dudaba de su existencia, entre otras razones porque se habían observado claras anomalías gravitatorias sobre Urano. La gesta tuvo tres nombres propios: Urbain Jean Joseph Le Verrier, John Couch Adams y Johann Galle. A este último le cupo la gloria de descubrirlo a través del telescopio, pero Le Verrier y Adams predijeron acertada, aunque independientemente, la posición en que debía

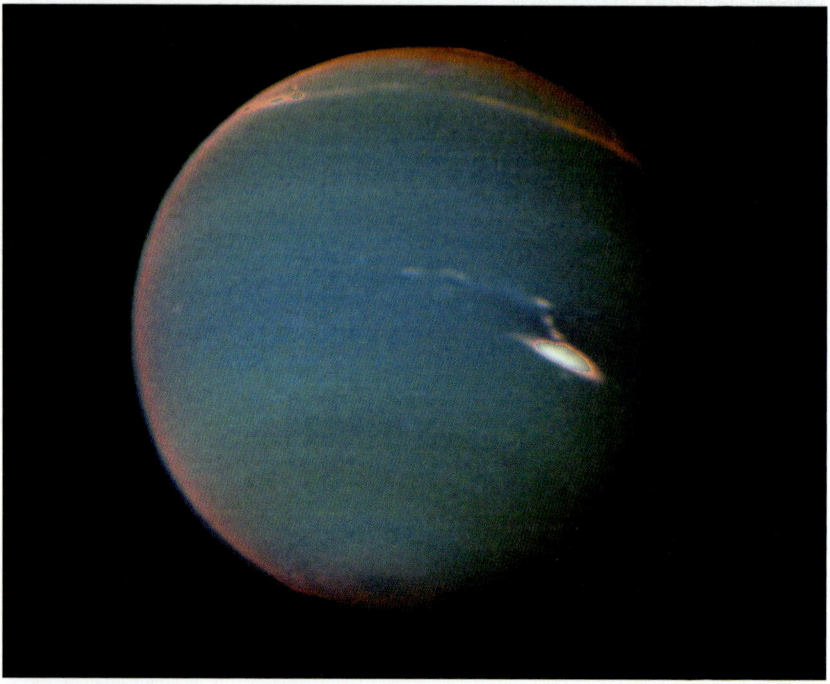

Neptuno. *A una distancia media de 4500 millones de kilómetros del Sol, Neptuno es el penúltimo planeta del Sistema Solar. Supera los 49 000 kilómetros de diámetro y comparte con Saturno, Júpiter y Urano el atributo de poseer anillos, aunque son tan difusos que no aparecen en las fotografías. (NASA/JPL)*

encontrarse Neptuno, y sus cálculos fueron los que usó Galle para buscarlo en los cielos. La información actual sobre este planeta, gracias sobre todo a la nave *Voyager 2*, es extraordinaria, y sabemos de él que comparte con Saturno, Júpiter y Urano el atributo de poseer anillos.

Plutón, un planeta que parece un asteroide

Descubierto en 1930 por el norteamericano Clyde Tombaugh desde el Observatorio Lowell, en Flagstaff (Arizona), Plutón es un planeta sumamente extraño. Su hallazgo fue la culminación de una larga búsqueda en pos del llamado planeta X, al que se han atribuido históricamente influencias gravitatorias sobre Urano y Neptuno, pero cuya existencia no ha podido demostrarse, aunque tampoco se haya descartado. Plutón, en realidad, no es el planeta X que buscaban muchos astrónomos a principios del siglo XX, puesto que tiene un diámetro de 2320 kilómetros, lo que le convierte en el hermano pequeño de la familia planetaria del Sistema Solar, ya que ese tamaño ni siquiera es la mitad que el de Mercurio.

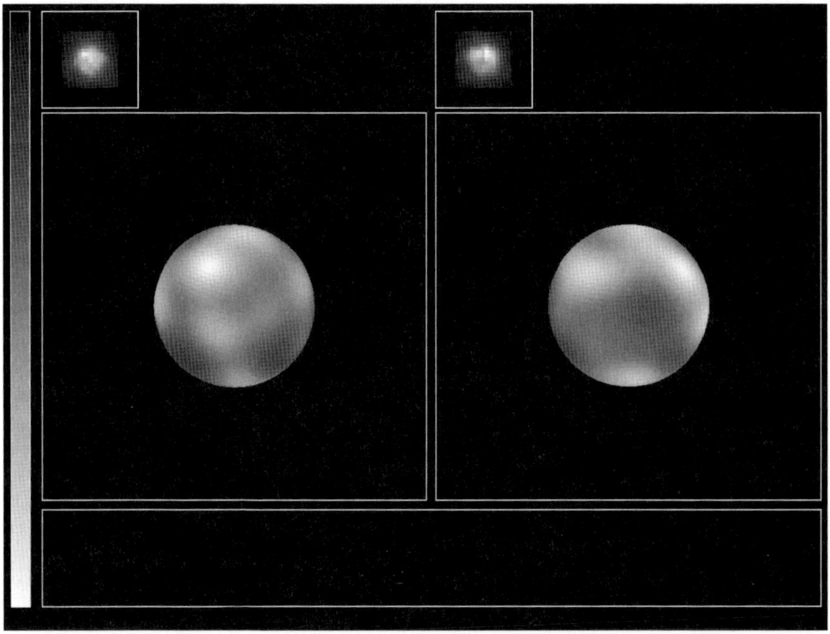

Superficie de Plutón. *El* Hubble *es el primer telescopio que ha conseguido fotografiar rasgos en la superficie de Plutón, aunque las imágenes sólo aportan visualmente pequeñas diferencias de tonalidad. El problema es que este planeta sólo tiene 2320 kilómetros de diámetro y se halla a una distancia media del Sol de 5900 millones de kilómetros. (NASA/JPL)*

Actualmente existe un debate entre la comunidad astronómica acerca de la verdadera naturaleza de Plutón. Varios grupos de científicos creen que no es un planeta, sino un asteroide de gran tamaño perteneciente al Cinturón de Kuiper, el anillo asteroidal existente en la parte exterior del Sistema Solar.
Si fuera así, Plutón se convertiría en el mayor asteroide conocido, puesto que dicho título le corresponde actualmente a Ceres, de 940 kilómetros de diámetro, que se halla en el llamado cinturón principal de asteroides, situado entre las órbitas de Marte y Júpiter. Las propuestas para cambiar el concepto de Plutón no han sido aceptadas, por el momento.
En 1978, el astrónomo James Christy descubrió Caronte, la luna de Plutón. Tiene un diámetro de 1300 kilómetros, por lo que se trata del mayor satélite del Sistema Solar en proporción al tamaño de su planeta, superando en este aspecto a la Luna, que era un caso atípico dentro del Sistema Solar.
El Telescopio Espacial *Hubble* aportó hace algunos años las primeras imágenes de Plutón y Caronte por separado, ya que anteriormente ningún otro telescopio había conseguido la resolución necesaria. Pese a ello, el potente *Hubble* sólo muestra rasgos muy difusos de Plutón y su luna, lo que

viene a confirmar que se trata de un planeta que para los observadores del cielo sólo se traduce en un punto de luz. Visto por cualquier telescopio que tenga la capacidad óptica necesaria para ello, Plutón parece una estrella, y no una estrella más, sino una de brillo muy débil, ya que tiene la magnitud 13,7. Se necesita una abertura de 200 mm, al menos, para poder localizarlo, lo cual puede ser una actividad sugestiva y emocionante, ya que de alguna forma el aficionado percibirá las dificultades que, muchos decenios antes, atravesaron astrónomos como Clyde Tombaugh durante la larga búsqueda de este extraño planeta.

Las mediciones efectuadas hablan de una temperatura de –200 grados en Plutón, cuya órbita es anómala, ya que está inclinado 17,1 grados respecto a la eclíptica, algo que no sucede en ningún otro planeta. Su periodo orbital es de 248 años, es decir, que mientras que él da una vuelta completa alrededor del Sol, la Tierra da 248. Hay que recordar, no obstante, que la forma elíptica de su trayectoria orbital lo lleva hacia el interior del Sistema Solar, por lo que durante una parte de su largo año Plutón está más próximo al Sol que Neptuno, a una distancia de 4425 millones de kilómetros. Así ocurrió en el perihelio de 1989, pero en la actualidad ya ha recuperado su posición como último planeta desde el Sol.

SEXTA PARTE

ESTRELLAS, LAS HERMANAS DEL SOL

LOS COLORES DE LAS ESTRELLAS Y LA CLASE ESPECTRAL

Chamaeleon I. *La privilegiada ubicación austral del European Southern Observatory ha permitido obtener información e imágenes de objetos no observados hasta fechas recientes. La nebulosa Chamaeleon I, en la foto, está en la constelación del mismo nombre. Sus colores recuerdan a la nebulosa de Rho Ophiuchi. (European Southern Observatory)*

El color de las estrellas está estrechamente relacionado con su temperatura. Las azules son muy calientes, con temperaturas que pueden alcanzar los 40 000 grados; en la gama media se hallan las estrellas amarillas, como el Sol, con rangos próximos a los 6000 grados, y entre las más frías se hallan las estrellas rojas, en las que el patrón de referencia es de 3000 grados.

En el siglo XIX los astrónomos iniciaron la compleja tarea de clasificar el espectro de las estrellas mediante categorías ajustadas a su temperatura y color. El mayor trabajo realizado con este objetivo fue obra de la astrónoma estadounidense Annie Jump Cannon, del Observatorio del Harvard College, a quien se debe la ordenación básica heredada hasta la actualidad, que asigna una letra a cada tipo espectral en la siguiente serie: O, B, A, F, G, K y M. En ella, las estrellas de tipo O son las más calientes, y las M, las

Barnard 68. *Este "agujero" en el firmamento es la nebulosa oscura Barnard 68 (Región Celeste 48), una nube de polvo que ensombrece el brillo estelar de la Vía Láctea en la constelación de Ophiuchus. El VLT captó esta mágica escena de la nebulosa rodeada de estrellas de diversos colores. (European Southern Observatory)*

más frías. Además de las letras, el sistema añadía un rango numérico, desde 0 hasta 9 para separar con mayor precisión, dentro de cada tipo espectral, las estrellas más calientes de las más frías. Por ejemplo, el Sol y Tau Ceti (Región Celeste 16) comparten la clase espectral G, pero sus pequeñas diferencias de temperatura hacen que el Sol sea una estrella G2 y Tau Ceti sea G8.

El sistema espectral de Harvard se utiliza en la actualidad, pero se le ha añadido el rango de luminosidad, es decir, el índice de radiación de cada estrella, ya que su energía no depende exclusivamente de su temperatura, sino también de su tamaño. Así, las estrellas Antares y Betelgeuse son más frías que el Sol y Tau Ceti, pero mucho más luminosas porque son supergigantes. De esta forma, en el sistema actual, a la letra del tipo espectral y el número que ordena el rango de temperatura, se ha añadido una fila con números romanos en la que se especifica la luminosidad de la estrella en función de su tamaño: el I corresponde a las supergigantes y el V a las enanas. De acuerdo con ello, el Sol es una estrella G2V y Tau Ceti es G8V. A Betelgeuse se le asigna la clase espectral M2I y a Antares, la M1I.

Películas de paso ancho. *Los observadores interesados en la astrofotografía deben estudiar la posibilidad de recurrir a formatos de películas más grandes que los de paso universal, como el 6 × 6 o el 6 × 7. La calidad de imagen es muy superior en estos dos casos, aunque el precio también lo es en el capítulo del equipo fotográfico. Esta imagen de la constelación de Cygnus es de formato 6 × 7. (Vicente Aupí)*

En los estudios científicos de cada estrella se añaden más subdivisiones a la clase espectral, fundamentalmente relativas a las líneas de emisión, pero para las necesidades del observador del cielo es más que suficiente con la clasificación espectral y los rangos de temperatura y luminosidad.

La Secuencia Principal y el diagrama de Hertzsprung-Russell

Una estrella estable como el Sol transforma continuamente hidrógeno en helio en su interior y permanece miles de millones de años en equilibrio gracias a esa reserva de combustible. En el futuro, sin embargo, cuando el hidrógeno se acabe, el Sol se convertirá en una gigante roja y abandonará la denominada Secuencia Principal, la fase de la vida estelar en la que la temperatura y la luminosidad se mantienen en equilibrio y en la que se halla la mayor parte de las estrellas.

A principios del siglo XX, el astrónomo danés Ejnar Hertzsprung y el estadounidense Henry Norris Russell analizaron, de forma independiente, la relación entre el brillo de las estrellas, su luminosidad y su temperatura. El trabajo de ambos sirvió después para dar origen al diagrama de Hertzsprung-Russell, en el que se compara, precisamente, el brillo estelar con su temperatura para poder obtener información sobre su masa y la fase de su evolución en la que se encuentra. Dentro de ese diagrama, la mayoría de las estrellas ocupan una larga franja que abarca desde la parte inferior derecha hasta la superior izquierda, y que es la Secuencia Principal, en la que el Sol ocupa una zona intermedia.

Todas las estrellas de la Secuencia Principal son enanas, aunque no todas las enanas pertenecen a la Secuencia Principal. Las enanas rojas, como Proxima Centauri y la Estrella de Barnard, ocupan el extremo inferior derecho de la secuencia. Sin embargo, las enanas blancas, como Sirius B, están fuera de la Secuencia Principal y ocupan el ángulo inferior izquierdo del diagrama de Hertzsprung-Russell.

Las estrellas gigantes y supergigantes también están fuera de la Secuencia Principal, en la parte superior del diagrama. Las supergigantes azules, como Rigel, ocupan la parte izquierda de un segmento de la parte superior –fuera de la secuencia– en cuya parte derecha están las supergigantes rojas, como Betelgeuse, Antares y Mira.

LAS ESTRELLAS MÁS CERCANAS

El Sol no habita una región de la Vía Láctea especialmente densa. Se halla a unos 26 000-30 000 años luz del centro de la galaxia, en el llamado Brazo de Orion, del que también forman parte la inmensa mayoría de las estrellas visibles desde la Tierra. Dentro del brazo, el sector concreto que ocupamos tiene sus estrellas más próximos a 4,22-4,40 años luz de distancia, formado por las tres componentes del sistema de Alfa (α) Centauri (Región Celeste 30), de las cuales, la más cercana es Proxima Centauri, situada a 4,2 años luz, y de magnitud visual 11,01. Se trata de una enana roja cuyo brillo es 20 000 veces más débil que el del Sol, aunque una de sus características es que sufre cambios súbitos de brillo.

Rigil Kentaurus o Alfa^1 (α) Centauri es la estrella principal del sistema, con una magnitud de –0,01. Su compañera es Alfa^2 (α) Centauri, cuya magnitud es 1,35, y forma un sistema binario con la estrella principal, girando ambas en torno a un centro de gravedad común en un periodo de 80 años.

Esta pareja está ligeramente más lejos del Sol que Alfa Centauri, ya que las estimaciones las sitúan a 4,40 años luz. En cualquier caso, genéricamente el sistema de Proxima Centauri es el más próximo al Sol, y sus tres componentes son las estrellas más cercanas entre toda la vecindad de la galaxia.

La observación de este sistema triple queda reservada únicamente a los observadores del hemisferio sur, ya que su declinación está comprendida entre los –61 y –62 grados.

La estrella fugitiva

En la constelación de Ophiuchus se encuentra la Estrella de Barnard (Región Celeste 43), la segunda más próxima, aunque si se contabilizan por separado las tres componentes de Alfa Centauri, se trataría de la cuarta. Tiene la magnitud 9,54 y presenta unas características físicas muy parecidas a las de Proxima Centauri, puesto que ambas son enanas rojas y pertenecen a la clase espectral M.

La Estrella de Barnard se halla a 5,94 años luz y tiene un comportamiento sorprendente. Es la que posee un mayor movimiento propio, al desplazarse cada año 10,31 segundos de arco en el cielo, sobre el que sus cambios de posición pueden detectarse por parte de cualquier observador siempre y cuando se utilice un telescopio, ya que la estrella no es visible a ojo

Estrella de Barnard. *Estas dos fotografías corresponden a los años 1950 y 1997, respectivamente. En ellas se observa perfectamente el rápido desplazamiento de la Estrella de Barnard en el cielo durante los 47 años transcurridos, como atestiguan las estrellas de fondo. Esta estrella, una enana roja situada a 5,94 años luz, es la más próxima al Sol después del sistema triple de Alfa Centauri. (Palomar Observatory Sky Survey/Jack Schmidling)*

desnudo y además se requiere un gran aumento para apreciar cómo se mueve respecto a las estrellas que la rodean.

La tercera estrella en orden de distancia al Sol es Wolf 359, cuyas coordenadas celestes son éstas: 10 horas y 56,5 minutos de ascensión recta y −07 grados y 01 minutos de declinación. Está en la constelación de Leo, no lejos de la Estrella Regulus, pero no sólo no es observable a simple vista, sino que para contemplarla es necesario un telescopio de 200 mm de abertura o más, ya que su magnitud es la 13,53. Como la Estrella de Barnard y Proxima Centauri, es una enana roja de clase espectral M. Se encuentra a 7,8 años luz y está considerada como una estrella fulgurante, un tipo de variable cuyos cambios de brillo son súbitos y pueden durar únicamente varios segundos.

Lalande 21185 es un poco más brillante, con una magnitud de 7,49. Está en la constelación de Ursa Major, a 11 horas y 03,3 minutos de ascensión recta y +35 grados y 58 minutos de declinación. No es difícil localizarla, porque a pesar de que no queda al alcance de la vista, sí lo está para cualquier telescopio o, incluso, para los prismáticos de 8 × 30. Asimismo, el sector de Ursa Major en el que se encuentra no tiene muchas estrellas, lo que ayuda a su localización. También es una enana roja y está a 8,31 años luz, por lo que se trata de la quinta estrella más próxima a nosotros.

El sexto lugar corresponde al sistema múltiple de Luyten 726-8, de magnitud muy débil: la 12,52. Está en la constelación de Cetus, a 01 horas y 39 minutos de ascensión recta y –17 grados y 57 minutos de declinación. Su distancia es de 8,4 años luz. Fue descubierta por el astrónomo William Luyten, quien a mediados de siglo se especializó en la detección de enanas blancas y en el análisis de estrellas con un notable movimiento propio.

Sirius, la estrella más brillante

La séptima estrella más próxima es la famosísima Sirius (Región Celeste 14), la más brillante después del Sol. Tiene la magnitud –1,44 y está a 8,6 años luz. Es una enana de clase espectral A, aunque más grande y caliente que el Sol (tipo espectral G), que ha forjado numerosas leyendas y mitos en torno a ella, fruto de su máximo brillo, así como de su ciclo de posiciones en el cielo. Durante el solsticio de junio no es visible porque queda detrás del Sol al estar en la constelación de Canis Major, y su posterior aparición en el cielo, entrado el verano boreal, era saludada por las antiguas civilizaciones asentadas en torno al río Nilo, que celebraban su ascensión helíaca.

En 1862, el astrónomo estadounidense Alvan Graham Clark descubrió que Sirius es un sistema binario, y a la compañera se la denominó Sirius B. El ciclo orbital es de unos 50 años, al cabo de los cuales ambas estrellas se separan los suficiente para que Sirius B pueda verse con grandes telescopios. Con los más pequeños, la menor resolución hace que el brillo residual de la imagen de Sirius A impida ver a su estrella compañera, que es una enana blanca, la primera descubierta. Este tipo de estrellas es muy denso, ya que su tamaño es similar al de la Tierra, pero con una masa equiparable a la del Sol. En realidad, las enanas blancas son estrellas que se encuentran en la fase terminal de su evolución, cuando ya han agotado su combustible nuclear y sufren un colapso gravitatorio que las comprime.

Tau Ceti y Epsilon Eridani

Estos dos nombres estelares tienen una especial importancia para los exobiólogos. Tau Ceti (Región Celeste 16) es una estrella muy parecida al Sol y forma parte del selecto grupo de estrellas que se consideran candidatas a albergar planetas con vida o, incluso, alguna civilización avanzada. Tau Ceti se hizo famosa en los años 60, después de que se buscaran en ella señales de radio inteligentes, que no llegaron a detectarse. La magnitud de esta estrella es 3,49, por lo que tiene un brillo que permite verla claramente sin ayuda óptica. Está a 11,9 años luz del Sol.

Más próxima aún se halla Epsilon (ε) Eridani, en la constelación de Eridanus, a 10,5 años luz. Es de magnitud 3,72, visible perfectamente, como Tau Ceti, aunque es una estrella más fría, de clase espectral K. No obstante, también está considerada como una estrella candidata a albergar planetas con vida, creencia que se reforzó en el año 2000 con el descubrimiento de un planeta que orbita a unos 500 millones de kilómetros de distancia de la estrella, con un tamaño algo inferior al de Júpiter. Este hallazgo es uno más entre las decenas de planetas extrasolares que se han detectado en los últimos años, pero tiene una especial importancia por la propia naturaleza de Epsilon Eridani y porque el planeta se encuentra a la distancia que concuerda con la de un sistema planetario como el nuestro.

Las dos componentes principales del sistema de Alfa Centauri, Sirius, Tau Ceti y Epsilon Eridani constituyen una excepción, pero resulta muy llamativo el notable protagonismo de las enanas rojas en la vecindad del Sol. Entre las 30 estrellas más cercanas hay un dominio más que notable de este tipo de población estelar, y además de las ya citadas anteriormente –Proxima Centauri, Barnard, etc.– hay que anotar también a la Estrella de Kapteyn, Krüger 60, Wolf 424 y cuatro estrellas de Ross: las número 128, 154, 248 y 614.

ESTRELLAS DOBLES Y MÚLTIPLES

Cúmulos en Taurus. *Las Pleiades (derecha, abajo) y las Hyades (centro, abajo) son los dos cúmulos estelares más famosos del hemisferio norte y se hallan abajo en la constelación de Taurus. Fotografía tomada con un objetivo de 50 mm. (Vicente Aupí)*

Los sistemas estelares múltiples son un excelente destino para el explorador del cielo. La lista es tan larga que muchos observadores se han especializado en el estudio de este tipo de estrellas, que pese al desconocimiento popular son muy abundantes. El caso del Sol, única estrella conocida en el Sistema Solar, no constituye un prototipo de lo que puede hallarse en el firmamento, puesto que los sistemas binarios están repartidos por doquier y muchas de las estrellas más brillantes y populares tienen compañeras más pequeñas, junto a las cuales orbitan en torno a un baricentro común. Ejemplos de esta realidad son Sirius, Alfa Centauri, Rigel, Polaris, Antares, Spica, Castor y muchísimas más. Astronómicamente, no obstante, es necesario distinguir entre una estrella doble y una estrella binaria. Aunque casi siempre una estrella doble es una binaria real, no siempre sucede así, ya que existen dobles ópticas, dos estrellas que se hallan aparentemente juntas en el cielo, pero no tienen relación física entre sí. La mayor parte de las dobles de interés para el observador son, en cualquier caso, verdaderos sistemas binarios, y lo mismo ocurre con los múltiples, en los que el número de estrellas puede ser de cuatro o más, como ocurre en Epsilon (ε) Lyrae (Región Celeste 40).

El ejemplo más famoso y bello de sistema estelar múltiple es, con toda probabilidad, la Estrella del Trapecio (θ Orionis) –Región Celeste 12–, una fascinante visión al alcance de cualquier telescopio en las profundidades de la Nebulosa de Orion (M 42/NGC 1976). Las cuatro estrellas que lo integran tienen las magnitudes 5,1; 6,7; 6,7 y 8,0 y su separación permite verlas sin ninguna dificultad envueltas por el increíble halo de la nebulosa, de la que han nacido. Aunque con los telescopios habitualmente al alcance de los aficionados sólo se ven esas cuatro estrellas, el sistema estelar puede considerarse, en realidad, un cúmulo, ya que hay otras cuatro estrellas que no es posible separar más que con instrumentos de 400 mm de abertura o superiores.

M 42 y el Trapecio. *El equilibrio en la exposición de esta fotografía ha permitido lograr una bella imagen de la nebulosa de Orion (M 42) sin que su excesivo brillo oculte la estrella múltiple del Trapecio (Región celeste 12 del Atlas de cielo profundo) que alberga en su interior. Tomada a foco directo con un telescopio refractor de 120 mm de abertura y 1000 de longitud focal, con 15 minutos de exposición y película de 100 ISO. (Joan Manuel Bullón)*

Mizar y Alcor forman, en la constelación de Ursa Major, una de las dobles visuales más famosas. Ambas estrellas no forman parte del mismo sistema, pero están en la misma perspectiva y las personas con buena vista consiguen verlas por separado. La sorpresa se produce cuando orientamos hacia ellas un telescopio, porque el efecto de perspectiva que antes nos hacía verlas juntas, ahora no sólo las separa, sino que además revela que Mizar sí es una binaria real. Su estrella compañera es de magnitud 3,85 y ambas están separadas por una distancia angular de 14,4 segundos de arco, al alcance de cualquier telescopio. Asimismo, los estudios espectroscópicos de Mizar han demostrado que tanto la estrella principal como su compañera de magnitud 3,85 son, a su vez, binarias, aunque están tan juntas que no resulta posible resolver ópticamente ambas parejas, ni siquiera con los grandes telescopios. Rigel (β Orionis) es un buen test para los telescopios de 80 mm. Es una binaria real y su compañera es de magnitud 6,8 y se halla a 9,1 segundos de arco. Con unos 50 aumentos resulta difícil separarlas, porque el notable brillo de Rigel enmascara la presencia de su compañera, pero cuando se aumenta la potencia hasta 80 o 100 aumentos, la segunda componente aparece como una pequeña canica en las proximidades de la estrella principal. La compañera de Rigel parece, por su aspecto, un planeta gigantesco, aunque evidentemente se trata de una estrella.

Contraste cromático

Las binarias más bellas deben tal atributo al contraste cromático entre sus componentes. Observar por el telescopio las decenas de sistemas con estrellas de diversos colores es una verdadera delicia y cuenta con el aliciente de que la mayoría de ellas es apta para todo tipo de telescopios, aunque en general es recomendable que la abertura mínima sea de 80 mm.

En los cielos boreales, el colorido de Albireo (β Cygni) es motivo de comentarios tras una noche de observación. Otras dobles le superan en saturación de color, pero en esta estrella se da la circunstancia añadida de su facilidad de localización en la constelación de Cygnus, en el extremo opuesto de la famosa Deneb. Incluso los prismáticos muestran por separado a las dos hermosas estrellas, ya que se hallan a 34 segundos de arco una de otra. La más brillante es de color anaranjado (tipo espectral K) y la secundaria es azul (tipo espectral B), aunque a muchas personas les parece verdosa, lo que probablemente es un efecto visual que se produce al observar juntas ambas estrellas.

En Almach (γ Andromedae) es totalmente imprescindible el telescopio para apreciar una bellísima binaria de colores naranja y esmeralda. Las estrellas que forman este par tienen magnitudes 2,19 y 4,88 y la separación angular es de 9,6 segundos, por lo que la resolución no plantea problema alguno. Si se deja al margen la facilidad de observación, Almach es considerada por muchos observadores como una doble más hermosa que Albireo, y rivaliza con 24 Comae Berenices por el privilegio de ser la más espectacular del hemisferio norte. En esta última estrella, las dos componentes están más separadas aún, a unos 20 segundos una de otra, por lo que son muy fáciles de ver. Los colores son amarillo y azul, y las magnitudes, 5,2 y 6,8.

En la Tabla 11 (página 382), el observador encontrará una amplia relación de las estrellas múltiples más bellas y espectaculares que hay en el cielo.

ESTRELLAS VARIABLES

Para entender la importancia de las estrellas variables basta recordar que gracias a ellas pudieron conocerse, a principios del siglo XX, las distancias aproximadas a las que se hallan otras galaxias, como M 31/NGC 224 en Andromeda y las Nubes de Magallanes. El análisis comparado del cambio de brillo en variables cefeidas abrió el camino para cifrar esas distancias, pero eso supuso, al mismo tiempo, empezar a comprender que el Universo es más grande de lo que se creía en aquella época, porque los resultados hablaban de objetos extragalácticos situados a cientos de miles o millones de años luz. El Catálogo General de Estrellas Variables de la Academia de Ciencias de Rusia comprende más de 30 000 entradas, y se reúnen en él todas las estrellas conocidas de brillo variable, así como los diferentes tipos a los que pertenecen. La familia crece con el paso de las décadas, en el que también ha sido evidente el fundamental papel científico desempeñado por miles de observadores del cielo no profesionales, cuya principal pasión es el estudio de las estrellas variables, y cuya labor ha permitido obtener una ingente

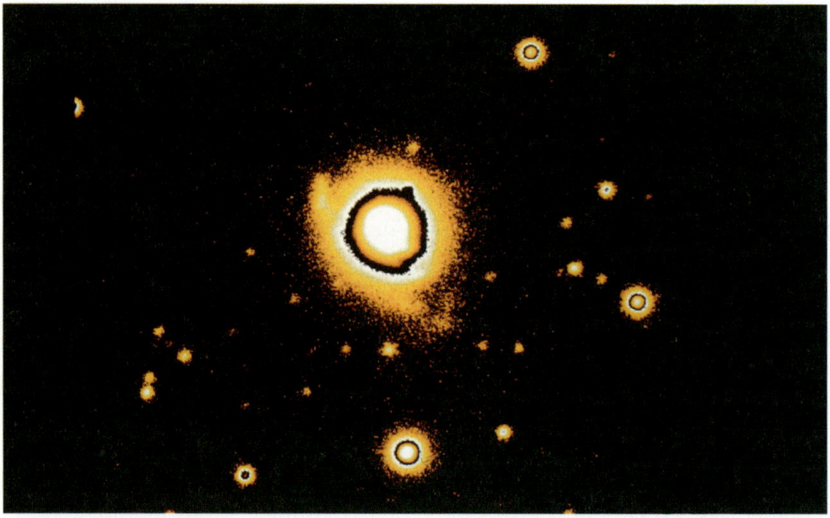

V1016 Cygni. *Una imagen digitalizada de esta estrella variable, perteneciente a la constelación boreal de Cygnus, y elaborada por el Instituto de Astrofísica de Canarias. (IAC)*

información sobre los cambios de brillo y sus ciclos. Esto ha demostrado que las estrellas variables son una de las ramas de la astronomía en la que observadores profesionales y aficionados trabajan más unidos.

Eclipsantes, cefeidas y cataclísmicas

Actualmente existe una extensa variedad de tipos de variables, pero algunos de los grupos principales continúan siendo mayoritarios y de gran interés para el observador, como por ejemplo las eclipsantes y las cefeidas. Ambas tienen en común que las estrellas catalogadas como tales oscilan en su brillo, pero las eclipsantes sufren ese proceso porque pertenecen a un sistema estelar binario o múltiple en el que alguna de sus compañeras las eclipsa periódicamente.

Constelación de Auriga. *A simple vista, Auriga es una de las principales constelaciones del cielo boreal y alberga la brillante Estrella Capella –centro–. La fotografía muestra su aspecto de forma aproximada al que presenta a simple vista desde lugares alejados de luces parásitas. (Vicente Aupí)*

La variable eclipsante más famosa es Algol (Región Celeste 2), en la constelación de Perseus. En menos de tres días, su brillo se atenúa desde la magnitud 2,2 a la 3,4 y después vuelve a la normalidad, en un ciclo que ha permitido a los astrónomos hacer de ella una de las binarias eclipsantes mejor conocidas. Para el observador del cielo causa cierto asombro contemplar Algol en la fecha de su máximo brillo y comprobar cómo, dos noches después, se ha apagado entre las demás luces estelares de Perseus. A veces, los cambios de brillo de Algol han confundido a observadores principiantes, ya que Perseus destaca menos en el cielo cuando Algol está en el mínimo, y parece una constelación diferente.

En algunos sistemas binarios, además de los eclipses se produce una interacción entre las estrellas que lo forman. La atracción gravitatoria es tan intensa y violenta, que alguna de las estrellas sufre explosiones repentinas y da lugar a una variable cataclísmica. Ocasionalmente, las explosiones son tan intensas que la estrella puede aumentar su brillo en 10 magnitudes o más, convirtiéndose en una nova. Antiguamente, las novas y las supernovas eran conceptos similares, pero en la actualidad se han podido distinguir

claramente los procesos que originan ambos tipos de explosión estelar, clasificándose las novas como una variable cataclísmica perteneciente a un sistema estelar binario. Las supernovas, a su vez, se producen por el violento colapso gravitatorio de una estrella que ha agotado su combustible nuclear. Las cefeidas, en cambio, son estrellas pulsantes, que se expanden y se contraen a causa de sus oscilaciones energéticas propias, modificando su luminosidad con un ciclo que puede superar los 100 días. Estas variables deben su nombre a Delta (δ) Cephei, una estrella de la constelación boreal de Cepheus que se considera el prototipo de las de su clase, las cefeidas clásicas. En ellas, el brillo puede variar hasta 2 magnitudes. En 1912, la astrónoma norteamericana Henrietta Swan Leavitt descubrió que la magnitud absoluta de las cefeidas tiene una clara relación con la duración del periodo en el que ocurren los cambios de brillo, de manera que cuanto más largo es éste, la luminosidad es más intensa. Este hallazgo, efectuado a partir de sus estudios de placas fotográficas de las Nubes de Magallanes, tomadas desde la Estación Austral de Harvard, fue decisivo para calcular las distancias estelares.
También son ejemplos de estrellas pulsantes las variables del tipo Mira, la estrella Omicron (o) Ceti (Región Celeste 13), una bella supergigante roja. Sin embargo, esta clase de variable tiene un periodo muy largo y cambios de brillo extraordinarios. En 332 días, Mira aumenta formidablemente su brillo desde la magnitud 11 hasta la 2, erigiéndose en una de las estrellas más sorprendentes, porque su ciclo supone que en el mínimo apenas es observable con telescopios de 80 mm de abertura, y en el máximo aparece como una destacada y hermosa estrella roja a simple vista.

Observar variables

Lejos de lo que pueda creer algún observador neófito, el estudio de las estrellas variables no es materia reservada a telescopios potentes. Al contrario, la mayoría de los expertos en este sugestivo capítulo de la observación del cielo tiene como herramienta preferida unos buenos binoculares, y quienes optan por el telescopio sólo necesitan refractores de 80-100 mm o reflectores de 100-150 mm. Lo más importante no es el tamaño del telescopio, sino que esté en proporción al brillo de las estrellas que se observan. Las variables requieren una notable precisión a la hora de determinar su magnitud, y si el telescopio utilizado es demasiado potente en relación a las estrellas seleccionadas, las mediciones pueden ser erróneas.
Los observadores de variables conocen mucho mejor que nadie el rango de magnitudes estelares, y al cabo de unas semanas de actividad se aprende de manera sorprendente a calcular el brillo de cada estrella al compararlo con las de su entorno inmediato. La técnica básica consiste en deducir el brillo a partir de otras dos estrellas, una más brillante y otra más tenue. Aunque de partida se desconozca la magnitud en la estrella elegida, la referencia de las

Vega y Lyra. *La constelación de Lyra aparece en el centro de esta fotografía, en la que su estrella más brillante es Vega. Obsérvese, abajo a la izquierda de Vega, la estrella doble-doble Epsilon Lyrae, uno de los principales atractivos de la constelación junto a la Nebulosa Anular (M 57). El observador puede encontrar las referencias de todos estos objetos en la Región Celeste 40 del Atlas de cielo profundo (Vicente Aupí)*

otras dos conduce a un cálculo que la práctica convierte en muy preciso. En el Atlas de cielo profundo, el observador encontrará una detallada información de las estrellas variables que aparecen en cada región celeste. Junto a la letra que determina el tipo de variable de la que se trata (eclipsante, Mira, etc.) aparece un número, desde 0 a 4, que indica el periodo en días que tiene el ciclo de la estrella. Debe leerse, a este respecto, la introducción sobre el atlas que aparece en las páginas previas a las cartas de las 50 regiones celestes seleccionadas.

ESTRELLAS ROJAS

La riqueza cromática del cosmos es esquiva para el ojo humano. Bien a través de la fotografía o con la ayuda del telescopio se puede paliar esa ausencia de colores llamativos que parece tener el firmamento a primera vista. En las nebulosas, cúmulos estelares y galaxias, los colores muy definidos sólo podremos apreciarlos gracias a las imágenes fotográficas, pero las estrellas conceden ciertas opciones al observador, y sólo es necesario buscar las más hermosos. Algunas crónicas literarias sobre los cielos hablan de estrellas de todos los colores: verdes, amarillas, rojas, blancas y azules. El ojo, en cambio, nos dice otra cosa cuando las observamos: a simple vista, el rojo se queda en anaranjado y el azul en blancoazulado. Con el telescopio, los rojos y los azules aparecen más saturados, los blancos y amarillentos se ven tal cual y los verdes exigen cierta subjetividad por parte del observador, como evidencia la circunstancia de que muchas personas nunca han visto tal color entre las estrellas. De toda la gama cromática estelar, sin duda son la roja y la azul las que aportan mayor belleza, aunque las estrellas que hacen gala de un hermoso color forman parte de grupos muy selectos.

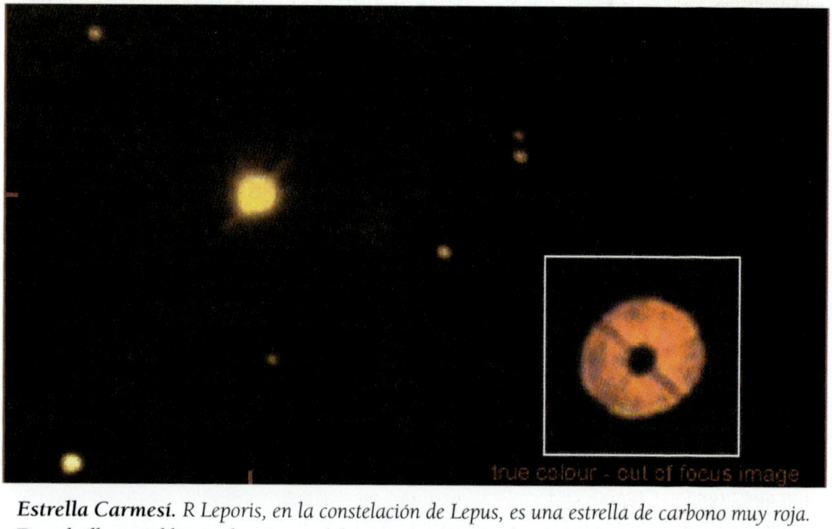

Estrella Carmesí. *R Leporis, en la constelación de Lepus, es una estrella de carbono muy roja. Tiene brillo variable y en las épocas del máximo se puede ver sin ayuda óptica. (David Strange)*

Estrellas de carbono

Proxima Centauri y la Estrella de Barnard son claramente rojas, dada su clase espectral M, pero la más intensa coloración roja corresponde a las llamadas estrellas de carbono, gigantes rojas comparativamente muy frías, con temperaturas del orden de los 3000 grados. Se trata de un tipo estelar bastante raro, con muy pocos representantes, pero entre ellas se encuentran las estrellas rojas más bellas del firmamento, con una tonalidad tan acentuada que su observación por el telescopio es una verdadera delicia, especialmente si a su alrededor hay estrellas de otros colores que contrastan con ellas. Ése es el caso de R Leporis, la Estrella Carmesí de Hind (Región Celeste 15), que es una variable de largo periodo, con un ciclo de 14 meses en el que oscila entre la magnitud 5 (máximo brillo) y la 11 (mínimo brillo).

Durante el máximo la visión de R Leporis por el telescopio es soberbia por su acentuado color rojo, uno de los más intensos del cielo. Pertenece a la constelación de Lepus, situada inmediatamente al sur de Orion, por lo que las noches del invierno boreal (verano en el hemisferio sur) son las más propicias para buscarla.

Campos estelares en Vulpecula. *Las principales estrellas pueden fotografiarse con cortas exposiciones de 1 a 5 minutos mediante objetivos estándar de 50 mm, aunque cuando se supera el minuto es necesario un sistema de seguimiento del movimiento sidéreo. En la imagen, la zona de Vulpecula, en la que se percibe la presencia de M 27, la Nebulosa Dumbell, arriba del centro. (Vicente Aupí)*

Betelgeuse, Rigel y M-42. *Una fotografía de conjunto de la constelación de Orion, en diapositiva de 6 × 7. La estrella rojiza de arriba a la izquierda es Betelgeuse y la blanca de abajo a la derecha, Rigel. Arriba a la izquierda de ésta y bajo las tres estrellas del Cinturón de Orion aparece la nebulosa M 42. (Vicente Aupí)*

Mucho más al norte, en la constelación de Cepheus, se halla otra estrella intensamente roja que sorprendió por su llamativo color al mismísimo William Herschel, que la bautizó como Estrella Granate. En honor del ilustre astrónomo se la conoce actualmente como Estrella Granate de Herschel (Región Celeste 36), aunque su denominación en el catálogo de Bayer es Mu (μ) Cephei. Se trata también de una variable de largo periodo, con un ciclo de dos años, pero en este caso el brillo es mucho mayor, ya que oscila entre la magnitud 3,4 en el máximo y la 5,1 en el mínimo. Por tanto, Mu Cephei es observable a simple vista en las noches estrelladas, incluso cuando en su ciclo cae a la fase de menor brillo. Ya a ojo desnudo, esta estrella destaca en Cepheus por su color rojo, que se vuelve extraordinariamente intenso al contemplarla por un telescopio, sea cual sea su abertura.

Otros ejemplos de estrellas de carbono intensamente rojas, aunque menos famosas, son T Lyrae (Región Celeste 40), en la constelación de Lyra; Y Canum Venaticorum, en Canes Venatici, y V Hydrae, en Hydra. Las tres tienen magnitudes perfectamente asequibles para telescopios pequeños, ya que la menos brillante es V Hydrae en el mínimo, en el que no cae por debajo de la magnitud 8,50.

Las coordenadas de T Lyrae son 18 horas y 32 minutos de ascensión recta y +37 grados y 00 minutos de declinación. V Hydrae está a 10 horas y 51 minutos de ascensión recta y −21 grados y 20 minutos de declinación, y en el caso de Y Canum Venaticorum las coordenadas son las siguientes: 12 horas y 45 minutos de ascensión recta y +45 grados y 26 minutos de ascensión recta.

La clase espectral de las estrellas de carbono es la C, y no entra en la clasificación estándar internacional, que incluye los tipos O, B, A, F, G, K y M y sus correspondientes rangos de luminosidad (gigantes, supergigantes, enanas, etc.).

GIGANTES, SUPERGIGANTES Y SUPERNOVAS

La masa de cada estrella es el elemento que marcará el futuro al final de su vida. Después de la larga etapa de estabilidad y equilibrio de la Secuencia Principal, la masa impone el destino final de cada estrella, que puede ser sumamente violento y abocarlas a una explosión en las más masivas. El agotamiento del combustible nuclear, que se empieza a producir cuando se consume el hidrógeno existente en el núcleo, obliga a la estrella a reaccionar de diversas maneras para poder detener la fuerza gravitatoria que tiende a comprimirla, pero esto sólo ocurre temporalmente. En una estrella de la masa del Sol, después de su periplo como enana por la Secuencia Principal, se pasa directamente al estadio de gigante roja, aunque las estrellas de masa superior cruzan previamente la etapa de gigante azul. Cuando la masa es del orden de unas 10 veces la solar, las estrellas acaban convirtiéndose en supergigantes en la fase terminal de su vida, en la que el equilibrio es tan precario que en algunas de ellas se producen violentas explosiones. Esas explosiones son las supernovas, que se

Supernova 1987A. *Entre las supernovas más recientes, 1987A fue la más próxima, ya que se produjo en la Gran Nube de Magallanes, galaxia satélite de la Vía Láctea. En la fotografía aparece el remanente de la supernova, ocurrida el 23 de febrero de 1987. (AURA/STScI/NASA)*

Observatorio de Calar Alto. *En la provincia española de Almería, a una altitud superior a los 2100 metros, se encuentra el observatorio hispano alemán de Calar Alto. Su telescopio principal, en la imagen, es un reflector de 3,5 metros de abertura. (Joan Manuel Bullón)*

observan periódicamente, aunque desde 1604 no se ha detectado ninguna en la Vía Láctea, nuestra galaxia. El día 9 de octubre de aquel año apareció en el cielo la Estrella de Kepler o Supernova de Kepler (Región Celeste 48), que alcanzó un brillo similar al de Venus en la constelación de Ophiuchus. Se llamó así en honor del genio Johannes Kepler, quien habló de ella, fascinado, en su libro titulado *De stella nova,* pero en realidad él fue el último de los grandes astrónomos de la historia que pudo ser testigo de una supernova en la Vía Láctea. En los siglos posteriores no ha habido ninguna, pero como se cree que en cada galaxia se produce una cada varios siglos, los astrónomos esperan que haya otra en cualquier momento.

Sí es posible ver con cierta frecuencia –aproximadamente una o dos cada década– supernovas en otras galaxias, como las recientes SN 1987A (Región Celeste 18), en la Gran Nube de Magallanes (regiones celestes 18-21) y SN 1993J, ocurrida en la galaxia M 81/NGC 3031 (Región Celeste 24). En éstos y otros casos, la estrella que explota en forma de supernova adquiere tal brillo que iguala o supera al de su propia galaxia a causa de la extraordinaria energía que se produce en este cataclismo estelar, tras el cual, después de desprenderse de sus capas exteriores, el núcleo de la estrella se colapsa y puede dar origen a una estrella de neutrones y a un agujero negro.

El colapso gravitatorio que abre el camino a la formación de estrellas de neutrones y agujeros negros fue descrito a mediados del siglo XX por el astrónomo de origen indio Subrahmanyan Chandrasekhar, quien estableció el umbral de masa estelar que determina la frontera hacia ese destino. A partir de 1,4 masas solares, una vez que la estrella ya ha consumido su combustible para mantener el equilibrio, se produce el colapso gravitatorio. El Sol, por tanto, no acabará sus días ni como estrella de neutrones ni abocado a la formación de un agujero negro, sino que atravesará las etapas de gigante roja y enana blanca y se convertirá en una enana negra, o lo que es lo mismo, en una estrella difunta que ha dejado de brillar.

Gigantes y supergigantes

Entre las estrellas más espectaculares que pueden observarse en el cielo se encuentran las gigantes y supergigantes, muchas de las cuales forman parte de la lista de las más brillantes. La constelación de Orion está especialmente poblada de estrellas enormes y brillantes, en las que las más famosas son Betelgeuse y Rigel. Ambas son supergigantes, pero la primera es de color rojo y mucho más voluminosa, mientras que la segunda es extraordinariamente caliente.

Betelgeuse y Rigel son dos magníficos ejemplos para poder comprender las diferencias entre la magnitud aparente y la magnitud absoluta. La aparente corresponde al brillo que observamos en el cielo, que depende no sólo de su tamaño y la energía que irradian, sino también de su distancia. En cambio, la magnitud absoluta es un patrón astronómico que sirve para comparar la luminosidad estelar, ya que está definida como el brillo que tendría cada estrella a una distancia de 10 parsecs o, lo que es lo mismo, a 32,6 años luz, ya que un parsec equivale a 3,26 años luz.

La magnitud aparente de Rigel es 0,18 (es la séptima estrella más brillante del cielo nocturno), pero a 32,6 años luz brillaría mucho más que Venus, ya que su magnitud absoluta es –6,69. Algo parecido sucede con Betelgeuse,

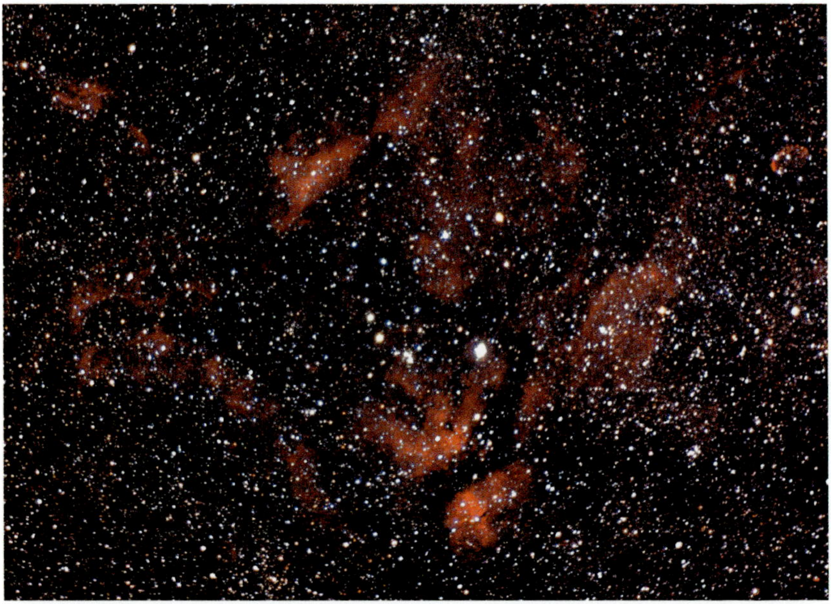

Nebulosas en Cygnus. *La Estrella Gamma Cygni está rodeada de hermosas nebulosas que aparecen en rojo en las fotografías. El sector corresponde a la zona central de la constelación boreal de Cygnus, el Cisne. Imagen elaborada a partir de dos exposiciones de 30 minutos, con un teleobjetivo de 210 mm de longitud focal. (Joaquín Tío)*

la novena estrella más brillante: la magnitud aparente es de 0,45, pero su brillo crecería ostensiblemente a 10 parsecs, puesto que su magnitud absoluta es –5,14. En cambio, el Sol es una enana amarilla de magnitud aparente –26,8 (sólo se encuentra a 150 millones de kilómetros de la Tierra) y magnitud absoluta 4,85.

Existen otras muchas supergigantes entre las estrellas más famosas del cielo, como Antares (α Scorpii), Polaris (α Ursae Minoris), Deneb (α Cygni), Alnilam y Alnitak en el Cinturón de Orion. Entre las gigantes se encuentran Canopus (α Carinae), Aldebaran (α Tauri) y Arcturus (α Bootis).

Pero la diversidad estelar también ha dado origen a estrellas hipermasivas, que superan en 30 o más veces la masa del Sol. Así, las del tipo S Doradus (Región Celeste 21) son las mayores y más luminosas que se conocen, y se las denomina también variables hipergigantes. S Doradus se encuentra en la Gran Nube de Magallanes (regiones celestes 18-21), pero a mediados del siglo XX Edwin Powell Hubble identificó otras estrellas de la misma clase en la Galaxia de Andromeda (M 31/NGC 224).

SÉPTIMA PARTE

CATÁLOGOS DEL COSMOS

EL CATÁLOGO DE MESSIER

Entre los observadores del cielo hay catálogos de uso diario, otros que se consultan de vez en cuando y algunos que jamás han sido abiertos. El de Messier lo usan diariamente miles de personas; es algo así como una biblia astronómica en la que se sintetizan los cuerpos celestes más populares, con sus coordenadas, datos de magnitud, etc. A este catálogo pertenecen

Galaxia M 83/NGC 5236. *En la gigantesca constelación de Hydra, esta galaxia es un objeto Messier poco observado y no tiene tanta popularidad como otras compañeras suyas de catálogo (M 31 y M 51, por ejemplo). Es de magnitud 8,2 y su diámetro angular supera los 11 minutos de arco. (European Southern Observatory)*

Galaxia del Torbellino. *En M 51/NGC 5194 (Región Celeste 25) el observador encontrará un magnífico objeto extragaláctico. Se trata de una de las más famosas espirales, que está acompañada por la galaxia satélite NGC 5195 (izquierda), con la que se halla en interacción y que ha deformado durante millones de años a causa de su efecto gravitatorio. (Jack Newton)*

la Galaxia de Andromeda (M 31), la Nebulosa de Orion (M 42), el cúmulo estelar de las Pleiades (M 45), la Nebulosa Anular de Lyra (M 57), el tándem de galaxias que forman M 81 y M 82 en la constelación de Ursa Major, la Galaxia Ojo Negro (M 64), la Galaxia del Sombrero (M 104) y otros muchos objetos, hasta un total de 110.

El catálogo fue creado por el astrónomo francés Charles Messier a partir de las listas de objetos que él mismo confeccionaba, y a las que empezó a dar forma en el año 1771, aunque muchos de los objetos incluidos fueron observados previamente por Pierre Méchain. Su interés, sin embargo, no radicaba tanto en la observación de los objetos que anotaba, sino que su obsesión por ellos se debió a la imperiosa necesidad de identificarlos para no confundirlos con cometas. Messier era un buscador de cometas y le irritaba que cualquier nebulosa le diera pie a un error, por lo que decidió clasificar las más importantes. Probablemente nunca imaginó que su labor propiciara, varios siglos más tarde, el manual de objetos celestes de uso común más popular de la historia, porque además de los aficionados que lo consultan cada noche, recurren normalmente al catálogo Messier la mayor parte de los atlas astronómicos actuales, como el de este mismo libro. A las principales galaxias, cúmulos estelares (abiertos y globulares), nebulosas difusas y nebulosas planetarias se los conoce habitualmente, y en primer lugar, por su número de Messier.

Messier completó su catálogo en varias entregas, a medida que transcurrían décadas de observación. En 1781 culminó su versión definitiva con un total de 103 objetos, pero en la actualidad el catálogo tiene 110 porque ha sido objeto de diversas revisiones y ampliaciones. La principal laguna que cabe atribuir al álbum celeste de Messier es que, al observar desde el hemisferio norte, hay un claro predominio de objetos boreales, muchos de los cuales no son observables desde las latitudes australes.

Anotó en el primer lugar, como M 1, a la Nebulosa del Cangrejo (Región Celeste 5), que actualmente sabemos que es el remanente de la supernova que observaron los astrónomos chinos en el año 1054. Él concluyó su lista en M 103, el cúmulo abierto próximo a la estrella δ Cassiopeiae. Sin embargo, la ampliación final se ha extendido hasta M 110, la galaxia elíptica NGC 205, satélite de la Galaxia de Andromeda (M 31). Entre M 1 y M 110 hay tal abanico de objetos que un observador puede tardar muchos meses en observarlos todos, aunque los más entusiastas celebran en marzo, cerca del equinoccio de primavera (otoño austral), el llamado "Maratón Messier", que consiste en intentar observar en una sola noche todos los objetos del catálogo. En esa época es factible hacerlo porque se da la coincidencia de que son visibles todos y el Sol no oculta ninguna de las constelaciones en las que se encuentran, aunque el recorrido no se empieza por M 1, sino por la galaxia M 74, en la constelación de Piscis, que está a punto de ocultarse detrás del horizonte al anochecer. El último objeto que hace acto de presencia al alba es el cúmulo globular M 30, en la constelación de Capricornus, visible en los mismos días poco antes del amanecer.

La supernova de 1054. *M 1, la Nebulosa del Cangrejo (Región Celeste 5), es el remanente de la supernova que los astrónomos chinos observaron en el año 1054 en Taurus. Esta imagen del VLT muestra, casi 1000 años después, los restos de aquella explosión estelar. (European Southern Observatory)*

Explorar el catálogo Messier

La popularidad del catálogo Messier no ha evitado que la inmensa mayoría de los objetos que alberga sean unos perfectos desconocidos para gran parte de los observadores. Las dificultades de la localización, el tenue brillo de muchos de ellos y el hábito de observar siempre lo mismo han hecho que los telescopios siempre acaben orientados hacia M 31, M 42, las Pleiades (M 45) y otra docena de objetos Messier de uso frecuente.

Entre las 110 entradas hay un claro predominio de las galaxias, que suman 40 números, pero los cúmulos globulares y los cúmulos abiertos suman juntos otras 58. Las nebulosas están mucho menos representadas, pero hay que puntualizar que ello está relacionado con descubrimientos posteriores a

Halo de polvo en M 104. *Esta atípica fotografía de la Galaxia del Sombrero (M 104) muestra el sobresaliente halo de polvo oscuro que se concentra en torno al ecuador galáctico. La galaxia está en la constelación de Virgo y figura entre las más populares del catálogo Messier. (European Southern Observatory)*

Messier. En efecto, las 40 galaxias que conocemos actualmente en el catálogo eran para él nebulosas, porque hasta bien entrado el siglo XX no se supo la diferencia entre ambas. Decenas de nebulosas clasificadas en este catálogo y en otros, como el de William Herschel, son galaxias a pesar de que ellos lo desconocían, porque en su época no se sabía nada de su existencia.

La galaxia más brillante del catálogo de Messier es M 31, en Andromeda (Región Celeste 3). Tiene la magnitud 3,4 y es la única galaxia claramente observable a simple vista, al margen del caso específico y espectacular de las australes Nubes de Magallanes, que Messier no conoció porque desde París, su lugar de observación, quedaban ocultas por el horizonte. Junto a M 31, los telescopios muestran a sus dos galaxias satélites, M 32 y M 110.

Menos famosa, pero al menos igual de bella y bastante más difícil de observar es la galaxia M 101, en la constelación de Ursa Major. De novena magnitud, requiere un ocular de campo amplio porque se observa mejor por contraste sobre el fondo oscuro. Las fotografías muestran a una de las galaxias espirales más bellas del cielo.

En Ursa Major está también la pareja integrada por M 81 y M 82 (Región Celeste 24), espiral e irregular, respectivamente. Se ven relativamente bien con telescopios modestos, aunque puede resultar difícil su localización con un instrumento asentado sobre una montura ecuatorial de tipo alemán, al estar muy cerca del polo norte celeste.

Nebulosa de Orion. *Los colores de M 42 no están presentes en esta imagen captada con una CCD, que muestra en cambio con especial detalle los grandes pasillos oscuros del núcleo y el exterior de la nebulosa. (Joan Genebriera)*

Los colores del cielo. *La Nebulosa Trífida (M 20) es sorprendente por el diferente colorido que tienen sus dos cuerpos principales. En las fotografías aparece roja y azul si la exposición es suficientemente larga para captar todos los matices. Imagen con un telescopio Schmidt-Cassegrain de 203 mm de abertura y película Kodak Supra de 400 ISO. (Francisco Catalá)*

El Cúmulo de Virgo (Región Celeste 28), una gran agrupación de galaxias, incluye objetos Messier muy importantes, todos ellos juntos en la misma zona del cielo: M 84, M 86, M 87, M 88, M 89, M 90 y M 91, entre otros. La observación de este cúmulo es muy recomendable con telescopios de aberturas medias y grandes.

Las nebulosas de emisión y reflexión del catálogo Messier incluyen algunos de los principales criaderos estelares de la Vía Láctea, como la Nebulosa del Águila (M 16) –Región Celeste 45– y la famosísima Nebulosa de Orion (M 42) –Región Celeste 12–. Próximas a las nubes estelares de Sagittarius se encuentran las hermosas nebulosas de la Laguna (M 8) y Trífida (M 20), ambas descritas en la Región Celeste 47.

Sin duda, las nebulosas planetarias son los objetos más difíciles de cielo profundo, y las del catálogo Messier no son una excepción, aunque algunas de ellas figuran entre las más fáciles dentro de su propia categoría. M 27, la Nebulosa Dumbell, es la más asequible de ellas, ya que tiene un tamaño angular de 8 × 4 minutos y es de magnitud 7,6. Muestra una curiosa forma de hueso y se ve fácilmente con un refractor de 80 mm o un reflector de 100 mm. Tan famosa o más que Dumbell es la diminuta Nebulosa Anular de Lyra (M 57) –Región Celeste 40–, situada en las proximidades de la brillante estrella Vega (α Lyrae).

M 97, en Ursa Major, es la Nebulosa de la Lechuza, también conocida en algunos países como Nebulosa del Búho. Es una nebulosa planetaria bastante difícil de observar, ya que es de magnitud 11 y sus rasgos sólo se perciben con telescopios potentes. Las fotografías revelan en ella unos huecos interiores que la asemejan en su aspecto a una rapaz nocturna.

Cúmulos para todos los telescopios

Probablemente, el extenso grupo de 56 cúmulos estelares que reúne el catálogo Messier, entre globulares y abiertos, albergue los objetos menos conocidos del total de 110. M 13 (Región Celeste 41), en Hercules, es el cúmulo globular más famoso del hemisferio norte, pero la lista incluye otros objetos muy notables de este tipo que constituyen una gran sorpresa para quienes los observan por primera vez, como ocurre con M 15 (Región Celeste 42), en la constelación de Pegasus.

Cúmulo globular M 80. *Con cientos de miles de estrellas en su interior, M 80 se halla a unos 28 000 años luz del Sol. Se trata de un objeto Messier, de magnitud 7,2, cuyo brillo permite a los aficionados compartir con el Hubble su observación, aunque evidentemente sólo el telescopio espacial ha conseguido hasta ahora imágenes tan bellas como ésta del enjambre estelar. (AURA/STScI/NASA)*

Incluso desde latitudes boreales medias se pueden observar algunos de los más bellos cúmulos globulares de las constelaciones australes. M 4 (Región Celeste 49), cerca de la Estrella Antares (α Scorpii), es uno de los mejores objetos Messier en términos generales, y M 22, en Sagittarius, destaca por su máximo brillo, ya que con la magnitud 5,1 supera incluso a M 13.
Entre los cúmulos abiertos, cabe recomendar al observador que busque M 35 en Gemini y M 41 en Canis Major, descritos en las regiones celestes 4 y 14, respectivamente, en el Atlas de cielo profundo. Ambos aportan una mágica visión telescópica, cuya belleza es comparable a la de las Pleiades (M 45) y Praesepe (M 44), los dos cúmulos más famosos del hemisferio norte.
M 36, M 37 y M 38 forman en la constelación de Auriga un magnífico trío de cúmulo abiertos, con magnitudes de 6,2 a 7,4 y tamaños angulares comprendidos entre 16 y 24 minutos de arco. Ya muestran sus formas con unos binoculares y son muy fáciles para telescopios de 80-100 mm.

LOS CATÁLOGOS NGC E IC, LA HERENCIA DE HERSCHEL

La exploración de galaxias, nebulosas y cúmulos estelares durante los últimos tres siglos ha permitido ordenar y clasificar decenas de miles de objetos celestes. La labor más ingente en este orden se debe a algunos de los astrónomos más destacados de la historia, como William Herschel y su hijo John, quienes en los siglos XVIII y XIX estudiaron sucesivamente un total de más de 20 000 astros, entre objetos de cielo profundo y estrellas. La utilidad

Galaxia NGC 2997. *Esta hermosa espiral puede verse fácilmente con casi todos los telescopios, aunque el espectacular detalle que aparece en esta imagen obedece a la capacidad óptica del Very Large Telescope (VLT). (European Southern Observatory)*

Espirales barradas. *Con la magnitud 9,5, NGC 1365 es una galaxia de brillo relativo. Pertenece al tipo de las espirales barradas y sus dos grandes brazos le dan esta llamativa forma que sorprende a los observadores y que se aprecia mejor en las fotografías de larga exposición. (European Southern Observatory)*

científica de aquel trabajo y la amplitud de sus resultados es abrumadora en comparación con la del Catálogo Messier, a pesar de que éste se mantenga como el más popular entre los aficionados.

Gran parte de los cuerpos celestes descubiertos por los Herschel ha sido compilada en los actuales *New General Catalogue* (NGC) e *Index Catalogue* (IC), que suman juntos más de 13 000 objetos. La riqueza y diversidad de estas bibliotecas celestes ha dado lugar a que, en la actualidad, su uso esté muy extendido entre los aficionados, ya que el centenar de objetos Messier se queda muy corto para el propósito general de los observadores. En los atlas celestes, incluido el Atlas de cielo profundo de este libro, los NGC e IC constituyen la principal referencia, y en aquellos objetos que forman parte al

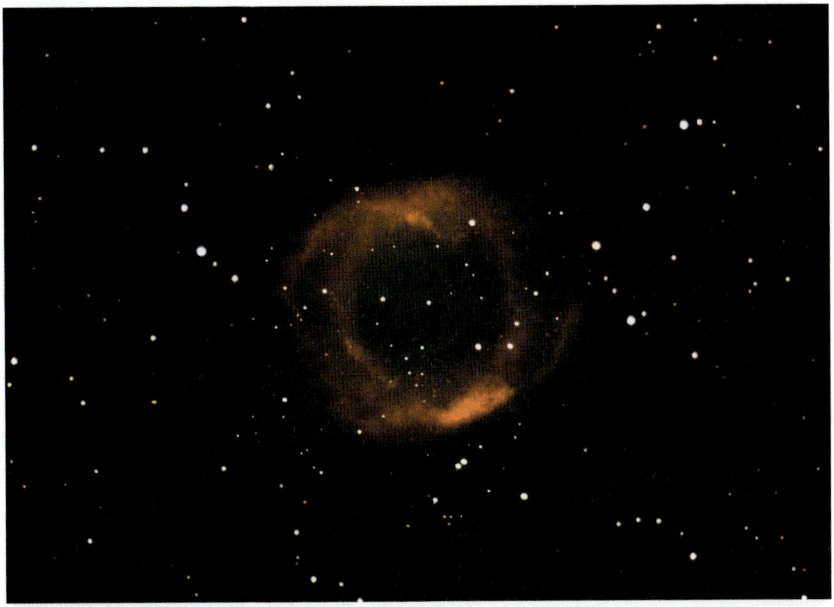

Nebulosa Hélice. *En Aquarius se encuentra la nebulosa planetaria NGC 7293, popularmente conocida como Nebulosa Hélice. Tiene la magnitud 6,5 y es de las más próximas al Sistema Solar. Visualmente presenta un brillo débil y difuso, pero las fotografías revelan sus bellos colores. (Jack Newton)*

mismo tiempo de alguno de estos dos y del catálogo Messier, se anotan juntas ambas denominaciones. Es conveniente que el observador lea la introducción al Atlas de cielo profundo para conocer las diferentes nomenclaturas, ya que en el caso de los objetos NGC, al tratarse de las referencias principales, los números de cada objeto se anotan directamente sin la inclusión previa de las siglas de la abreviatura.

Dreyer y el legado de los Herschel

El astrónomo estadounidense de origen irlandés John Louis Dreyer fue el creador de las primeras ediciones de los NGC e IC, publicadas a finales del siglo XIX. En ellas, Dreyer reunió la mayor parte de las observaciones de William Herschel y de su hijo John, que éste plasmó décadas antes en el llamado *General Catalogue of Nebulae and Clusters of Stars* (Catálogo General de Nebulosas y Cúmulos Estelares).

Aunque William Herschel, descubridor de Urano, ya había observado unos 2000 objetos, John Herschel continuó y amplió extraordinariamente la labor pionera de su padre, hasta el punto de que añadió otros 17 000 objetos más, muchos de ellos descubiertos desde el sur de África en los entonces inexplorados cielos australes. En 1888, Dreyer publicó la primera edición

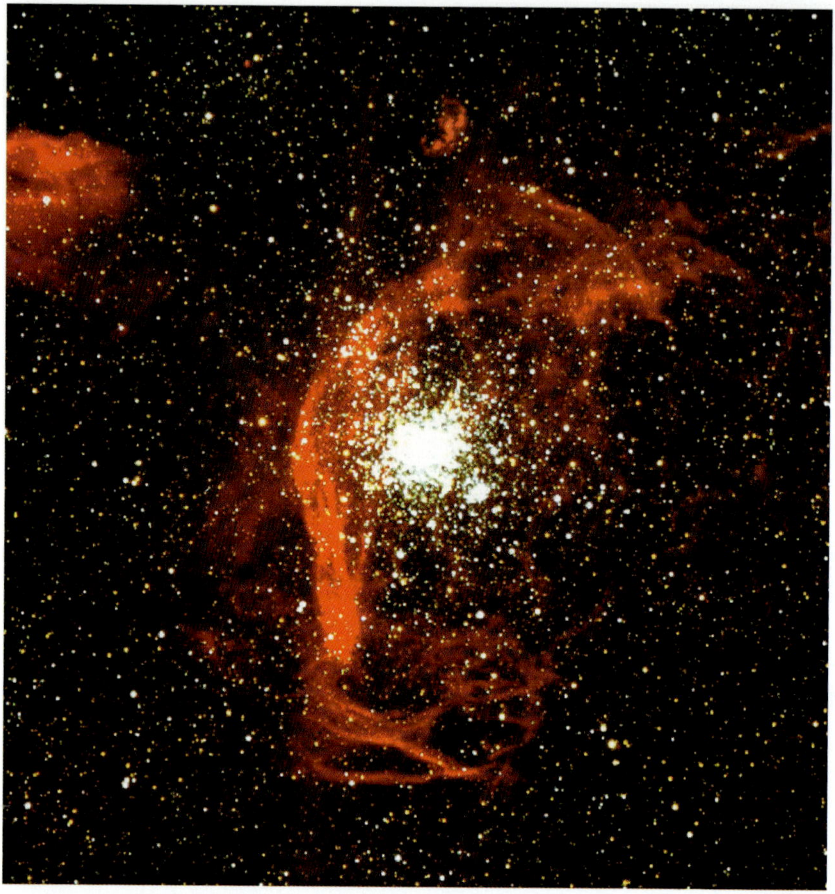

En la Gran Nube. *Este hermoso cúmulo estelar rodeado de una nebulosa es NGC 1850. Es uno más entre las decenas de objetos celestes que atesora la Gran Nube de Magallanes (regiones 18 a 21 del Atlas de cielo profundo), una de las dos galaxias satélite de la Vía Láctea. Nótese el increíble contraste cromático entre la nebulosa y el cúmulo. (European Southern Observatory)*

del NGC, y en 1895 y 1908 añadió dos suplementos al mismo: los *Index Catalogues* (IC).

Biblioteca celeste

La labor conjunta de los Herschel y Dreyer ha regalado a la astronomía actual la que es, probablemente, una de sus mayores bibliotecas, al alcance tanto de astrónomos profesionales como aficionados. La regiones celestes incluidas en el Atlas de cielo profundo incluyen una amplia selección de objetos del NGC y de los IC, completando y excediendo abrumadoramente la información del catálogo Messier.

IC 443. Entre los diferentes tipos de nebulosas que hay en el cielo, los remanentes de supernova suelen ser los de brillo más difuso y alcanzan gran extensión, como en IC 443. (Jack Newton)

La riqueza y diversidad de esta biblioteca celeste es enorme, pero pueden destacarse algunos nombres propios, con sus respectivos números, como sucede con el Doble Cúmulo de Perseus (Región Celeste 1), formado por NGC 869 y NGC 884; la Nebulosa Roseta (NGC 2237/8) en Monoceros, en cuyo interior se encuentra el magnífico cúmulo abierto NGC 2244; IC 434, la nebulosa brillante en cuyo interior se encuentra la famosa nebulosa oscura Cabeza de Caballo (B 33) –regiones celestes 10 y 11–, perteneciente a la constelación de Orion; los extraordinarios cúmulos globulares Omega Centauri (NGC 5139) y 47 Tucanae (NGC 104), en las regiones celestes 29 y 23, respectivamente, así como las entradas correspondientes al Cúmulo del Joyero o NGC 4755 (Región Celeste 31); el cúmulo NGC 3532 (Región Celeste 32), descrito por el mismísimo John Herschel como el más bello que había observado, y la Nebulosa de Eta (η) Carinae o NGC 3372 (Región Celeste 33).
Estos números y nombres corresponden sólo a algunos de los mejores objetos celestes del NGC y los IC, en los que la inmensa mayoría de los objetos se ajustan muy bien a la observación mediante telescopios medios. El interés por extender sus propias exploraciones ha hecho ganar a estos catálogos una evidente popularidad, de manera que el estudio del Catálogo Messier es más un rito para los observadores expertos y constituye la mejor puerta de entrada en la astronomía observacional para el aficionado principiante. Posteriormente, el NGC y los IC, con objetos como los que aparecen en las regiones del Atlas de cielo profundo, se erigen en la mejor y más universal fuente de recursos para el observador.

NEBULOSAS OSCURAS, REMANENTES DE SUPERNOVAS Y CÚMULOS DE GALAXIAS

Cabeza de Caballo. *Esta popular nebulosa oscura aparece con un aspecto y colores diferentes a los habituales en esta imagen del Instituto de Astrofísica de Canarias. (María Rosa Zapatero/Ricard Casas/IAC)*

Entre las principales novedades que aportan al observador las cartas de las 50 regiones celestes seleccionadas en el Atlas de cielo profundo, hay que destacar la variedad de catálogos y objetos, que amplían de forma extraordinaria las fuentes de información de los atlas estándar. En la Tabla C de la introducción al atlas (pág. 253) se encontrarán las abreviaturas correspondientes a los catálogos cuyas entradas aparecen en las cartas correspondientes a cada región celeste, de acuerdo con las mismas fuentes de información astronómica en la que está basada el *Millennium Star Atlas,* del que el Atlas de cielo profundo reproduce 50 cartas celestes de algunas de las mejores zonas del firmamento.

Entre las referencias más frecuentes se encuentran las del Catálogo de Nebulosas Oscuras de Barnard, que incluye 349 objetos de este tipo. Este catálogo fue elaborado por el astrónomo Edward Emerson Barnard e incluido en su *Atlas of Selected Regions of the Milky Way*. Las referencias son una magnífica fuente de información para los observadores especialmente interesados en el estudio de la Vía Láctea, ya que las nebulosas oscuras ocultan de forma espectacular los campos estelares o las verdaderas nubes de estrellas que forma el trazo de nuestra galaxia en las constelaciones de Ophiuchus, Sagittarius y Scorpius.

Ejemplos como la Nebulosa de la Pipa (Región Celeste 48), formada por Barnard 72 (B 72) y sus numerosas ramificaciones en la constelación de Ophiuchus, deleitarán al observador y al astrofotógrafo. Igualmente, B 44 (Región Celeste 49), en las proximidades de la Estrella Rho Ophiuchi, es una extraordinaria nebulosa oscura presente en una de las zonas más bellas del cielo.
De norte a sur, la Vía Láctea está poblada por una extensa colección de nebulosidades oscuras, que Barnard tuvo la paciencia de observar y anotar en su catálogo, y posteriormente surgieron otros catálogos para este mismo tipo de objetos, como los de Lynds (LDN) y Bernes (Be).

Remanentes de supernova y cúmulos estelares

En la Región Celeste 5, el observador encontrará el objeto Simeis 147, un remanente de supernova en la constelación de Taurus, relativamente próximo a la famosa Nebulosa del Cangrejo (M 1/NGC 1952). Simeis 147 pertenece a la lista de objetos elaborada por el Observatorio de Crimea, y es una muestra de la enorme variedad de cuerpos celestes que aparecen en el atlas, en el que otras fuentes reúnen decenas de nebulosas, entre ellas las planetarias del catálogo de Perek&Kohoutek (PK). En este caso, una gran parte de los objetos

Cúmulos en la Gran Nube. *NGC 1850 es el cúmulo estelar doble que llena la mayor parte de la imagen, y pertenece a la Gran Nube de Magallanes. Después del de 30 Doradus, se trata del cúmulo más brillante de la Gran Nube. Los jirones azules que jalonan el sector izquierdo de la fotografía corresponden a lo que los astrónomos creen que es un remanente de supernova. (NASA/ESA/Martino Romaniello)*

Galaxia NGC 3310. *Situada en la constelación de Ursa Major, a unos 59 millones de años luz de la Vía Láctea, la galaxia NGC 3310 se caracteriza, sobre todo, por la destacada presencia de cúmulos estelares en formación en sus brazos espirales.* (NASA/STScI/AURA)

exige telescopios de gran abertura, pero su inclusión se ajusta plenamente al propósito de una obra como ésta, en la que se pone al alcance del observador un campo de exploración más amplio de lo habitual.

Sharpless (Sh2) es un catálogo de nebulosas, entre las que se encuentran el Bucle de Barnard (Sh2-276) en Orion (regiones celestes 9 y 11) y la nebulosa Sh2-119 en Cygnus (Región Celeste 38). La primera de ellas es un objeto extraordinario, de grandísimo tamaño, que abraza la constelación de Orion por su flanco oriental, y es casi un deber que el amante de la astrofotografía oriente su cámara hacia él, ya que la imagen fotográfica le mostrará un aspecto inédito de Orion, muy distinto al que ofrece a simple vista, cuando

NGC 1288. *Fotografiada en septiembre de 1998, la galaxia NGC 1288 se reveló en esta imagen como una de las espirales con los brazos más uniformes y de naturaleza asombrosamente armónica. (European Southern Observatory)*

la sensación visual está dominada por la tonalidad azul de las estrellas principales de la constelación. El retrato del Gran Cazador y del Bucle de Barnard presentará, en cambio, un característico predominio del rojo de las nebulosas sobre el azul de las estrellas.

Los cúmulos estelares, tanto abiertos como globulares, están presentes en el atlas con numerosas fuentes de referencia. Además de los Messier, NGC e IC, se encuentran aquí otros objetos muy representativos de catálogos que no se encuentran en todos los atlas celestes: Collinder (Cr), Dolidze-Dzimselejsvili (Do), Melotte (Me), Ruprecht (Ru) y otros. Obsérvense, por ejemplo, en la Región Celeste 8, los cúmulos abiertos Cr 97, Cr 104, Cr 106 y Cr 107, que rodean a la Nebulosa Roseta (NGC 2237/8).

Galaxias y cúmulos de galaxias

Las galaxias son, junto a las nebulosas planetarias, los objetos de cielo profundo más difíciles de observar. Sin embargo, esa misma circunstancia y su evidente interés cosmológico despierta un extraordinario afán entre miles de observadores, que necesitan explorar las profundidades del cielo más allá de la Vía Láctea. La belleza y los sugestivos colores de algunos cúmulos estelares y nebulosas de nuestra propia galaxia se deja de lado aquí, para ir en busca de los objetos más lejanos del universo conocido.

Aunque esa lejanía se traduce en objetos cuyo brillo y tamaño son pequeños, para el observador medio y avanzado supone una gran fuente de satisfacción localizar galaxias, especialmente cuando además se consigue ir más allá de los destinos habituales en esta afición, caso de las galaxias M 31 en Andromeda y M 33 en Triangulum. Galaxias mucho más esquivas que éstas aparecen a decenas en los NGC e IC, así como en el propio catálogo Messier, caso de los cúmulos de galaxias de Coma y Virgo, en las regiones celestes 26, 27 y 28. Pero el observador que desee ir más allá también encontrará las referencias de galaxias pertenecientes a fuentes mucho más nuevas, como el *European Southern Observatory* (ESO), que ha aportado una nueva visión de los cielos australes, y las del *Uppsala General Catalogue* (UGC).

Los cúmulos de galaxias también aparecen representados con entradas correspondientes al catálogo Abell (A) y al *Catalogue of Galaxies and Clusters of Galaxies* (CGCG). La búsqueda de objetos de este tipo es un reto, pero el número de observadores que la emprende crece diariamente, y ejemplos como el del Quinteto de Stephan, en la Región Celeste 39, suponen una invitación a adentrarse con el telescopio en las profundidades del espacio.

Galaxia M 95. *Con sólo 7 minutos de diámetro angular, la galaxia M 95 es un objeto difícil de observar, aunque más por su escaso tamaño que por su bajo brillo (magnitud 9,9). Está en la constelación de Leo y es una espiral rara. (Joan Genebriera)*

OCTAVA PARTE

EL TELESCOPIO Y LOS PRISMÁTICOS

LOS TELESCOPIOS DEL SIGLO XXI

Reflector de 500 mm. *El uso de medias y grandes aberturas se ha extendido de manera evidente al campo de los aficionados en las dos últimas décadas, como prueba este telescopio de 500 mm de diámetro. (Agrupación Astronómica de Sabadell)*

El hombre se despidió del s. XX con la imagen del universo más lejano en su retina. Esa visión, que le ha revelado el telescopio espacial Hubble, se ampliará durante el s. XXI con la puesta en órbita de nuevos telescopios espaciales y gracias a las extraordinarias prestaciones de nuevas generaciones de telescopios terrestres de un tamaño y capacidad impensables hace tan sólo unas décadas. El *Very Large Telescope* (VLT) en Chile, perteneciente al European Southern Observatory (ESO), y el Gran Telescopio de Canarias (GTC), del Instituto de Astrofísica de Canarias, son sólo dos representantes del grupo de instrumentos astronómicos más avanzado que durante las próximas décadas se encargarán de aportarnos nueva información cosmológica.

En proporción a todo ello, el instrumental astronómico orientado al observador también ha evolucionado de forma muy sorprendente, y en ámbitos como el de la astrofotografía es posible obtener hoy resultados equiparables a los de los observatorios profesionales. El telescopio del aficionado ha dejado de ser un armatoste difícilmente manejable y ha basado su evolución en la

Vigilante del cielo austral. *Uno de los cuatro reflectores de 8,2 metros de abertura que componen el* Very Large Telescope *(VLT) en el complejo chileno de Cerro Paranal. Del tamaño del instrumento da una idea la presencia de un operario bajo él. (*European Southern Observatory*)*

versatilidad de su uso y en la mejora de la calidad óptica, aunque lo único que no parece haber cambiado, salvo excepciones contadas, es el alto precio económico que conlleva la adquisición de estos instrumentos.

Refractores, siempre útiles

El telescopio refractor del siglo XXI es, en esencia, el mismo que el del siglo XX, aunque la mejora de la calidad de las lentes ha permitido reducir bastante el tamaño de los tubos ópticos. El clásico refractor acromático ofrece hoy unos magníficos resultados, con aberturas de 80 a 120 mm, para quienes se inician en la apasionante actividad de observar el cielo. Precisamente, las empresas suministradoras han ampliado su oferta y actualmente es posible no sólo adquirir los instrumentos habitualmente caros, sino también modelos popularmente llamados "clónicos", de fabricación en países orientales, cuyo precio es inferior al 50% de su equivalente manufacturado en Japón o Estados Unidos. El aficionado puede elegir ahora entre comprarse el más sofisticado refractor o aquellos que, sin tener las mismas prestaciones, gozan de una más equilibrada relación entre precio y calidad.

Quienes quieran optar por lo mejor en el ámbito de los refractores deberán recurrir a los apocromáticos, en los que la característica aberración cromática de las lentes queda prácticamente suprimida. En los apocromáticos habituales son necesarias para ello lentes con tres elementos en vez de los dos habituales en un acromático.

Telescopio refractor. *Por su versatilidad y dureza, los refractores son los telescopios más recomendables para iniciarse en la observación del cielo. Este refractor de 102 mm de abertura y 1500 de longitud focal fue fotografiado a la luz de la Luna cuando estaba llena. (Vicente Aupí)*

Maksutov-Cassegrain. *Telescopio catadióptrico que utiliza una combinación de los sistemas Cassegrain y Maksutov. La lente correctora delantera aporta imágenes con menor índice de aberraciones ópticas que cuando únicamente se utilizan espejos. (Meade Instruments Corp)*

La diferencia entre uno y otro consiste, fundamentalmente, en que, merced a su calidad de imagen, el apocromático consigue relaciones focales mucho más cortas que el acromático (f:7 o f:9 frente a f:13 o f:15), lo que le faculta para obtener fotografías de muy buena calidad de objetos de cielo profundo. Asimismo, con el uso de la fluorita en la fabricación de lentes se ha conseguido reducir de tres a dos el número de elementos de algunas lentes apocromáticas, si bien es cierto que el precio de estos instrumentos es todavía mayor. Los refractores acromáticos, en cualquier caso, siguen siendo un excelente recurso y la mejor opción, sin duda alguna, para empezar en el campo de la observación astronómica.

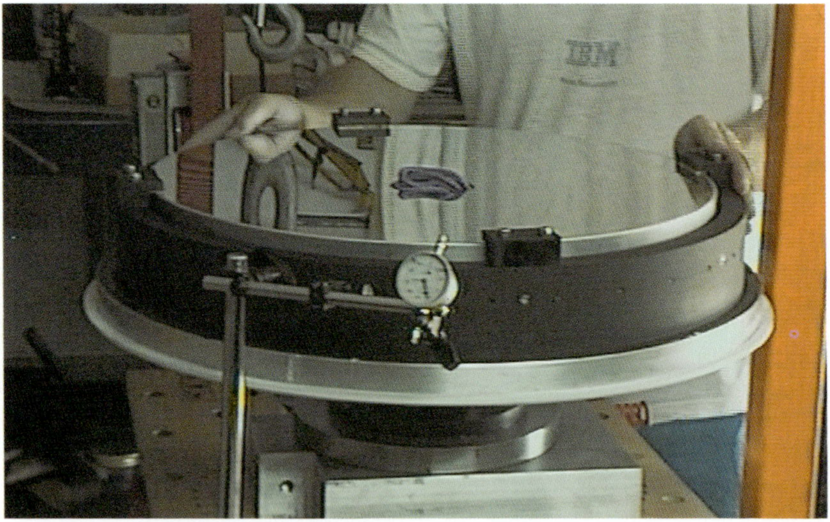

Espejo primario. *Fabricación de un espejo primario de 500 mm de diámetro para un telescopio de aficionados. (Joan Genebriera)*

Reflectores y catadióptricos: saber elegir

La variedad de telescopios reflectores y catadióptricos –que combinan lentes y espejos– ha crecido de una forma tan extraordinaria que muchas veces el aficionado no sabe qué elegir y le abruma la extensísima oferta del mercado. Muchas personas optan por fabricarse su propio reflector, generalmente del tipo Newton, mediante la adquisición del espejo principal y del espejo secundario y el montaje por su cuenta del tubo óptico y la montura. Esta alternativa es muy buena cuando el objetivo es reducir al máximo el coste económico, pero no es recomendable para las personas poco hábiles en el montaje de instrumentos y en el manejo de herramientas, porque el resultado puede ser desastroso.

En el comercio, los reflectores más baratos siguen siendo los newtonianos. Y también continúa siendo recomendable que su abertura mínima sea de 150 a 200 mm, aunque algunas empresas suministran tamaños inferiores con la suficiente calidad para el principiante. Sea cual sea la abertura, no son nada aconsejables los reflectores-catadióptricos con disposición newtoniana cuya longitud focal se ha duplicado mediante la inserción de una lente Barlow fija en el interior del tubo óptico.

Entre los catadióptricos hay un claro predominio de los del tipo Schmidt-Cassegrain, cuya popularidad ha crecido considerablemente no tanto por el tipo de sistema óptico, sino por las prestaciones del conjunto del instrumento, ya que los fabricantes han optado por dotarlos de sistemas de búsqueda y monturas robotizadas que permiten la localización y seguimiento de decenas de miles de objetos celestes, desde la Luna y los planetas hasta galaxias, nebulosas y cúmulos estelares. Los Maksutov-Cassegrain, a un precio algo superior al del Schmidt-Cassegrain, ofrecen básicamente las mismas prestaciones con mayor calidad de imagen.

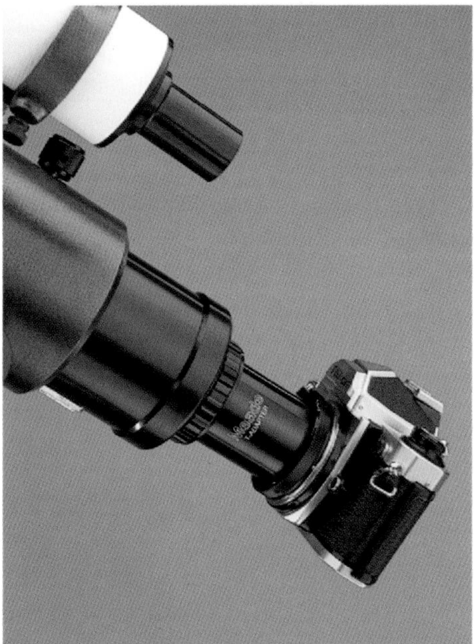

Adaptador fotográfico. *El telescopio se usa como objetivo en numerosas aplicaciones astrofotográficas. La inserción de las cámaras sólo requiere la instalación de adaptadores fotográficos, que permiten obtener imágenes a foco directo o mediante ampliación por ocular. (Meade Instruments Corp)*

Con CCD. *La Nebulosa del Cangrejo (M 1/NGC 1952), en una imagen obtenida con una cámara CCD que muestra los rasgos principales del remanente de supernova. (Joan Genebriera)*

Las monturas y la precisión y estabilidad de la imagen

La informatización de los telescopios ha roto en parte la abismal diferencia de prestaciones que existía antiguamente entre las monturas ecuatoriales y las acimutales. Las primeras se mantienen como la mejor opción global, ya que sus prestaciones no admiten comparación, pero actualmente existen reflectores asentados sobre monturas acimutales del tipo Dobson en los que la informática permite paliar las viejas carencias del sistema acimutal. Algunos expertos se han construido por su cuenta su propio telescopio Dobson robotizado, en una prueba de que el ingenio es una excelente herramienta para sacarle fruto al instrumental astronómico sin necesidad de realizar grandes inversiones.

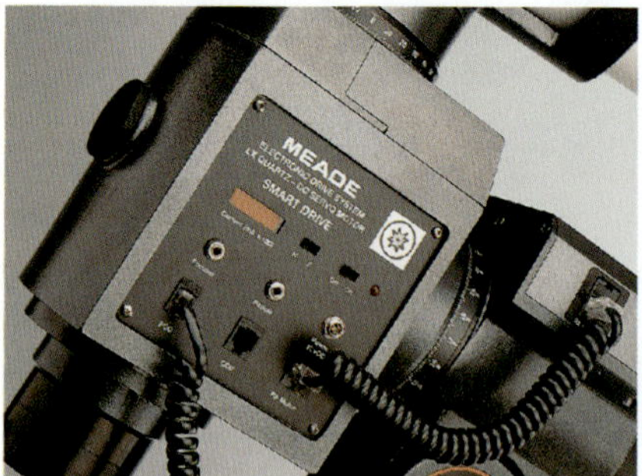

Montura alemana. *El sistema alemán es muy popular entre las monturas que usan los observadores aficionados. Los modelos más avanzados cuentan con sistemas informáticos que automatizan su uso. (Meade Instruments Corp)*

Las monturas acimutales clásicas –sin informatización– se pueden encontrar todavía en los telescopios de iniciación, y si son sólidas no hay que descartarlas cuando el propósito sólo es observar periódicamente el Sol, la Luna y los planetas. En cambio, las monturas ecuatoriales se imponen para los observadores que quieran profundizar paulatinamente

Cerro Paranal. *Las cuatro cúpulas del* Very Large Telescope *(VLT) posan aquí en su emplazamiento de Cerro Paranal, a 2640 metros de altitud, en un lugar privilegiado para la observación permanente del cosmos. Los cuatro reflectores entraron en servicio sucesivamente entre los años 1998 y 2001. (European Southern Observatory)*

en el estudio del cielo y combinar la observación visual con la fotográfica. Además de sus mayores prestaciones, casi siempre la montura ecuatorial es más sólida y estable que la acimutal, y esto es fundamental para conseguir imágenes nítidas.

En la montura ecuatorial, los sistemas alemán y de horquilla son los preferidos. La alemana es más engorrosa y pesada, aunque las mejores son muy sólidas, y las de horquilla aportan un uso mucho más manejable, con una posición más equilibrada del telescopio, puesto que su disposición lo orienta de forma natural hacia el ecuador celeste. En la alemana, en cambio, el telescopio en situación de reposo apunta hacia el polo, y las mayores flexiones –más inestabilidad– se producen precisamente al girarlo para observar las interesantes zonas próximas al ecuador o –para los observadores del hemisferio norte– las constelaciones australes.

Para ambos tipos de montura ecuatorial existe actualmente una extensa variedad de librerías estelares. Son pequeños ordenadores que además de

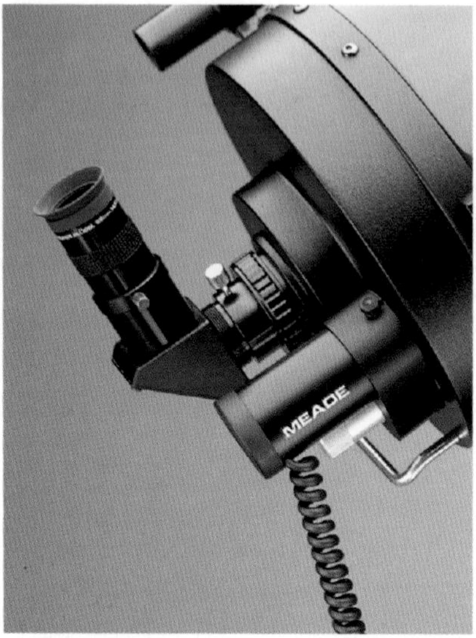

Prisma diagonal. *En los telescopios cuyo foco se encuentra en la parte posterior del tubo óptico es de gran utilidad el uso de prismas diagonales, también llamados prismas cenitales. Con ellos, el ángulo del eje óptico se desvía 90 grados y facilita al observador una postura más cómoda. (Meade Instruments Corp)*

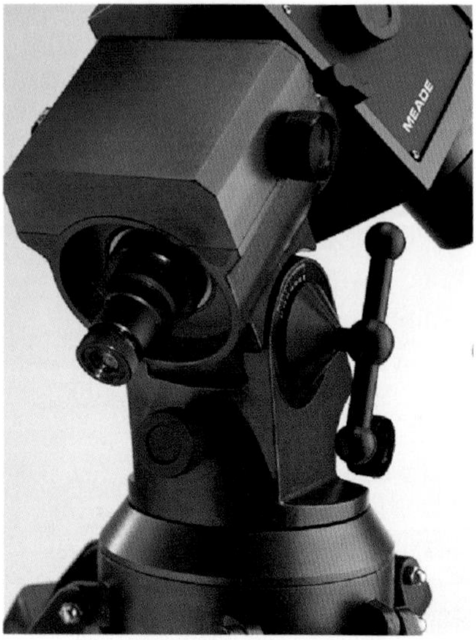

Buscador polar. *En las monturas ecuatoriales, el buscador polar (centro izquierda) ayuda al observador durante la puesta en estación del telescopio. La alineación correcta respecto al polo es imprescindible para la astrofotografía o un buen seguimiento durante la observación visual. (Meade Instruments Corp)*

dirigir el funcionamiento del telescopio almacenan toda la información sobre la naturaleza e interés de los objetos de los principales catálogos, como el Messier, el NGC y los IC.

Actualmente, la abertura media de los telescopios que usan los aficionados ha aumentado claramente respecto a la que tenía a su alcance hace un par de décadas. Los instrumentos de 250-300 mm están a la orden del día y esa capacidad óptica está permitiendo a los observadores explorar, visual y fotográficamente, casi todos los rincones del firmamento en busca de los objetos celestes más remotos.

EL CIELO A TRAVÉS DE LOS PRISMÁTICOS

La exploración de la bóveda celeste con prismáticos es una opción excelente. Aunque el telescopio es instrumento obligado en determinados estudios, como los planetarios y los de objetos celestes pequeños y de escaso brillo, los asequibles binoculares poseen un potencial proporcionalmente mucho mayor para recorrer el firmamento y observar nebulosas, campos estelares y cúmulos de gran tamaño. Muchos principiantes desconocen esta utilidad,

Galaxia de Andromeda. *M 31 o NGC 224 es la galaxia más popular y observada. Está en Andromeda y su distancia a la Vía Láctea se estima en 2,3 millones de años luz. Arriba de ella aparece en esta imagen su compañera M 110, una de sus dos galaxias satélites. La segunda, M 32, está abajo a la derecha del núcleo de M 31, con forma de estrella difusa rodeada de un halo. (Joaquín Tío)*

pero observadores expertos, como los de estrellas variables, combinan ambos instrumentos en sus actividades.

En el Sistema Solar, la Luna es fácil de observar a grandes rasgos mediante unos prismáticos. Aparecerán los mares, que se pueden reconocer fácilmente uno por uno, así como los grandes cráteres, entre ellos Copernicus, Tycho y Plato. De la misma forma que sucede con los telescopios, es preferible una pauta de observación lunar ajustada a la evolución de las fases, puesto que la Luna llena dificulta la apreciación de pequeños detalles y el contraste es menor. Consúltese la Parte 4.ª a este respecto para conocer qué accidentes lunares son visibles en cada periodo de la lunación.

La observación solar puede ser una gran fuente de satisfacción sólo con los binoculares, siempre y cuando se utilice el adecuado sistema de filtraje, que como en los telescopios debe anteponerse al objetivo del instrumento. El filtro solar nunca debe instalarse en la parte trasera de unos prismáticos, porque el calor puede llegar a romperlo y dañar irreparablemente la vista del observador. Las manchas solares y las fáculas pueden verse con este tipo de instrumentos, aunque se apreciarán más detalles si los prismáticos se atornillan a un trípode para que la imagen sea totalmente estable. De hecho, el trípode no sólo es recomendable en el caso del Sol, sino en cualquier uso astronómico de los prismáticos.

Las lunas de Júpiter

Cuando se orientan los binoculares a pulso hacia cualquier planeta, el observador siempre suele desesperarse por la borrosa visión que aparece ante él. Evidentemente, una parte del problema consiste en la escasa ampliación de imagen que aportan estos instrumentos ópticos –el rango de aumentos oscila entre 7 y 20, salvo en los gigantes, que pueden llegar a 30–, pero la clave está en la ausencia de estabilidad. Una vez que el aparato está fijado sobre un trípode, las imágenes planetarias darán una sorpresa al observador: Júpiter y Saturno muestran claramente sus discos, y en este último es fácil detectar la presencia de los anillos, aunque no con la nitidez con la que aparecen en un telescopio.

En Júpiter, el disco planetario puede mostrar algún rasgo poco definido, pero lo que sí se observará claramente son las cuatro lunas galileanas: Ganimedes, Europa, Io y Callisto, que en la observación sin trípode no podían verse por la borrosidad de la imagen. El movimiento de revolución de estas cuatro lunas se puede ver fácilmente con unos prismáticos.

Mercurio no es apto para prismáticos, aunque como ya se ha mencionado, tampoco el telescopio revela grandes detalles de él. Venus, en cambio, revela claramente su fase a través de los binoculares cuando se halla muy cerca de la Tierra. A su vez, Marte sólo deja entrever algún pequeño detalle durante las oposiciones perihélicas más favorables.

Nebulosa de la Pipa. *En la constelación de Ophiuchus, la nebulosa oscura Barnard 78 (B 78) y sus ramificaciones han abierto este gigantesco agujero en las nubes estelares de la Vía Láctea. Este peculiar objeto tiene, como se ve en la imagen, un asombroso parecido con una pipa, por lo que se acabó otorgándole el nombre de Nebulosa de la Pipa. (Joaquín Tío)*

De las Pleiades a las nubes estelares de Sagittarius

Para los que son partidarios de los binoculares, los cúmulos estelares abiertos constituyen el objeto celeste preferido. La visión de las Pleiades (M 45) por unos prismáticos de 7 × 50 o de 11 × 80 puede ser más espectacular que a través del telescopio, especialmente cuando en éste la longitud focal es muy larga. El mayor campo de visión permite observar íntegro todo el cúmulo, algo que no es habitual en los telescopios. Si la noche es limpia y no hay luces parásitas, la visión de las Pleiades es sensacional y aparecen las nebulosidades que rodean a las principales estrellas de este cúmulo, situado a 415 años luz del Sol aproximadamente.

Praesepe (M 44), en Cancer; las Hyades en Taurus y el Doble Cúmulo de Perseus (NGC 869 y NGC 884) también son excelentes para ser observados con prismáticos, que alcanzan su máximo potencial cuando se orientan hacia las nubes estelares de las constelaciones de Ophiuchus y Sagittarius. La increíble estampa de campos de estrellas de la Vía Láctea rodeados de nebulosas oscuras hará que el observador disfrute durante horas. Por supuesto, la brillante Galaxia de Andromeda (M 31) está al alcance de todos

Galaxia del Sombrero. *M 104, en una fotografía obtenida a foco directo con un telescopio Schmidt-Cassegrain de 203 mm de abertura y 2000 mm de longitud focal. Para lograr esta imagen con una exposición de 25 minutos se usó un reductor de focal, con el que la relación focal original pasó de f:10 a f:6,3. (Francisco Catalá)*

los prismáticos, así como las Nubes de Magallanes para los observadores del hemisferio sur. Otras galaxias más pequeñas, como M 51 en Canes Venatici y M 81, M 82 y M 101 en Ursa Major aparecen como objetos muy pequeños y difusos.

La mayoría de las nebulosas brillantes del catálogo Messier se observan muy bien en los prismáticos. La mejor de todas es la Nebulosa de Orion (M 42), pero la Nebulosa de la Laguna (M 8) en Sagittarius y la Nebulosa del Águila en Serpens también se ven fácilmente.

Elegir prismáticos

Para un uso general, los prismáticos de 7 × 50 son los más recomendables en astronomía. La numeración que aparece en los instrumentos se refiere, en primer lugar, a los aumentos que proporciona (7 en este caso) y la segunda, a la abertura en milímetros de cada objetivo (50). Por tanto, si en lugar de unos 7 × 50 utilizamos unos 11 × 80, la observación deberá efectuar con 11 aumentos y objetivos de 80 mm de abertura.

Hay otros factores ópticos que tener en cuenta. El más importante de ellos es el relativo a la pupila de salida, un concepto que se aplica al tamaño de la imagen que forman los binoculares, que no debe superar en diámetro al de la pupila del observador, ya que en tal caso se producirían pérdidas de luz. Teniendo en cuenta que la pupila humana, una vez adaptada a la oscuridad

Cometa Hyakutake. *En primavera de 1996, la cola del Hyakutake alcanzó unos 70 grados de extensión sobre la bóveda celeste, con un hermoso color azul que le erigió en uno de los cometas más bellos de la segunda mitad del siglo XX. (Vicente Aupí)*

propia de una noche de observación, adquiere un diámetro de 7-8 mm, ése es el umbral que no deberá superar la pupila de salida de los prismáticos. Para calcularla hay que dividir el diámetro del objetivo entre el número de aumentos que proporciona, de forma que si usamos unos 7 × 50, la pupila de salida deberá ser 7,14 mm, y si se trata de unos 11 × 80, el valor resultante será 7,27 mm. Los binoculares que mejores resultados suelen dar son aquellos cuya pupila de salida es muy parecida al diámetro de la pupila humana.

En los últimos años se ha producido una considerable presencia en el mercado astronómico de prismáticos de tamaño gigante, como los de 25 × 100 o los de 30 × 125. Su precio puede triplicar o cuadruplicar el de un telescopio de la misma abertura, pero la diferencia en la calidad de imagen no es tan grande como para hacer recomendable tal inversión. Gracias a la visión binocular, esta clase de instrumentos aporta unas imágenes soberbias de los campos estelares y de los objetos de cielo profundo, pero su talón de Aquiles está en la menor utilidad para la observación planetaria o lunar respecto al potencial de un telescopio, en el que a igualdad de abertura se puede llegar hasta los 150, 200 o más aumentos. Una de las mayores utilidades de los prismáticos gigantes se da en la búsqueda de cometas, ya que por su gran abertura alcanzan las mismas magnitudes estelares que los telescopios, pero con la ventaja de que su mayor campo angular permite al observador recorrer ágilmente la parte del cielo que se explora, algo fundamental para descubrir cometas.

NOVENA PARTE

ATLAS DE CIELO PROFUNDO

INTRODUCCIÓN AL ATLAS DE CIELO PROFUNDO

El Atlas de cielo profundo que esta guía pone a disposición del observador en las siguientes páginas incluye 50 regiones celestes del máximo interés y sus correspondientes cartas estelares. Todas ellas pertenecen al *Millennium Star Atlas,* uno de los atlas astronómicos más avanzados por la precisión de sus datos, obtenidos a partir de las observaciones del satélite *Hipparcos* de la Agencia Espacial Europea (ESA) y plasmados en los catálogos *Tycho* e *Hipparcos*, que han constituido sus principales fuentes. La inclusión de 50 cartas del *Millennium Star Atlas,* por primera vez en un libro en lengua española, es fruto de un acuerdo con Sky Publishing Corporation, editora

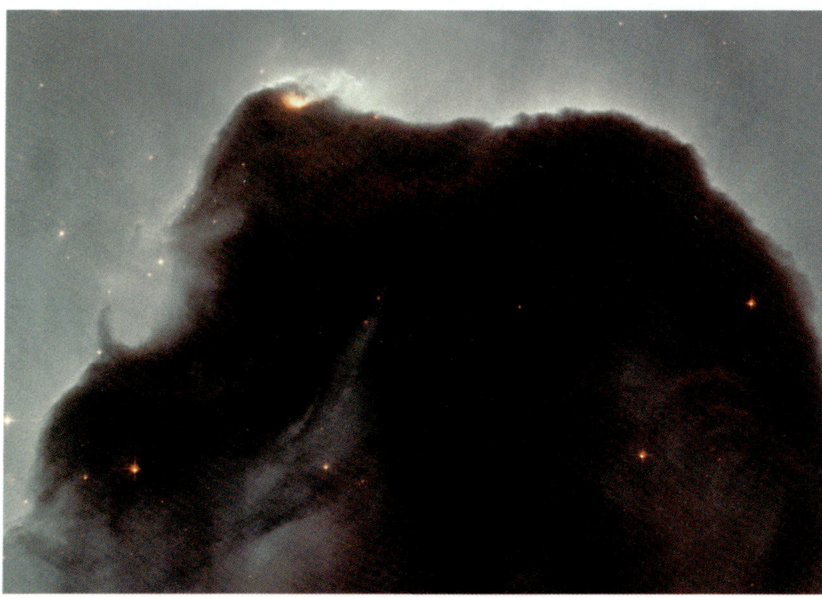

Barnard 33. *Aunque esta nebulosa ya era muy famosa entre los astrónomos y observadores aficionados, el retrato que el Hubble obtuvo de ella en el año 2001 introdujo una nueva visión, con un detalle del que no se disponía. Los filamentos oscuros otorgan aquí un rasgo fantasmagórico a la Nebulosa Cabeza de Caballo o Barnard 33. (NASA/NOAO/ESA/STScI/AURA)*

Ciudad estelar en Horologium. *El Telescopio Espacial* Hubble *obtuvo esta mágica visión de la galaxia NGC 1512, perteneciente a la constelación austral de Horologium, el Reloj. Esta ciudad estelar, en la que están naciendo nuevos cúmulos de estrellas, no es muy lejana: unos 30 millones de años luz de distancia a la Vía Láctea, que es la galaxia que habitamos nosotros. (NASA/Dan Maoz)*

del atlas en colaboración con la ESA. Las 50 cartas han sido seleccionadas por su especial interés para el propósito de esta obra entre las 1548 que abarcan la totalidad del cielo en el *Millennium Star Atlas,* y que han sido elaboradas por Roger W. Sinnot y Michael A. C. Perryman, mientras que los textos descriptivos que acompañan a las cartas son de Vicente Aupí, autor del libro y de la adaptación de las cartas para esta obra.

Lo que el lector-observador encontrará a continuación no es un atlas estándar de astronomía. El propósito de este libro no es ofrecer una visión genérica del cielo, como sucede en muchas guías, sino acercar a las personas interesadas a las regiones del firmamento de mayor interés por la espectacularidad o por la belleza de sus objetos celestes, así como proporcionar información sobre estrellas, cúmulos estelares, nebulosas y galaxias poco conocidos porque

Galaxia M 63. *Se halla en la constelación de Canes Venatici, los Perros de Caza. Es una bella espiral de magnitud 8,6, relativamente brillante y asequible para telescopios modestos y con un diámetro angular superior a los 12 minutos de arco. (Jack Newton)*

no suelen constar en los catálogos clásicos. En este sentido, a la precisión de sus datos une la información sobre determinados catálogos que no están habitualmente al alcance de los observadores. De esta forma, en las 50 regiones celestes del Atlas de cielo profundo el lector-observador encontrará objetos pertenecientes no sólo a los catálogos habituales de Messier (M), *New General Catalogue* (NGC) e *Index Catalogue* (IC), sino también a otros que no están habitualmente a su disposición, como el Catálogo de Nebulosas Oscuras de Barnard (B), o los de observatorios y centros científicos que han elaborado los suyos en el ámbito de determinadas clases de objetos, como por ejemplo,

Cassiopeia. *Esta popular constelación boreal es muy rica en cúmulos estelares abiertos y alberga, asimismo, numerosas nebulosas. Las estrellas principales de la constelación se hallan perdidas en esta imagen entre la enorme riqueza estelar de la Vía Láctea, que aparece aquí gracias a la exposición fotográfica. Imagen captada con un sencillo objetivo de 50 mm desde el Centro Astronómico del Alto Turia (CAAT), a 1300 metros de altitud. (Joaquín Tío)*

Collinder (Cr), Markarian (Mrk) y Trumpler (Tr), por citar sólo tres de ellos. En la tabla C, el lector encontrará la relación de abreviaturas correspondientes a los principales catálogos de objetos cuyas referencias constan en el atlas.

La elección de cartas para esta obra ha exigido una dura tarea de selección. Las 50 regiones celestes incluidas forman parte de lo mejor del cielo, pero la propia estructura cartográfica ya supone una visión diferente de antemano, por el gran detalle que aportan, muy diferente al de los atlas clásicos, ya que en éstos se da prioridad a la inclusión de numerosos objetos frente a la observación detallada de los más interesantes. El Atlas de cielo profundo apuesta por el detalle, como corresponde a una obra para el observador medio-avanzado que busca nuevas fuentes de información tras haber observado decenas de veces los mismos objetos.

En fotografía, aunque muchos principiantes creen que las mejores imágenes de paisajes se obtienen utilizando grandes angulares, los expertos saben perfectamente que la visión en detalle que aportan los teleobjetivos es la mejor forma de extraer al paisaje su verdadera esencia. Para el observador del cielo ocurre también lo mismo, de ahí que en esta obra se haya apostado claramente por una visión telescópica, a la que se adaptan perfectamente las características de las cartas del *Millennium Star Atlas,* cuya escala corresponde, aproximadamente, a la que se obtendría con una imagen fotográfica una longitud focal de 1800 mm.

Eso sí, debe aclararse que la visón detallada de este atlas no supone, en ningún caso, que el libro no ofrezca al lector la necesaria información global sobre el cielo. A este respecto, los mapas celestes mensuales de los hemisferios norte y sur abarcan la totalidad del firmamento, con la información precisa de las constelaciones y estrellas visibles en cada época del año. El atlas de las siguientes páginas no es sino un viaje en profundidad al interior de las zonas más hermosas que pueden encontrarse en la inmensa bóveda celeste.

Organización del atlas

En la tabla A se especifican las 50 regiones celestes seleccionadas para este atlas, así como sus coordenadas en el centro de la carta y los objetos de interés principal. Como dato orientativo para el lector se ha incluido también la correspondencia entre cada región celeste y el número original de las cartas del *Millennium Star Atlas.* La única modificación que se ha efectuado respecto a las cartas originales es la traducción al castellano y la adaptación al tamaño de esta guía, pero las coordenadas, posiciones y el resto de la información es idéntica, sin ningún tipo de variación. Cada carta abarca un área de 5,4° × 7,4° y las imágenes que se obtendrán con una longitud focal de 1800 mm tienen una escala similar que las cartas del atlas, para el que se ha utilizado la proyección cónica, en la que los meridianos de ascensión recta son estrictamente perpendiculares a los paralelos de declinación.

La cuadrícula que marca las coordenadas está basada en el *International Celestial Reference System* (ICRS), usado en los catálogos *Tycho* e *Hipparcos* para la definición de las posiciones y movimientos propios de las estrellas, de acuerdo con la referencia internacional del equinoccio J2000 y el Catálogo Fundamental FK5. Las posiciones estelares, de acuerdo con el periodo de mediciones usado en la misión *Hipparcos*, es el 25 de enero de 1991, salvo para la Estrella de Barnard (Región Celeste 43), cuyo notable movimiento propio la convierte en el único caso en que su posición de 1991 es excesivamente discordante con el equinoccio del año 2000, circunstancia que no se da en las demás estrellas. En este caso, la posición de la estrella se ha adaptado a la época del año 2000.

Estrellas y constelaciones

Las estrellas brillantes y, en general, las que son observables a simple vista figuran en este atlas, habitualmente, con tres denominaciones: su nombre propio, el número del catálogo de Flamsteed y la letra griega correspondiente al catálogo de Bayer. Asimismo, si es una estrella especialmente popular, también se incluye la denominación que le ha dado fama. Por ejemplo, en la Región Celeste 2, la estrella más brillante figura con su nombre propio, que es Algol, así como con el número 26 de Flamsteed y la letra griega β (beta)

Fotografías procesadas. *Esta imagen de la nebulosa Trífida (M 20) es el resultado de la integración de cuatro exposiciones diferentes de 40, 50, 15 y 60 minutos, y constituye un buen ejemplo de las excelentes prestaciones que el observador tiene a su alcance con el procesado digital de sus fotografías. (Francisco Catalá)*

que se le asignó en el catálogo de Bayer. A ello se le ha añadido el apelativo popular de "Estrella del Demonio" con el que la conocían los árabes y que se ha heredado hasta nuestros días. En algunas estrellas, especialmente del hemisferio celeste sur, se usan letras romanas, en mayúscula desde la A la Q y en minúscula desde la a hasta la z. La denominación en casos de sistemas binarios de estrellas se resuelve asignando un número a cada componente. Por ejemplo, en la Región Celeste 40, las dos estrellas que forman la famosa binaria Epsilon (ε) Lyrae aparecen como ε^1 y ε^2, respectivamente.
Las fronteras entre constelaciones, que permiten delimitar en su interior no sólo sus estrellas sino también los objetos de cielo profundo, son las establecidas en 1930 por el astrónomo belga Eugène Delporte bajo los auspicios de la Unión Astronómica Internacional (IAU).

Estrellas variables y estrellas dobles y múltiples

Cuando una estrella es de brillo variable, su disco aparece rodeado de un círculo concéntrico (véase la leyenda de las cartas), que es totalmente cerrado cuando la oscilación es superior a una magnitud. El tipo de variable (cefeida, eclipsante, etc.) está anotado entre paréntesis junto a la estrella, y las diversas abreviaturas se reflejan en la tabla D.

Cúmulo globular en M 31. *El objeto que aparece en la fotografía es el Cúmulo globular G1 o Mayall II, pero no pertenece a la Vía Láctea, sino a la Galaxia de Andromeda (M 31/NGC 224). Es el cúmulo globular más brillante que se conoce dentro de todo el Grupo Local, la familia de galaxias a la que pertenecen la nuestra, M 31 y varias decenas más. (Michael Rich/Kenneth Mighell/James D. Neill/Wendy Freedman/NASA)*

En muchos casos, el grosor del disco de estrellas variables (véase la leyenda de las cartas) se representa de acuerdo con su magnitud media en el catálogo Hipparcos, en el que se ha tenido en cuenta el tiempo que la estrella está en el máximo y en el mínimo del ciclo. Por ejemplo, una variable eclipsante que está la mayor parte del tiempo en la magnitud 3,0 y sólo brevemente en la 5,0 se representa con un disco acorde con la magnitud 3,1.

En el caso de las estrellas dobles y múltiples, las cartas del *Millennium Star Atlas* aportan al observador una importante novedad, derivada de las mediciones efectuadas por el satélite *Hipparcos*. Se trata de la representación, como estrellas individuales de cada una de las componentes cuando la separación angular es de 30 segundos de arco o más. Es habitual en otros atlas que las estrellas dobles se representen con un único disco o con un símbolo horizontal para especificar que se trata de un sistema múltiple, pero aquí, la amplitud y características de este atlas permiten que, cuando la separación supera los 30 segundos, cada componente aparezca como una estrella propia.

Distancia y movimiento propio de las estrellas

En la gran mayoría de las estrellas brillantes está anotada su distancia al Sol en años luz. El dato está expresado en el número de años luz, seguido de la abreviatura *ly*, de la expresión inglesa *light year*.

Asimismo, las estrellas cuyo movimiento propio es superior a 0,2 segundos de arco por año están acompañadas de una flecha indicativa de dicho desplazamiento y la dirección en que se produce. La extensión de la flecha indica el desplazamiento angular transversal que sufrirá la estrella en 1000 años. El caso más espectacular es el de la Estrella de Barnard, en la Región Celeste 43.

Objetos no estelares

La designación de objetos no estelares de cielo profundo (galaxias, nebulosas, etc.) utiliza como normal general el número del *New General Catalogue* (NGC) directamente, sin estar precedido habitualmente de las siglas NGC. Los otros dos catálogos más frecuentes son el *Index Catalogue* (IC), en el que el número sí va precedido de la abreviatura IC, y el de Messier, en el que aparece la letra M seguida del número, como en M 42, la Nebulosa de Orion, en la Región Celeste 12. Las principales abreviaturas de otras catálogos con referencias frecuentes están consignadas en la Tabla B. La base de datos que toman las cartas del *Millennium Star Atlas* como punto de partida es la del volumen 2 del *Sky Catalogue* (Hirshfeld&Sinnot, 1985), que incluye numerosas referencias sobre posiciones y características de galaxias, nebulosas y cúmulos estelares, así como de sus denominaciones populares.

En el caso de las galaxias, las cartas introducen como importante novedad su orientación espacial, de forma que el observador obtiene una información de primera mano sobre su posición real en el cielo. Asimismo, en determinadas

Quinteto de Stephan. *El cúmulo de galaxias más famoso (Región Celeste 39 del Atlas de cielo profundo) fue fotografiado con el* Hubble *en el año 2001. La toma muestra a tres de las cinco galaxias que componen el grupo: NGC 7319, cerca del centro, y el tándem que forman NGC 7318A (arriba) y NGC 7318B. (NASA/Jayanne English/Sally Hunsberger/Zolt Levay/ Sarah Gallagher/Jane Charlton)*

Los secretos de M 15. *Situado en la constelación de Pegasus, el cúmulo globular M 15 (Región Celeste 42) es un fascinante espectáculo. Fue en él donde se encontró la primera nebulosa planetaria descubierta en un cúmulo globular, formando un halo alrededor de la Estrella Kuestner 648. En la fotografía, la nebulosa aparece arriba a la izquierda del centro del cúmulo. (AURA/STScI/NASA)*

galaxias, como la de Andromeda (M 31/NGC 224) y las Nubes de Magallanes, la base de datos utilizada en las cartas del *Millennium Star Atlas* incluye objetos propios de estas galaxias que no aparecen en otros atlas. De esta forma, en M 31 (Región Celeste 3) aparecen anotados cúmulos globulares y nebulosas que corresponden a dicha galaxia y no a la Vía Láctea. En lo relativo a la Gran Nube de Magallanes (regiones celestes 18-21) y la Pequeña Nube de Magallanes (regiones celestes 22 y 23), la información es extraordinaria en este aspecto, ya que la densidad de nebulosas y cúmulos estelares en ambas es enorme.

Objetos especiales

En el atlas también figuran numerosos objetos especiales, como quásars, señalados mediante el icono correspondiente (véase la leyenda) en forma de cruz abierta. Este icono también sirve para representar otros objetos, como radiofuentes intensas, caso de Cassiopeia A, en la Región Celeste 35. Otros objetos especiales de gran interés son las novas y supernovas conocidas de los últimos siglos, que aparecen reflejadas con una X, como puede comprobarse en la Región Celeste 48 con la Supernova de Kepler (SN 1604).

Magnitud límite

Las cartas incluidas en este atlas tienen habitualmente su límite en la magnitud 11. Por tanto, se incluyen estrellas mucho menos brillantes que en otros atlas, en los que es habitual fijar la magnitud límite en 8,0. Aquí, en cambio, la escala de las cartas estelares, que abarcan regiones celestes mucho más restringidas pero con un extraordinario detalle, permiten incluir muchas más estrellas sin que se produzca el apelotonamiento que ocurriría en mapas celestes de mayor campo. De esta forma, las características de las cartas, su magnitud límite y el área que abarcan se adaptan mucho mejor a las exigencias de observadores que deseen explorar en detalle sus regiones celestes favoritas mediante el uso de prismáticos o telescopios.

En el caso de las galaxias, cúmulos de galaxias y otros objetos no estelares, las cartas pueden alcanzar la magnitud 13,5 o más en función de su interés, una información que es particularmente útil cuando el observador dispone de telescopios de cierta envergadura. Hasta hace unas décadas, era poco frecuente que los aficionados a la astronomía dispusieran de telescopios con aberturas superiores a los 150-200 mm, pero en la actualidad no es extraño ver a observadores que manejan instrumentos de 300-350 mm y hasta de 400 mm. Un atlas como éste no puede privar a estos observadores de una preciosa información sobre objetos que quedan a su alcance, a pesar de que su débil brillo no los haga asequibles para telescopios pequeños. La selección de regiones celestes ha buscado, precisamente, un equilibrio entre ambos objetivos, por lo que sirven por igual a ambas clases de observadores.

TABLAS DEL ATLAS

Tabla A
Regiones celestes seleccionadas

N.º	OBJETOS PRINCIPALES	AR (h m)	DEC. (° ')	N.º ORIGINAL
1	Doble Cúmulo de Perseus	02 35	+60 00	46
2	Algol	03 00	+42 00	99
3	Galaxia de Andromeda (M 31)	00 36	+42 00	105
4	Cúmulos estelares en Gemini	06 10	+24 00	156
5	Reman. de supernova en Taurus	05 30	+24 00	158
6	Pleiades (M 45)	03 50	+24 00	163
7	Hyades/Aldebaran	04 30	+18 00	185
8	Nebulosa Roseta	06 30	+06 00	227
9	Bucle de Barnard/M 78	05 50	00 00	253
10	Cinturón de Orion	05 30	00 00	254
11	Nebulosa Cabeza de Caballo	05 50	–06 00	277
12	Nebulosa de Orion/Trapecio	05 30	–06 00	278
13	Mira (Omicron Ceti)	02 10	–06 00	288
14	Sirius/M 41	06 50	–18 00	322
15	Estrella Carmesí (R Leporis)	04 50	–18 00	328
16	Tau Ceti	01 50	–18 00	337
17	Cúmulos estelares en Puppis	07 50	–24 00	343
18	Gran Nube de Magallanes (1)	05 40	–66 00	484
19	Gran Nube de Magallanes (2)	05 00	–66 00	485
20	Gran Nube de Magallanes (3)	06 00	–72 00	495
21	Gran Nube de Magallanes (4)	05 12	–72 00	496
22	Pequeña Nube de Magallanes (1)	01 12	–72 00	501
23	Pequeña Nube (2)/47 Tucanae	00 25	–72 00	502
24	Galaxias M 81 y M 82	10 00	+72 00	538
25	Galaxia del Torbellino (M 51)	13 24	+48 00	589
26	Galaxias Coma Berenices (1)	12 54	+30 00	653
27	Galaxias Coma Berenices (2)	12 50	+24 00	676
28	Cúmulo de galaxias de Virgo	12 30	+12 00	725
29	Omega Centauri	13 24	–48 00	953

Tabla A (cont.)
Regiones celestes seleccionadas

N.º	OBJETOS PRINCIPALES	AR (h m)	DEC. (° ')	N.º ORIGINAL
30	Alfa Centauri	14 35	–60 00	985
31	Saco de Carbón (1)/Joyero	12 52	–60 00	988
32	Campos estelares en Carina	11 08	–60 00	991
33	Nebulosa de Eta Carinae	10 35	–60 00	992
34	Saco de Carbón (2)	13 00	–66 00	1001
35	Cúmulos Cassiopeia/Cepheus	23 08	+60 00	1070
36	Estrella Granate de Herschel	21 25	+60 00	1073
37	Nebulosa Norteamérica (1)	21 00	+48 00	1106
38	Nebulosa Norteamérica (2)	21 00	+42 00	1126
39	Quinteto de Stephan	22 44	+36 00	1142
40	Vega/Nebulosa Anular (M 57)	18 44	+36 00	1153
41	Cúmulo globular M 13	16 32	+36 00	1159
42	Cúmulo globular M 15	21 30	+12 00	1238
43	Estrella de Barnard	17 50	+06 00	1273
44	Cúmulos y nebulosas en Scutum	18 50	–06 00	1318
45	Nebulosa del Águila (M 16)	18 10	–12 00	1344
46	Nebulosa Omega (M 17)	18 30	–18 00	1367
47	Nebulosas Trífida y de la Laguna	18 10	–24 00	1392
48	Nebulosas oscuras en Ophiuchus	17 30	–24 00	1394
49	Antares/Nebulosa Rho Ophiuchi	16 30	–24 00	1397
50	Nubes estelares en Sagittarius	18 00	–30 00	1415

Tabla B
Alfabeto griego

alfa	α	iota	ι	rho	ρ
beta	β	kappa	κ	sigma	σ
gamma	γ	lambda	λ	tau	τ
delta	δ	mu	μ	úpsilon	υ
epsilon	ε	nu	ν	fi	φ
zeta	ζ	xi	ξ	chi	χ
eta	η	ómicron	ο	psi	ψ
theta	θ	pi	π	omega	ω

Tabla C
Principales abreviaturas de catálogos celestes con referencias en el atlas

ABREVIATURA	CATÁLOGO	TIPO DE OBJETOS
M	Messier	galaxias, nebulosas, cúmulos
NGC*	New General Catalogue	galaxias, nebulosas, cúmulos
IC	Index Catalogue	galaxias, nebulosas, cúmulos
B	Barnard	nebulosas oscuras
Ced	Cederblad	nebulosas
RCW	Rodgers, Campbell&Whiteoak	nebulosas
Sh2	Sharpless	nebulosas
vdB-Ha	van den Berg-Hagen	cúmulos abiertos
LDN	Lynds	nebulosas oscuras
Sa	Sandqvist	nebulosas oscuras
SL**	Sandqvist&Lindroos	nebulosas oscuras
PK	Perek&Kohoutek	nebulosas planetarias
N	Henize	nebulosas
HNT	Heydari-Malayeri et al.	nebulosas
BA	Baade&Arp	nebulosas
Bark	Barkathova	cúmulos abiertos
Cr	Collinder	cúmulos abiertos
Do	Dolidze	cúmulos abiertos
DoDz	Dolidze-Dzimselejsvili	cúmulos abiertos
L	Lindsay	cúmulos abiertos
Mrk	Markarian	cúmulos abiertos
Mel	Melotte	cúmulos abiertos
Ru	Ruprecht	cúmulos abiertos, cúmulos globulares
LBN	Lynds	nebulosas brillantes
Berk	Berkeley	cúmulos abiertos
Steph	Stephenson	cúmulos abiertos
Tr	Trumpler	cúmulos abiertos
Westr	Westerlund	cúmulos abiertos
SL**	Shapley-Lindsay	cúmulos abiertos
H	Hodge	cúmulos abiertos
LH	Lucke-Hodge	cúmulos abiertos
HS	Hodge-Sexton	cúmulos abiertos
BCDSP	Bica et al.	cúmulos abiertos
ESO	European Southern Observatory	cúmulos abiertos, galaxias
Rob	Robertson	cúmulos abiertos

Tabla C (cont.)
Principales abreviaturas de catálogos celestes con referencias en el atlas

ABREVIATURA	CATÁLOGO	TIPO DE OBJETOS
KMHK	Kontizas *et al.*	cúmulos abiertos
BRHT	Bhatia *et al.*	cúmulos abiertos
UGC	Uppsala General Catalogue	galaxias
MCG	Morphological Catalogue of Galaxies	galaxias
CGCG	Catalogue of galaxies and clusters of galaxies	galaxias, cúmulos de galaxias
A	Abell	cúmulos de galaxias

*En el atlas, los objetos del NGC no están habitualmente precedidos de estas siglas, sino que aparecen directamente con el número suelto por tratarse del catálogo más habitual. Cuando el mismo objeto pertenece al catálogo Messier, primero aparece la referencia a éste (ahora incluyendo la M seguida del número), y después el número del NGC. Por ejemplo, en la Región Celeste 3, la Galaxia de Andromeda aparece como M 31 y, a continuación, figura el 224, su número de catálogo en el NGC.
**Aunque estos dos catálogos tienen la misma abreviatura (SL), Sandqvist&Lindroos corresponde a nebulosas oscuras y Shapley-Lindsay a cúmulos abiertos, por lo que no pueden confundirse al estar identificado cada objeto con iconos diferentes, de acuerdo con su tipo.

Tabla D
Abreviaturas de clases de estrellas variables

CLASES		PERIODO EN DÍAS	
Eclipsante	(e)	Menos de 1	(0)
Cefeida	(c)	De 1 a 9	(1)
Mira	(m)	De 10 a 99	(2)
Delta Scuti	(d)	De 100 a 999	(3)
RR Lyrae	(r)	1000 o más	(4)
Semirregular	(s)		
Irregular	(i)		
UV Ceti	(f)		
Novalike	(x)		
Otras	(v)		

ATLAS DE CIELO PROFUNDO

Las constelaciones de **Cassiopeia** y **Perseus** albergan una notable variedad de objetos celestes de gran interés, especialmente cúmulos estelares abiertos. En el sector inferior derecho aparece el famoso **Doble Cúmulo de Perseus**, formado por **h** y **x Persei** (**NGC 869** y **NGC 884**, respectivamente) y localizable a simple vista en cielos transparentes alejados de luces parásitas. Con unos binoculares de 7 × 50 la visión de este objeto doble es muy interesante y si lo hacemos con unos de 11 × 80, el espectáculo es excelente. Entre ambos suman más de 400 estrellas y son fácilmente discernibles por su gran tamaño, ya que entre ambos abarcan aproximadamente un grado de arco en la bóveda celeste. **NGC 869** tiene una población estelar algo mayor que la de **NGC 884**, ya que se estima que alberga más de 200 estrellas. Al hallarse en una declinación de 57 grados, bastante próxima al polo celeste, este objeto doble puede observarse desde el hemisferio norte casi todo el año, aunque el otoño es la época más favorable porque ocupa hacia la medianoche su posición más alta en el firmamento. Los dos cúmulos son muy jóvenes, ya que su edad se cifra en sólo varios millones de años, muy poco tiempo dentro de las escalas de la evolución estelar. Se hallan a una distancia del Sol que supera los 7000 años luz.

Muy cerca de **h** y **x Persei** podemos encontrar otro cúmulo abierto de interés, aunque mucho más pequeño, ya que su diámetro es de poco más de 10 minutos de arco. Se trata de **NGC 957**, que en la carta aparece a la izquierda del **Doble Cúmulo**, y es asequible para los pequeños telescopios, que en este caso son más propicios que los prismáticos para apreciar detalles en el cúmulo. La magnitud de este objeto es de 7,6 y, por tanto, es un cúmulo relativamente brillante, aunque no perceptible a simple vista.

IC 1805 (arriba del centro) es un ejemplo clásico de nebulosa con un cúmulo abierto en su interior. La nebulosa no es visible, pero aparece en las fotografías de larga exposición, si bien el cúmulo interior es lo suficientemente brillante y grande para una buena observación telescópica. A la izquierda, pero muy próximo a **IC 1805**, se halla otro interesante cúmulo abierto: **NGC 1027**, de características similares a **NGC 957** en tamaño y brillo.

La frontera entre **Cassiopeia** y **Perseus** muestra una gran riqueza estelar y es aconsejable que el observador vaya barriendo la zona con el telescopio o con binoculares. Si se utiliza un telescopio, lo mejor es iniciar el recorrido con menos de 50 aumentos para obtener una vista de conjunto y localizar más fácilmente los cúmulos estelares que pueblan esta parte del firmamento. Después, cada cúmulo invita a una observación en detalle para la cual es necesario un aumento gradual de la potencia, aunque por regla general no es conveniente que con los telescopios pequeños se superen los 100 aumentos.

A la derecha del centro, la carta estelar muestra el cúmulo abierto **Stock 2**. Es mucho más disperso que el resto de conglomerados de la zona, ya que su diámetro es de un grado de arco. Para tener una visión adecuada hay que utilizar pocos aumentos, ya que de lo contrario no podrá observarse el cúmulo entero.

En esta zona del cielo resulta evidente la ausencia de galaxias. Sin embargo, el observador encontrará un gran atractivo en su riqueza estelar, tanto por los cúmulos presentes como por la densidad estelar de conjunto, ya que la Vía Láctea cruza de lleno la confluencia entre **Cassiopeia** y **Perseus**. Asimismo, los interesados en la astrofotografía hallarán aquí un buen motivo, ya que por su gran tamaño, las nebulosas **IC 1805** e **IC 1848** quedan al alcance de teleobjetivos de pequeño tamaño. Fotográficamente, son más aconsejables en esta región celeste que los telescopios, aunque éstos deben usarse como guía durante la toma con el objetivo en paralelo. En cuanto a las películas, no son necesarias sensibilidades muy altas, aunque sí es conveniente optar por emulsiones cálidas que respondan bien a los colores rojizos de ambas nebulosas. Con exposiciones de 10 a 15 minutos y sensibilidades de 200 a 400 ISO pueden obtenerse buenos resultados.

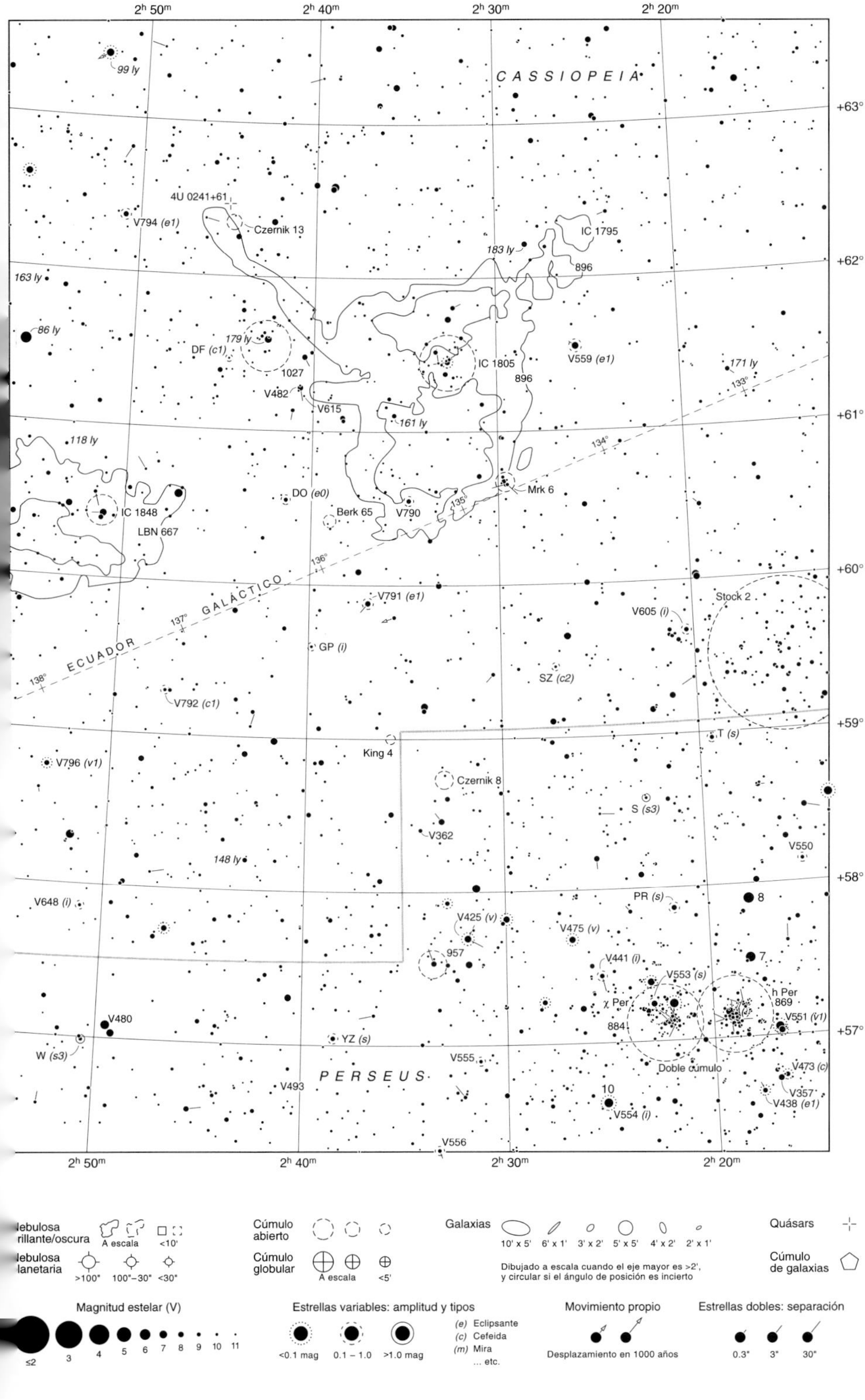

2h 50m
2h 40m
2h 30m
2h 20m
C A S S I O P E I A
+63°
+62°
+61°
+60°
+59°
+58°
+57°
99 ly
4U 0241+61
V794 (e1)
Czernik 13
IC 1795
183 ly
896
163 ly
86 ly
179 ly
DF (c1)
1027
IC 1805
V559 (e1)
171 ly
133°
V482
V615
161 ly
118 ly
134°
DO (e0)
Berk 65
V790
135°
Mrk 6
IC 1848
LBN 667
136°
E C U A D O R   G A L Á C T I C O
137°
138°
V791 (e1)
Stock 2
V605 (i)
GP (i)
SZ (c2)
V792 (c1)
King 4
T (s)
V796 (v1)
Czernik 8
S (s3)
V362
148 ly
V550
V648 (i)
PR (s)
8
V425 (v)
V475 (v)
957
7
V441 (i)
V553 (s)
χ Per
h Per
869
884
V551 (v1)
V480
W (s3)
YZ (s)
V555
Doble cúmulo
V473 (c)
P E R S E U S
V493
10
V357
V438 (e1)
V554 (i)
V556
Nebulosa brillante/oscura
A escala
<10'
Nebulosa planetaria
>100"
100"–30"
<30"
Cúmulo abierto
Cúmulo globular
A escala
<5'
Galaxias
10' x 5'
6' x 1'
3' x 2'
5' x 5'
4' x 2'
2' x 1'
Dibujado a escala cuando el eje mayor es >2',
y circular si el ángulo de posición es incierto
Quásars
Cúmulo de galaxias
Magnitud estelar (V)
≤2
3
4
5
6
7
8
9
10
11
Estrellas variables: amplitud y tipos
<0.1 mag
0.1 – 1.0
>1.0 mag
(e) Eclipsante
(c) Cefeida
(m) Mira
... etc.
Movimiento propio
Desplazamiento en 1000 años
Estrellas dobles: separación
0.3"
3"
30"

La primera binaria eclipsante descubierta por los astrónomos es **Algol**. Conocida desde los tiempos de la astronomía árabe como "Estrella del Demonio", es famosa entre los observadores por las oscilaciones de su brillo. Aunque su variabilidad fue establecida científicamente en los siglos XVII y XVIII, los cambios de brillo asombraron a los árabes en la Edad Media y, por esa razón, recibió el nombre popular con el que se la conoce desde entonces. Es la estrella más brillante de esta región del cielo, poco poblada de objetos celestes, pero de gran densidad estelar al hallarse la constelación de **Perseus** en la dirección de uno de los brazos espirales de la **Vía Láctea**, nuestra galaxia. El ciclo de **Algol** dura 2,87 días, un periodo en el que pasa de la magnitud 2,2 (máximo brillo) a la 3,4 (mínimo brillo). Tales cambios se deben a que la estrella principal del sistema es eclipsada por una compañera oscura, que cruza por delante de ella en su órbita y atenúa su resplandor. Como se ve, la variabilidad del brillo tiene su origen en los eclipses que produce su compañera, a diferencia del proceso que se da en las estrellas pulsantes, como las variables cefeidas o las del tipo **Mira**. Se la conoce indistintamente por el nombre árabe o por el de la clasificación con letras griegas de Johann Bayer, quien le asignó la denominación **β Persei** al tratarse de la segunda más brillante de la constelación de Perseus, en la que el primer lugar corresponde a **Mirfak**, de magnitud 1,8 y también llamada **α Persei**.

Algol se halla a una distancia de 93 años luz del Sol y sólo la componente principal es visible. La observación de los eclipses a través del telescopio tampoco permite distinguir a **Algol B**, la invisible compañera eclipsante, ya que sólo se aprecia una disminución del brillo en la componente primaria. Recientemente fue descubierta **Algol C**, una tercera estrella del sistema cuya órbita es de 680 días.

Al tratarse de la primera binaria conocida de este tipo, ha dado nombre al prototipo de variables eclipsantes, por lo que el conjunto de estrellas de características similares se denominan estrellas del tipo **Algol**, para las que se utiliza la abreviatura EA.

En la zona central de la carta estelar aparecen varias galaxias de brillo débil y pequeño tamaño, como **IC 284**, **NGC 1159**, **NGC 1164**, **NGC 1171**, **NGC 1175**, **NGC 1177** y **NGC 1198.** La primera es la mayor de todas, pero aun así su tamaño no supera los 5 minutos de arco, por lo que las galaxias que aparecen dispersas en esta región celeste son materia reservada para telescopios potentes, con aberturas superiores a los 300 mm.

En el sector inferior de la carta estelar se encuentra **Rho (ρ) Persei**, una estrella del tipo variable semirregular y de brillo claramente inferior al de **Algol**. En este caso no se trata de una binaria eclipsante, sino que la variabilidad corresponde a la propia estrella, una supergigante pulsante. Las variables semirregulares se caracterizan por oscilaciones de brillo significativas, del orden de una a dos magnitudes. Sus oscilaciones son, por tanto, menos acusadas que las de las variables de tipo **Mira**, en las que puede haber cambios de hasta 11 magnitudes.

A la izquierda de **Rho (ρ) Persei** aparecen dos galaxias de tamaño aparente diminuto: **NGC 1207** y **NGC 1213**. Su tamaño es de apenas 2 minutos de arco, por lo que su localización es un verdadero reto en el que se hace imprescindible el uso de telescopios potentes. El observador experimentado puede intentar el registro fotográfico de estas dos galaxias, así como del grupo disperso que aparece en el centro de la región abarcada por esta carta y al que nos hemos referido antes. Por su escaso diámetro aparente, los teleobjetivos no son aconsejables y se hacen necesarios telescopios de larga distancia focal, aunque con relaciones focales lo suficientemente rápidas para que no sean necesarias exposiciones demasiado largas. Con instrumentos del tipo Schmidt-Cassegrain de gran abertura –a partir de 26 cm–, las galaxias aparecerán como objetos difuminados, pero si la toma es correcta, el observador podrá distinguirlas entre el fondo estelar.

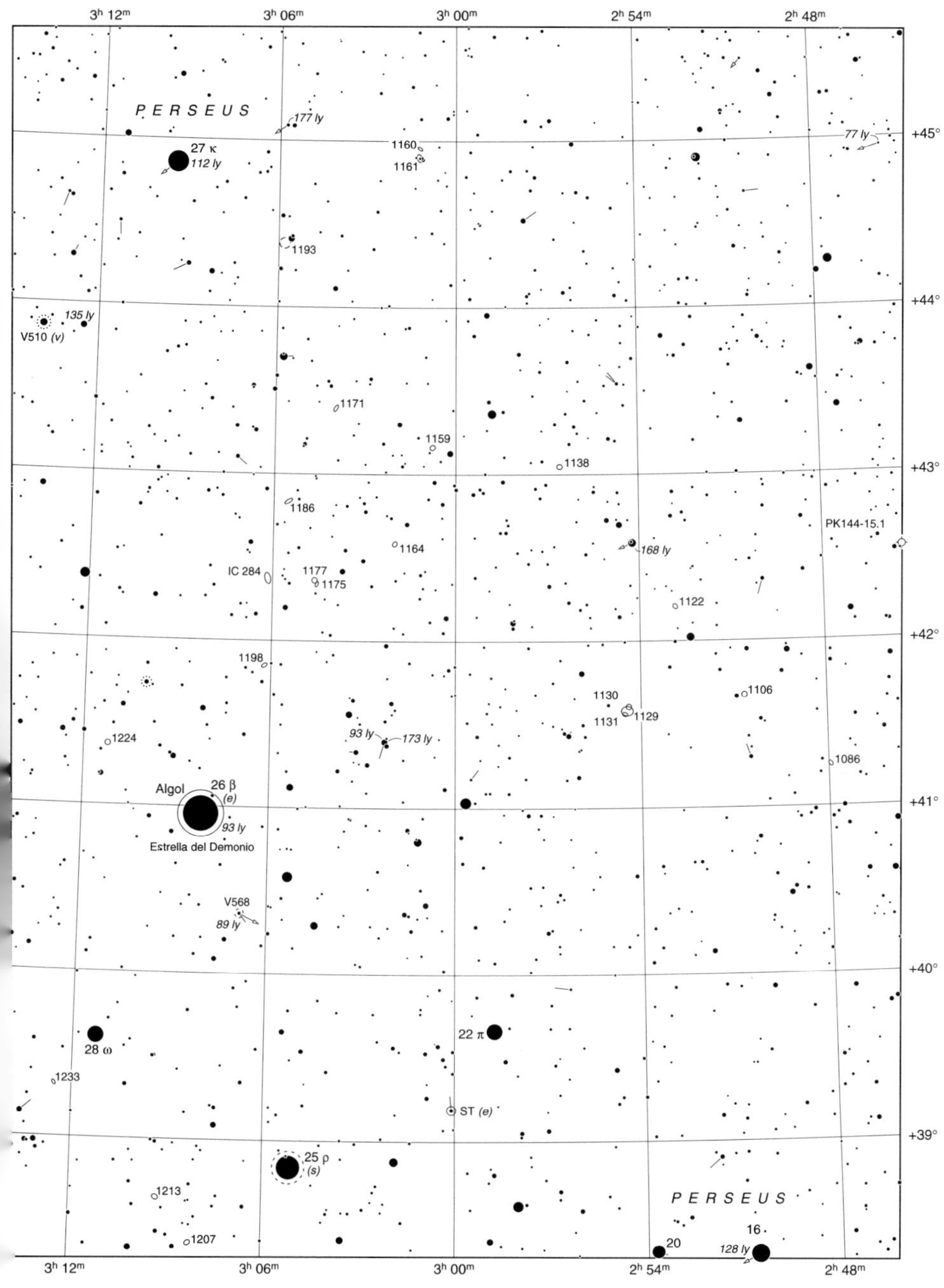

3h 12m
3h 06m
3h 00m
2h 54m
2h 48m
+45°
+44°
+43°
+42°
+41°
+40°
+39°
PERSEUS
177 ly
27 κ
112 ly
1160
1161
77 ly
1193
135 ly
V510 (v)
1171
1159
1138
1186
1164
PK144-15.1
168 ly
IC 284
1177
1175
1122
1198
1130
1131
1129
1106
1224
93 ly
173 ly
1086
Algol
26 β
(e)
93 ly
Estrella del Demonio
V568
89 ly
28 ω
22 π
1233
ST (e)
25 ρ
(s)
1213
1207
20
16
128 ly

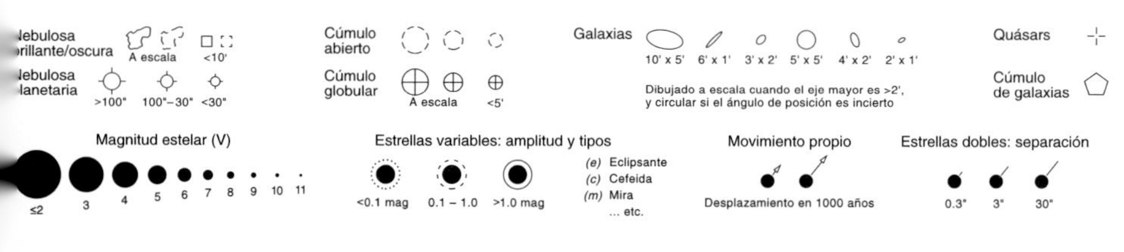

Nebulosa brillante/oscura
A escala
<10'
Nebulosa planetaria
>100"
100"–30"
<30"
Cúmulo abierto
Cúmulo globular
A escala
<5'
Galaxias
10' x 5'
6' x 1'
3' x 2'
5' x 5'
4' x 2'
2' x 1'
Dibujado a escala cuando el eje mayor es >2',
y circular si el ángulo de posición es incierto
Quásars
Cúmulo de galaxias
Magnitud estelar (V)
≤2
3
4
5
6
7
8
9
10
11
Estrellas variables: amplitud y tipos
<0.1 mag
0.1 – 1.0
>1.0 mag
(e) Eclipsante
(c) Cefeida
(m) Mira
... etc.
Movimiento propio
Desplazamiento en 1000 años
Estrellas dobles: separación
0.3"
3"
30"

Estación obligada en numerosas noches de cada año, la **Galaxia de Andromeda** (**M 31/NGC 224**) supone un estímulo para el observador principiante y un excelente recurso para el experto. Miles de astrónomos avanzados dirigen sus telescopios una y otra vez a este objeto pese a haberlo hecho en decenas de ocasiones anteriormente, y es que su influjo sobre la pasión por los cielos está fuera de toda duda. Junto a las Nubes de Magallanes, es la única galaxia visible claramente sin ayuda óptica, aunque algunas personas de vista muy aguda aseguran haber detectado también sólo con sus ojos **M 33**, la **Galaxia del Triángulo**, en las noches más favorables.

Lo que sí es cierto es que **M 31** comparte con la conocida **Nebulosa de Orion** (**M 42/NGC 1976**) el atributo de ser el objeto de cielo profundo más observado de la historia. Nos encontramos ante una de las hermanas mayores de la **Vía Láctea** dentro del **Grupo Local**, una familia de más de 30 galaxias de la que forma parte la nuestra. La principal diferencia está en el tamaño y la población estelar, ya que **M 31** es algo mayor que la **Vía Láctea**, con un diámetro de unos 150 000 o 160 000 años luz y entre 300 000 y 400 000 millones de estrellas. Ambas son, no obstante, dos espirales muy similares en su estructura.

Desde nuestra perspectiva, la **Galaxia de Andromeda** aparece ligeramente ladeada, aunque con el ángulo suficiente para que podamos ver su estructura espiral. Al tener una magnitud de 3,4 es posible localizarla, incluso, desde el interior de las ciudades cuando la atmósfera es muy transparente, aunque para observarla en buenas condiciones es inevitable una excursión al campo, la montaña o el mar.

La visión telescópica de **M 31** no es la mejor que puede obtenerse. Sin duda, los binoculares aventajan a los telescopios, ya que estamos ante un objeto celeste de gran tamaño: visualmente unos 3 grados de arco y fotográficamente, más de 4. Por su longitud focal, si se usa con un ocular de gran campo, un telescopio pequeño puede aportar una mejor visión que uno de gran potencia, ya que con éste sólo podremos observar la galaxia por sectores, aunque es cierto que con un mayor detalle.

M 31 tiene dos galaxias compañeras que no ofrecen problemas de localización. Tal como se aprecia en la carta estelar, **M 32/NGC 221** se halla bajo el núcleo de su hermana mayor, y **M 110/NGC 205** se sitúa arriba. A diferencia de la estructura espiral de la galaxia principal, las dos compañeras son elípticas, con forma lenticular en el caso de **M 110**. Esta última es la mayor de la pareja de galaxias satélites, con un tamaño aparente de 18 × 10 minutos de arco. En **M 32** las dimensiones se reducen a 8 × 6 minutos, pero ambas se ven fácilmente con telescopios pequeños, incluso con refractores de 80 mm de abertura, ya que son de magnitud 8.

Para identificar **M 32** y **M 110**, el observador debe tener en cuenta que la imagen está invertida cuando se observa con un telescopio reflector. Por tanto, en este caso **M 110** aparecerá debajo y **M 32**, arriba, a diferencia de la posición real que aparece en la carta estelar. Con los telescopios refractores ocurre lo mismo que en los reflectores cuando no se usan prismas cenitales, pero si se observa a través de ellos la imagen únicamente se invierte lateralmente, como en un espejo.

En **R Andromedae** (en la carta, abajo a la derecha) encontramos una interesante variable. Es una estrella con un periodo de más de un año en el que su brillo cambia de la magnitud 5,8 a la 14,9. Cuando está en la parte del ciclo de menor brillo, sólo es visible con telescopios grandes, pero en su máximo supera el umbral que permite localizarla a simple vista, ya que está por debajo de la magnitud 6. En el mínimo, encontrar esta estrella es un desafío para telescopios de 260 mm de abertura. Por debajo de ese tamaño, la capacidad óptica es insuficiente. Este tipo de estrellas está en fases muy avanzadas de su evolución y su observación es muy interesante porque sus matices rojos son los más intensos que pueden encontrarse en el cielo.

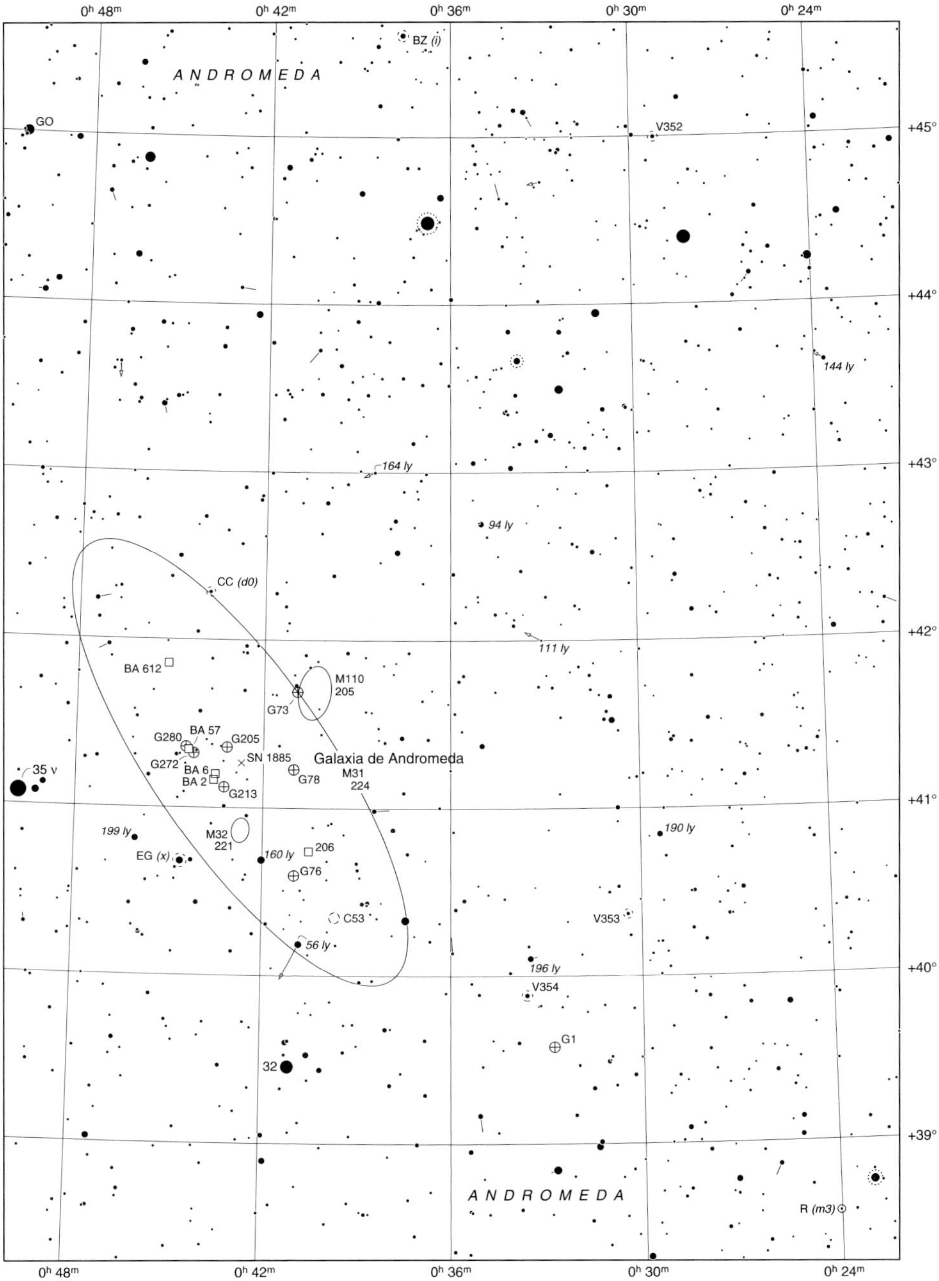
0h 48m
0h 42m
0h 36m
0h 30m
0h 24m
ANDROMEDA
BZ (i)
GO
V352
+45°
+44°
144 ly
164 ly
+43°
94 ly
CC (d0)
+42°
111 ly
BA 612
M110
205
G73
BA 57
G280
G205
G272
SN 1885
Galaxia de Andromeda
35 ν
BA 6
BA 2
G78
M31
224
G213
+41°
199 ly
M32
221
190 ly
EG (x)
160 ly
206
G76
C53
V353
56 ly
196 ly
+40°
V354
G1
32
+39°
ANDROMEDA
R (m3)

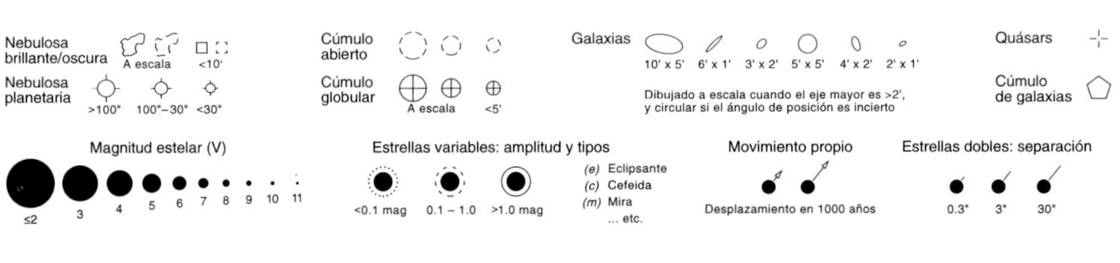
Nebulosa brillante/oscura
A escala
<10'
Nebulosa planetaria
>100"
100"–30"
<30"
Cúmulo abierto
Cúmulo globular
A escala
<5'
Galaxias
10' x 5'
6' x 1'
3' x 2'
5' x 5'
4' x 2'
2' x 1'
Dibujado a escala cuando el eje mayor es >2',
y circular si el ángulo de posición es incierto
Quásars
Cúmulo de galaxias
Magnitud estelar (V)
≤2
3
4
5
6
7
8
9
10
11
Estrellas variables: amplitud y tipos
<0.1 mag
0.1 – 1.0
>1.0 mag
(e) Eclipsante
(c) Cefeida
(m) Mira
... etc.
Movimiento propio
Desplazamiento en 1000 años
Estrellas dobles: separación
0.3"
3"
30"

La constelación de **Gemini** acoge uno de los cúmulos estelares más bellos de todo el firmamento. **M 35/NGC 2168** no alcanza el impacto visual de las **Pleiades** (**M 45**), pero muchos observadores están de acuerdo en que, después de contemplarlo por el telescopio, es difícil encontrar otra imagen tan sugestiva como la que nos ofrece a través del ocular. Se apiñan en él unas 200 estrellas en una hermosa estampa celeste que puede descubrirse en diferentes pasos. Primero debe localizarse el cúmulo a simple vista en la confluencia de **Gemini** con **Taurus**. Como segundo paso, puede estudiarse este objeto con telescopio con un ocular de gran campo, que ya ofrecerá una excelente visión, y posteriormente debe aumentarse la potencia hasta los 80 o los 100 aumentos, lo que permitirá añadir detalles extraordinarios del conglomerado estelar, cuya magnitud es de 5,1.

Prácticamente unido a **M 35** encontramos **NGC 2158**, otro cúmulo estelar. De magnitud 10 y muy compacto, es mucho menos generoso que su compañero de constelación, pero con telescopios de tamaño medio o grande y con unos 100 aumentos se erige en un objeto muy interesante.

A tan sólo un grado hallamos un tercer cúmulo muy adecuado para la observación telescópica: **IC 2157**. Algo más brillante que **NGC 2158**, también exige cierta ampliación de la imagen para observar sus detalles.

Pero esta región del cielo guarda más sorpresas en forma de cúmulo estelar. Muy cerca del punto de la carta estelar en el que se cruzan la eclíptica y el ecuador galáctico, unas 40 estrellas se arracíman en el cúmulo abierto **NGC 2129**, de magnitud 6,9 y tan interesante como **NGC 2158** e **IC 2157**.

La carta estelar muestra, abajo, la confluencia de las constelaciones de **Gemini** y **Orion**. Ya dentro de esta última, el sector muestra abajo del todo el cúmulo abierto **NGC 2175**, que tiene un tamaño aparente de unos 18 minutos de arco y reúne a unas 60 estrellas, por lo que se trata de la segunda condensación estelar más importante de la zona. Tiene la magnitud 6,8 y está asociado a la nebulosa **NGC 2174**, que lo envuelve. Las fotografías de larga exposición de este tándem de objetos dan resultados espectaculares, ya que con teleobjetivos de larga distancia focal aparece el cúmulo claramente envuelto por la nebulosa.

La estrella más interesante de este sector está en **Gemini**. Es **Propus**, o **Eta** (**η**) **Geminorum**, una variable cuyo periodo es de ocho meses y que cambia de la magnitud 3,3 a la 3,9. También es un sistema binario en el que la segunda componente es mucho más débil, de octava magnitud y con un periodo de casi 500 años. Al lado de ella hay una débil nebulosa, **IC 443**. Tiene una peculiar forma de óvalo cerrado, pero no es un objeto espectacular salvo que se tomen fotografías de larga exposición.

Muy cerca del centro de la carta están otras dos interesante estrellas variables, **3 Geminorum** y **6 Geminorum**. La primera de ambas es, además, una binaria cuyas componentes tienen magnitudes respectivas de 5,8 y 9,9, aunque su separación angular es de sólo 0,5 segundos de arco, en el límite de resolución óptica efectiva de los telescopios. **6 Geminorum** es una variable irregular de clase espectral M, una estrella rojiza que oscila entre las magnitudes 5,7 y 7,5.

Difícil de localizar, se encuentra en el extremo izquierdo de la carta estelar **IC 444**. Es éste un objeto celeste bastante llamativo, con una estrella asociada a una nebulosa que la abraza. La estrella es **12 Geminorum** y a principios de siglo llamó la atención de astrónomos como Edward Emerson Barnard, que anotaron su extraño aspecto nebuloso.

Para los interesados en la astrofotografía también puede resultar interesante realizar tomas de conjunto del sector. Los cúmulos estelares **M 35**, **NGC 2158**, **NGC 2157** y **NGC 2129** se prestan muy bien a una toma con un teleobjetivo potente con un campo de varios grados. Su situación en línea a lo largo de un mismo sector del cielo permite un encuadre en el que aparezcan los cuatro.

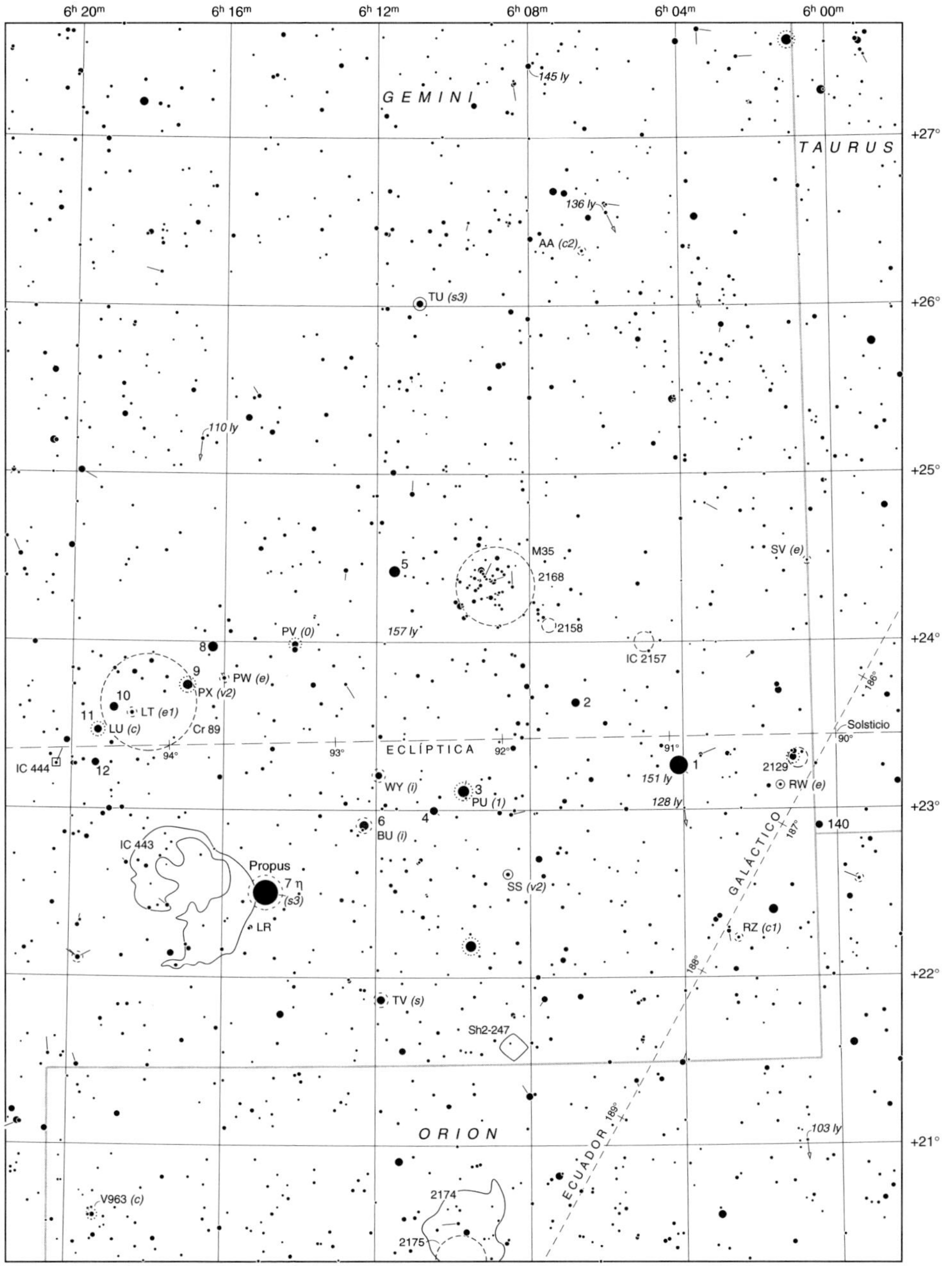

6h 20m
6h 16m
6h 12m
6h 08m
6h 04m
6h 00m
+27°
+26°
+25°
+24°
+23°
+22°
+21°
G E M I N I
T A U R U S
O R I O N
145 ly
136 ly
AA (c2)
TU (s3)
110 ly
M35
2168
2158
5
157 ly
PV (0)
8
IC 2157
SV (e)
9
PW (e)
PX (v2)
10
LT (e1)
11
LU (c)
Cr 89
2
Solsticio
90°
91°
92°
93°
94°
186°
E C L Í P T I C A
IC 444
12
1
151 ly
2129
RW (e)
WY (i)
3
PU (1)
128 ly
6
4
BU (i)
140
IC 443
Propus
7 η
(s3)
SS (v2)
LR
G A L Á C T I C O
187°
RZ (c1)
188°
TV (s)
Sh2-247
E C U A D O R
189°
103 ly
V963 (c)
2174
2175

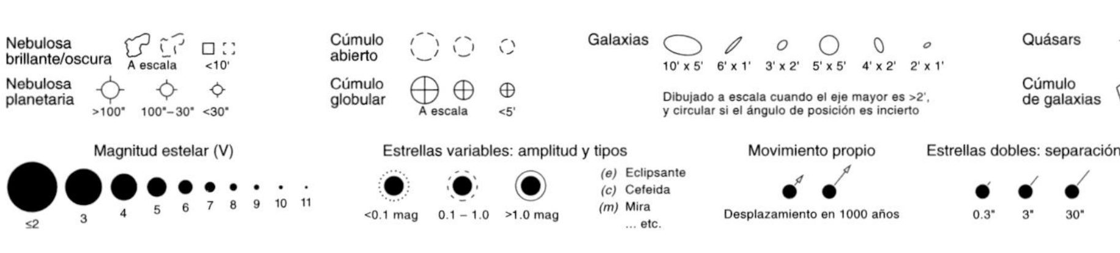

Nebulosa brillante/oscura
A escala
<10'
Nebulosa planetaria
>100"
100"–30"
<30"
Cúmulo abierto
Cúmulo globular
A escala
<5'
Galaxias
10' x 5'
6' x 1'
3' x 2'
5' x 5'
4' x 2'
2' x 1'
Dibujado a escala cuando el eje mayor es >2',
y circular si el ángulo de posición es incierto
Quásars
Cúmulo de galaxias
Magnitud estelar (V)
≤2
3
4
5
6
7
8
9
10
11
Estrellas variables: amplitud y tipos
<0.1 mag
0.1 – 1.0
>1.0 mag
(e) Eclipsante
(c) Cefeida
(m) Mira
... etc.
Movimiento propio
Desplazamiento en 1000 años
Estrellas dobles: separación
0.3"
3"
30"

En el año 1054 de nuestra era, el cielo resplandeció con una de las más gigantescas explosiones estelares de los últimos milenios. Los astrónomos chinos de la época gozaron del privilegio de observar un fenómeno al que todavía no ha podido asistir la ciencia contemporánea: una supernova dentro de la **Vía Láctea**, nuestra galaxia. Los restos de aquel cataclismo todavía podemos verlos, no obstante, en la actualidad con el telescopio en la constelación de **Taurus**, donde el remanente de la supernova forma la **Nebulosa del Cangrejo** (**M 1/NGC 1952**), el primer objeto del catálogo Messier. Su brillo es de la octava magnitud y su tamaño, de 6 × 4 minutos de arco, por lo que los telescopios más pequeños se quedan algo cortos. En cambio, las grandes aberturas muestran en las noches muy claras algunos de los filamentos de la nebulosa, cuyas fotografías revelan con toda claridad la materia desprendida y en expansión por el espacio después de la explosión.

La supernova que dio origen a esta nebulosa fue la antepenúltima ocurrida en la **Vía Láctea**. En 1572 se produjo otra en **Cassiopeia**, descubierta por Tycho Brahe y bautizada como **Estrella de Tycho**, y en 1604 se produjo la última en **Ophiuchus**: la **Estrella de Kepler** (carta de la **Región Celeste 48**), descubierta por el sabio alemán que definió las leyes orbitales de los planetas. Desde 1604 hasta la actualidad no ha habido ninguna otra supernova en nuestra galaxia, razón por la cual los astrónomos la esperan con gran interés. Puede producirse en cualquier momento o dentro de tres siglos, pero la ciencia mira con interés a algunas de las estrellas candidatas, fundamentalmente a las principales supergigantes rojas, ya que las supernovas son explosiones que ponen un fin violento a la vida de estrellas en la última fase de su evolución.

SN 1987A (carta estelar de la **Región Celeste 21**) es la supernova más próxima que se ha producido recientemente, aunque no en la **Vía Láctea**, sino en la **Gran Nube de Magallanes**, una galaxia irregular satélite de la nuestra.

En esta región de **Taurus** encontramos otro objeto celeste de enorme interés, pero extraordinariamente difícil de localizar. Es también un remanente de supernova, pero es desconocido para muchos observadores. Fue descubierto en 1952 en el Observatorio de Crimea y tiene la denominación **Simeis 147**, que responde al nombre del lugar donde está emplazado este observatorio ruso. Se estima que su antigüedad puede superar los 50 000 años y su magnitud no ha podido determinarse con exactitud, aunque los restos de la estrella difunta forman trazos nebulosos que se reparten en el cielo en un campo de casi 4 grados de arco. Su observación exige tres elementos imprescindibles: un cielo extraordinariamente favorable, un telescopio de gran abertura –al menos 300 mm– y un filtro nebular del tipo O III (oxígeno), que favorece la observación de nebulosas de este tipo al dejar pasar la luz únicamente en un pequeño rango de longitud de onda. Hallar este remanente de supernova es un verdadero reto para observadores avanzados, pero si se consigue localizarlo, los resultados superan al de otros objetos de la misma clase, incluida la famosa **Nebulosa del Cangrejo**.

Abajo a la derecha de este remanente de supernova se encuentran dos cúmulos estelares abiertos del catálogo Dolidze-Dzimselejsvili (DoDz), muy poco conocido entre los observadores. **DoDz 3**, arriba, tiene un tamaño aparente de unos 15 minutos de arco y acoge a una veintena de estrellas dispersas, de las que la mayor parte tienen un brillo inferior a la magnitud 10. Abajo a la izquierda está el otro cúmulo, **DoDz 4**, más grande que el anterior, pero más disperso pese a la presencia de algunas estrellas brillantes. Ambos cúmulos tienen interés porque aportan nuevos campos de observación a los de otros catálogos famosos. A diferencia del remanente **Simeis 147**, es posible observar los dos cúmulos estelares, con mayor o menor detalle, a través de telescopios pequeños. Recuérdese que con una abertura de 100 mm, si las condiciones son buenas, ya se alcanza la magnitud 12.

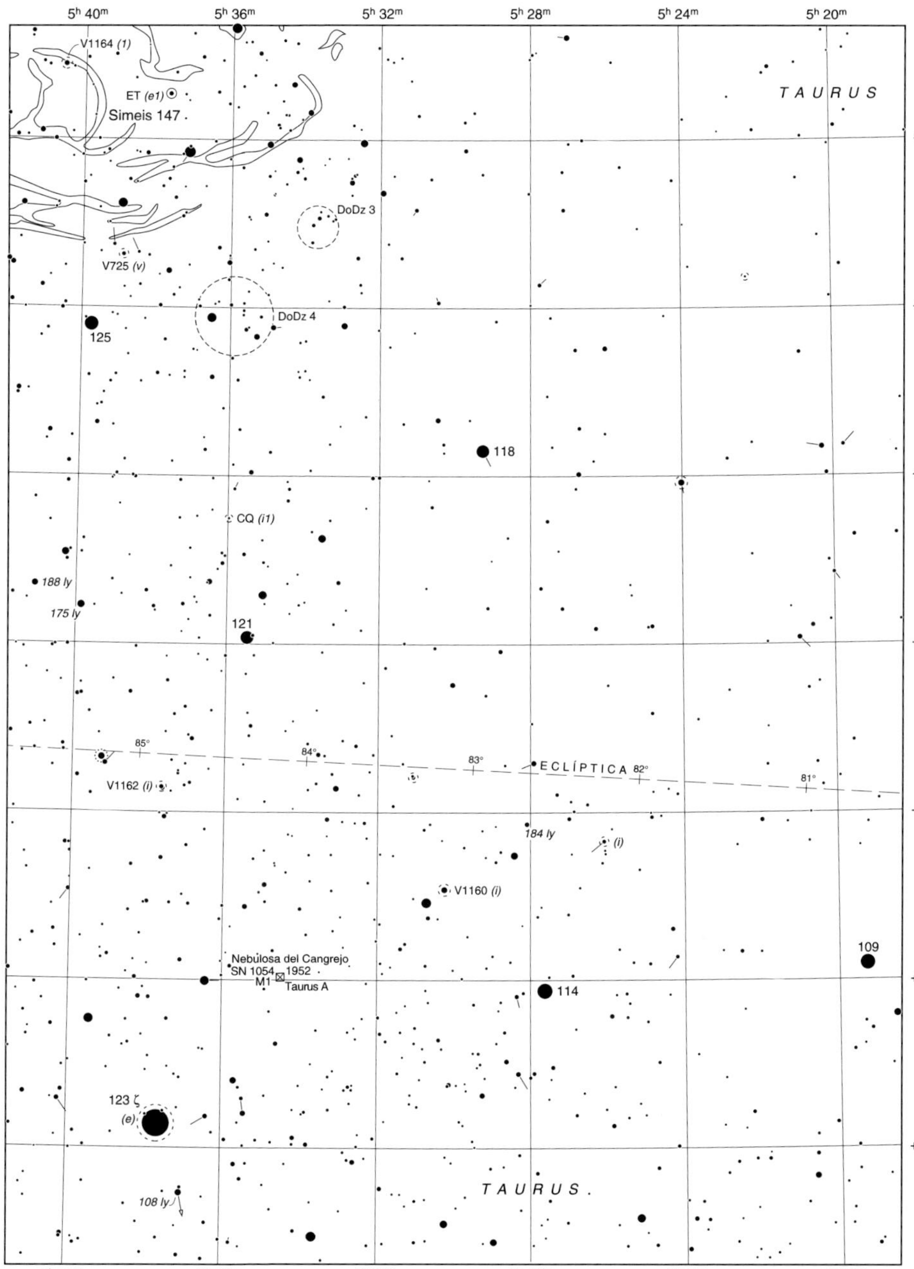
5h 40m
5h 36m
5h 32m
5h 28m
5h 24m
5h 20m
+27°
+26°
+25°
+24°
+23°
+22°
+21°
TAURUS
V1164 (1)
ET (e1)
Simeis 147
DoDz 3
V725 (v)
DoDz 4
125
118
CQ (i1)
188 ly
175 ly
121
85°
84°
83°
ECLÍPTICA
82°
81°
V1162 (i)
184 ly
(i)
V1160 (i)
109
Nebulosa del Cangrejo
SN 1054 1952
M1
Taurus A
114
123 ζ
(e)
108 ly
TAURUS

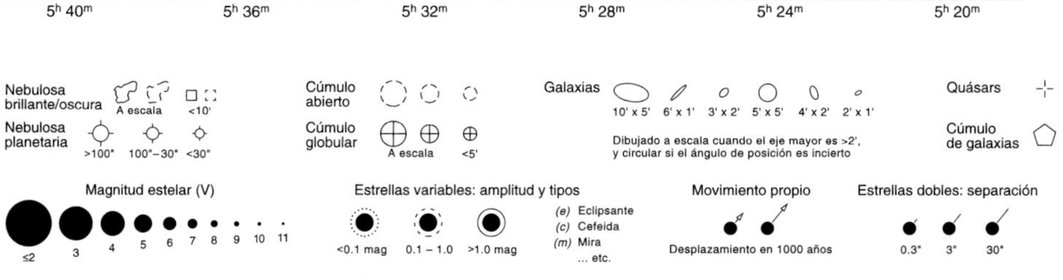
Nebulosa brillante/oscura
A escala
<10'
Cúmulo abierto
Galaxias
10' x 5'
6' x 1'
3' x 2'
5' x 5'
4' x 2'
2' x 1'
Quásars
Nebulosa planetaria
>100"
100"–30"
<30"
Cúmulo globular
A escala
<5'
Dibujado a escala cuando el eje mayor es >2',
y circular si el ángulo de posición es incierto
Cúmulo de galaxias
Magnitud estelar (V)
≤2
3
4
5
6
7
8
9
10
11
Estrellas variables: amplitud y tipos
<0.1 mag
0.1 – 1.0
>1.0 mag
(e) Eclipsante
(c) Cefeida
(m) Mira
... etc.
Movimiento propio
Desplazamiento en 1000 años
Estrellas dobles: separación
0.3"
3"
30"

El cúmulo estelar de las **Pleiades** (**M 45**) ha consagrado a millones de personas a la observación del cielo. Lo han visto en alguna ocasión incluso quienes nunca han tenido un telescopio en sus manos, y todas las noches invernales sorprende a alguien con su maravilloso aspecto suspendido en el cielo. Pero su sugestiva imagen a simple vista se transforma en el mejor regalo de la observación astronómica cuando orientamos unos prismáticos o un telescopio hacia sus estrellas. Se han contado hasta 500, de las que las componentes más brillantes tienen estos nombres: **Alcyone** (**η Tauri**), **Merope** (**23 Tauri**), **Electra** (**17 Tauri**), **Celeno** (**14 Tauri**), **Taygete** (**19 Tauri**), **Maia** (**20 Tauri**), **Atlas** (**27 Tauri**), **Pleione** (**28 Tauri**) y **Asterope** (**21 Tauri**). Todas ellas son estrellas jóvenes, cuya vida no supera los 80 millones de años –compárese este dato con los 4500 o 5000 millones de edad del **Sol**– y se hallan apiñadas, junto a centenares de hermanas del cúmulo familiar, en un diámetro inferior a los 15 años luz. Cuando se observa a simple vista en una noche clara, llama la atención la similitud entre la disposición espacial del cúmulo y la del **Carro Mayor**. Las **Pleiades** parecen un diminuto retrato a escala del famoso asterismo integrado en la constelación boreal de **Ursa Major**.

La componente más brillante del grupo es **Alcyone**, de magnitud 2,9. No es una estrella única, sino un sorprendente sistema estelar cuádruple que puede observarse fácilmente con telescopio. La contemplación de este conjunto estelar, abrigado por la nebulosa azul que lo rodea, es sensacional.

En realidad, todo el cúmulo está envuelto por una nebulosidad blancoazulada que es sencillo percibir al cabo de varias noches de observación. El sector más destacado de esta nebulosa de reflexión es el que envuelve a la estrella **Merope**, conocida como **Nebulosa de Tempel** o **NGC 1435**. Para apreciar este objeto difuso que rodea al cúmulo es aconsejable recurrir al truco de desviar ligeramente la mirada fuera del centro del cúmulo, de manera que al observar indirectamente aumentemos la sensibilidad de nuestra retina. Aunque esta estrategia es válida, en general, para localizar numerosos objetos de cielo profundo, es particularmente recomendable en este caso para apreciar la nebulosa de reflexión. Acerca del origen de la misma existen en la actualidad dos teorías: una mantiene la creencia inicial de que se trata de la nebulosa de la que nacieron las estrellas –su corta edad avala esta teoría– y otra sostiene que ambas no están relacionadas físicamente y se trata únicamente de un mero proceso de reflexión de la luz propiciado por la presencia de la nebulosa.

Atlas (**27 Tauri**), en el extremo izquierdo del cúmulo, es una binaria con componentes de magnitudes 3,6 y 6,8, respectivamente. Su separación es de sólo medio segundo de arco, por lo que además de una abertura importante la noche de observación deberá ser muy estable atmosféricamente para que se pueda resolver el par.

La observación en detalle de todo el cúmulo por sectores merece varias sesiones con el fin de apreciar aspectos que pasan desapercibidos en la primera ojeada. Asimismo, conviene subrayar que es éste uno de los objetos celestes más gratificantes para la observación fotográfica. Por su gran extensión –abarca dos veces el tamaño aparente de la **Luna**–, se puede fotografiar hasta con objetivos estándar de 50 mm, incluso sin necesidad de compensar la rotación terrestre con un motor de seguimiento. Una exposición rápida de menos de un minuto con película de 800 o 1600 ISO sobre un trípode a la máxima abertura del objetivo es una buena forma de iniciar nuestra galería personal de imágenes del bello cúmulo. Aunque las estrellas mostrarán un pequeño trazo debido al movimiento, no desvirtuará en absoluto la fotografía. Tras ese primer paso, los teleobjetivos –aquí el seguimiento es imprescindible– con distancias focales largas, de 250 a 400 mm, revelarán la espectacular nebulosidad azul. Y más adelante, las fotografías a foco directo con el telescopio permitirán resolver algunas de las parejas de estrellas.

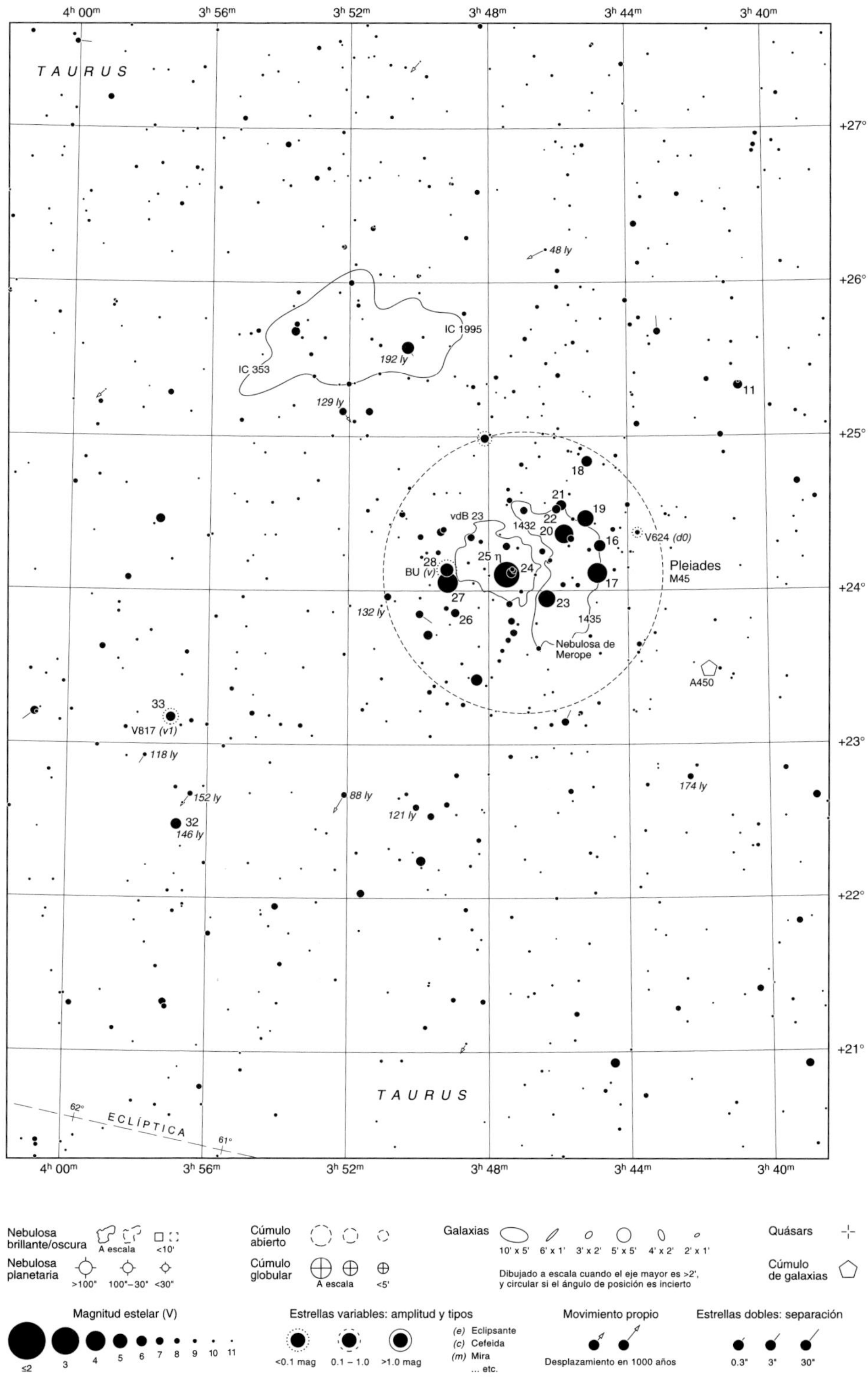

4h 00m
3h 56m
3h 52m
3h 48m
3h 44m
3h 40m
+27°
+26°
+25°
+24°
+23°
+22°
+21°
TAURUS
TAURUS
IC 353
IC 1995
192 ly
129 ly
48 ly
11
18
21
19
22
20
1432
vdB 23
16
V624 (d0)
25 η
24
28
BU (v)
Pleiades
M45
17
27
23
132 ly
26
1435
Nebulosa de Merope
A450
33
V817 (v1)
118 ly
152 ly
88 ly
121 ly
174 ly
32
146 ly
62°
61°
ECLÍPTICA
Nebulosa brillante/oscura
A escala
<10'
Nebulosa planetaria
>100"
100"–30"
<30"
Cúmulo abierto
Cúmulo globular
A escala
<5'
Galaxias
10' x 5'
6' x 1'
3' x 2'
5' x 5'
4' x 2'
2' x 1'
Dibujado a escala cuando el eje mayor es >2', y circular si el ángulo de posición es incierto
Quásars
Cúmulo de galaxias
Magnitud estelar (V)
≤2
3
4
5
6
7
8
9
10
11
Estrellas variables: amplitud y tipos
<0.1 mag
0.1 – 1.0
>1.0 mag
(e) Eclipsante
(c) Cefeida
(m) Mira
... etc.
Movimiento propio
Desplazamiento en 1000 años
Estrellas dobles: separación
0.3"
3"
30"

A unos 150 años luz del **Sol**, en la constelación de **Taurus**, se encuentra el cúmulo abierto de las **Hyades**, uno de los más extensos que se conoce, ya que su tamaño se aproxima a los 5 grados de bóveda celeste. Las estrellas que lo forman, unas 200, ocupan unos 15 años luz en el espacio, es decir, un tamaño similar al de las **Pleiades**, aunque como este cúmulo se halla a 410 años luz de nosotros, lo vemos más pequeño que el de las **Hyades**. En éste, el telescopio sólo es un instrumento útil para observar individualmente las estrellas y sistemas estelares múltiples que lo integran, pero los prismáticos se imponen claramente para obtener una buena visión de conjunto. Incluso a simple vista, el espectáculo es mejor que con el telescopio desde lugares con cielos muy estrellados, ya que podremos apreciar la característica forma de V que tiene el conglomerado, que ocupa la parte correspondiente a la cabeza de **Taurus**. Probablemente se trata del cúmulo estelar más próximo, y esa circunstancia ha servido como instrumento de medida para conocer las distancias de otros cúmulos mediante la comparación del brillo de las estrellas de cada uno de ellos.

La estrella más brillante del sector de esta carta es **Aldebaran**, **Alfa (α) Tauri**, de magnitud 0,87 y la decimotercera en orden de brillo de todo el cielo nocturno. Visualmente, parece la componente más destacada de las **Hyades**, pero el cálculo de las distancias ha revelado que esta estrella sólo está a 60 años luz de nosotros y no a los 150 años luz a los que se halla el cúmulo. Por tanto, se encuentra más cerca del **Sol** que de aquel cúmulo y no está relacionada físicamente con él a pesar de que el efecto de perspectiva nos haga creerlo así.

El nombre de la estrella deriva de la denominación árabe ***Na'ir al Debaran***, que quiere decir "el más brillante de los seguidores". Con un diámetro aproximado de unos 60 millones de kilómetros –el del **Sol** no llega a 1,4 millones–, esta gigante anaranjada es de la clase espectral K5 y tiene como compañera a una enana roja con la que forma un sistema estelar binario. Ambas están separadas por una distancia angular de 120 segundos de arco, aunque la segunda componente es muy apagada, ya que es de décima magnitud.

La estrella doble más interesante del sector es **Theta (θ) Tauri** –en la carta, debajo del centro–. **θ^1 Tauri** y **θ^2 Tauri** forman un extraordinario par que se distingue tan sólo con unos binoculares, con la sorpresa añadida para el observador de que una es blanca y la otra anaranjada. Sus magnitudes respectivas son de 3,4 y 3,8, y están separadas por una distancia angular de más de 5 minutos de arco.

Abajo a la izquierda de **Aldebaran**, **Taurus** alberga otra interesante estrella doble: **Sigma (σ) Tauri**, cuyas dos componentes, **σ^1 Tauri** y **σ^2 Tauri**, están todavía más separadas entre sí que las dos componentes de **θ Tauri**, ya que se hallan a más de 7 minutos una de otra. No obstante, este par es algo menos brillante, con magnitudes de 4,7 y 5,1, respectivamente.

HU Tauri, en el extremo superior izquierdo, es una variable eclipsante del mismo tipo que **Algol** (**β Persei**). Su brillo se sitúa en el límite apreciable a simple vista, ya que en el máximo alcanza la magnitud 5,9 y en el mínimo baja hasta la 6,7. El periodo de los eclipses es de dos días.

En esta región celeste se halla un enigmático objeto que el observador no debe descartar: la **Nebulosa Variable de Hind** (**NGC 1554/55**), un extraño cuerpo celeste que durante el siglo XX desapareció de la vista de los astrónomos para reaparecer más tarde a la luz de los telescopios. Su magnitud promedio –su brillo es variable– se ha estimado en torno a la 9, pero no es fácil de localizar. La nebulosa se encuentra en las inmediaciones de la estrella variable **T Tauri**, cuyo brillo oscila entre las magnitudes 9 y 13. Cuando está en el máximo puede detectarse con telescopios pequeños, pero durante el mínimo hacen falta instrumentos con aberturas de más de 150 mm para poder apreciar un pequeño punto de luz.

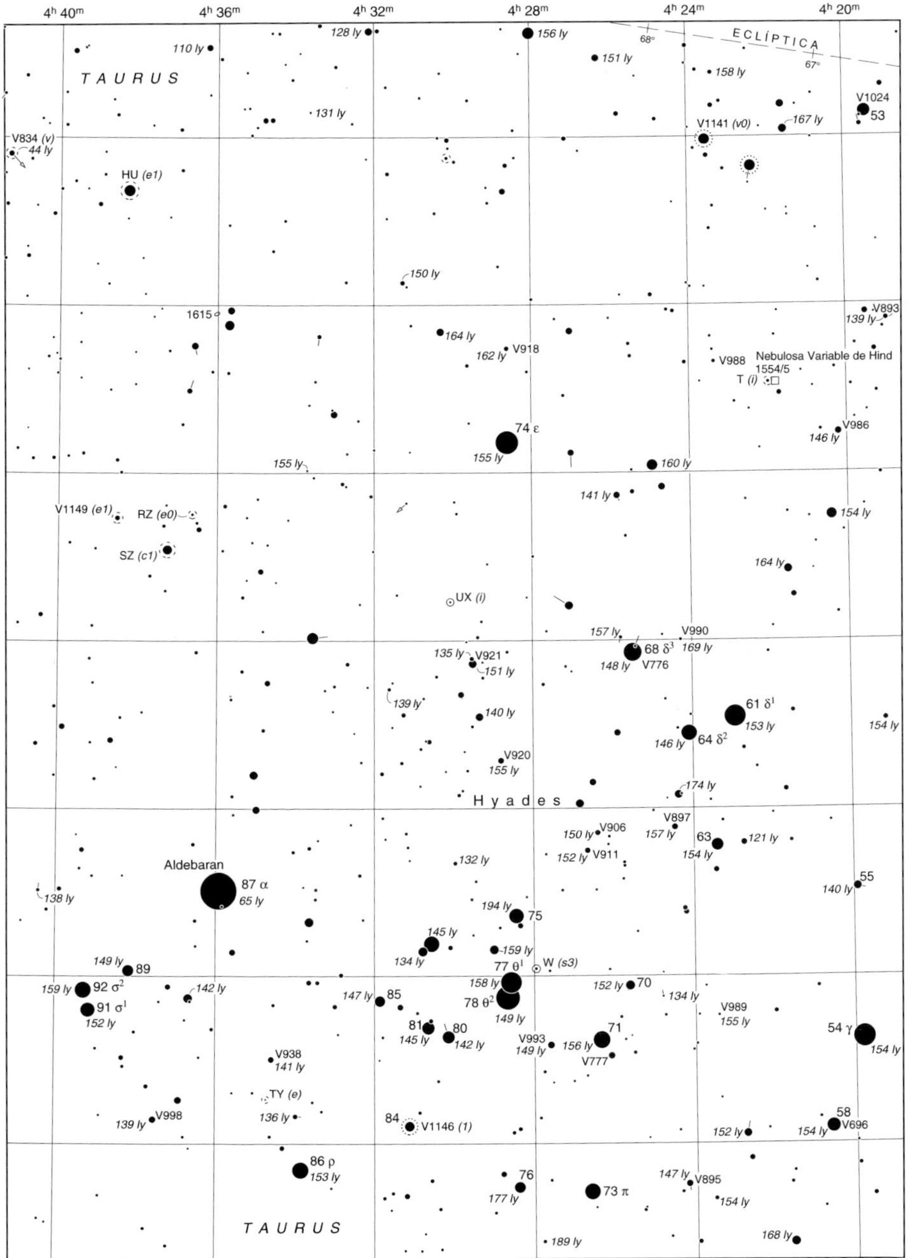
4h 40m
4h 36m
4h 32m
4h 28m
4h 24m
4h 20m
ECLÍPTICA
68°
67°
TAURUS
+21°
+20°
+19°
+18°
+17°
+16°
+15°
128 ly
156 ly
110 ly
151 ly
158 ly
131 ly
V1024
53
V1141 (v0)
167 ly
V834 (v)
44 ly
HU (e1)
150 ly
1615
V893
139 ly
164 ly
V918
162 ly
V988
Nebulosa Variable de Hind
1554/5
T (i)
74 ε
155 ly
V986
146 ly
160 ly
155 ly
141 ly
154 ly
V1149 (e1)
RZ (e0)
SZ (c1)
164 ly
UX (i)
157 ly
V990
68 δ3
169 ly
135 ly
V921
148 ly
V776
151 ly
139 ly
140 ly
61 δ1
153 ly
154 ly
146 ly
64 δ2
V920
155 ly
174 ly
Hyades
V897
150 ly
V906
157 ly
63
152 ly
V911
154 ly
121 ly
Aldebaran
87 α
65 ly
132 ly
55
140 ly
138 ly
194 ly
75
145 ly
159 ly
149 ly
89
134 ly
77 θ1
W (s3)
159 ly
92 σ2
142 ly
158 ly
152 ly
70
147 ly
85
78 θ2
134 ly
91 σ1
149 ly
V989
152 ly
155 ly
81
80
54 γ
145 ly
142 ly
V993
156 ly
71
149 ly
154 ly
V938
V777
141 ly
TY (e)
58
139 ly
V998
136 ly
84
V1146 (1)
152 ly
154 ly
V696
86 ρ
153 ly
76
147 ly
V895
177 ly
73 π
154 ly
TAURUS
189 ly
168 ly
4h 40m
4h 36m
4h 32m
4h 28m
4h 24m
4h 20m

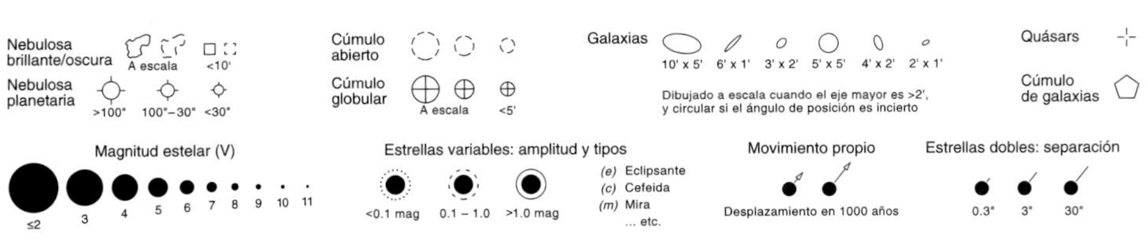
Nebulosa brillante/oscura
A escala
<10'
Nebulosa planetaria
>100"
100"–30"
<30"
Cúmulo abierto
Cúmulo globular
A escala
<5'
Galaxias
10' x 5'
6' x 1'
3' x 2'
5' x 5'
4' x 2'
2' x 1'
Dibujado a escala cuando el eje mayor es >2',
y circular si el ángulo de posición es incierto
Quásars
Cúmulo de galaxias
Magnitud estelar (V)
≤2
3
4
5
6
7
8
9
10
11
Estrellas variables: amplitud y tipos
<0.1 mag
0.1 – 1.0
>1.0 mag
(e) Eclipsante
(c) Cefeida
(m) Mira
... etc.
Movimiento propio
Desplazamiento en 1000 años
Estrellas dobles: separación
0.3"
3"
30"

A pesar de que algunos de los objetos que alberga son excelentes, la constelación de **Monoceros**, el **Unicornio**, pasa desapercibida para muchos observadores por la vecindad de **Orion**, que frecuentemente acapara todo el interés. En la región celeste que abarca esta carta estelar encontramos, debajo del centro, la **Nebulosa Roseta** (**NGC 2237/8**), un increíble objeto difuso que en las fotografías de larga exposición muestra un delicado color rosado, con matices más o menos próximos al rojo según las características de la película utilizada en la exposición. Es una de las más gigantescas nebulosas conocidas, superior en tamaño real a la **Nebulosa de Orion** (**M 42/NGC 1976**), con un diámetro aparente en el cielo de 1 grado y 20 minutos.

Precisamente a causa de su gran tamaño, que contribuye a darle una estructura difusa, la nebulosa es difícil de localizar con telescopios pequeños. Si el cielo es suficientemente limpio y oscuro –sin iluminación artificial–, con aberturas superiores a 200 mm es relativamente fácil encontrarla. Una vez identificada, el observador no advertido se sorprenderá con el hecho de que en su interior hay un espectacular cúmulo abierto, más sencillo de observar todavía gracias al brillo de sus estrellas: **NGC 2244**. Tal como muestra la carta, la estrella más destacada del cúmulo es **12 Monocerotis**, un faro estelar que brilla desde el interior del agujero de la nebulosa y confiere al conjunto un paisaje cósmico de gran belleza.

La fotografía es un instrumento muy útil para mejorar nuestras observaciones visuales, y esta certeza tiene uno de sus mejores ejemplos en la **Nebulosa Roseta.** Ese débil halo nebuloso con un grupo de estrellas en su interior que ven nuestros ojos por el ocular del telescopio, se transformará en una de las imágenes más bellas de nuestra colección fotográfica sin necesidad de recurrir a grandes sofisticaciones. Gracias a su enorme tamaño, la nebulosa es un magnífico motivo para los teleobjetivos medios, que nos mostrarán tanto la caprichosa silueta en forma de rosetón, como el verdadero color entre rosado y rojizo que la luz le niega a nuestra vista. En su interior aparecerá, por supuesto, el hermoso cúmulo estelar.

A la derecha de la nebulosa se encuentra **8 Epsilon (ε) Monocerotis**, un interesante sistema estelar triple. Las dos componentes principales tienen magnitudes de 4,3 y 6,5 y se hallan a una distancia de unos 13 segundos de arco, por lo que es muy sencillo distinguirlas. La tercera compañera, no obstante, roza la magnitud 13, de ahí que sólo quede al alcance de telescopios de tamaño medio.

Jalonando el entorno superior de la **Nebulosa Roseta** encontramos varios cúmulos abiertos interesantes, como **NGC 2252** y, arriba a la izquierda de éste, un astro extraordinario: la **Estrella de Plaskett**, también denominada **V640 Monocerotis**. Su excepcionalidad radica en que es el sistema estelar binario más masivo que se conoce, ya que las dos estrellas que lo componen tienen masas individuales de unas 50 veces la del **Sol**. Es de magnitud 6 y se puede observar con cualquier telescopio, pero se trata de una binaria espectroscópica, es decir, que no puede separarse visualmente ni fotográficamente. Sólo mediante el análisis de sus emisiones espectroscópicas, como en las demás binarias de este tipo, se ha podido establecer la existencia de las dos componentes. El nombre se debe al astrónomo canadiense John Plaskett, quien descubrió su naturaleza en 1922.

En el extremo superior izquierdo de esta región celeste hay otros dos objetos de interés. La **Nebulosa del Cono**, arriba, es un extenso velo oscuro que ocupa varios grados de la bóveda celeste. Debajo de ella está la **Nebulosa Variable de Hubble** (**NGC 2261**), descubierta por el famosísimo astrónomo Edwin Powell Hubble, quien reparó en sus cambios de brillo. Está asociada a la estrella variable **R Monocerotis**, cuyas oscilaciones causan los cambios en la nebulosa.

A la derecha de esta nebulosa se halla **NGC 2251**, un bonito cúmulo abierto con una treintena de estrellas.

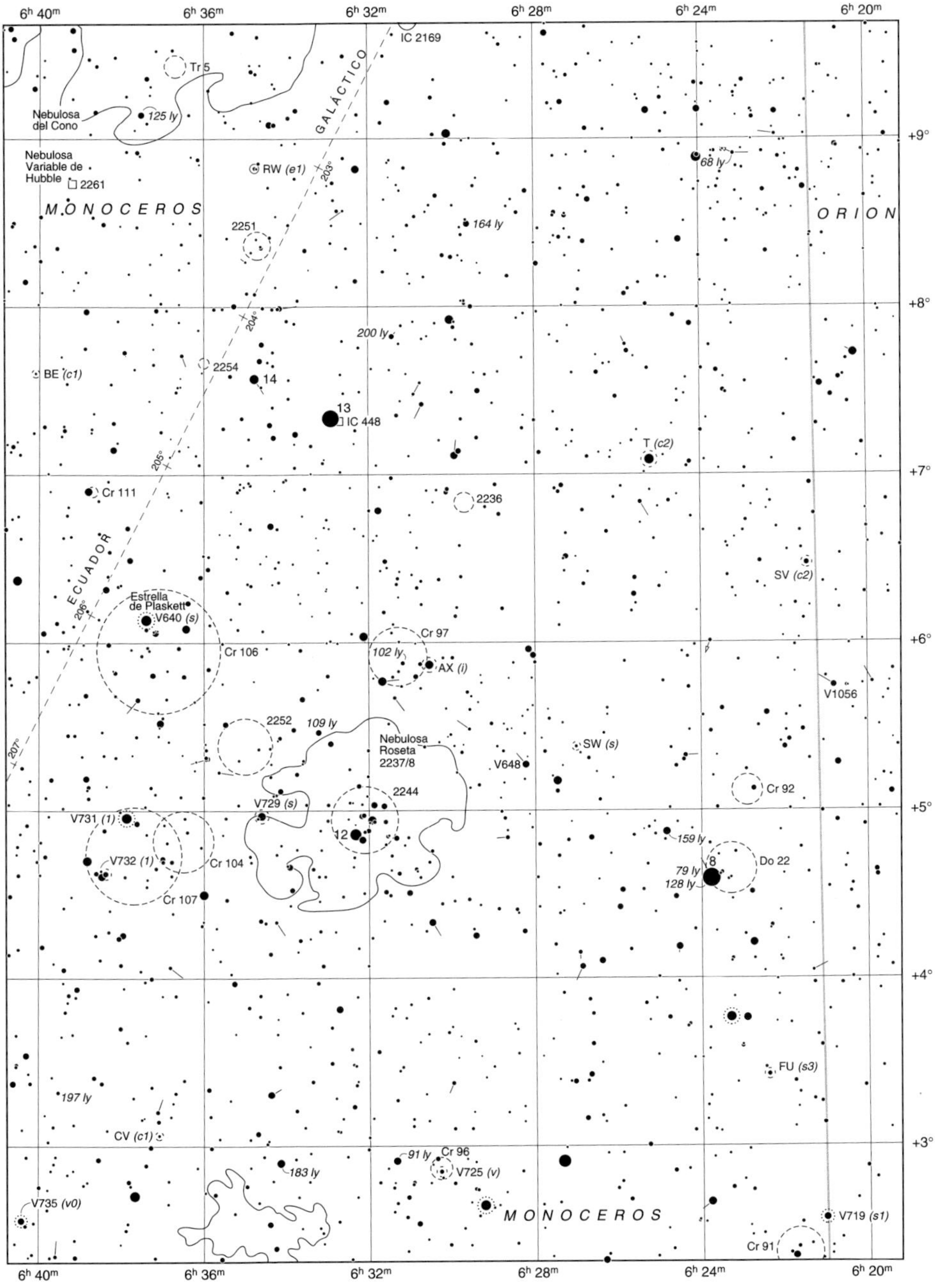

6h 40m
6h 36m
6h 32m
6h 28m
6h 24m
6h 20m
+9°
+8°
+7°
+6°
+5°
+4°
+3°
IC 2169
Tr 5
Nebulosa del Cono
125 ly
Nebulosa Variable de Hubble
2261
RW (e1)
GALÁCTICO
203°
68 ly
M O N O C E R O S
O R I O N
2251
164 ly
204°
200 ly
BE (c1)
2254
14
13
IC 448
T (c2)
205°
Cr 111
2236
ECUADOR
SV (c2)
206°
Estrella de Plaskett
V640 (s)
Cr 106
Cr 97
102 ly
AX (i)
V1056
2252
109 ly
Nebulosa Roseta 2237/8
SW (s)
V648
207°
Cr 92
2244
V729 (s)
V731 (1)
12
159 ly
V732 (1)
Cr 104
8
Do 22
79 ly
128 ly
Cr 107
FU (s3)
197 ly
CV (c1)
91 ly
Cr 96
183 ly
V725 (v)
V735 (v0)
M O N O C E R O S
V719 (s1)
Cr 91

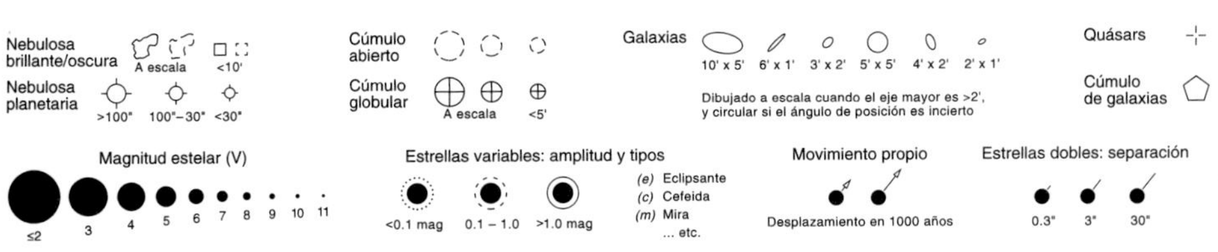

Nebulosa brillante/oscura
A escala
<10'
Nebulosa planetaria
>100"
100"–30"
<30"
Cúmulo abierto
Cúmulo globular
A escala
<5'
Galaxias
10' x 5'
6' x 1'
3' x 2'
5' x 5'
4' x 2'
2' x 1'
Dibujado a escala cuando el eje mayor es >2', y circular si el ángulo de posición es incierto
Quásars
Cúmulo de galaxias
Magnitud estelar (V)
≤2
3
4
5
6
7
8
9
10
11
Estrellas variables: amplitud y tipos
<0.1 mag
0.1 – 1.0
>1.0 mag
(e) Eclipsante
(c) Cefeida
(m) Mira
... etc.
Movimiento propio
Desplazamiento en 1000 años
Estrellas dobles: separación
0.3"
3"
30"

Esta región celeste está dominada por una enorme y fascinante nebulosa, el **Bucle de Barnard**, clasificada con el número 276 del segundo catálogo Sharpless (**Sh2-276**). Sorprendentemente, no goza de la fama que merece y es desconocida para muchos observadores porque no aparece en buena parte de los atlas estelares disponibles y, sobre todo, porque su observación visual no es fácil. En cambio, nos encontramos ante un extraordinario objeto celeste para el que una correcta observación fotográfica, que no exige más que el equipo de cualquier aficionado modesto, puede aportarnos la imagen del cielo más bella que pueda pensarse.

Aunque esta nebulosa ya la observó el ilustre William Herschel, fue Edward Emerson Barnard quien a finales del siglo XIX descubrió su forma y tamaño, razón por la cual se la conoce como **Bucle** –o lazo– de **Barnard**. Es tan grande que se extiende por unos 11 grados de la bóveda celeste, de norte a sur, con la peculiaridad de que rodea a gran parte de la constelación de **Orion** por su flanco este. Aunque visualmente es muy difícil detectar su presencia, una imagen fotográfica de larga exposición con películas muy sensibles al rojo y un objetivo de 50 mm o un gran angular de 24 mm o 35 mm muestra una imagen extraordinaria: a la derecha, **Orion** con **Betelgeuse**, **Rigel** y las demás estrellas de esta constelación –en esta carta estelar sólo aparece **Alnitak**–, y a la izquierda, el colosal óvalo rojo del **Bucle de Barnard**, que abarca casi todo el fotograma.

Acerca de la naturaleza de este objeto existen varias teorías. Una parte de los astrónomos cree que se trata de un objeto difuso similar a la **Nebulosa de Orion** (**M 42**), pero el astrónomo Ernst Julius Öpik aportó en 1953 la hipótesis de que pudiera tratarse de un gigantesco conjunto de remanentes de supernovas; de explosiones estelares ocurridas hace millones de años cuyos restos vemos ahora escindidos en una extensísima región del espacio. Y es que el bucle tiene una longitud real de unos 440 años luz de extremo a extremo.

La simbiosis de las dos teorías principales sobre esta nebulosa, que dista de nosotros 1500 años luz, ha dado pie a la mayoritaria tesis actual de que, efectivamente, el bucle se formó hace unos 3 millones de años a causa de una o varias explosiones de supernova y que, actualmente, un grupo de estrellas muy jóvenes de la vecindad ioniza sus nubes de hidrógeno. Este grupo estelar es la asociación **Orion OB**, formada por soles azules y muy calientes cuya energía afecta de lleno a la nebulosa.

A la izquierda del centro de la carta estelar, en el interior del **Bucle de Barnard** –aunque no está relacionado con él– se halla el interesante cúmulo abierto **NGC 2112**. Lo integra una cincuentena de estrellas y es de la novena magnitud, accesible a casi todos los telescopios.

A la derecha del centro está **M 78/NGC 2068**, una débil nebulosa de magnitud 8,3 y un tamaño aparente de 8 × 6 minutos de arco. Su luz se debe al resplandor de varias estrellas muy calientes que hay en su interior y que, como en la mayor parte de la constelación de **Orion**, son de color azul o blancoazulado.

El sector de la carta mantiene una parte de la riqueza estelar del corazón de **Orion**, aunque la densidad es menor que en otras áreas de la constelación. Arriba hay dos interesantes estrellas dobles: **56 Orionis** y **59 Orionis**, que es, además, una variable eclipsante. Igualmente, salpican esta zona varias estrellas variables de poco brillo, entre ellas **V1380**, asociada a la nebulosa **NGC 2071** (centro derecha).

En la parte inferior derecha hay diversas nebulosas próximas a la estrella **Alnitak** o **Zeta** (**ζ**) **Orionis**. Arriba de la misma se encuentran **IC 431** e **IC 432** y, envolviendo a la estrella, el conjunto integrado por **NGC 2024** e **IC 434**, en cuyo interior se encuentra la famosa nebulosa oscura **Cabeza de Caballo** o **Barnard 33** (**B 33**), de la que se habla en detalle en la carta de la **Región Celeste 11**.

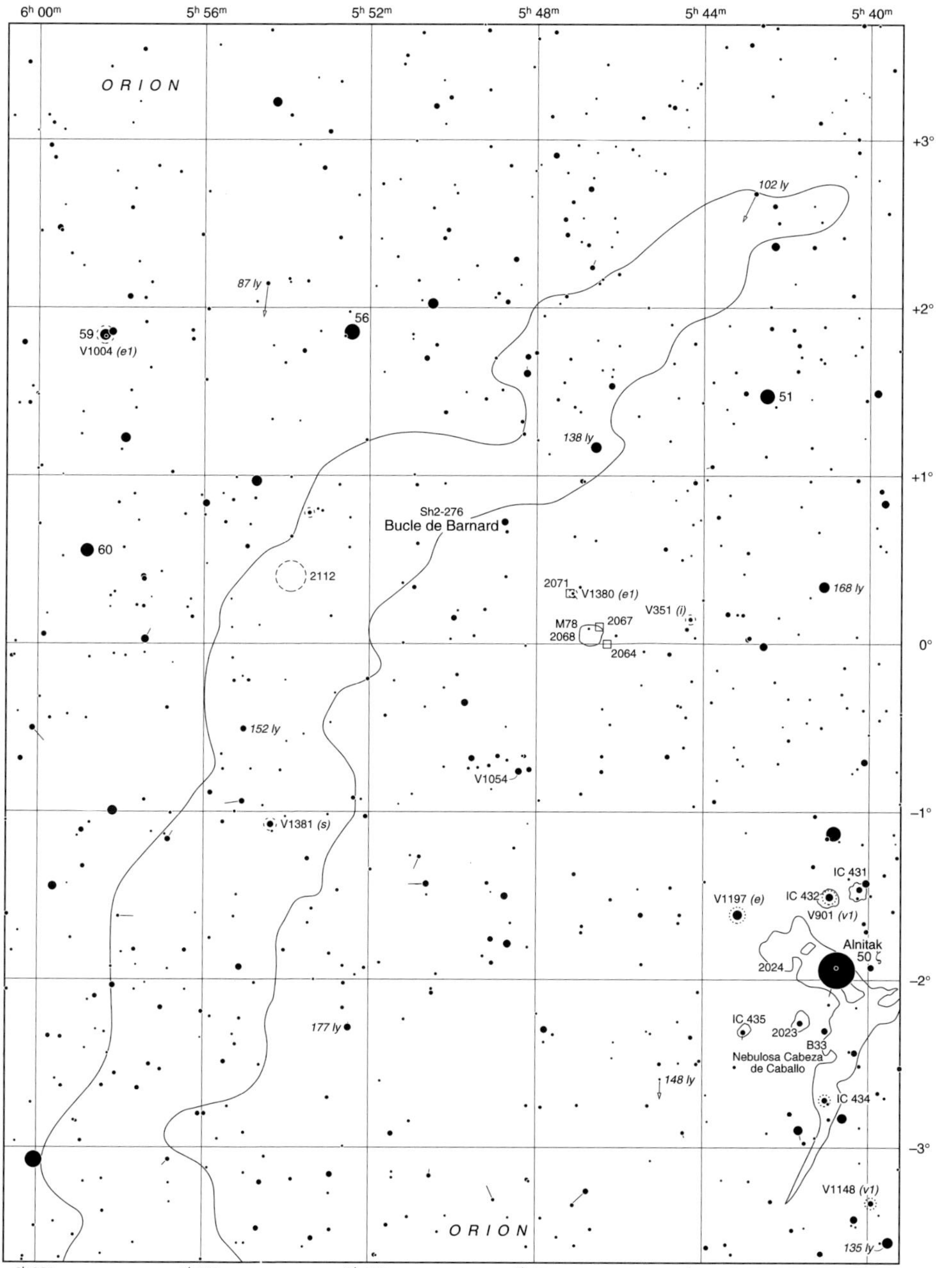
6h 00m
5h 56m
5h 52m
5h 48m
5h 44m
5h 40m
+3°
+2°
+1°
0°
−1°
−2°
−3°
ORION
102 ly
87 ly
59
V1004 (e1)
56
51
138 ly
60
Sh2-276
Bucle de Barnard
2112
2071
V1380 (e1)
V351 (i)
168 ly
M78
2067
2068
2064
152 ly
V1054
V1381 (s)
IC 431
IC 432
V1197 (e)
V901 (v1)
Alnitak
50 ζ
2024
IC 435
2023
B33
Nebulosa Cabeza de Caballo
177 ly
148 ly
IC 434
V1148 (v1)
ORION
135 ly
6h 00m
5h 56m
5h 52m
5h 48m
5h 44m
5h 40m

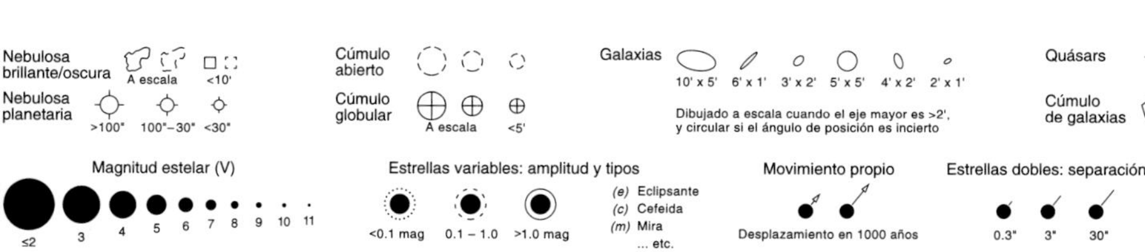
Nebulosa brillante/oscura
A escala
<10'
Cúmulo abierto
Galaxias
10' x 5'
6' x 1'
3' x 2'
5' x 5'
4' x 2'
2' x 1'
Quásars
Nebulosa planetaria
>100"
100"–30"
<30"
Cúmulo globular
A escala
<5'
Dibujado a escala cuando el eje mayor es >2', y circular si el ángulo de posición es incierto
Cúmulo de galaxias
Magnitud estelar (V)
≤2
3
4
5
6
7
8
9
10
11
Estrellas variables: amplitud y tipos
<0.1 mag
0.1 – 1.0
>1.0 mag
(e) Eclipsante
(c) Cefeida
(m) Mira
... etc.
Movimiento propio
Desplazamiento en 1000 años
Estrellas dobles: separación
0.3"
3"
30"

Incluso por sus nombres propios, las tres estrellas más brillantes del **Cinturón de Orion** cautivan al observador del cielo. **Alnitak**, **Alnilam** y **Mintaka**, popularmente conocidas en muchos lugares como las "tres marías", componen una frontera cósmica. El ecuador celeste pasa muy cerca de **Mintaka**, y la peculiar disposición en línea de las tres estrellas divide en dos la propia **Orion** y sirve de referencia para orientarse en el firmamento y situar cada constelación en su hemisferio correspondiente. A ojo desnudo, este asterismo ya destaca como una de las partes más impresionantes de la constelación. Sin embargo, cada una de las tres estrellas requiere atención específica a través del telescopio. **Alnitak**, clasificada en el catálogo de Bayer como **Zeta (ζ) Orionis**, es una supergigante azul de la clase espectral O. Un sol supercaliente de enormes proporciones a una distancia de unos 1400 años luz. La estrella, como se ha descrito en las referencias de la **Región Celeste 9**, está rodeada del conjunto formado por las nebulosas **NGC 2024** e **IC 434**. A muy poca distancia angular, aproximadamente 2,5 segundos, hay una estrella compañera con la que forma un sistema binario. Esta segunda componente tiene una magnitud de 4,2.

Alnilam o **Epsilon (ε) Orionis** es la estrella central del cinturón y la más brillante de las tres. Un poco menos caliente que **Alnitak** y **Mintaka**, pertenece a la clase espectral B, pero también es una supergigante. En las noches muy transparentes, es fácil reconocer la espectacular nebulosidad azul que rodea a esta estrella. Se trata de **NGC 1990**, una nebulosa de reflexión y emisión que muestra la intensidad de su halo en proporción a la potencia del instrumento utilizado, aunque con un refractor de 100 mm de abertura ya se aprecia. El nombre árabe de la estrella no es casualidad: su traducción quiere decir "collar de perlas", algo que sugiere no sólo la brillante imagen de **Alnilam**, sino también la de las otras estrellas que la rodean.

Mintaka es **Delta (δ) Orionis**, una interesantísima y fácil de observar estrella doble, ya que la separación entre ambas componentes es de 52 segundos de arco. Las magnitudes de ambas son de 2,2 y 6,7, por lo que en condiciones normales se pueden distinguir sin problemas. En este sistema hay una tercera estrella que eclipsa cada 6 días a la componente principal, produciendo en ella pequeños cambios de brillo.

En la parte inferior derecha se encuentra la estrella doble **Eta (η) Orionis**, con sus componentes separadas tan sólo por 1,5 segundos de arco, una prueba difícil para la capacidad de resolución de los telescopios. En teoría, un refractor de 80 mm de abertura se encuentra al límite de resolución para este par. La magnitud de las estrellas es de 3,8 y 4,8, respectivamente.

Justamente en el lado contrario, debajo de **Alnitak**, el observador hallará **Sigma (σ) Orionis**, un increíble sistema estelar cuádruple gobernado por una estrella principal de la magnitud 3,7. Tiene tres compañeras de magnitudes respectivas de 6,3; 6,7 y 8,8. La mínima separación entre ellas es superior a los 11 segundos de arco, por lo que se trata de una estrella múltiple muy interesante y sencilla de observar.

Más fácil todavía es **22 Orionis** (centro derecha del sector), una doble con componentes de cuarta y quinta magnitud, pero muy separadas: más de 4 minutos de arco.

Dos grados arriba de **Mintaka**, los observadores con telescopios de 150 mm o más pueden asistir a un espectáculo bastante insólito si son perseverantes. Se trata de la **Estrella Fulgurante de Wachmann** (**V371 Orionis**), uno de los escasos ejemplares pertenecientes al raro grupo estelar de las variables eruptivas con fulguraciones súbitas. Los aumentos de brillo se pueden producir en sólo unos segundos, recuperando la normalidad en minutos hasta una nueva fulguración. La magnitud de esta estrella es de 11,5, por lo que su brillo es muy débil y no está al alcance de todos los telescopios. Sin embargo, se han observado espectaculares aumentos de brillo de hasta una magnitud en un intervalo de sólo varias horas.

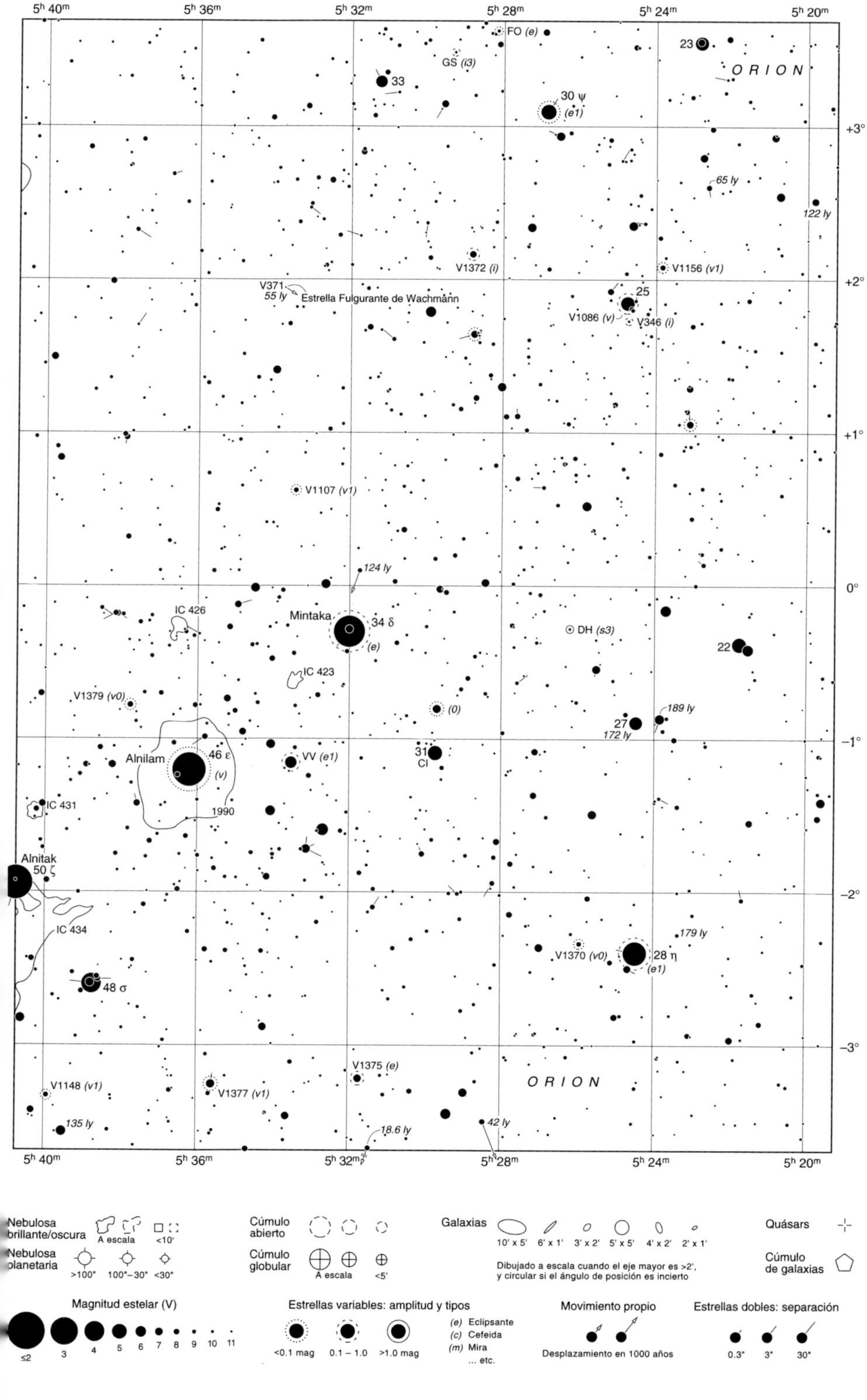
5h 40m
5h 36m
5h 32m
5h 28m
5h 24m
5h 20m
+3°
+2°
+1°
0°
−1°
−2°
−3°
ORION
FO (e)
GS (i3)
23
33
30 ψ
(e1)
65 ly
122 ly
V1372 (i)
V1156 (v1)
V371
55 ly
Estrella Fulgurante de Wachmann
25
V1086 (v)
V346 (i)
V1107 (v1)
124 ly
IC 426
Mintaka
34 δ
(e)
DH (s3)
22
IC 423
V1379 (v0)
(0)
189 ly
27
172 ly
Alnilam
46 ε
(v)
VV (e1)
31
CI
IC 431
1990
Alnitak
50 ζ
IC 434
179 ly
V1370 (v0)
28 η
(e1)
48 σ
V1375 (e)
V1148 (v1)
V1377 (v1)
135 ly
18.6 ly
42 ly
Nebulosa brillante/oscura
A escala
<10'
Nebulosa planetaria
>100"
100"–30"
<30"
Cúmulo abierto
Cúmulo globular
A escala
<5'
Galaxias
10' x 5'
6' x 1'
3' x 2'
5' x 5'
4' x 2'
2' x 1'
Dibujado a escala cuando el eje mayor es >2',
y circular si el ángulo de posición es incierto
Quásars
Cúmulo de galaxias
Magnitud estelar (V)
≤2
3
4
5
6
7
8
9
10
11
Estrellas variables: amplitud y tipos
<0.1 mag
0.1 – 1.0
>1.0 mag
(e) Eclipsante
(c) Cefeida
(m) Mira
... etc.
Movimiento propio
Desplazamiento en 1000 años
Estrellas dobles: separación
0.3"
3"
30"

Debajo de la estrella **Alnitak** y formando un triángulo con ella y con **Sigma (σ) Orionis**, la constelación de **Orion** alberga la extraordinaria **Nebulosa Cabeza de Caballo**, también conocida como **Barnard 33 (B33)**, que en esta carta aparece en el extremo superior derecho (las cartas de las **regiones 9 y 10** ayudarán a su localización). Su increíble forma, inconfundiblemente parecida a la cabeza de un caballo, la ha hecho famosa más allá de la astronomía, especialmente gracias a la difusión de imágenes como la captada por el Telescopio Espacial *Hubble*, que han mostrado con una nitidez y detalle sobrecogedores este maravilloso objeto celeste.

B 33 supone un espectacular contrapunto en **Orion**. El enorme manto de nebulosidad azul de emisión y reflexión que cubre esta constelación, se rompe aquí con esta nube oscura de polvo, cuya silueta vemos de esta manera tan caprichosa porque esconde una parte de **IC 434**, la nebulosa brillante que se extiende al sur de **Alnitak**. El velo negro con la forma de cabeza de caballo tiene, aproximadamente, un tamaño real de un año luz y ocupa unos 6 minutos de arco en el cielo, mucho menos que las otras nebulosas principales de la constelación.

La observación de esta nebulosa ha dado pie a una larga discusión entre los astrónomos. Una gran mayoría asegura no haber podido distinguirla jamás, pese a sus numerosas tentativas, en el ocular del telescopio, mientras que una privilegiada minoría presume de haber vislumbrado la famosa silueta. Aunque es cierto que **B 33** es un objeto realmente difícil, esta polémica ha sido alimentada, entre otros factores, por el hecho de que muchas veces se ha intentado localizarla desde cielos poco favorables, a pesar de que la regla de oro de una buena observación –mucho más importante que la potencia del telescopio– es efectuarla desde un emplazamiento propicio. Por otra parte, debe tenerse en cuenta que se trata de una nebulosa oscura que tapa a otra brillante, por lo que, en realidad, lo que observamos es el "agujero" que el manto de polvo produce en esta última. Desde lugares situados por encima de 1000 metros de altitud y en noches muy oscuras, numerosos observadores han atisbado la **Nebulosa Cabeza de Caballo** recortando con su silueta el trazo luminoso de **IC 434**.

En cualquier caso, la mejor recomendación es, de nuevo, una observación fotográfica. En una imagen de conjunto de **Orion**, con un objetivo de 50 mm es fácil que **B 33** aparezca junto a las demás nebulosas de la constelación, aunque comparativamente muy pequeña. Con un teleobjetivo de 200 mm o 300 mm, un encuadre en el que aparezcan las tres estrellas del **Cinturón de Orión**, **B 33** y, abajo, la gran nebulosa **M 42/NGC 1976**, dará lugar a una de las mejores postales celestes de nuestra colección fotográfica. Por supuesto, la pequeña nebulosa oscura muestra sus mejores detalles en una fotografía a foco directo por el telescopio, pero las otras dos opciones son plenamente válidas porque en las imágenes de gran campo se consigue una toma global de **Orion** o de sus sectores más interesantes. En cambio, el mayor detalle de la imagen telescópica tiene como precio que la nebulosa se fotografíe en solitario.

En este sector se encuentra el extremo inferior del **Bucle de Barnard (Sh2-276)**, del que ya se ha hablado en las referencias de la **Región Celeste 9**. Como se aprecia en la carta, en torno a la declinación –5°, la nebulosidad del bucle se interrumpe y surge de nuevo al sur con un fragmento de más de 2 grados de tamaño aparente.

En el extremo inferior de la carta está la estrella **Saiph** o **Kappa (κ) Orionis**, la cuarta en orden de brillo en **Orion** después de **Rigel**, **Betelgeuse** y **Bellatrix**. Vista desde el hemisferio norte, esta estrella se sitúa en el pie izquierdo de la figura del gran cazador que representa esta constelación en la mitología. Tiene la magnitud 2,1, aunque se trata de una variable cefeida que experimenta pequeños cambios de brillo, con oscilaciones inferiores a una magnitud.

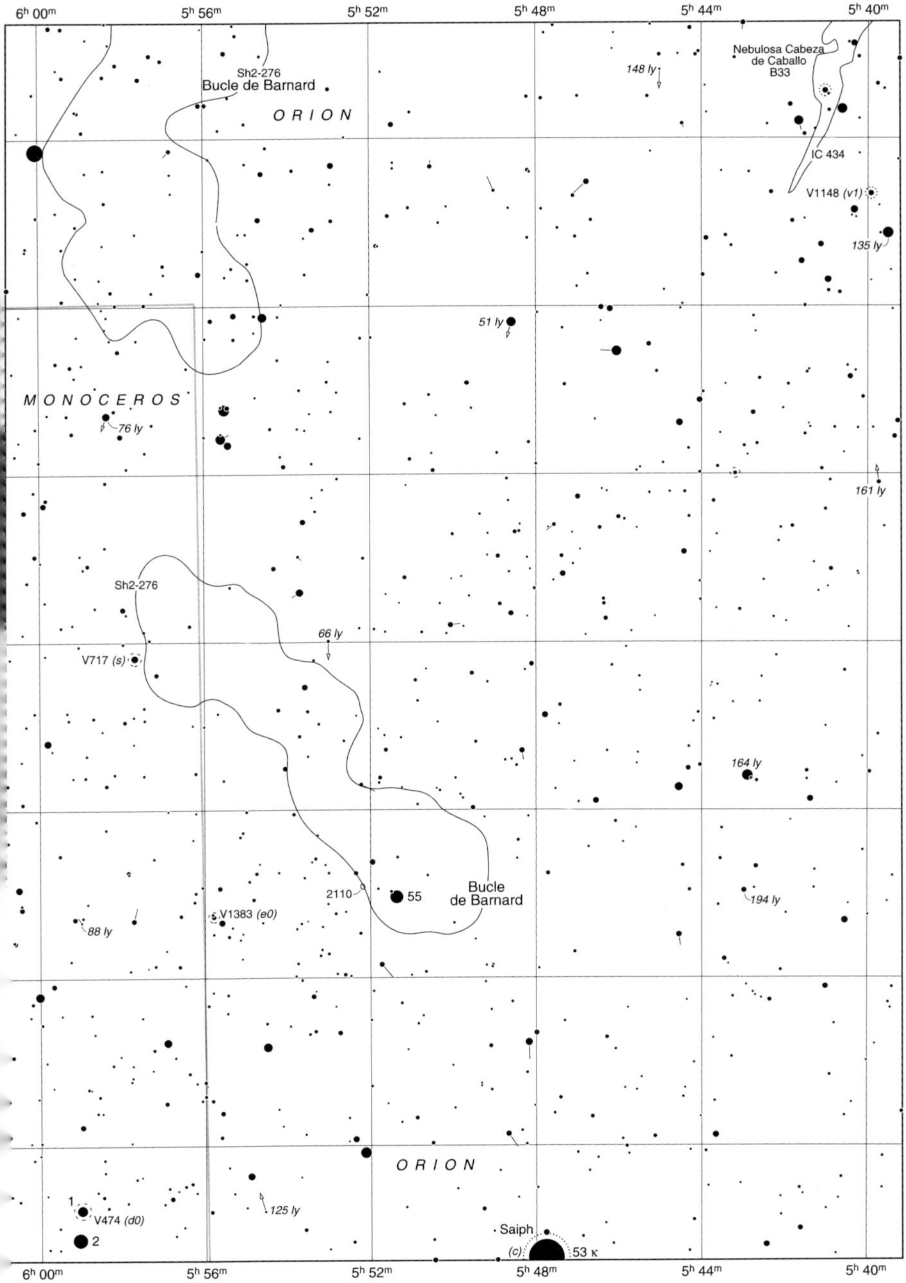

6h 00m
5h 56m
5h 52m
5h 48m
5h 44m
5h 40m
Sh2-276
Bucle de Barnard
O R I O N
148 ly
Nebulosa Cabeza de Caballo B33
IC 434
V1148 (v1)
135 ly
–3°
–4°
51 ly
M O N O C E R O S
76 ly
–5°
161 ly
Sh2-276
66 ly
–6°
V717 (s)
164 ly
–7°
2110
55
Bucle de Barnard
194 ly
V1383 (e0)
88 ly
–8°
–9°
O R I O N
125 ly
1
V474 (d0)
2
Saiph
(c)
53 κ

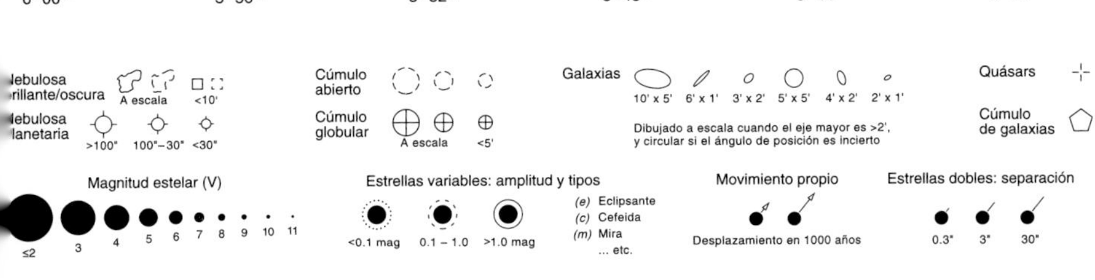

Nebulosa brillante/oscura
A escala
<10'
Nebulosa planetaria
>100"
100"–30"
<30"
Cúmulo abierto
Cúmulo globular
A escala
<5'
Galaxias
10' x 5'
6' x 1'
3' x 2'
5' x 5'
4' x 2'
2' x 1'
Dibujado a escala cuando el eje mayor es >2', y circular si el ángulo de posición es incierto
Quásars
Cúmulo de galaxias
Magnitud estelar (V)
≤2
3
4
5
6
7
8
9
10
11
Estrellas variables: amplitud y tipos
<0.1 mag
0.1 – 1.0
>1.0 mag
(e) Eclipsante
(c) Cefeida
(m) Mira
... etc.
Movimiento propio
Desplazamiento en 1000 años
Estrellas dobles: separación
0.3"
3"
30"

Si **M 31/NGC 224**, en la constelación de **Andromeda**, es la galaxia más observada, **M 42/NGC 1976** en **Orion** es la nebulosa más famosa. Una aureola de indescriptible belleza impregna la imagen de este extenso cuerpo celeste en el ocular del telescopio. Su forma se ha comparado con la de una mariposa, y su color tiene para nuestros ojos una tonalidad entre azul y verde que contrasta radicalmente con el rojo dominante de las fotografías. Ello se debe a que la vista humana percibe las emisiones de la nebulosa en diferentes longitudes de onda que la película fotográfica. Pese a estas diferencias, pocos objetos ofrecen el mismo equilibrio entre la observación visual y la fotográfica, ya que ambas constituyen un magnífico espectáculo.

La localización de la gran nebulosa no presenta problema alguno, ya que al ser de cuarta magnitud se identifica a simple vista varios grados al sur del **Cinturón de Orion**. La mejor recomendación que puede hacerse cuando se orienta un telescopio hacia este sector de la constelación es comenzar las observaciones con un ocular de gran campo e incrementar la potencia paulatinamente. A medida que los aumentos sean mayores, Orion irá revelando sus mejores secretos. Dentro de la propia nebulosa **M 42** encontraremos la **Estrella del Trapecio** o **Theta (θ) Orionis**, un asombroso sistema estelar múltiple de cuatro componentes principales que tienen asociadas otras tantas estrellas adicionales. Las cuatro más brillantes se resuelven con el más sencillo de los telescopios gracias a su notable separación y a que son brillantes, con magnitudes entre la 5,0 y la 8,0. En cambio, las estrellas asociadas más débiles sólo se ven con telescopios de 350-400 mm de abertura. Para resolver las estrellas principales bastan unos 80 aumentos en condiciones normales.

Aunque visualmente da la sensación de ser una única nebulosa, **M 42/NGC 1976** tiene pegada a **M 43/NGC 1982**. Ambas están separadas por una pequeña nebulosa oscura a la que se conoce como **Boca de Pez**, aunque en las fotografías de larga exposición, **M 42** y **M 43** suelen aparecer unidas.

Al sur de la **Estrella del Trapecio** hay otro conjunto estelar excelente: **Iota (ι) Orionis**. Sus dos estrellas tienen magnitudes de 2,9 y 7,0 y el par tiene una separación de unos 11 segundos de arco. Están asociadas a la nebulosa **NGC 1980**.

Aproximadamente a la misma distancia angular que **Iota (ι) Orionis**, pero al norte de **M 42**, hay otro hermoso conjunto de nebulosas que en las fotografías marca un contraste cromático con sus delicados colores azules. Son **NGC 1973**, **NGC 1975** y **NGC 1977**, asociadas al sistema múltiple de **42-45 Orionis**.

Otro paso más al norte en nuestra exploración del corazón de **Orion** nos llevará hasta el hermoso cúmulo estelar **NGC 1981**. Hay unas 20 estrellas dispersas muy fáciles de observar.

Con un telescopio refractor de 100-120 mm de abertura y un ocular de gran campo que dé sólo unos 35-40 aumentos se consigue una mágica visión del escenario integrado por **NGC 1981**, **NGC 1977**, **M 42-M43** y **NGC 1980**. A partir de aquí, el estudio individual de cada uno de esos cuatro espacios propios invita a una mayor ampliación de imagen que permitirá al observador obtener la resolución óptica necesaria para separar los numerosos sistemas estelares múltiples que salen a su encuentro. La fotografía de este sector es fácil. **M 42** y su compañera **M 43** se prestan a retratos con objetivos estándar de 50 mm. Las mejores imágenes se obtienen con teleobjetivos medios y largos y con telescopios de corta longitud focal. El principal problema, en todos los casos, es que la zona más brillante de la nebulosa principal se sobreexpone fácilmente y es complicado lograr un equilibrio con su entorno.

En esta región celeste también hay otros objetos interesantes, entre ellos las estrellas variables eclipsantes **V1375** (arriba), **V1046** (junto al cúmulo **NGC 1981**) y **V1261** (abajo derecha).

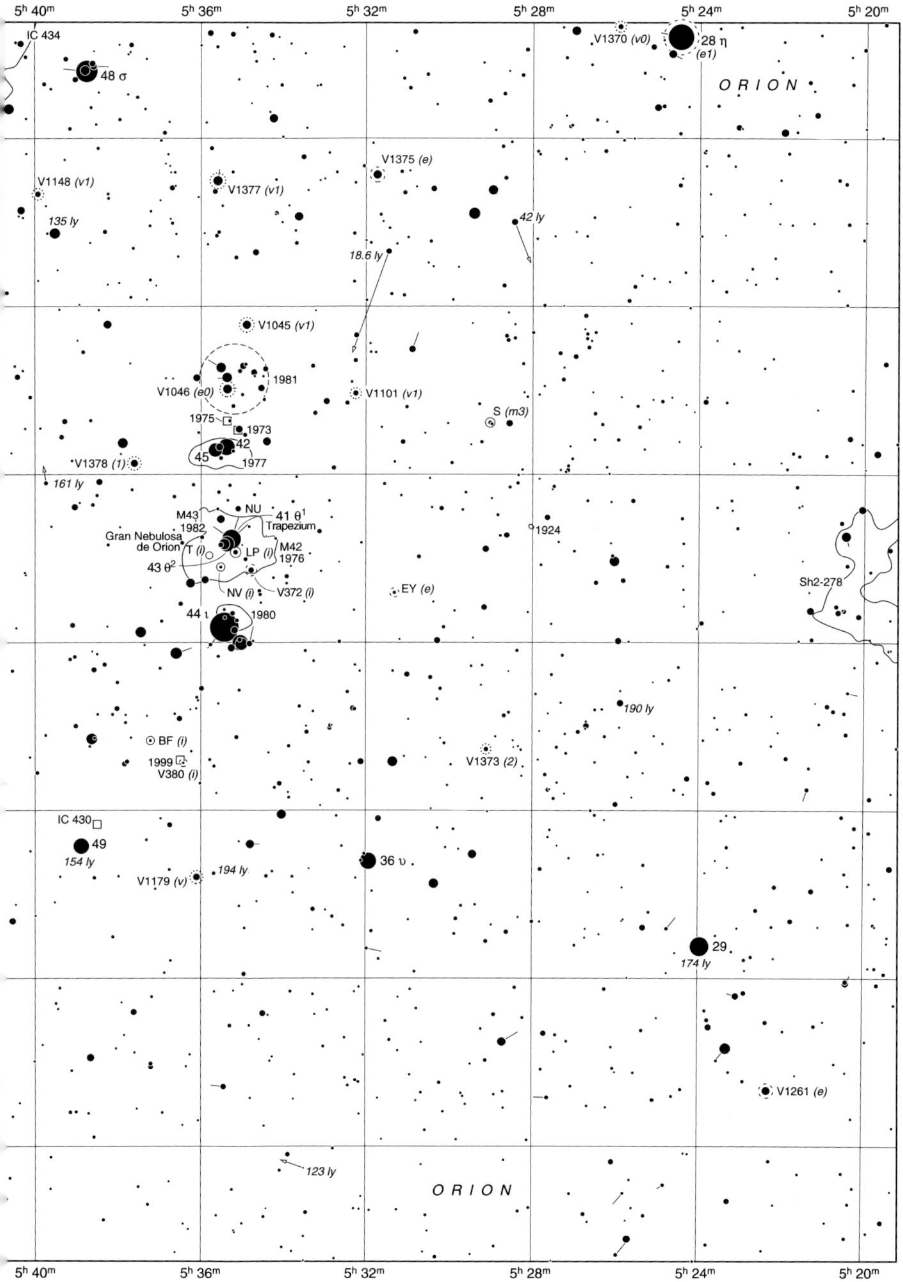
5h 40m
5h 36m
5h 32m
5h 28m
5h 24m
5h 20m
IC 434
48 σ
V1370 (v0)
28 η
(e1)
ORION
−3°
V1375 (e)
V1148 (v1)
V1377 (v1)
135 ly
42 ly
18.6 ly
−4°
V1045 (v1)
1981
V1046 (e0)
V1101 (v1)
S (m3)
1975
1973
42
45
1977
V1378 (1)
161 ly
−5°
M43
NU
41 θ1
Trapezium
1982
Gran Nebulosa de Orion
T (i)
LP (i)
M42
1976
1924
43 θ2
NV (i)
V372 (i)
EY (e)
Sh2-278
44 ι
1980
−6°
190 ly
BF (i)
1999
V380 (i)
V1373 (2)
IC 430
−7°
49
154 ly
V1179 (v)
194 ly
36 υ
29
174 ly
−8°
V1261 (e)
−9°
123 ly
ORION

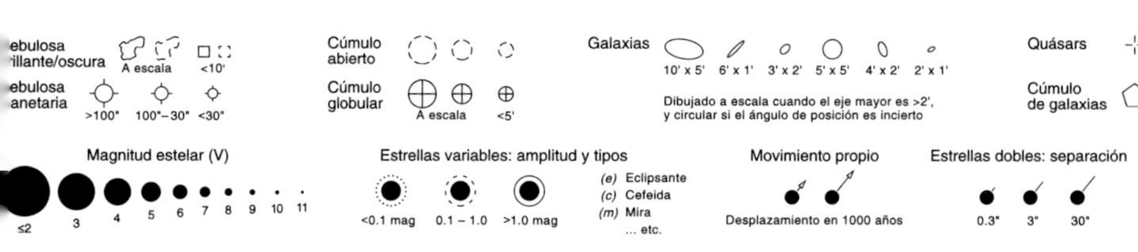
Nebulosa brillante/oscura
A escala
<10'
Nebulosa planetaria
>100"
100"–30"
<30"
Cúmulo abierto
Cúmulo globular
A escala
<5'
Galaxias
10' x 5'
6' x 1'
3' x 2'
5' x 5'
4' x 2'
2' x 1'
Dibujado a escala cuando el eje mayor es >2', y circular si el ángulo de posición es incierto
Quásars
Cúmulo de galaxias
Magnitud estelar (V)
≤2
3
4
5
6
7
8
9
10
11
Estrellas variables: amplitud y tipos
<0.1 mag
0.1 – 1.0
>1.0 mag
(e) Eclipsante
(c) Cefeida
(m) Mira
... etc.
Movimiento propio
Desplazamiento en 1000 años
Estrellas dobles: separación
0.3"
3"
30"

El día 13 de agosto de 1596, el astrónomo alemán David Fabricius descubrió la primera estrella variable de la historia en la constelación de **Cetus**, la **Ballena**. Su hallazgo fue tan desconcertante que, al principio, se creyó que era una nova similar a la descubierta 24 años antes por Tycho Brahe en **Cassiopeia**, puesto que no había sido vista con anterioridad. Pero el tiempo demostró que era diferente, porque en lugar de brillar intensamente durante un par de años y desaparecer luego para siempre, como hizo la **Estrella de Tycho**, aquel misterioso punto de luz en **Cetus** reaparecía periódicamente todos los años para estupefacción de los astrónomos. **Mira**, el nombre propio con el que la conocemos, se debe a Johannes Hevelius, quien la llamó "estrella maravillosa" por sus mágicos cambios de brillo.

Omicron (o) Ceti, denominación asignada a **Mira** en el catálogo de Bayer, es una variable prototipo de largo periodo que en su máximo puede ser tan brillante como **Castor**, en **Gemini**, o **Polaris**, en **Ursa Minor**, ambas de la magnitud 2. Después, la estrella maravillosa se apaga paulatinamente en un ciclo de 332 días hasta caer a la magnitud 11. Esto supone que en el máximo puede entrar en el grupo de las 50 estrellas más brillantes del cielo, perfectamente visible sin ayuda óptica, pero en el mínimo es necesario, al menos, un telescopio de 80 mm de abertura para divisarla como un remoto punto de luz perdido en el espacio.

Sus ciclos han sido tan bien estudiados en los últimos siglos que ello la ha erigido en el modelo básico de un grupo muy amplio de estrellas, a las que se conoce como variables del tipo **Mira**. Todas ellas son gigantes o supergigantes rojas pulsantes, cuyo brillo cambia cíclica pero extraordinariamente al expandirse y contraerse. En las variables cefeidas, que también son pulsantes, el interés se centra en la mayor rapidez de su ciclo, pero el rango de magnitudes es mucho menor que en las estrellas tipo **Mira**.

La época más favorable de observación de la constelación de **Cetus** es en los meses de octubre y noviembre. El observador debe seguir el ciclo de **Mira** durante un largo periodo, en el que no son descartables algunas sorpresas, puesto que el rango de magnitudes no es exacto. Así, existen testimonios históricos de máximos muy intensos, entre los cuales hay que destacar el de una autoridad legendaria de la astronomía como fue William Herschel. En 1779, este ilustre astrónomo equiparó el brillo de **Mira** al de **Aldebaran (α Tauri)**, de magnitud 0,87, algo realmente notable.

Además de variable, **Mira** es una estrella binaria. La segunda componente del sistema es **VZ Ceti**, una densísima enana blanca cuya enorme atracción gravitatoria parece succionar materia de las capas exteriores de su gigantesca compañera. La segunda estrella fue descubierta en 1923 por Robert Grant Aitken, un astrónomo norteamericano pionero en el estudio de sistemas binarios, al que se debe un extenso catálogo con más de 17 000 de ellos. Esta enana blanca tiene la magnitud 12 y sólo está separada 0,3 segundos de arco de **Mira**, por lo que es prácticamente inaccesible. Sólo los grandes telescopios han permitido resolver el par, como ocurrió en su descubrimiento por parte de Aitken, que usó el gran refractor de 910 mm de abertura del Observatorio de Lick.

En el extremo superior de la carta hay un interesante sistema triple: **66 Ceti**, con sus dos estrellas principales separadas 16,5 segundos de arco y magnitudes de 5,7 y 7,5, respectivamente. La tercera estrella es de magnitud 11 y está a casi 3 minutos de la más brillante.

El observador que disponga de un telescopio de más de 300 mm puede localizar algunas de las débiles galaxias que aparecen en este sector, como el trío formado por **NGC 829**, **NGC 830** y **NGC 842** (abajo del centro). Las tres superan la magnitud 12 y apenas tienen 2 minutos de arco. Se trata de galaxias descubiertas por William Herschel para su extensísimo catálogo de objetos de cielo profundo y, posteriormente, incluidas en el Nuevo Catálogo General –*New General Catalogue* (NGC).

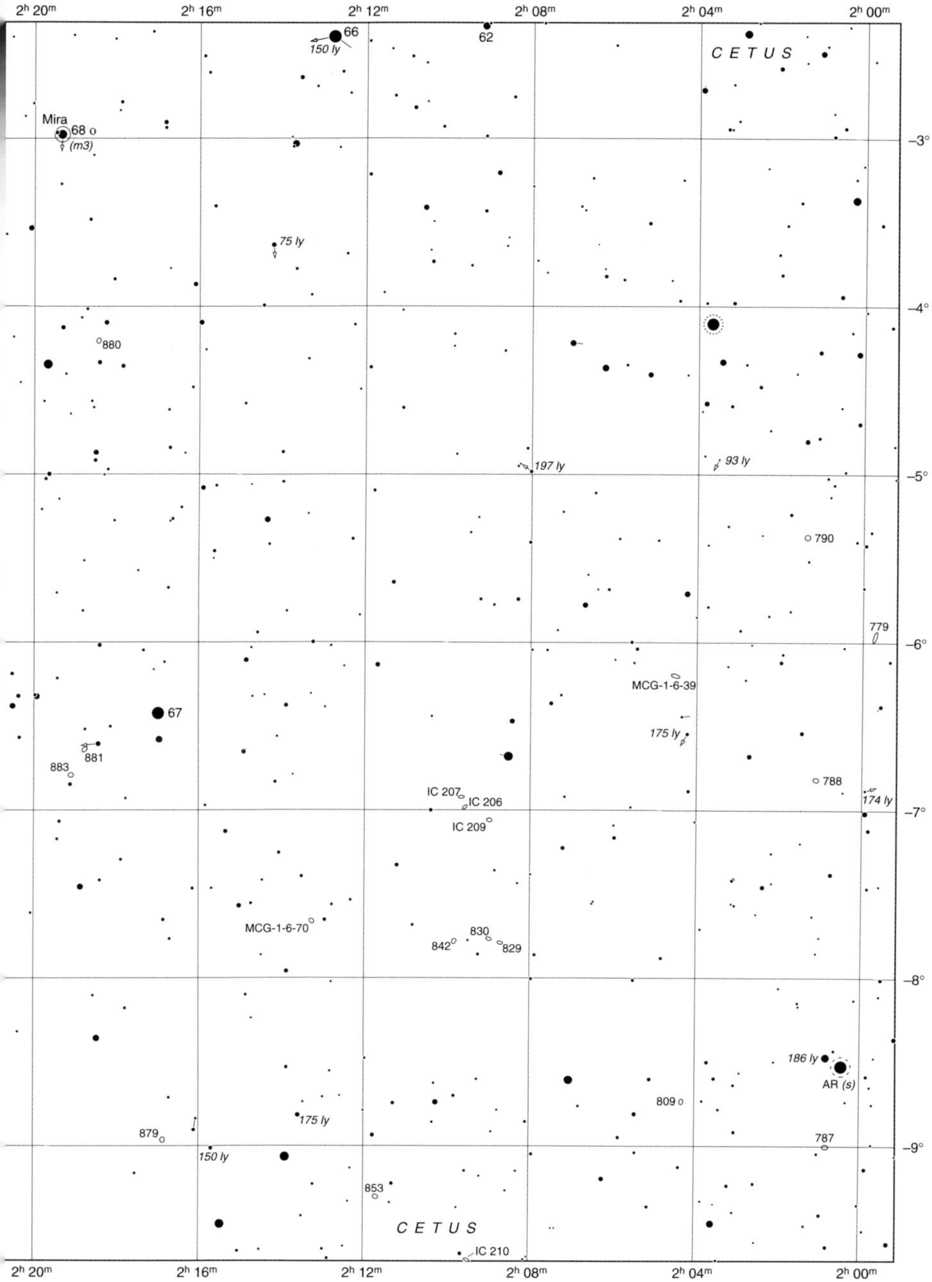
2h 20m
2h 16m
2h 12m
2h 08m
2h 04m
2h 00m
CETUS
66
150 ly
62
Mira
68 o
(m3)
75 ly
-3°
-4°
-5°
-6°
-7°
-8°
-9°
880
197 ly
93 ly
790
779
MCG-1-6-39
67
175 ly
881
883
IC 207
IC 206
IC 209
788
174 ly
MCG-1-6-70
830
842
829
186 ly
AR (s)
809
879
175 ly
150 ly
787
853
CETUS
IC 210

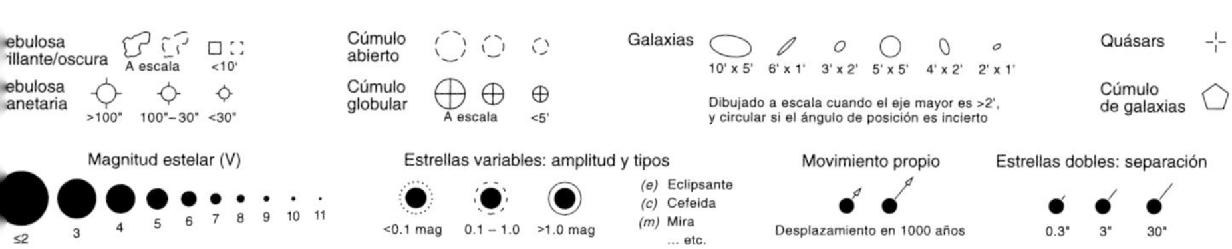
Nebulosa brillante/oscura
A escala
<10'
Nebulosa planetaria
>100"
100"–30"
<30"
Cúmulo abierto
Cúmulo globular
A escala
<5'
Galaxias
10' x 5'
6' x 1'
3' x 2'
5' x 5'
4' x 2'
2' x 1'
Dibujado a escala cuando el eje mayor es >2',
y circular si el ángulo de posición es incierto
Quásars
Cúmulo de galaxias
Magnitud estelar (V)
≤2
3
4
5
6
7
8
9
10
11
Estrellas variables: amplitud y tipos
<0.1 mag
0.1 – 1.0
>1.0 mag
(e) Eclipsante
(c) Cefeida
(m) Mira
... etc.
Movimiento propio
Desplazamiento en 1000 años
Estrellas dobles: separación
0.3"
3"
30"

Después del **Sol**, ninguna otra estrella resplandece tanto en el cielo. Sólo dos planetas, **Júpiter** y **Venus**, brillan más de forma habitual, y **Marte** y **Mercurio** lo hacen cada cierto tiempo, pero **Sirius** no tiene estrellas que le hagan sombra en el firmamento nocturno, en el que su intensa luz blanca es el inconfundible signo de las diáfanas y serenas noches de enero y febrero. Esto ocurre así desde hace milenios, que han servido para labrar muchas leyendas en torno a ella y, también, algunos misterios de difícil resolución para la ciencia, como el relativo al color rojo que se le atribuyó en la antigüedad. Hoy se cree, sin embargo, que esta estrella siempre ha brillado blanca a pesar de que algunos la vieran roja, circunstancia que podría explicarse por los cambios de color causados por la refracción atmosférica durante su salida por el horizonte, un fenómeno que ocurre con todos los astros, pero que en este caso, merced a su influjo legendario en las civilizaciones del Nilo, fue interpretado de otra forma.

Sirius es **Alfa (α) Canis Majoris**, tiene una magnitud visual de –1,44 y es la séptima estrella más próxima al **Sol**, a la que sólo supera dos veces en tamaño. Realmente, el hecho de que sea la más brillante se debe, fundamentalmente, a su proximidad, ya que se halla a 8,6 años luz. En 1862 se descubrió que tenía una compañera, que sólo es visible con grandes telescopios en las épocas de mayor separación, cada 50 años aproximadamente. **Sirius B** es una enana blanca supermasiva en proporción a su tamaño, ya que se estima que alberga la misma cantidad de materia que el **Sol** en un volumen similar al de la **Tierra**.

Para muchos aficionados, la observación de **Sirius** tiene mayor interés a simple vista que con telescopio. No en vano, su imagen resplandeciente coronando la silueta de **Canis Major** cerca de **Orion** ha sido suficiente para que la humanidad haya considerado a esta estrella como la más bella.

A unos 4 grados al sur de **Sirius**, el observador con buena vista descubrirá con sus propios ojos un difuso conglomerado estelar. Es el cúmulo abierto **M 41/NGC 2287**, de magnitud 4,5 y casi 40 minutos de arco de diámetro, un objeto muy extenso. No tiene la fama de las **Pleiades** o del **Doble Cúmulo de Perseus**, pero su anónima belleza sorprende cuando se observa la primera vez con el telescopio, como sucede en **Gemini** con el cúmulo **M 35/NGC 2168**. Es conveniente utilizar entre 50 y 80 aumentos para ver entero **M 41**, que alberga un centenar de estrellas, de las que unas 25 son especialmente brillantes y el resto se arremolina en torno a ellas. En el centro del conglomerado llama poderosamente la atención el color entre rojo y anaranjado de la estrella más brillante, en contraste con el blanco dominante del conjunto.

En las proximidades de **Sirius** y **M 41** hay varias estrellas de gran interés. A sólo varios minutos de distancia angular del cúmulo se halla la variable **12 Canis Majoris**, que aparentemente forma parte del mismo pero, en realidad, no está asociada físicamente a él.

Pi (π) Canis Majoris –abajo, izquierda– es una estrella poco brillante, de magnitud 4,7, pero es una doble muy bonita con una compañera de magnitud 9 a una distancia angular de unos 12 segundos de arco. Debajo de esta pareja, a unos 16 minutos, se halla el espectacular sistema múltiple de **17 Canis Majoris**, formado por cuatro estrellas. La principal es de magnitud 5,8 y está separada de sus compañeras entre 44 segundos de arco y más de 2 minutos, por lo que no es necesaria mucha resolución para separarlas. Las tres estrellas que rodean a la principal son de magnitud 9, al alcance de los telescopios más pequeños.

A casi 1,5 grados al sur de **Sirius** hay una galaxia de magnitud 12,2: **NGC 2283**. Tiene un tamaño aparente de unos 3 minutos de arco y para observarla es aconsejable usar, al menos, un telescopio de 250 mm de abertura. Para localizarla puede trazarse una línea imaginaria entre la famosa estrella y el cúmulo **M 41**.

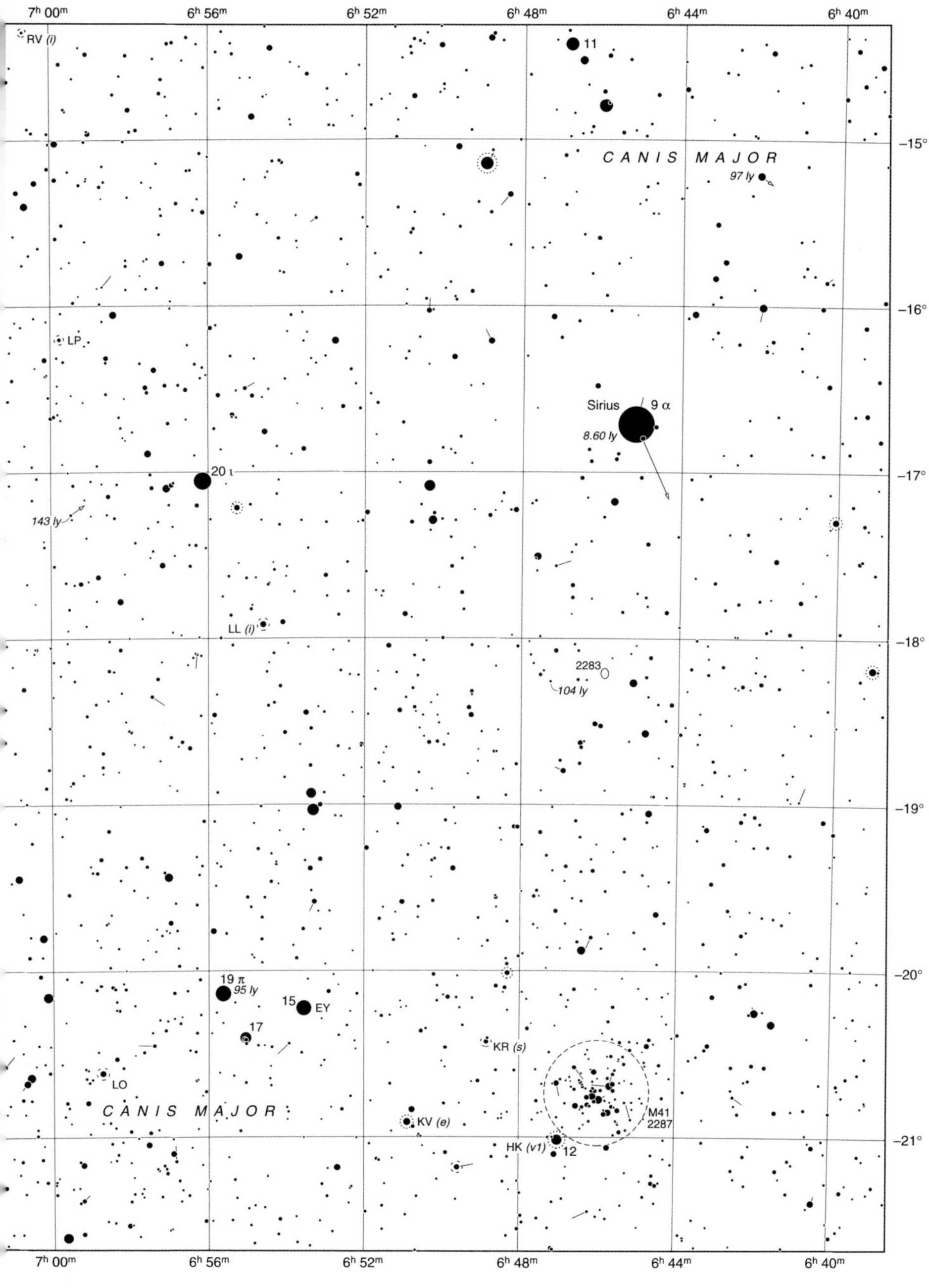

7h 00m
6h 56m
6h 52m
6h 48m
6h 44m
6h 40m
−15°
−16°
−17°
−18°
−19°
−20°
−21°
C A N I S   M A J O R
RV (i)
11
97 ly
LP
Sirius
9 α
8.60 ly
20 ι
143 ly
LL (i)
2283
104 ly
19 π
95 ly
15
EY
17
KR (s)
LO
C A N I S   M A J O R
KV (e)
M41
2287
HK (v1)
12

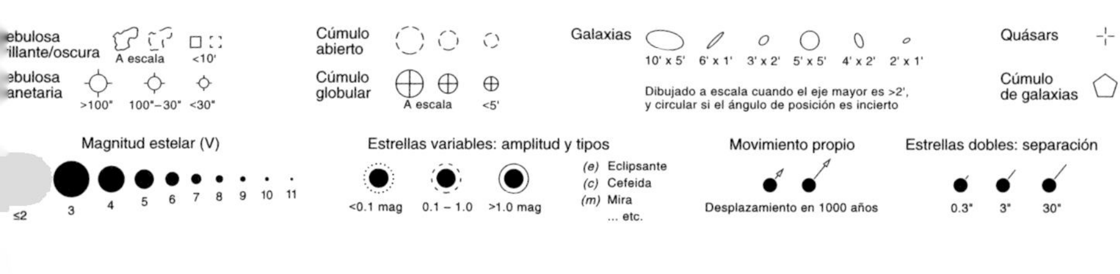

ebulosa
rillante/oscura
A escala
<10'
ebulosa
anetaria
>100"
100"–30"
<30"
Cúmulo abierto
Cúmulo globular
A escala
<5'
Galaxias
10' x 5'
6' x 1'
3' x 2'
5' x 5'
4' x 2'
2' x 1'
Dibujado a escala cuando el eje mayor es >2',
y circular si el ángulo de posición es incierto
Quásars
Cúmulo de galaxias
Magnitud estelar (V)
≤2
3
4
5
6
7
8
9
10
11
Estrellas variables: amplitud y tipos
<0.1 mag
0.1 – 1.0
>1.0 mag
(e) Eclipsante
(c) Cefeida
(m) Mira
... etc.
Movimiento propio
Desplazamiento en 1000 años
Estrellas dobles: separación
0.3"
3"
30"

En muy pocas ocasiones una sola estrella es capaz de brindar un gran espectáculo a los observadores, pero ése es el caso de **R Leporis**, la **Estrella Carmesí de Hind**, descubierta en 1845 por John Russell Hind y considerada como una de las más rojas que puede contemplarse en los cielos. Se halla en **Lepus**, una constelación situada al sur de **Orion** que no es muy conocida a causa del débil brillo de sus estrellas. Hind fue el primero que vio, cerca de la frontera con la constelación de **Eridanus**, este hermoso sol rojo, para el que no pudo evitar el apelativo de "gota de sangre" que ha pervivido hasta nuestros días, porque su aspecto así lo sugiere. Al hallarse en un área del firmamento no muy poblada de estrellas, el fondo celeste es casi negro y eso acentúa la riqueza cromática de su brillo, que contrasta con el de una estrella blanca que se halla a sólo un minuto de arco.

R Leporis es una estrella de carbono de brillo variable, perteneciente al tipo **Mira**. Una gigante roja que fluctúa entre la magnitud 5 en su máximo y la 11 en su mínimo, con un ciclo aproximado de unos 14 meses. Sin embargo, las observaciones efectuadas desde que Hind la atisbó por primera vez han demostrado que ni el ciclo ni su rango de magnitudes tienen una regularidad clara. Durante la mayor parte del siglo XX, nunca fue más brillante que la magnitud 6, pero en ocasiones anteriores se midió la 5,5. Igualmente, en el mínimo ha caído hasta casi la 12 en alguna ocasión, pero en las últimas décadas se ha movido en torno a la 8,5 y la 9.

En cualquier caso, lo que importa en esta estrella es su color, más que su variabilidad, aunque ambos factores están claramente vinculados. Esa indescriptible tonalidad roja y el hermoso contraste con su inmaculada vecina blanca sólo se producen durante los máximos del ciclo, cuando la estrella intensifica en su espectro las bandas de absorción del carbono, aunque en las fases medias también muestra un bello color rojizo menos acentuado.

En el máximo, puede localizarse unos 6 grados al suroeste de la estrella **Rigel** (**β Orionis**) mediante unos prismáticos o el buscador del telescopio, pero en las fases intermedias y en el mínimo puede hacer falta el uso de cartas estelares como ésta con sus coordenadas correspondientes: ascensión recta 04 horas y 59 minutos, declinación –14 grados y 48 minutos. Una vez hallada la estrella, es aconsejable observarla por el telescopio con 50-100 aumentos, pero no es necesario más porque la imagen estelar sigue siendo puntual aunque la ampliemos con el telescopio. Asimismo, con una gama media de aumentos se mantiene un buen campo de fondo para mayor contraste.

Las estrellas de carbono son muy frías, con temperaturas del orden de los 2600 grados, y se hallan en una fase muy avanzada de su evolución, a la vez que muy inestable. En 1983, el satélite *IRAS* (*Infrared Astronomical Satellite*) detectó en **R Leporis** un viento estelar de gigantescas proporciones que la hace perder una parte muy considerable de su masa y que ha producido un anillo de polvo en torno a la estrella.

No hay que confundir **R Leporis** con **RX Eridani** (centro arriba), una estrella variable del tipo **RR Lyrae**, gigantes amarillas del tipo pulsante cuyos cambios de brillo no superan las dos magnitudes. A diferencia de la **Estrella Carmesí**, que pertenece a **Lepus**, **RX Eridani** está en **Eridanus** (**Eridano**, el río).

Abajo a la derecha encontramos una binaria extraordinariamente difícil: **54 Eridani**. Las dos estrellas son relativamente brillantes, de magnitudes 4,9 y 5,2, respectivamente, pero sólo están separadas 0,3 segundos de arco.

En esta región celeste hay varias galaxias. Ninguna de ellas es fácil de observar, salvo que se disponga de un telescopio potente, ya que son de brillo muy débil y tamaños de unos 2 minutos de arco. Por tanto, se recomienda un mínimo de 300 mm de abertura, que permitirá distinguir objetos tan difusos como **NGC 1640** (abajo a la derecha), la mayor de las galaxias que aparecen en esta carta a pesar de que apenas llega a los 3 minutos de diámetro.

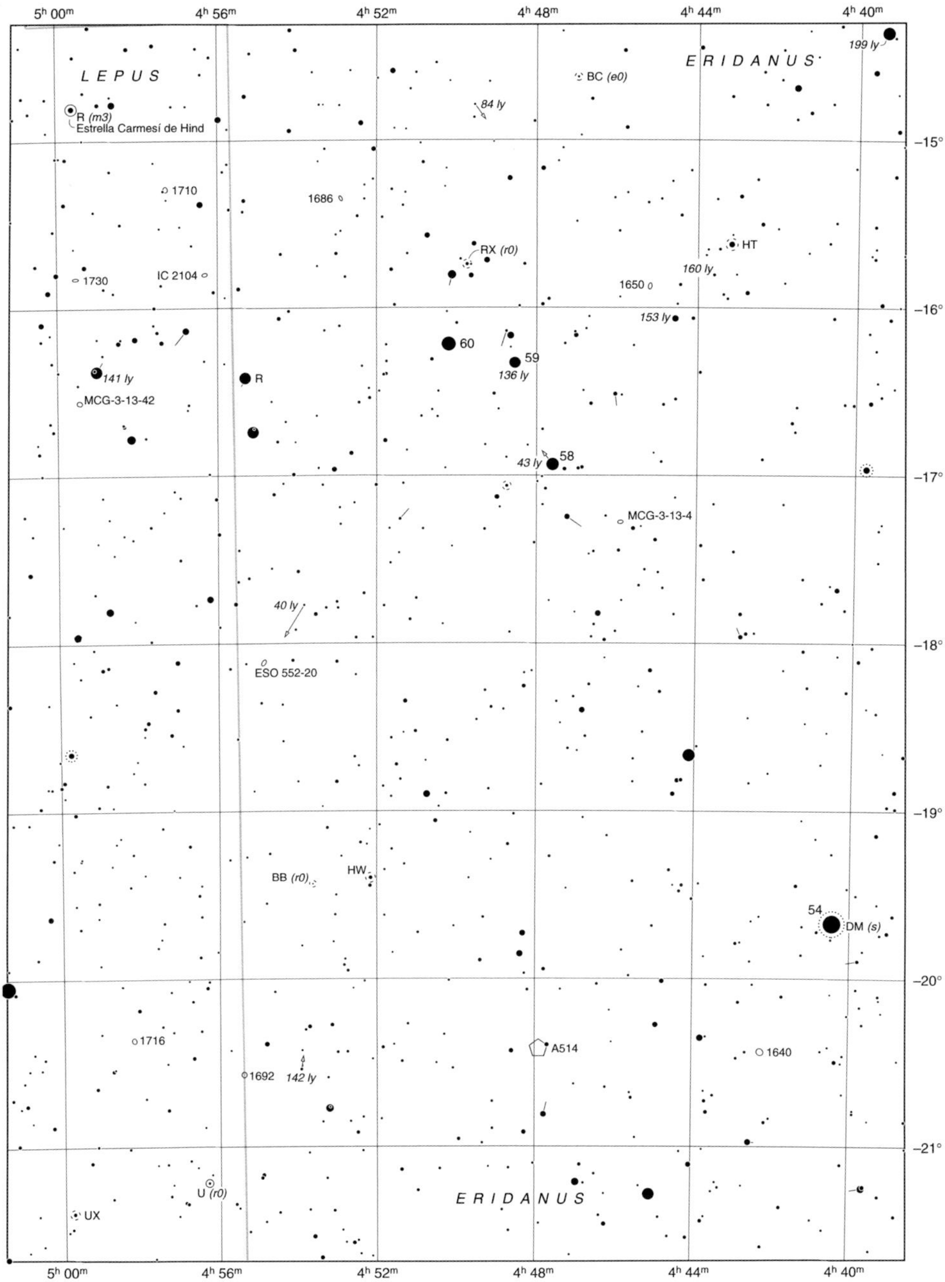

5h 00m
4h 56m
4h 52m
4h 48m
4h 44m
4h 40m
LEPUS
ERIDANUS
R (m3)
Estrella Carmesí de Hind
199 ly
BC (e0)
84 ly
−15°
1710
1686
RX (r0)
HT
IC 2104
1730
160 ly
1650
153 ly
−16°
60
59
136 ly
141 ly
R
MCG-3-13-42
43 ly
58
−17°
MCG-3-13-4
40 ly
−18°
ESO 552-20
−19°
BB (r0)
HW
54
DM (s)
−20°
1716
A514
1640
1692
142 ly
−21°
U (r0)
UX
ERIDANUS
5h 00m
4h 56m
4h 52m
4h 48m
4h 44m
4h 40m

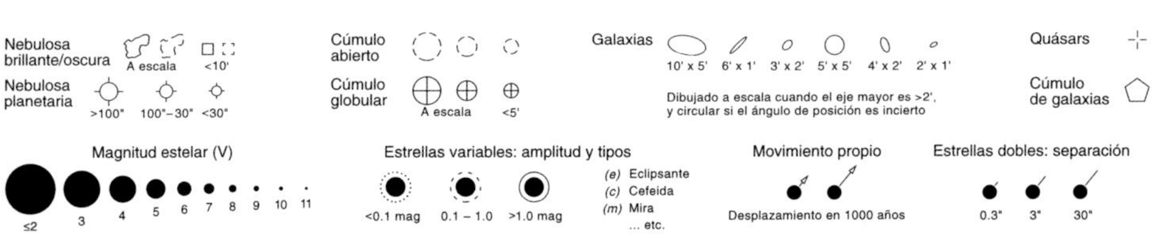

Nebulosa brillante/oscura
A escala
<10'
Nebulosa planetaria
>100"
100"–30"
<30"
Cúmulo abierto
Cúmulo globular
A escala
<5'
Galaxias
10' x 5'
6' x 1'
3' x 2'
5' x 5'
4' x 2'
2' x 1'
Dibujado a escala cuando el eje mayor es >2',
y circular si el ángulo de posición es incierto
Quásars
Cúmulo de galaxias
Magnitud estelar (V)
≤2
3
4
5
6
7
8
9
10
11
Estrellas variables: amplitud y tipos
<0.1 mag
0.1 – 1.0
>1.0 mag
(e) Eclipsante
(c) Cefeida
(m) Mira
... etc.
Movimiento propio
Desplazamiento en 1000 años
Estrellas dobles: separación
0.3"
3"
30"

Observar **Tau (τ) Ceti** constituye una experiencia insólita. Es una estrella poco brillante, de magnitud 3,49, perteneciente a la constelación de **Cetus**, y se halla en una región del cielo poco atractiva en comparación con constelaciones como **Ursa Major**, **Orion** y **Sagittarius**. Aparentemente no hay en ella nada interesante y sólo se trata de una estrella más entre los millones que cualquier noche quedan al alcance de los instrumentos astronómicos, pero quienes la han enfocado en el ocular del telescopio conociendo sus características sienten el experimento como algo muy especial, que queda guardado entre los mejores momentos bajo una noche estrellada. Y es que **Tau Ceti** es otro **Sol**, una enana amarilla como la que a nosotros nos alumbra diariamente; de su mismo color y con un tamaño casi idéntico. Por eso, al observar esta pálida estrella de **Cetus**, compañera de constelación de la maravillosa variable **Mira** (ο **Ceti**), vemos lo mismo que si observáramos el **Sol** desde una distancia de 11,9 años luz. Sólo habría pequeños matices con los que distinguir a ambos soles, por lo que esta experiencia no debe desperdiciarse; el observador no verá en **Tau Ceti** nada más que la propia estrella, de la misma manera que si un supuesto astrónomo de algún planeta próximo a esta estrella dirige su telescopio hacia aquí, tampoco verá nada más que el **Sol**, cuyo resplandor le eclipsará la **Tierra** y los demás planetas del **Sistema Solar**.

Si esta hermana gemela de nuestra estrella tiene una corte de planetas a su alrededor, de momento no se han podido descubrir, aunque ello no significa, en absoluto, que no los haya. De hecho, los científicos especializados en la búsqueda de vida extraterrestre consideran que este lugar de la **Vía Láctea** es uno de los mejores candidatos, porque su naturaleza es muy similar a la de nuestro sistema por las características tan parecidas de las dos estrellas. Ambas pertenecen a la clase espectral G, pero **Tau Ceti** es una estrella G8 y el **Sol**, G2. Aquélla es ligeramente más fría y su masa es 0,8 veces la masa solar. La magnitud visual de 3,49 baja hasta 5,68 en el caso de la magnitud absoluta, es decir, el brillo que tendría la estrella a una distancia de 10 parsecs (32,6 años luz). El **Sol**, cuya magnitud visual (–26,7) es tan intensa que provoca la ceguera si se observa directamente, también perdería su brillo a tan considerable distancia, de forma que la magnitud absoluta quedaría en 4,83, sólo un poco más brillante que la de su hermana.

A 11,9 años luz, **Tau Ceti** es la estrella número 19 en orden de distancia a nosotros. Aunque **Rigil Kent –Alfa (α) Centauri A–** es todavía más parecida al **Sol** por su clase espectral (G2) y tamaño, los sistemas estelares de estas dos son radicalmente diferentes, ya que el primero es múltiple y alberga tres estrellas, mientras que el nuestro, como el de **Tau Ceti**, sólo tiene una única componente en su sistema. El sistema de **Alfa Centauri** (**Región Celeste 30**) cuenta, junto a **Rigil Kent**, con una segunda estrella de clase espectral K y una enana roja, llamada **Proxima Centauri**, que a una distancia de sólo 4,2 años luz es la más próxima a nosotros.

El hipotético astrónomo que observara el **Sol** desde **Tau Ceti** también vería **α Centauri** en la misma dirección. Por eso, nosotros vemos en direcciones opuestas a estas dos, ya que se hallan en lugares muy distintos pese a que forman parte del grupo de estrellas que ocupa el entorno inmediato del **Sistema Solar**. Para nosotros, **Tau Ceti** está en la misma dirección que **Epsilon Eridani**, otra de las estrellas predilectas de los proyectos en busca de vida extraterrestre, y **α Centauri**, con sus tres componentes, está en el lado contrario.

Como muestra la flecha, **Tau Ceti** tiene un movimiento propio notable debido a su proximidad. En un milenio, la estrella se desplaza más de medio grado en el cielo, aunque cabe recordar que la **Estrella de Barnard** (**Región Celeste 43**), una interesantísima enana roja situada a 5,94 años luz –la más próxima después de **α Centauri**– en **Ophiuchus**, se desplaza a la misma distancia angular sobre la bóveda celeste en menos de 200 años.

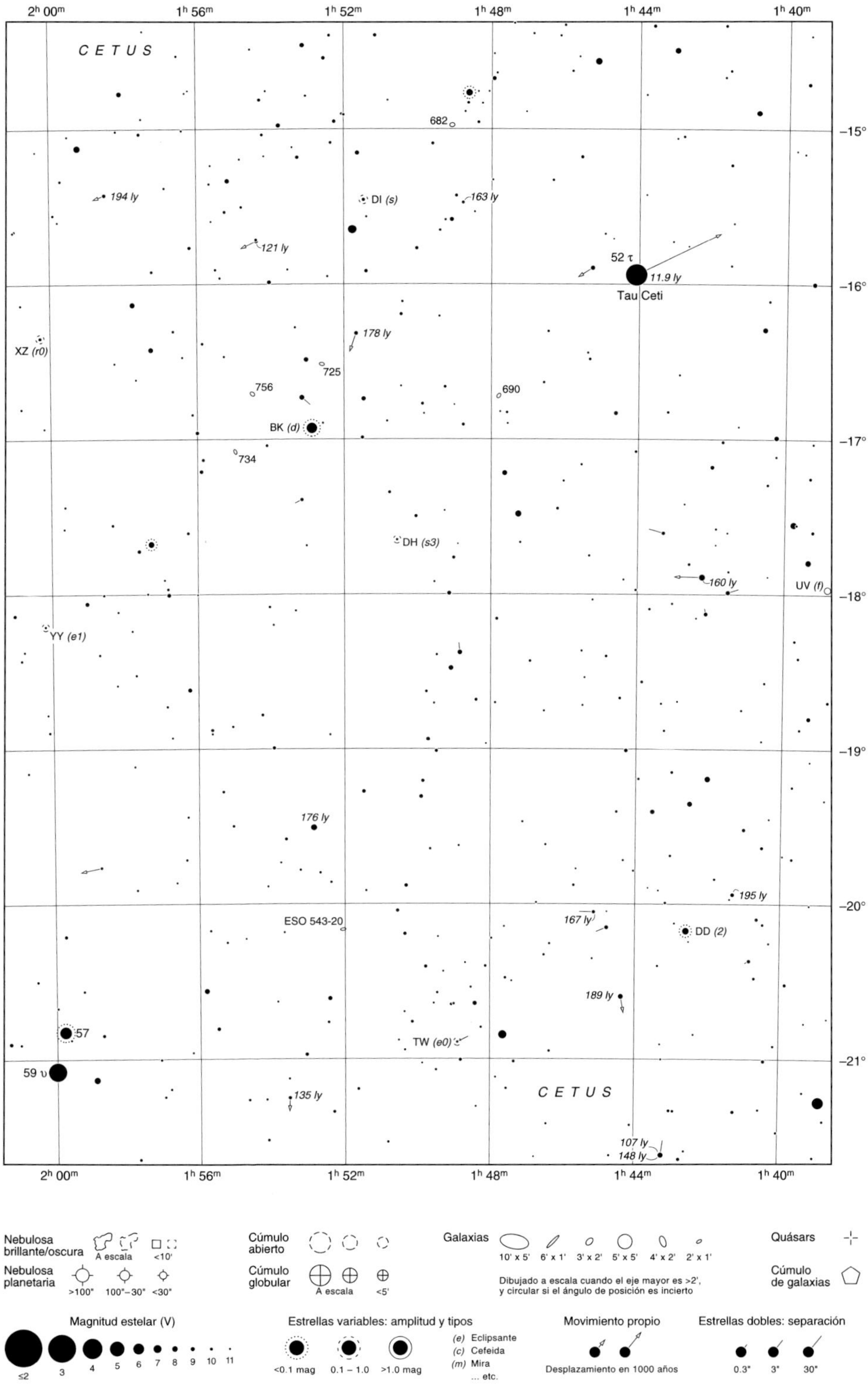
2h 00m
1h 56m
1h 52m
1h 48m
1h 44m
1h 40m
CETUS
−15°
−16°
−17°
−18°
−19°
−20°
−21°
682
194 ly
DI (s)
163 ly
121 ly
52 τ
11.9 ly
Tau Ceti
XZ (r0)
178 ly
725
756
690
BK (d)
734
DH (s3)
160 ly
UV (f)
YY (e1)
176 ly
195 ly
ESO 543-20
167 ly
DD (2)
189 ly
57
TW (e0)
59 υ
135 ly
107 ly
148 ly
Nebulosa brillante/oscura
A escala
<10'
Nebulosa planetaria
>100"
100"−30"
<30"
Cúmulo abierto
Cúmulo globular
A escala
<5'
Galaxias
10' x 5'
6' x 1'
3' x 2'
5' x 5'
4' x 2'
2' x 1'
Dibujado a escala cuando el eje mayor es >2',
y circular si el ángulo de posición es incierto
Quásars
Cúmulo de galaxias
Magnitud estelar (V)
≤2
3
4
5
6
7
8
9
10
11
Estrellas variables: amplitud y tipos
<0.1 mag
0.1 – 1.0
>1.0 mag
(e) Eclipsante
(c) Cefeida
(m) Mira
... etc.
Movimiento propio
Desplazamiento en 1000 años
Estrellas dobles: separación
0.3"
3"
30"

Puppis, la **Popa**, es una de las cuatro constelaciones actuales en las que fue dividida la antigua **Argo Navis**, la **Nave de los Argonautas**, constelación creada por Claudio Ptolomeo que en el siglo XVIII fue borrada de los mapas celestes por el francés Nicolas Lacaille tras sus exploraciones del cielo austral, que le movieron a dividirla en cuatro partes, a las que le dio nombre propio como constelación: **Puppis** (**Popa**), **Pyxis** (**Brújula**), **Carina** (**Quilla**) y **Vela** (**Vela**).

La **Vía Láctea** cruza **Puppis** muy cerca de la constelación vecina de **Canis Major**, de ahí que el sector de esta carta tenga una notable densidad estelar y sea muy rico en cúmulos. El más destacado se halla a la derecha del centro: **M 93/NGC 2447**, de magnitud 6,2 y poco menos de medio grado de tamaño aparente. Con unos prismáticos de 11 × 80 o un telescopio refractor de 80 mm de abertura es fácil contar entre 80 y 100 estrellas propias del cúmulo. Con aberturas mayores, la densidad estelar aumenta notablemente, pero **Puppis** es una zona del cielo repleta de campos estelares que terminan fundiéndose con las estrellas de este cúmulo, que como puede apreciarse en la carta se halla justamente en el plano de la **Vía Láctea**, nuestra galaxia, cuya línea ecuatorial pasa a su lado.

NGC 2455 (arriba) es otro cúmulo abierto visible en esta zona. Mucho más compacto, alberga unas 50 estrellas y tiene una magnitud integrada de 10,2. Para verlo bien requiere al menos 100 aumentos, ya que con oculares de gran campo puede pasar desapercibido respecto al fondo del cielo debido a la gran densidad estelar.

A la izquierda de **M 93/NGC 2447** encontramos **NGC 2482**, más brillante y grande que **NGC 2455**, ya que alcanza la magnitud 7,3 y su diámetro aparente es de unos 12 minutos de arco. Sus características son muy similares a las de **NGC 2467** (abajo), un cúmulo abierto en cuyo interior se encuentra la nebulosa **Haffner 18**. El cúmulo tiene 14 minutos de diámetro y la magnitud 7,1, muy asequible para pequeños telescopios, aunque la nebulosa interior es difícil.

En el extremo inferior del sector hay dos objetos celestes que merece la pena buscar. Uno es el cúmulo abierto **NGC 2453**, menos denso y brillante que los anteriormente citados, y el otro una nebulosa planetaria, **NGC 2452**. Esta nebulosa, que se halla a unos 8800 años luz del **Sol**, sólo tiene la magnitud 11,9, lo que la sitúa al límite de capacidad óptica de telescopios con aberturas de 100 mm. La estrella central, de magnitud 17,7, es invisible para los telescopios más potentes al alcance del aficionado, pero el observador con un instrumento de 200 mm o superior puede intentar una visualización conjunta de **NGC 2452** y **NGC 2453**, ya que ambos están muy próximos, a menos de medio grado de distancia angular, por lo que caben juntos en el campo de un ocular.

En **Puppis** hay estrellas de gran interés para el observador. Abajo a la derecha, **K Puppis** –no confundir con la letra griega kappa (κ)– es una de las binarias más bonitas de la constelación. Las dos estrellas tienen magnitudes de 3,8 y 4,0, con una separación de 10 segundos de arco. Bastan unos 80 aumentos para resolverla con un sencillo telescopio de 70-80 mm de abertura, aunque también puede verse con prismáticos potentes asentados en un trípode. En realidad, por su magnitud ya se observa a simple vista, aunque el ojo humano no puede separar el par de estrellas y necesita la ayuda de algún instrumento astronómico para lograr la ampliación necesaria.

Xi (ξ) Puppis –debajo del centro– es una doble visual, es decir, que no se trata de una estrella binaria real. La más brillante es una gigante amarilla, que tiene al lado a una bonita estrella anaranjada con la que forma pareja en el campo del telescopio, aunque no forman un sistema estelar común. Debajo de esta doble visual, el observador encontrará **Omicron (o) Puppis**, una variable eclipsante, aunque sus fluctuaciones de brillo nunca son superiores a una magnitud.

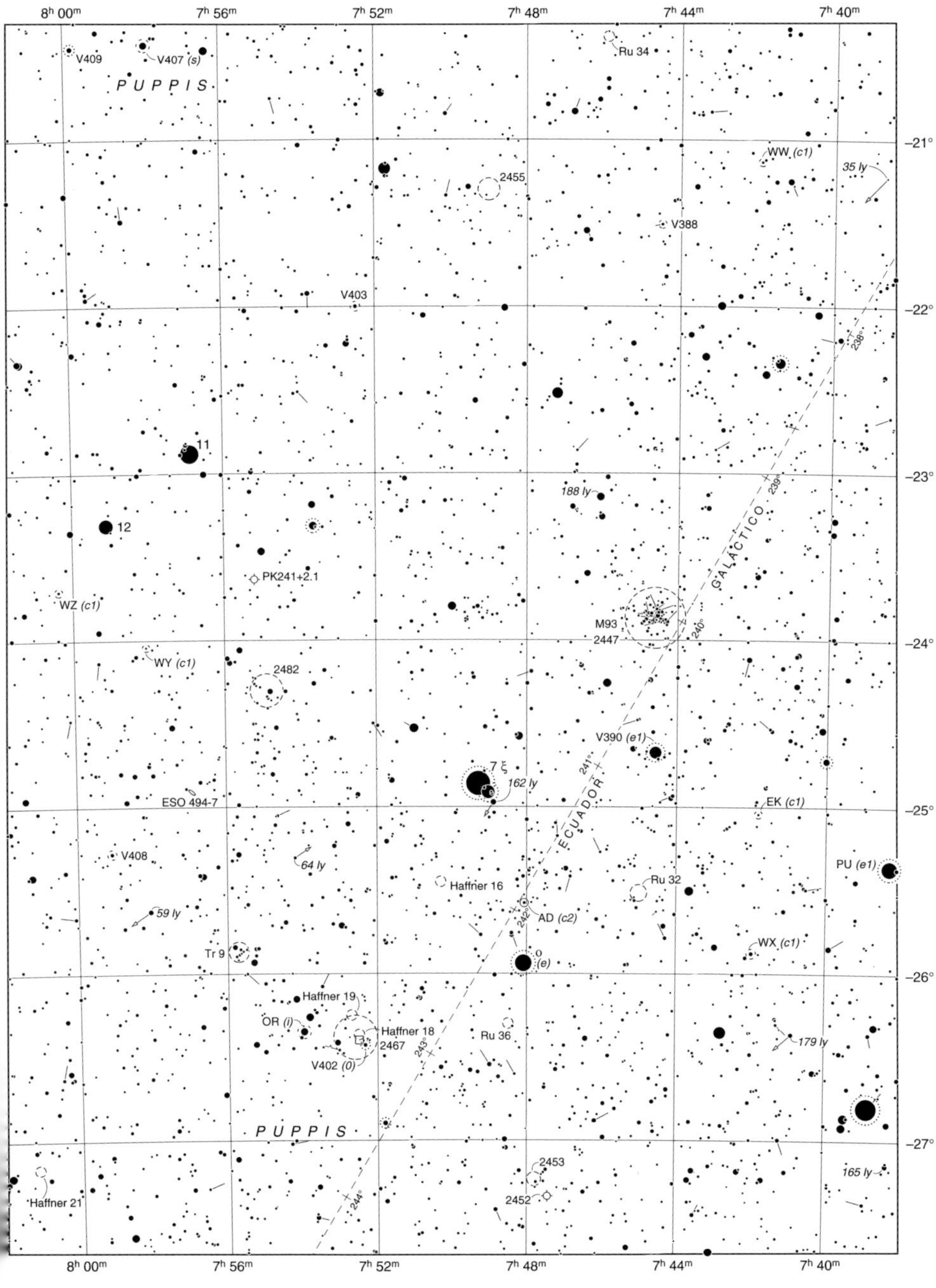

8h 00m
7h 56m
7h 52m
7h 48m
7h 44m
7h 40m
–21°
–22°
–23°
–24°
–25°
–26°
–27°
PUPPIS
V409
V407 (s)
Ru 34
WW (c1)
35 ly
2455
V388
V403
238°
11
239°
188 ly
12
GALÁCTICO
PK241+2.1
WZ (c1)
M93
2447
240°
WY (c1)
2482
V390 (e1)
7 ξ
162 ly
241°
ESO 494-7
EK (c1)
ECUADOR
V408
64 ly
PU (e1)
Haffner 16
Ru 32
59 ly
AD (c2)
242°
Tr 9
WX (c1)
o
(e)
Haffner 19
OR (i)
Haffner 18
2467
Ru 36
179 ly
243°
V402 (0)
PUPPIS
2453
165 ly
Haffner 21
2452
244°

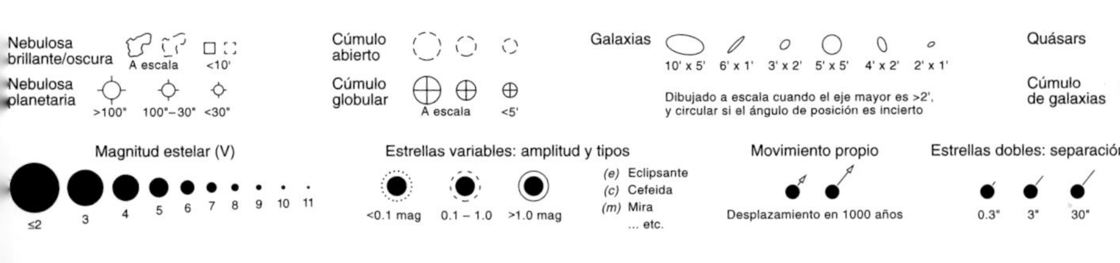

Nebulosa brillante/oscura
A escala
<10'
Nebulosa planetaria
>100"
100"–30"
<30"
Cúmulo abierto
Cúmulo globular
A escala
<5'
Galaxias
10' x 5'
6' x 1'
3' x 2'
5' x 5'
4' x 2'
2' x 1'
Dibujado a escala cuando el eje mayor es >2',
y circular si el ángulo de posición es incierto
Quásars
Cúmulo de galaxias
Magnitud estelar (V)
≤2
3
4
5
6
7
8
9
10
11
Estrellas variables: amplitud y tipos
<0.1 mag
0.1 – 1.0
>1.0 mag
(e) Eclipsante
(c) Cefeida
(m) Mira
... etc.
Movimiento propio
Desplazamiento en 1000 años
Estrellas dobles: separación
0.3"
3"
30"

Las **Nubes de Magallanes** son las dos únicas galaxias exteriores en las que se observan en detalle cúmulos estelares y nebulosas. Aunque desde los grandes observatorios esto se ha conseguido en otras galaxias, con los telescopios al alcance del aficionado sólo la **Gran Nube de Magallanes** y la **Pequeña Nube de Magallanes** se prestan a este tipo de estudios, aunque en ambos casos el principal problema es que ocupan una posición muy austral en el cielo, ya que su declinación es inferior a –65 grados y no son observables desde la mayor parte del hemisferio norte.

La **Gran Nube de Magallanes** se halla a 160 000 años luz de la **Vía Láctea** y es mucho más pequeña que ésta, en torno a la cual gira como si fuera un satélite, al igual que la **Pequeña Nube**. Por su proximidad, vista en el cielo es tan extensa que ocupa unos 8 grados de arco en el firmamento, lo que la convierte en el objeto celeste de mayor tamaño aparente. En este atlas, se ha dividido en cuatro partes (**cartas 18 a 21**) para un estudio más detallado. Su magnitud visual es de 0,6. Se trata, por tanto, no sólo del mayor objeto celeste –en tamaño aparente, no en términos absolutos–, sino también de la galaxia más brillante.

El sector de esta carta abarca la región nororiental de la **Gran Nube**, en la constelación austral de **Dorado**. En ella, el objeto más destacado, sin duda alguna, es la **Nebulosa de la Tarántula** (sector inferior), también conocida como **30 Doradus** y **NGC 2070**. Abarca más de medio grado de arco de diámetro y es un objeto extraordinario, en el que encontramos un importante criadero estelar en forma de araña, de ahí la peculiaridad de su nombre. Pese a que está rodeada de numerosos cúmulos y nebulosas, es muy sencillo distinguirla por su gran tamaño y brillo. Con unos prismáticos potentes o un telescopio refractor de 80 mm de abertura, la nebulosa revela sus principales formas, que deleitarán al observador con el regalo del cielo que supone semejante cúmulo de detalles en un objeto que no es de la **Vía Láctea** y pertenece, por tanto, a otra galaxia.

Debajo pero muy cerca de la **Nebulosa de la Tarántula** se encuentran los restos de la **Supernova 1987A** (**SN 1987A**), la estrella que explotó en febrero de 1987 en la **Gran Nube de Magallanes** y a la que se considera una de las más destacadas de los últimos siglos. Aunque esta supernova no se produjo en la **Vía Láctea**, es la más próxima y brillante desde 1604, año en el que la **Supernova de Kepler** fue la última que se produjo en nuestra galaxia. **SN 1987A** fue observable a simple vista durante varios meses, alcanzando la magnitud 2,8 en los momentos de máximo brillo. Este acontecimiento vino a confirmar a los astrónomos que las **Nubes de Magallanes** son dos de las galaxias de mayor interés para la ciencia, ya que su proximidad permite el estudio de fenómenos y objetos en unas condiciones privilegiadas que no se dan en ninguna otra galaxia.

La mejor recomendación que puede hacerse al observador es que efectúe un recorrido minucioso con el telescopio por la Gran Nube. La profusión de objetos celeste es tal, que nos hallamos ante uno de los lugares más ricos de todo el firmamento, pese a que lamentablemente no quede al alcance de los telescopios que operan desde las latitudes medias del hemisferio boreal. Obsérvese, por ejemplo, la concentración de cúmulos existente en la zona próxima a declinación –67 grados y ascensión recta 5 horas y 30 minutos. Las nubes estelares están rodeadas aquí de la impresionante nebulosidad general de esta galaxia hermana de la **Vía Láctea**, en una región en la que es preciso el uso del telescopio para separar un objeto de otro. En el sector inferior izquierdo hay una decena de cúmulos abiertos que parecen descolgados de la **Gran Nube**, como el gran grupo integrado por **NGC 2160**, **NGC 2164**, **NGC 2156**, **NGC 2140**, **NGC 2172** y **NGC 2159**.

Fuera de la galaxia, arriba, destaca una hermosa variable cefeida: **Beta (β) Doradus**, cuyo brillo oscila entre las magnitudes 3,7 y 4,1 con un periodo de unos 10 días.

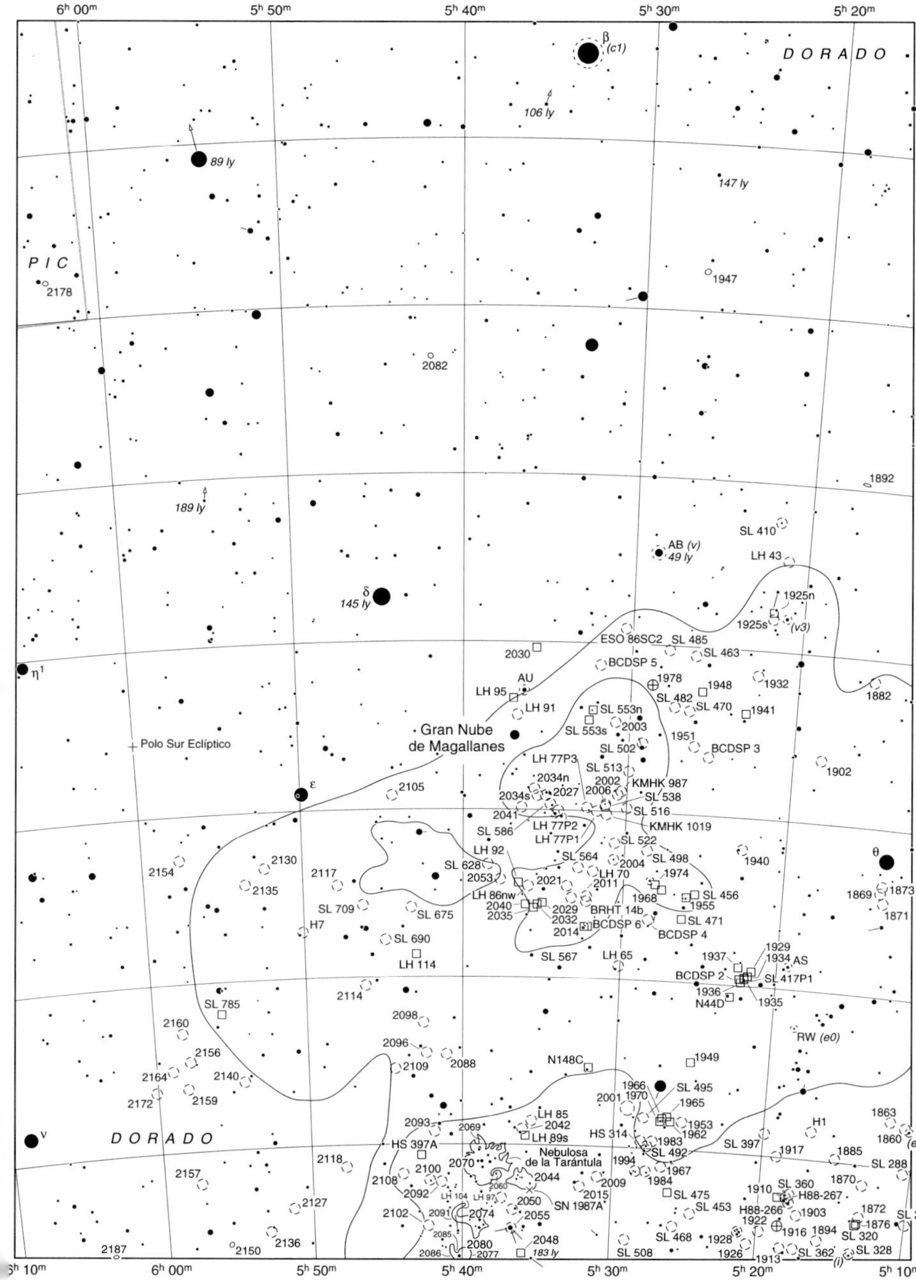
6h 00m
5h 50m
5h 40m
5h 30m
5h 20m
DORADO
PIC
β (c1)
106 ly
89 ly
147 ly
-63°
-64°
-65°
-66°
-67°
-68°
-69°
2178
1947
2082
1892
189 ly
SL 410
AB (v)
49 ly
LH 43
δ
145 ly
1925n
1925s
(v3)
ESO 86SC2
SL 485
SL 463
2030
BCDSP 5
η1
AU
LH 95
1978
1948
1932
1882
LH 91
SL 482
SL 470
1941
SL 553n
Gran Nube
de Magallanes
SL 553s
2003
Polo Sur Eclíptico
1951
SL 502
BCDSP 3
LH 77P3
SL 513
1902
ε
2105
2034n
2002
KMHK 987
2034s
2027
2006
SL 538
2041
SL 516
LH 77P2
KMHK 1019
SL 586
LH 77P1
SL 522
LH 92
SL 564
SL 498
1940
θ
2154
2130
SL 628
2004
2117
2053
2021
LH 70
1974
2135
2011
1869
1873
SL 709
LH 86nw
1968
SL 456
SL 675
2040
2029
BRHT 14b
1955
1871
2035
2032
H7
2014
BCDSP 6
SL 471
SL 690
BCDSP 4
LH 114
SL 567
LH 65
1929
1937
1934
AS
BCDSP 2
SL 417P1
1936
2114
N44D
1935
SL 785
2098
2160
RW (e0)
2096
2156
2109
2088
N148C
1949
2164
2140
1966
SL 495
2172
2159
2001
1970
1965
1863
2093
LH 85
DORADO
2069
2042
1953
H1
HS 397A
LH 89s
HS 314
1962
1860
(e1)
1983
SL 397
1917
1885
2118
Nebulosa
de la Tarántula
SL 492
2070
1994
SL 288
2157
2100
2044
1967
2108
2060
1984
1870
2092
2009
SL 360
LH 104
LH 97
2015
SL 475
1910
H88-267
2127
2050
SN 1987A
SL 453
H88-266
1903
2091
1872
SL 280
2102
2074
2055
1922
1876
2085
1916
1894
SL 468
1928
SL 320
2136
2080
2048
2187
2150
2086
2077
183 ly
SL 508
1926
1913
SL 362
SL 328
(i)
5h 10m
6h 10m
6h 00m
5h 50m
5h 40m
5h 30m
5h 20m
5h 10m

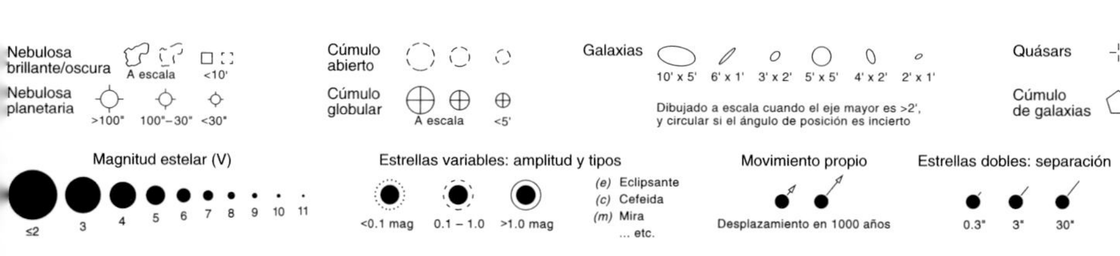
Nebulosa
brillante/oscura
A escala
<10'
Nebulosa
planetaria
>100"
100"–30"
<30"
Cúmulo
abierto
Cúmulo
globular
A escala
<5'
Galaxias
10' x 5'
6' x 1'
3' x 2'
5' x 5'
4' x 2'
2' x 1'
Dibujado a escala cuando el eje mayor es >2',
y circular si el ángulo de posición es incierto
Quásars
Cúmulo
de galaxias
Magnitud estelar (V)
≤2
3
4
5
6
7
8
9
10
11
Estrellas variables: amplitud y tipos
<0.1 mag
0.1 – 1.0
>1.0 mag
(e) Eclipsante
(c) Cefeida
(m) Mira
... etc.
Movimiento propio
Desplazamiento en 1000 años
Estrellas dobles: separación
0.3"
3"
30"

El sector noroccidental de la **Gran Nube de Magallanes** es menos denso que el nororiental (**carta 18**), pero mantiene la extraordinaria riqueza general de objetos celestes de esta galaxia, la más próxima a la **Vía Láctea**.
En el extremo superior derecho de la **Gran Nube** hay una llamativa concentración de nebulosas de pequeño tamaño. Aunque su diámetro aparente ronda los 10 minutos de arco, el grupo es fácilmente localizable con telescopios de 100 mm de abertura, con los que también podrá distinguirse la más destacada de todas: **NGC 1763**, de magnitud 8,3. En todas estas nebulosas, el pequeño tamaño se ve compensado por un brillo relativo. Con un ocular de gran campo será posible observar a la vez, junto a este grupo de nebulosas, los cúmulos **SL 153** y **NGC 1783**, que están a la izquierda y arriba, respectivamente. Ambos están a menos de medio grado de arco de distancia.
Debajo de **Theta (θ) Doradus** (abajo a la izquierda del centro), hay un singular trío de cúmulos abiertos que está formado por **NGC 1873**, **NGC 1869** y **NGC 1871**. Son muy pequeños, pero destaca su forma encadenada.
Abajo a la izquierda de este trío de cúmulos hay una condensación nebular muy destacada, similar a la de **NGC 1763**. En este caso, **NGC 1929**, **NGC 1934**, **NGC 1936** y **NGC 1937** aparecen apiñadas en torno a un centro común.
En el extremo inferior izquierdo de la carta, otras nebulosas aparecen asociadas a cúmulos estelares en su interior. Es el caso de **NGC 1966**, de magnitud 8,5. En este rincón de la **Gran Nube de Magallanes**, el estudio telescópico permite el uso de un ocular medio para obtener unos 80 a 100 aumentos. Dada la concentración de cúmulos y nebulosas, es sencillo ir de un objeto a otro de forma que la ampliación de imagen permita también una visión detallada de cada uno de ellos. De esta forma podrán distinguirse en esta zona los cúmulos globulares de pequeño tamaño que están presentes en un área claramente dominada por cúmulos abiertos. Deben buscarse, al sur de –69 grados, **NGC 1916** y **NGC 1835**. El primero de estos dos cúmulos globulares se halla, aproximadamente, a 5 horas y 18 minutos de ascensión recta, y el segundo a 5 horas y 5 minutos.
A la derecha de **NGC 1835** no debe pasar desapercibido el extenso abanico de cúmulos que llena el área comprendida entre –69 y –70 grados, desde 4 horas y 50 minutos hasta 5 horas de ascensión recta.
Más arriba, cerca de la **Estrella de Walborn**, a la que rodea la difusa nebulosa **NGC 1747**, puede observarse un campo celeste en el que se entremezclan cúmulos abiertos y pequeñas nebulosas: **NGC 1774**, **NGC 1735**, **NGC 1714**, **SL 69** y **SL 81**. Todos son de pequeño tamaño, pero con un telescopio medio aparecerán como pequeñas nubes en el campo del ocular.
La catalogación de objetos celestes en las **Nubes de Magallanes** es muy reciente en comparación con el cielo del hemisferio norte. Para éste, el *New General Catalogue* (NGC) y el *Index Catalogue* han recogido gran parte de las nebulosas, cúmulos y galaxias que ya observaron en su tiempo astrónomos como William Herschel, pero la clasificación de los objetos del cielo austral ha sido una obra labrada, en su mayor parte, durante el siglo XX. Gracias a la creación de grandes centros internacionales como el European Southern Observatory (ESO) conocemos ahora una gran parte del cosmos que permanecía por explorar hasta tiempos muy recientes. Ésta es una de las razones de que en los grandes atlas celestes, como el *Millennium Star Atlas*, aparezcan objetos de catálogos relativamente nuevos, como el del ESO. En esta misma carta encontramos galaxias lejanas y poco brillantes de este catálogo, como **ESO 85-14**, **ESO 85-30**, **ESO 85-38** y **ESO 85-34**, todas ellas en la parte superior, fuera de la **Gran Nube de Magallanes**, ya que se trata de otras galaxias. Además de ellas, abajo a la derecha, cerca de –68 grados de declinación, está **ESO 55-35**. Todas estas galaxias son difíciles de observar y exigen telescopios de al menos 300 mm.

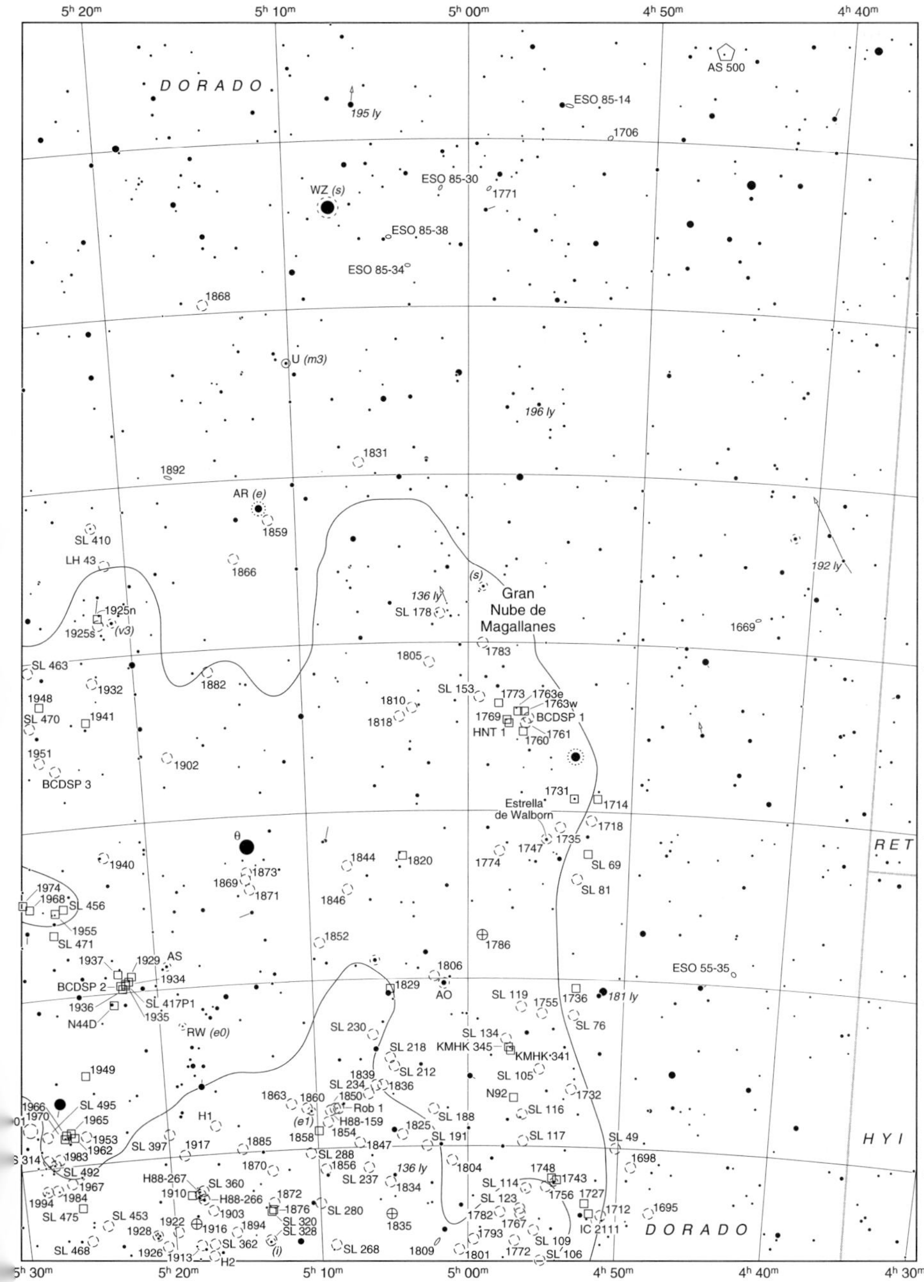
5h 20m
5h 10m
5h 00m
4h 50m
4h 40m
−63°
−64°
−65°
−66°
−67°
−68°
−69°
DORADO
AS 500
ESO 85-14
195 ly
1706
ESO 85-30
1771
WZ (s)
ESO 85-38
ESO 85-34
1868
U (m3)
196 ly
1831
1892
AR (e)
1859
SL 410
LH 43
1866
192 ly
(s)
Gran
Nube de
Magallanes
136 ly
SL 178
1925n
1925s
(v3)
1669
SL 463
1805
1783
1882
1932
SL 153
1773
1763e
1763w
1810
1948
SL 470
1941
1818
1769
BCDSP 1
HNT 1
1761
1760
1951
1902
BCDSP 3
1731
1714
Estrella
de Walborn
1718
1735
RET
θ
1747
1844
1820
1940
1774
SL 69
1873
1869
1871
SL 81
1974
1968
SL 456
1846
1955
SL 471
1852
1786
1937
1929
AS
1934
1806
ESO 55-35
BCDSP 2
1829
AO
SL 119
1755
1736
181 ly
1936
SL 417P1
1935
N44D
RW (e0)
SL 230
SL 76
SL 134
SL 218
KMHK 345
KMHK 341
1949
SL 212
1839
SL 234
1836
SL 105
1863
1860
1850
N92
1732
1966
1970
SL 495
1965
H1
(e1)
Rob 1
H88-159
SL 116
1953
1962
SL 397
1917
1885
1858
1854
1825
SL 188
1983
1847
SL 191
SL 117
SL 49
HYI
S 314
SL 492
1870
SL 288
1856
136 ly
1804
1698
1967
H88-267
SL 360
SL 237
1834
1748
1743
1994
1984
1910
H88-266
1872
SL 114
1756
1727
SL 475
1876
SL 280
SL 123
1712
1695
SL 453
1903
1782
IC 2111
1922
1916
1894
SL 320
1835
1767
DORADO
1928
SL 328
1793
SL 109
SL 468
1926
1913
SL 362
H2
(i)
SL 268
1809
1801
1772
SL 106
5h 30m
5h 20m
5h 10m
5h 00m
4h 50m
4h 40m
4h 30m

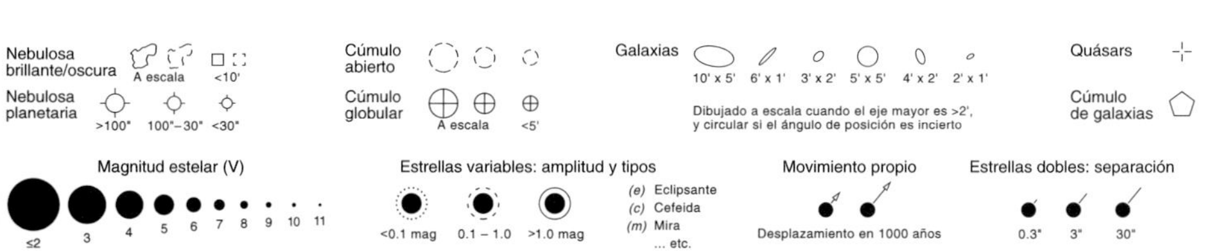
Nebulosa
brillante/oscura
A escala
<10'
Nebulosa
planetaria
>100"
100"–30"
<30"
Cúmulo
abierto
Cúmulo
globular
A escala
<5'
Galaxias
10' x 5'
6' x 1'
3' x 2'
5' x 5'
4' x 2'
2' x 1'
Dibujado a escala cuando el eje mayor es >2',
y circular si el ángulo de posición es incierto
Quásars
Cúmulo
de galaxias
Magnitud estelar (V)
≤2
3
4
5
6
7
8
9
10
11
Estrellas variables: amplitud y tipos
<0.1 mag
0.1 – 1.0
>1.0 mag
(e) Eclipsante
(c) Cefeida
(m) Mira
... etc.
Movimiento propio
Desplazamiento en 1000 años
Estrellas dobles: separación
0.3"
3"
30"

La **Gran Nube de Magallanes** es tan grande que se extiende por dos constelaciones australes: **Dorado** y **Mensa**. La carta de esta región celeste comprende la divisoria de ambas y la parte oriental de dicha galaxia, que queda dividida en dos a –70 grados de declinación por la frontera de las dos constelaciones, que son poco conocidas entre los observadores del hemisferio norte. Aunque **Dorado** es más popular por la presencia de estrellas de gran interés científico, **Mensa** (**Monte Mesa**) es una de las constelaciones del hemisferio sur menos estudiadas por los astrónomos.

La parte suroriental de la **Gran Nube** es menos rica en cúmulos estelares que el sector superior descrito en la **carta 18** y dominado por la **Nebulosa de la Tarántula** (**30 Doradus**), pero la mayor dispersión facilita la localización pese a que no tenga la misma espectacularidad. En el borde izquierdo de la galaxia están **NGC 2145**, **NGC 2134** y **NGC 2133**, y abajo a la derecha de estos tres, el cúmulo globular **NGC 2121**.

Otra espectacular agrupación de cúmulos abiertos es la de **NGC 2058**, **NGC 2065** y **NGC 2057**. El trío es fácil de localizar debajo **30 Doradus**, aproximadamente a 5 horas y 38 minutos de ascensión recta y –70 grados de declinación. A su derecha hay otro de los cúmulos globulares que a lo largo de la **Gran Nube** rompen la mayor densidad de cúmulos abiertos. En este caso se trata de **NGC 2019**, un viejo cúmulo globular que aparece en los pequeños telescopios como una remota nube estelar, pero que ha permitido recientemente analizar la evolución conjunta de la **Gran Nube de Magallanes** y de la **Vía Láctea**, nuestra galaxia. Efectivamente, el estudio de diversos cúmulos globulares, entre ellos **NGC 2019**, da a entender que esta galaxia formó sus primeras estrellas al mismo tiempo que la **Vía Láctea**. Para ello se compararon **NGC 2019**, **NGC 1916**, **NGC 1835** (**carta 19**) y varios cúmulos globulares más de la **Gran Nube** con tres de la **Vía Láctea**: **M 3/NGC 5272** (**Canes Venatici**), **M 5/NGC 5904** (**Serpens**) y **M 55/NGC 6809** (**Sagittarius**). El análisis sugiere que los cúmulos globulares de ambas galaxias tienen aproximadamente la misma edad. Cabe recordar aquí que esta clase de cúmulos representa la población estelar más anciana y se encuentran en el halo galáctico

En las proximidades de la región oriental de la **Gran Nube de Magallanes** hay varias estrellas de notable interés. Arriba a la izquierda destaca el par formado por **Pi^1 (π) Doradus** y **Pi^2 (π) Doradus**, dos estrellas de brillo muy similar cuyas magnitudes son de 5,56 y 5,38, respectivamente. Esta pareja estelar tiene una separación angular en el cielo más que notable, ya que supera los 20 minutos de arco. La primera es de clase espectral K5 y la segunda es G8, muy parecida a la del **Sol**, a la que se asemeja notablemente.

El otro punto de interés principal de esta región celeste es **Alfa (α) Mensae**. Esta estrella es una gran desconocida para numerosos observadores debido a su posición tan austral, ya que se halla a una declinación de –74 grados y 45 minutos, imposible de alcanzar desde buena parte del hemisferio norte. Pero a **α Mensae** le ocurre algo similar a **Tau Ceti** (**Región Celeste 16**): es una estrella extraordinariamente parecida al **Sol**, con clase espectral G5 (recuérdese que el **Sol** es G2) y un tamaño de 0,91 masas solares. Esta estrella se encuentra a una distancia de 33 años luz de nosotros.

Mensa es una de las constelaciones australes que fue introducida en los catálogos celestes por el astrónomo francés Nicolas Lacaille tras sus viajes de exploración del firmamento sur durante el siglo XVIII. Hasta aquel momento, los campos estelares próximos al polo sur apenas se habían estudiado y Lacaille los identificó en unos casos y cambió los nombres en otros, de forma que posteriormente la Unión Astronómica Internacional (IAU) usó las nuevas constelaciones para el compendio en el que se han establecido las 88 reconocidas internacionalmente. Lacaille hizo esta labor en el siglo XVIII, pero los objetos de cielo profundo de esta región del firmamento no empezaron a conocerse realmente hasta el siglo XX.

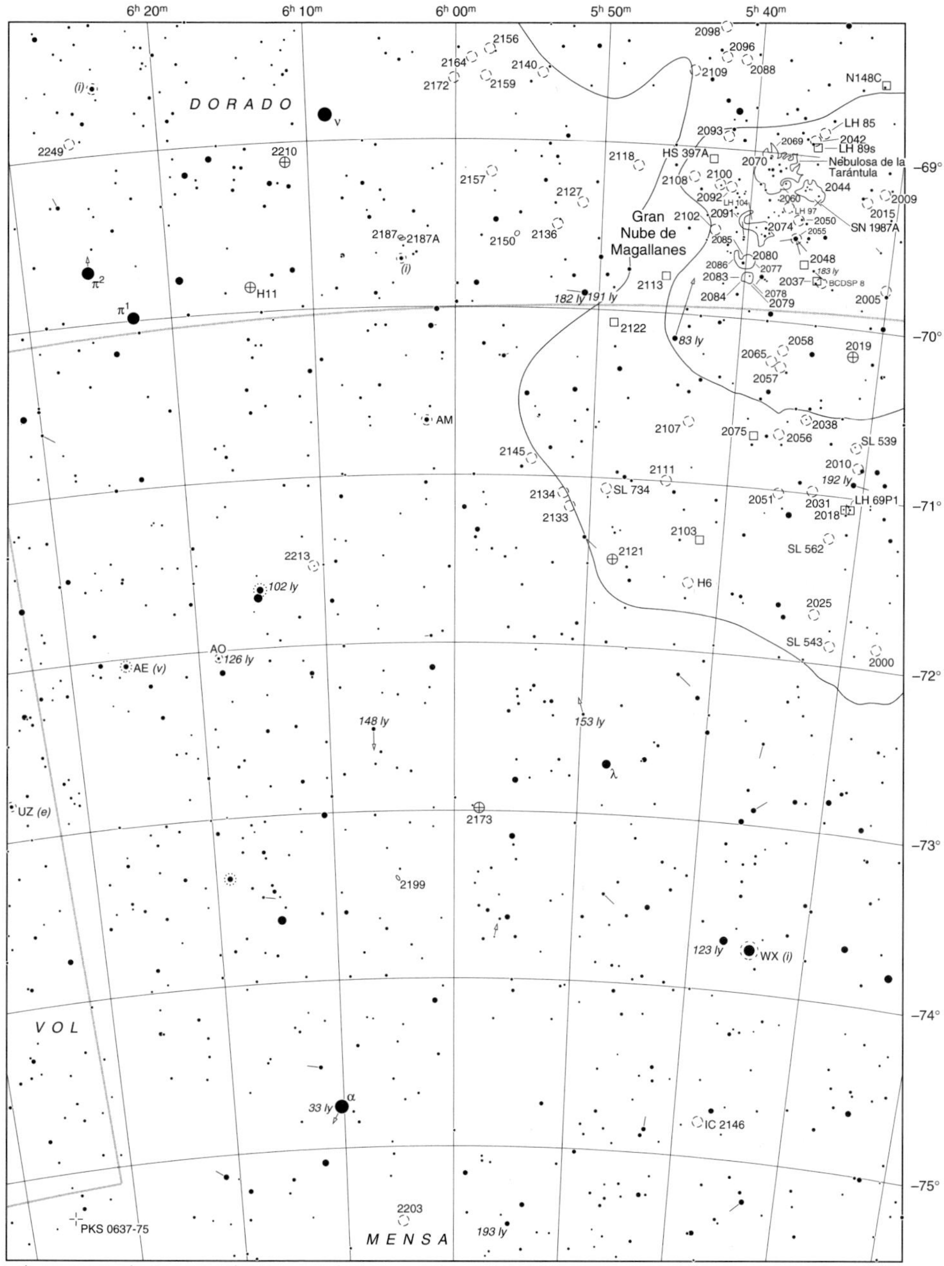

6h 20m
6h 10m
6h 00m
5h 50m
5h 40m
6h 40m
6h 30m
6h 20m
6h 10m
6h 00m
5h 50m
5h 40m
5h 30m
5h 20m
–69°
–70°
–71°
–72°
–73°
–74°
–75°
DORADO
VOL
MENSA
Gran
Nube de
Magallanes
Nebulosa de la
Tarántula
SN 1987A
N148C
LH 85
LH 89s
LH 104
LH 97
LH 69P1
HS 397A
BCDSP 8
SL 539
SL 734
SL 562
SL 543
H6
H11
IC 2146
PKS 0637-75
AM
AO
AE (v)
UZ (e)
WX (i)
π1
π2
ν
λ
α
2098
2096
2088
2156
2164
2140
2109
2172
2159
2093
2069
2042
2249
2210
2118
2070
2100
2157
2108
2127
2092
2044
2009
2091
2060
2015
2102
2050
2187
2187A
2150
2136
2074
2055
2085
2080
2048
2086
2077
2083
2037
2113
2078
2084
2079
2005
2122
2058
2019
2065
2057
2107
2075
2056
2038
2145
2111
2010
2134
2051
2031
2018
2133
2103
2121
2213
2025
2000
2173
2199
2203
182 ly
191 ly
183 ly
83 ly
192 ly
102 ly
126 ly
148 ly
153 ly
123 ly
33 ly
193 ly

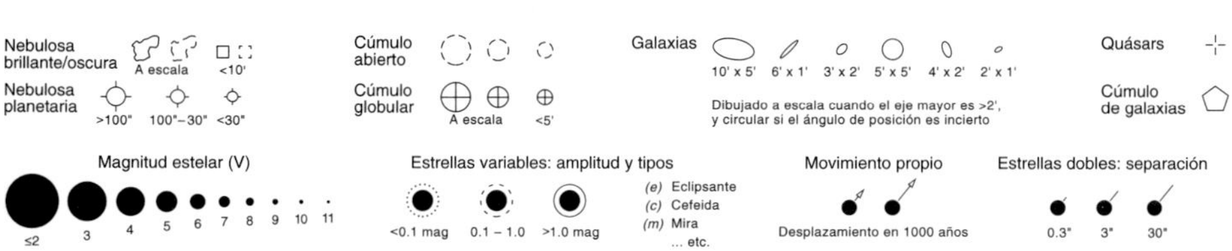

Nebulosa
brillante/oscura
A escala
<10'
Cúmulo
abierto
Galaxias
10' x 5'
6' x 1'
3' x 2'
5' x 5'
4' x 2'
2' x 1'
Quásars
Nebulosa
planetaria
>100"
100"–30"
<30"
Cúmulo
globular
A escala
<5'
Dibujado a escala cuando el eje mayor es >2',
y circular si el ángulo de posición es incierto
Cúmulo
de galaxias
Magnitud estelar (V)
≤2
3
4
5
6
7
8
9
10
11
Estrellas variables: amplitud y tipos
<0.1 mag
0.1 – 1.0
>1.0 mag
(e) Eclipsante
(c) Cefeida
(m) Mira
... etc.
Movimiento propio
Desplazamiento en 1000 años
Estrellas dobles: separación
0.3"
3"
30"

Con el sector que abarca esta carta se completa el estudio de la **Gran Nube de Magallanes**, dividido en cuatro regiones (**cartas 18 a 21**) para que el observador disponga de una información detallada de todos los objetos celestes que alberga esta extraordinaria región celeste. Aparece aquí el sector suroccidental de la galaxia, compañera de la **Vía Láctea** junto a la **Pequeña Nube de Magallanes**, cuyas referencias están en las cartas **22 y 23**.

Esta carta muestra dos zonas muy contrastadas. La superior está dominada por la gran densidad de nebulosas y cúmulos que caracteriza a la **Gran Nube**, y la inferior, mucho más vacía y sólo salpicada por pequeños campos estelares en el corazón de la constelación de **Mensa**. Dicha ruptura da a esta galaxia un mayor impacto visual del que cabría esperar si los campos estelares de esta región celeste fueran tan poblados como los de otras constelaciones atravesadas por la gran franja lechosa de la **Vía Láctea**.

La pauta general de abundancia de cúmulos estelares abiertos se mantiene también en este sector. Para empezar, debe buscarse un magnífico grupo situado ligeramente al norte de la línea que divide las constelaciones de **Dorado** y **Mensa**, aproximadamente a 5 horas y 17 minutos de ascensión recta. Está debajo del cúmulo globular **NGC 1916**, descrito en las **cartas 19 y 20**, y una vez orientado el telescopio hacia este punto es sencillo localizar a los cuatro componentes del grupo: **NGC 1913**, **NGC 1898**, **SL 362** y **H2**. Estos dos últimos pertenecen a catálogos de objetos celestes menos conocidos: Shapley-Lindsay (SL) y Hodge (H), pero son de gran interés porque aportan nuevas fuentes de observación además de las ya conocidas de los Messier (M), *New General Catalogue* (NGC) e *Index Catalogue* (IC). Los cuatro cúmulos forman un bello conjunto y pueden observarse, con un ocular de campo medio o amplio, junto al cúmulo globular **NGC 1916**.

Desde aquí, debe barrerse lentamente con el telescopio esta zona de la **Gran Nube**, dirigiéndolo hacia el extremo occidental. En el campo óptico aparecerán objetos como los comentados en la **carta 19**: el cúmulo globular **NGC 1835** y el gran grupo de cúmulos abiertos en el que se hallan **NGC 1782** y **NGC 1793**.

Localícese ahora en la carta, debajo de este grupo, un extenso conjunto de cúmulos abiertos que está situado al sur de –70 grados, en el sector comprendido entre 4 horas 50 minutos y 5 horas 10 minutos de ascensión recta: en orden creciente para esta coordenada irán apareciendo en el ocular **NGC 1711**, **SL 56**, **NGC 1766**, **SL 158**, **NGC 1815**, **NGC 1823**, **NGC 1837** (asociado a la nebulosa **NGC 1833**), **NGC 1845** y una interesante pareja que forman, mucho más abajo, **NGC 1848** y **SL 256**. En las inmediaciones de este conjunto hay dos cúmulos globulares: **NGC 1751**, atravesado por la línea de frontera entre **Dorado** y **Mensa** a –70 grados, y **NGC 1754**, más abajo, a casi –70,5 grados.

En esta parte de la **Gran Nube de Magallanes** está también una de las estrellas más extraordinarias que se conocen, **S Doradus**. Forma parte del cúmulo abierto **NGC 1910** (centro arriba), en cuyo interior esta estrella cambia de brillo entre las magnitudes 8 y 10. A la luz de los telescopios parece, por tanto, una estrella como muchísimas otras, pero el estudio realizado durante décadas ha desvelado que nos encontramos ante una de las estrellas más grandes que se conocen, cuya masa puede superar en unas 30 veces la del **Sol**. Además no se trata de un caso único, sino que se han identificado otras estrellas similares a ésta, por lo que a este tipo estelar se le conoce como estrellas **S Doradus**. Todas son variables eruptivas de excepcional luminosidad que ya fueron detectadas por Edwin Powell Hubble en la **Galaxia de Andromeda** (**M 31/NGC 224**) y que actualmente se conocen con el nombre de la estrella perteneciente a la **Gran Nube de Magallanes**.

La presencia de este gigantesco sol en la galaxia compañera de la **Vía Láctea** añade un mayor atributo de excepcionalidad a un objeto celeste que sólo los observadores del hemisferio sur tienen el privilegio de contemplar.

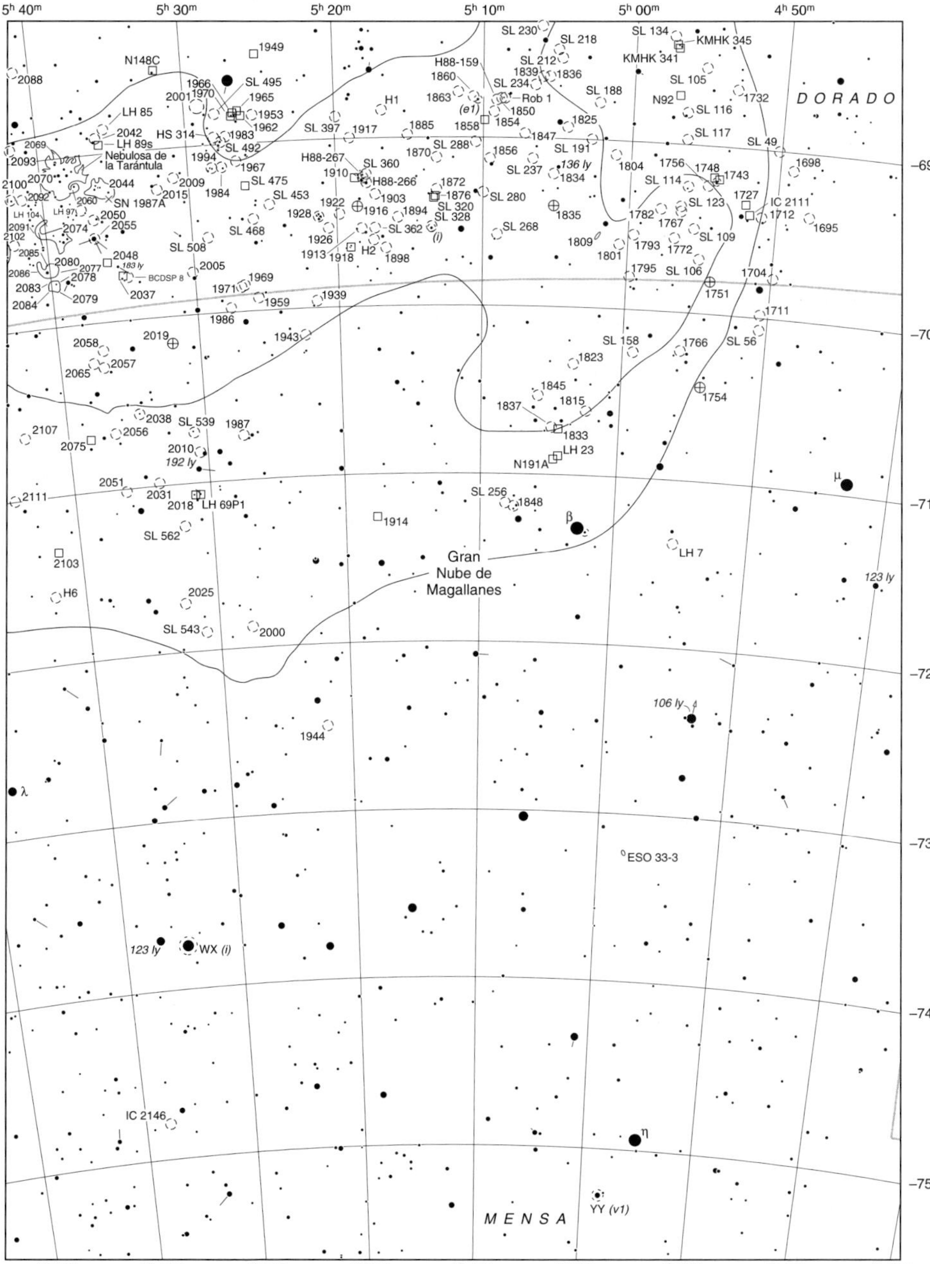

5h 40m
5h 30m
5h 20m
5h 10m
5h 00m
4h 50m
DORADO
–69°
–70°
–71°
–72°
–73°
–74°
–75°
Gran
Nube de
Magallanes
Nebulosa de
la Tarántula
SN 1987A
MENSA
ESO 33-3
YY (v1)
WX (i)
IC 2146
IC 2111
LH 7
LH 23
LH 69P1
N191A
N148C
N92
KMHK 345
KMHK 341
5h 50m
5h 40m
5h 30m
5h 20m
5h 10m
5h 00m
4h 50m
4h 40m
4h 30m

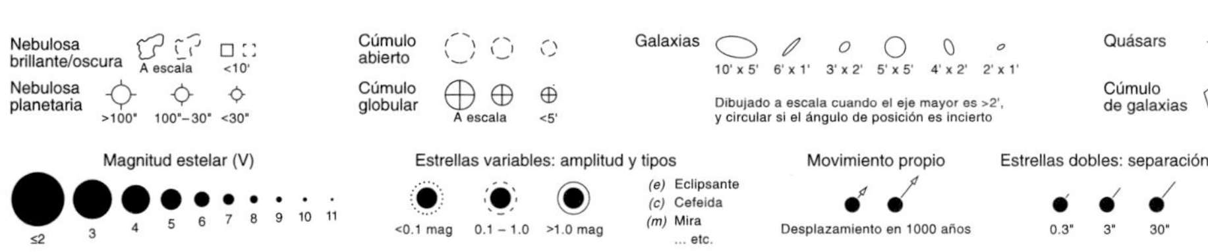

Nebulosa
brillante/oscura
A escala
<10'
Nebulosa
planetaria
>100"
100"–30"
<30"
Cúmulo
abierto
Cúmulo
globular
A escala
<5'
Galaxias
10' x 5'
6' x 1'
3' x 2'
5' x 5'
4' x 2'
2' x 1'
Dibujado a escala cuando el eje mayor es >2',
y circular si el ángulo de posición es incierto
Quásars
Cúmulo
de galaxias
Magnitud estelar (V)
≤2
3
4
5
6
7
8
9
10
11
Estrellas variables: amplitud y tipos
<0.1 mag
0.1 – 1.0
>1.0 mag
(e) Eclipsante
(c) Cefeida
(m) Mira
... etc.
Movimiento propio
Desplazamiento en 1000 años
Estrellas dobles: separación
0.3"
3"
30"

Descubierta por Fernando de Magallanes en 1519 junto a la **Gran Nube**, la **Pequeña Nube de Magallanes** también es una galaxia satélite de la **Vía Láctea**. Más pequeña y lejana que su compañera de los cielos australes, tiene una extensión real de unos 9000 años luz (la **Vía Láctea** abarca 100 000) y se halla a unos 190 000 años luz de nosotros. En el cielo ocupa unos 3 grados de arco de tamaño aparente, menos de la mitad que la **Gran Nube**, pero aun así es un objeto destacado, de magnitud visual 2,8 y con abundancia de cuerpos celestes.

La abrumadora densidad de cúmulos y nebulosas de la **Gran Nube de Magallanes** (**cartas 18 a 21**) no se da aquí, pero el observador encontrará en el sector más de 50 de estos objetos al alcance de su telescopio. Aunque ambas se hallan en el firmamento austral, las **Nubes de Magallanes** están visualmente separadas entre sí por una distancia angular de varias decenas de grados y pertenecen a diferentes constelaciones. La **Pequeña Nube** se halla en la de **Tucana** (**Tucán**), entre –71 y –74 grados de declinación, y aunque no es tan destacada como su hermana mayor se localiza perfectamente a simple vista como una mancha brumosa sobre el fondo oscuro del cielo.

Los cúmulos estelares de esta diminuta galaxia se reparten en dos grandes áreas de similares proporciones e interés. El grupo de la parte superior de la **Pequeña Nube** (a la derecha del centro de la carta) está compuesto por una veintena de objetos, en su mayor parte de tamaños aparentes inferiores a los 5 minutos de arco. Lo mejor es una visión de conjunto en la que destacarán varios subgrupos, como el trío de **IC 1611**, **IC 1612** y **L 63**. Arriba a su izquierda, **NGC 395** e **IC 1624** están tan juntos que parecen un único cúmulo.

Debajo del centro de la carta se encuentra un destacado cúmulo abierto, **NGC 465**, el más grande y fácil de observar en esta zona. Tiene a su lado a **NGC 456**, bastante más pequeño pero con el que forma un bello conjunto. Ambos son ricos en estrellas blanco-azuladas y parecen estar rodeados de una débil nebulosidad.

Al margen de **47 Tucanae/NGC 104**, que se describe en detalle en la **carta 23**, el cúmulo globular más próximo a la **Pequeña Nube de Magallanes** es NGC 362, arriba a la derecha del centro. Aunque no es el cúmulo globular más destacado del hemisferio celeste sur, es un objeto notable, comparable a los mejores cúmulos del hemisferio norte. Tiene una magnitud de 6,4 y está al límite de visibilidad a ojo desnudo, pero su tamaño de 13 minutos de arco propicia una buena visión telescópica. Los oculares de gran campo permiten, incluso, observar a la vez este cúmulo y una porción de la **Pequeña Nube**. Hay que aclarar, no obstante, que el cúmulo no pertenece a ella, sino a la **Vía Láctea**, ya que se halla a una distancia de sólo 28 000 años luz del **Sol**. El observador debe distinguir en esta carta los cúmulos y nebulosas que forman parte de la **Pequeña Nube de Magallanes** de aquellos que, aunque se encuentran a su alrededor, no están asociados físicamente a ella.

La constelación de **Tucana** alberga estrellas espectaculares. En el extremo superior está la más brillante del sector, **Kappa (κ) Tucanae**, una hermosa binaria fácilmente observable con telescopios de pequeña abertura, ya que sus dos estrellas están a una distancia de 5,4 segundos de arco. Son de la quinta y la séptima magnitud, respectivamente, y en noches favorables no plantean problemas para resolver el par. Cerca de ambas, a unos 5 minutos, hay otra estrella más débil que a través de unos prismáticos puede parecer una doble junto a **Kappa (κ) Tucanae**, pero no está físicamente relacionada, ya que ésta se halla a 67 años luz del **Sol** y aquélla a 69.

En la parte superior derecha están **Lambda^1 (λ) Tucanae** y **Lambda^2 (λ) Tucanae**. Ambas ya forman un sistema doble fácil de ver, pero además **Lambda^1 (λ) Tucanae** también es binaria, compuesta por dos estrellas de la sexta y la octava magnitud a 20 segundos de arco.

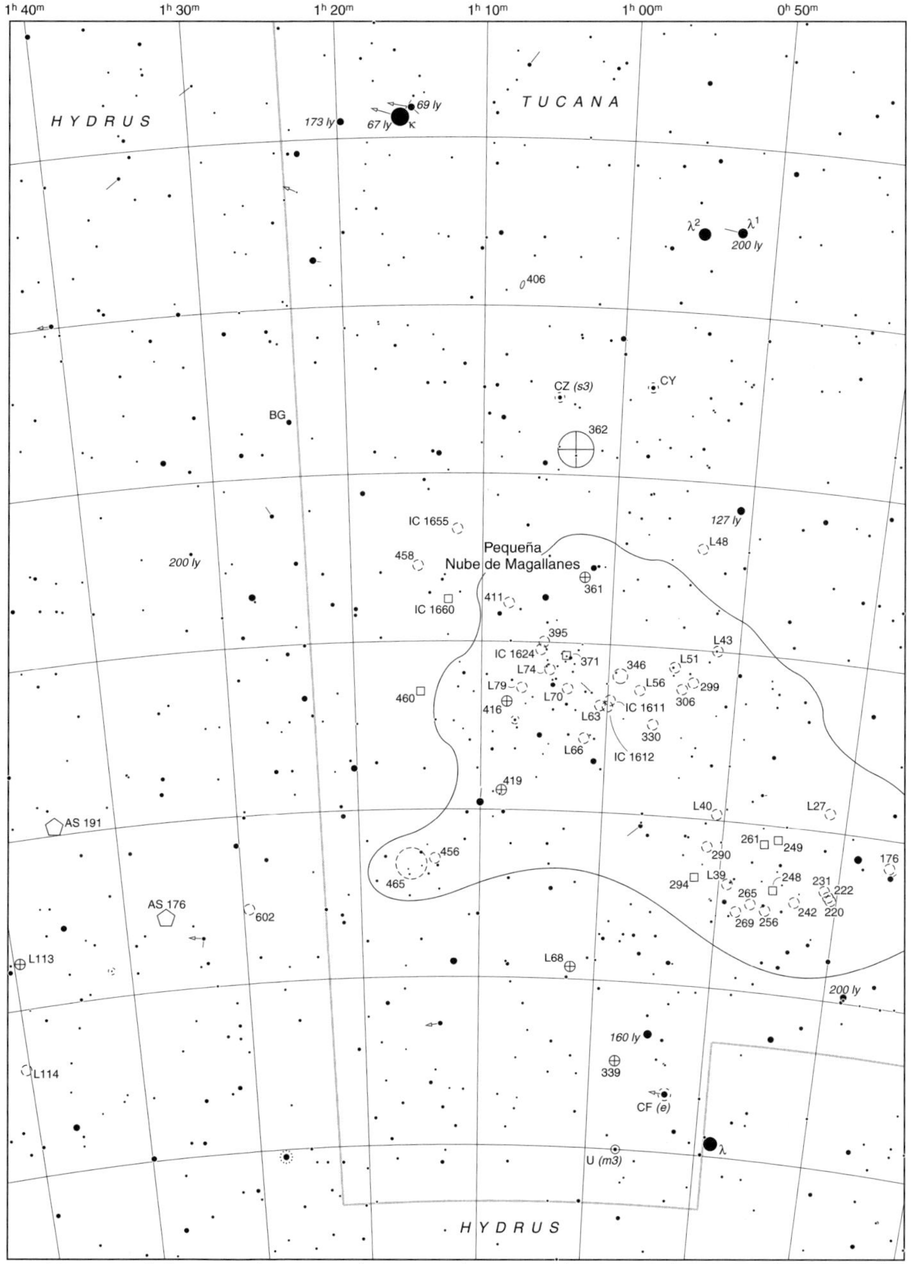

1h 40m
1h 30m
1h 20m
1h 10m
1h 00m
0h 50m
HYDRUS
TUCANA
173 ly
67 ly
69 ly
κ
−69°
λ2
λ1
200 ly
406
−70°
CZ (s3)
CY
BG
362
−71°
IC 1655
127 ly
L48
Pequeña
Nube de Magallanes
458
200 ly
361
411
IC 1660
395
L43
IC 1624
371
346
L51
L74
L56
299
L79
L70
306
−72°
460
416
L63
IC 1611
330
L66
IC 1612
419
L40
L27
AS 191
261
249
−73°
456
290
176
465
294
L39
248
231
265
222
AS 176
242
602
269
256
220
L113
L68
200 ly
−74°
160 ly
L114
339
CF (e)
λ
U (m3)
−75°
HYDRUS
1h 50m
1h 40m
1h 30m
1h 20m
1h 10m
1h 00m
0h 50m
0h 40m
0h 30m

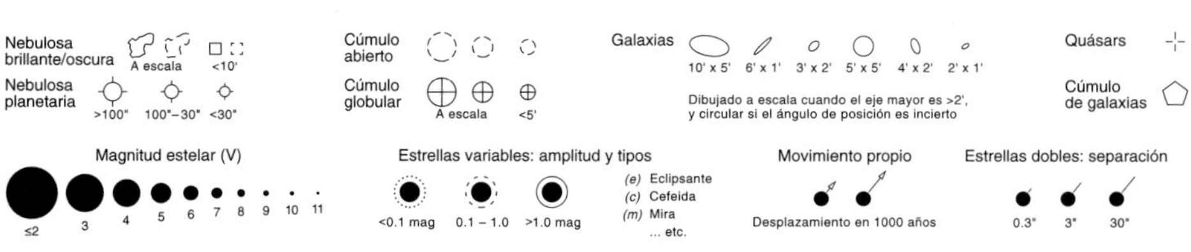

Nebulosa brillante/oscura
A escala
<10'
Nebulosa planetaria
>100"
100"–30"
<30"
Cúmulo abierto
Cúmulo globular
A escala
<5'
Galaxias
10' x 5'
6' x 1'
3' x 2'
5' x 5'
4' x 2'
2' x 1'
Dibujado a escala cuando el eje mayor es >2', y circular si el ángulo de posición es incierto
Quásars
Cúmulo de galaxias
Magnitud estelar (V)
≤2
3
4
5
6
7
8
9
10
11
Estrellas variables: amplitud y tipos
<0.1 mag
0.1 – 1.0
>1.0 mag
(e) Eclipsante
(c) Cefeida
(m) Mira
... etc.
Movimiento propio
Desplazamiento en 1000 años
Estrellas dobles: separación
0.3"
3"
30"

En esta región celeste confluyen las constelaciones de **Tucana**, **Hydrus** y **Octans**, destacando en la primera el sector occidental de la **Pequeña Nube de Magallanes** y el cúmulo globular **47 Tucanae/NGC 104**, en una zona muy próxima al polo sur celeste. La localización de estos objetos en esta carta celeste, con declinaciones de –72 a –74 grados, aclarará perfectamente al observador la imposibilidad de verlos desde latitudes septentrionales. Nos encontramos ante un punto de singularísima belleza del firmamento, de imborrable recuerdo para quienes han podido tenerlo ante sus ojos. Incluso la majestuosa **Gran Nube de Magallanes** queda algo ensombrecida por el sobrecogedor espectáculo que forman juntos su hermana menor, la **Pequeña Nube**, y el colosal **47 Tucanae**, un cúmulo globular tan grande que nuestros ojos ya nos revelan su forma y naturaleza. Es aquí donde el cielo austral muestra su mayor esplendor y revela a cualquier observador que –al margen de la singular belleza de objetos celestes concretos– supera con creces en belleza al firmamento del hemisferio norte. Los astrónomos que viajen hasta latitudes meridionales para ver este espectáculo no quedarán defraudados en un escenario celeste dibujado por la enorme traza blanca de la Vía Láctea perdiéndose en el horizonte, las **Nubes de Magallanes** a su lado y la mágica aureola de **47 Tucanae** en un cielo sembrado de estrellas.

Entre –73 y –74 grados, en la parte izquierda de la carta, la **Pequeña Nube** muestra su segunda agrupación de cúmulos estelares. No tan densa como la del sector oriental (**Región Celeste 22**), reúne una decena de cúmulos abiertos y el cúmulo globular **NGC 152**, que a sólo un grado de arco de **47 Tucanae** queda absolutamente eclipsado por éste. Entre los cúmulos abiertos destacan **NGC 265**, **NGC 256** y **NGC 269**, muy juntos en la parte inferior de la galaxia. **NGC 176** aparece cerca de **NGC 152** junto a una estrella más brillante que las del grupo y que no pertenece al mismo.

Cerca de esta agrupación de cúmulos están tres nebulosas muy débiles: **NGC 294**, **NGC 261** y **NGC 249**, cuya observación es menos espectacular debido a su pequeño tamaño.

De **47 Tucanae**, clasificado en el *New General Catalogue* (NGC) con el número 104, se puede decir que está considerado el cúmulo globular más extraordinario junto a **Omega Centauri/NGC 5139** (**Región Celeste 29**). Situado a menos de un grado al noroeste de la **Pequeña Nube de Magallanes**, **47 Tucanae** brilla con la magnitud 4,0 y tiene un diámetro aparente en el cielo de más de 30 minutos, es decir, que tiene el mismo tamaño que la **Luna** cuando está llena. Su distancia al **Sol** se estima en unos 15 000-16 000 años luz y su extensión real se aproxima a los 150 años luz. Aunque es un poco menos brillante y más pequeño que **Omega Centauri**, para muchos observadores su visión telescópica resulta más interesante por su mayor densidad estelar. De hecho se ha catalogado a este objeto como uno de los más ricos en estrellas de todo el cielo, ya que en el centro del cúmulo la densidad puede superar las 1000 estrellas por año luz cúbico. Los cúmulos globulares se hallan fuera del plano de nuestra galaxia, la **Vía Láctea**, y forman un halo alrededor de ella. Si la pudiéramos observar desde fuera, a la altura del plano galáctico, veríamos alrededor un enorme halo formado por esta clase de cúmulos, en los que se agrupa la población estelar más vieja, ya que sus estrellas se formaron en la época primigenia de la **Vía Láctea**. **47 Tucanae**, a unos 15 000 años luz de aquí, no es un cúmulo lejano, ya que se halla fuera del plano galáctico pero aproximadamente frente al **Sol**. En cambio, **M 75/NGC 6864**, en Sagittarius, se halla a más de 78 000 años luz de nosotros, porque además de estar fuera del plano de la galaxia se halla también en el extremo opuesto del halo.

A través del telescopio, **47 Tucanae** es soberbio. Con aberturas de 80 a 90 mm sólo se desgranan sus estrellas más exteriores, pero un refractor de 100 o 120 mm y los reflectores a partir de 150 mm muestran una fantástica visión de uno de los mejores objetos del cielo profundo.

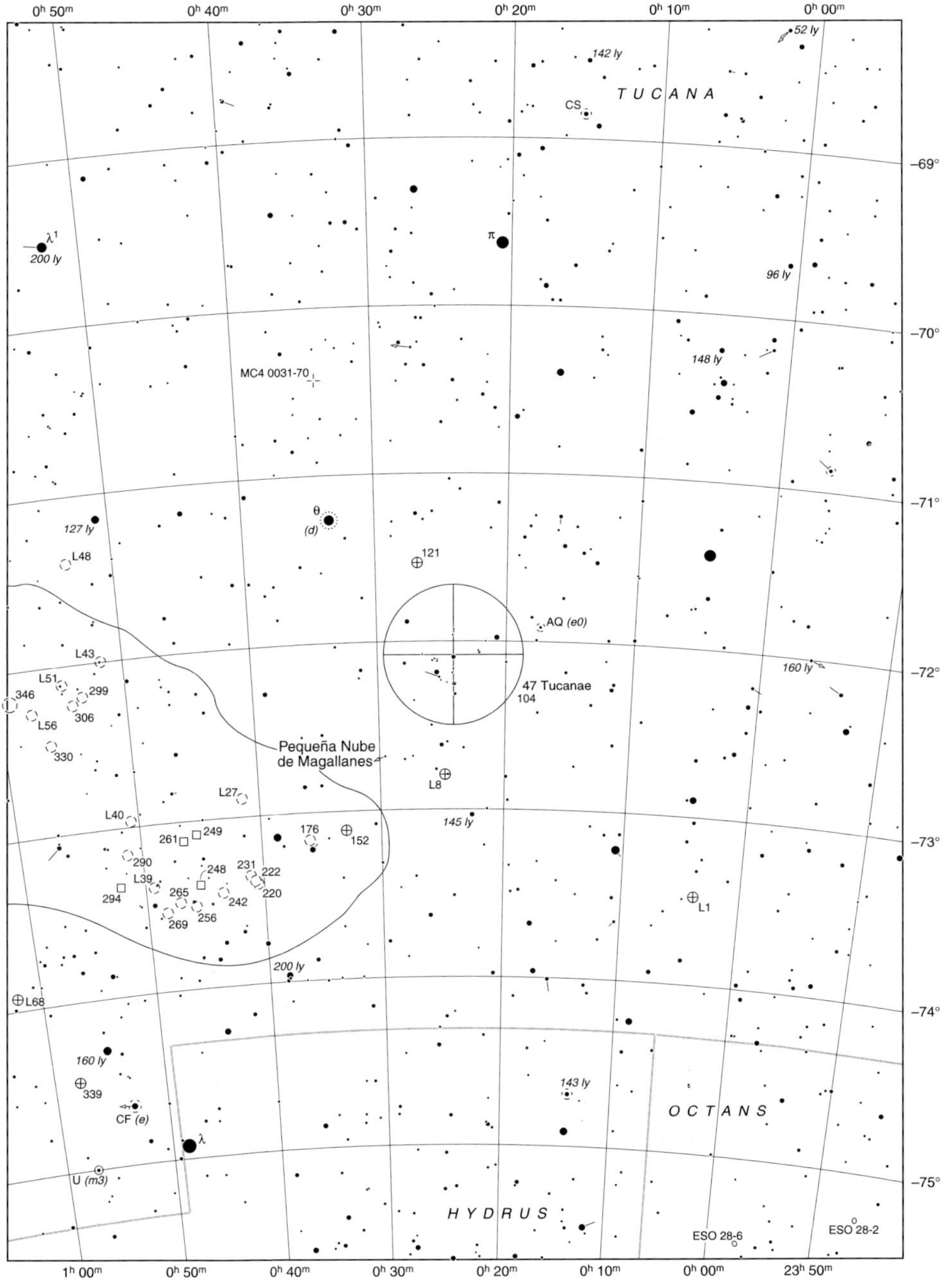

0h 50m
0h 40m
0h 30m
0h 20m
0h 10m
0h 00m
TUCANA
OCTANS
HYDRUS
-69°
-70°
-71°
-72°
-73°
-74°
-75°
1h 00m
0h 50m
0h 40m
0h 30m
0h 20m
0h 10m
0h 00m
23h 50m
52 ly
142 ly
CS
λ1
200 ly
π
96 ly
148 ly
MC4 0031-70
127 ly
θ
(d)
121
L48
AQ (e0)
L43
L51
346
299
306
L56
160 ly
47 Tucanae
104
330
Pequeña Nube
de Magallanes
L8
L27
L40
261
249
176
152
145 ly
290
L39
248
231
222
294
265
242
220
269
256
L1
200 ly
L68
160 ly
339
143 ly
CF (e)
λ
U (m3)
ESO 28-6
ESO 28-2

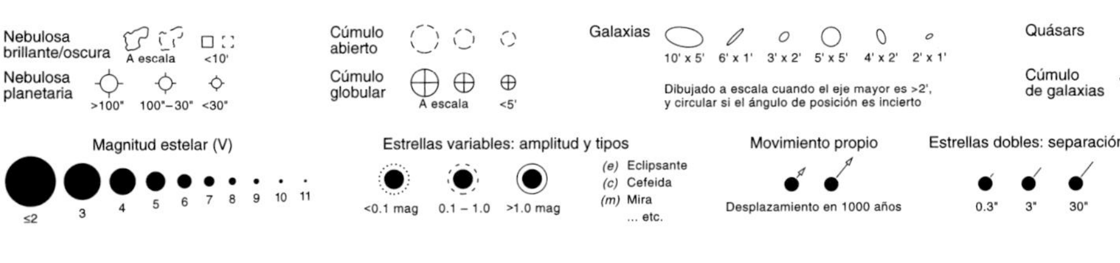

Nebulosa
brillante/oscura
A escala
<10'
Nebulosa
planetaria
>100"
100"–30"
<30"
Cúmulo
abierto
Cúmulo
globular
A escala
<5'
Galaxias
10' x 5'
6' x 1'
3' x 2'
5' x 5'
4' x 2'
2' x 1'
Dibujado a escala cuando el eje mayor es >2',
y circular si el ángulo de posición es incierto
Quásars
Cúmulo
de galaxias
Magnitud estelar (V)
≤2
3
4
5
6
7
8
9
10
11
Estrellas variables: amplitud y tipos
<0.1 mag
0.1 – 1.0
>1.0 mag
(e) Eclipsante
(c) Cefeida
(m) Mira
... etc.
Movimiento propio
Desplazamiento en 1000 años
Estrellas dobles: separación
0.3"
3"
30"

Esta carta nos traslada a una región celeste situada en el extremo contrario que las australes **Nubes de Magallanes (cartas 18 a 23)**. Nos hallamos ahora en la constelación boreal de **Ursa Major**, en una zona muy próxima al polo norte celeste. De la misma forma que las **Nubes de Magallanes** quedan ocultas por el horizonte para observadores de latitudes septentrionales, **Ursa Major** no es visible desde las zonas meridionales de la **Tierra**.

El sector de la carta queda fuera del **Gran Carro**, el popular asterismo de la constelación boreal, y muestra una zona poblada de galaxias de diversos tipos y brillo, entre las que destacan dos ejemplares muy notables, de gran interés para los astrónomos: **M 81/NGC 3031** y **M 82/NGC 3034**. Saben los observadores avanzados que la observación de galaxias es la más difícil y menos agradecida de todo el abanico de objetos celestes del cielo profundo. Con telescopios de pequeña abertura, el estudio de las galaxias es muchas veces inalcanzable y únicamente un reducido grupo de objetos de este tipo, fundamentalmente del catálogo Messier, permite ciertas posibilidades. Entre esos objetos asequibles se encuentran las dos galaxias principales de esta región celeste.

M 81 y **M 82** se hallan entre 69 y 70 grados de declinación, en ambos casos a casi 9 horas y 56 minutos de ascensión recta. Es una zona de la bóveda celeste de escasa densidad estelar, donde **Ursa Major** pierde la espectacularidad de sus principales estrellas. Las dos galaxias están, de hecho, más próximas a las difusas constelaciones de **Camelopardalis** y **Draco** que al asterismo del **Gran Carro**. Están muy próximas entre sí, con una separación angular de poco más de medio grado, que permite observarlas juntas sin el menor problema en un espectacular panorama apto para casi todos los telescopios.

Al tratarse de una zona poco poblada de estrellas, la propia negrura del fondo de cielo favorece la visión de esta pareja galáctica, que ya es perfectamente observable en telescopios con aberturas de 80 mm. Cuando ambas galaxias entran en el campo del ocular, dos grandes contrastes llaman la atención: en primer lugar, aparecen dos diminutas nubes difusas de color claro sobre un fondo marcadamente negro, salvo que la observación se efectúe desde el interior de un núcleo urbano o cerca de luces parásitas, cuyos reflejos diluirán la imagen. El segundo contraste es entre las dos galaxias, porque **M 81** es una hermosa espiral que, gracias a su posición, vemos prácticamente de frente, y **M 82** aparece en la imagen telescópica como un pequeño objeto alargado, muy compacto. Si la observación se hace con telescopios de 80 a 150 mm de abertura, lo más sugestivo es una visión de conjunto con un ocular que dé entre 50 y 80 aumentos, para ver juntas las dos galaxias. Incluso en estas condiciones, un refractor de 100-120 mm ya deja entrever en **M 82** el famoso pasillo oscuro que parte en dos la imagen de la galaxia, y que es claramente visible cuando se utiliza un instrumento de 250 mm o más. Su magnitud es de 8,4 y el tamaño aparente, de 11 × 4 minutos de arco.

En **M 81**, conocida como **Nebulosa de Bode**, las aberturas más pequeñas muestran una amarillenta nube en la que sólo se adivinan sus verdaderas formas, pese a que la magnitud de 6,9 la hace algo más brillante que **M 82** y a que el diámetro aparente crece hasta 25 minutos de arco. Para notar las presencia de los brazos espirales de una forma clara se imponen medidas de 250-300 mm. En realidad, con los instrumentos pequeños, la galaxia no parece espiral, sino elíptica. Esta bella representante del catálogo Messier es un poco más grande que la **Vía Láctea**, con una población estelar de unos 250 000 millones de soles, aproximadamente. En 1993 se produjo en esta galaxia la **Supernova 1993 J (SN 1993J)**, descubierta por el observador español Francisco García Díaz.

M 82, pese a su diferente aspecto, podría ser también una galaxia espiral, aunque vista de canto. Ambas galaxias se encuentran a unos 10 millones de años luz de la **Vía Láctea**.

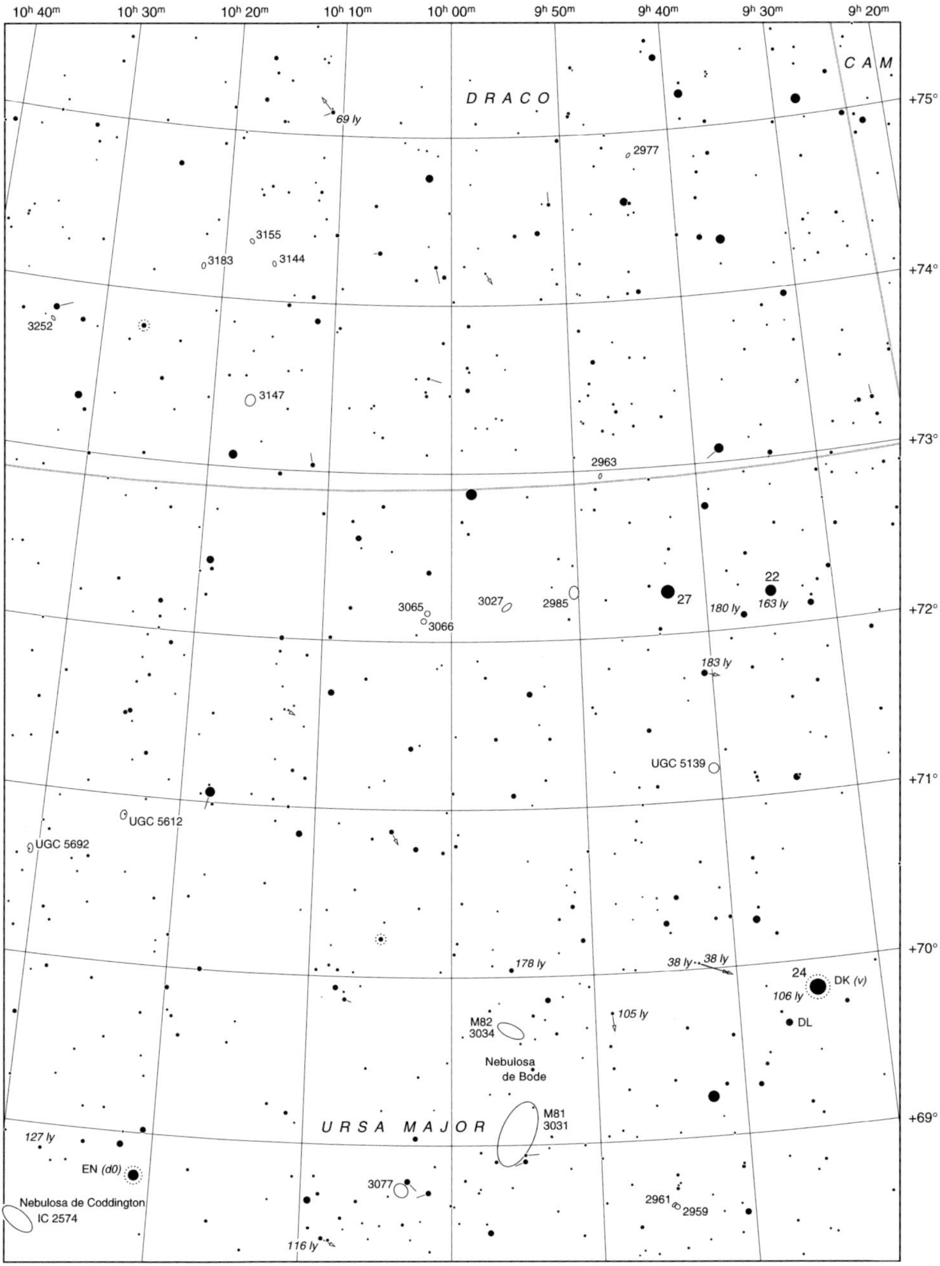
10h 40m
10h 30m
10h 20m
10h 10m
10h 00m
9h 50m
9h 40m
9h 30m
9h 20m
CAM
DRACO
+75°
69 ly
2977
3155
3183
3144
+74°
3252
3147
+73°
2963
22
27
3065
3027
2985
180 ly
163 ly
+72°
3066
183 ly
UGC 5139
+71°
UGC 5612
UGC 5692
+70°
178 ly
38 ly
38 ly
24
DK (v)
106 ly
DL
105 ly
M82
3034
Nebulosa
de Bode
M81
3031
+69°
URSA MAJOR
127 ly
EN (d0)
3077
2961
2959
Nebulosa de Coddington
IC 2574
116 ly
10h 20m
10h 10m
10h 00m
9h 50m
9h 40m

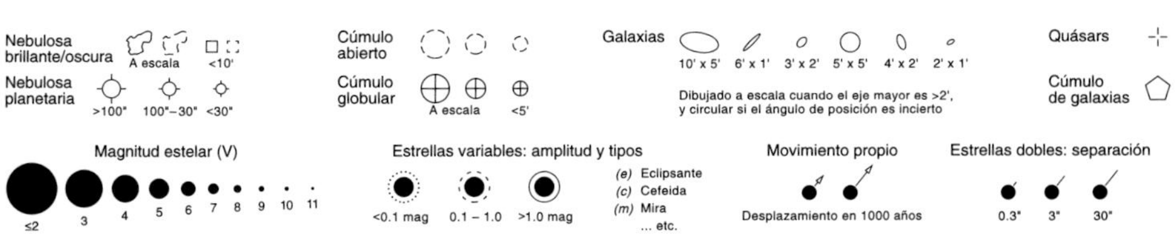
Nebulosa brillante/oscura
A escala
<10'
Nebulosa planetaria
>100"
100"–30"
<30"
Cúmulo abierto
Cúmulo globular
A escala
<5'
Galaxias
10' x 5'
6' x 1'
3' x 2'
5' x 5'
4' x 2'
2' x 1'
Dibujado a escala cuando el eje mayor es >2',
y circular si el ángulo de posición es incierto
Quásars
Cúmulo de galaxias
Magnitud estelar (V)
≤2
3
4
5
6
7
8
9
10
11
Estrellas variables: amplitud y tipos
<0.1 mag
0.1 – 1.0
>1.0 mag
(e) Eclipsante
(c) Cefeida
(m) Mira
... etc.
Movimiento propio
Desplazamiento en 1000 años
Estrellas dobles: separación
0.3"
3"
30"

A una distancia de 25 millones de años luz de la **Vía Láctea** se halla la **Galaxia del Torbellino** (**M 51/NGC 5194**), una espiral perfecta que ha deleitado a los astrónomos desde que en 1845 el conde irlandés William Parsons Ross descubrió su estructura con un gigantesco telescopio reflector de 180 cm de abertura, que se mantuvo como el más grande del planeta hasta casi un siglo después, cuando en 1917 entró en servicio el telescopio Hooker, de 250 cm, en el observatorio estadounidense de Monte Wilson. El telescopio de Ross era muy rudimentario y difícilmente manejable –se le llamó el Leviatán de Parsonstown–, pero le permitió dibujar esta galaxia con una claridad asombrosa. Sus brazos espirales ya guardaban las mismas formas que muestran actualmente las fotografías de este mítico objeto celeste, que permaneció catalogado como "nebulosa" –al igual que **M 31/NGC 224** en **Andromeda** y otras muchas galaxias– hasta que en la tercera década del siglo XX se descubrió que era otra ciudad estelar, como la **Vía Láctea**, poblada por miles de millones de soles.

M 51/NGC 5194 es una de las galaxias favoritas entre los observadores. Tiene la magnitud 8,4 y un diámetro aparente máximo de 11 minutos de arco. En brillo y tamaño es, pues, similar a **M 82/NGC 3034** (**Región Celeste 24**), pero no en su forma, ya que su posición nos la muestra claramente de frente, algo que no ocurre en todas las espirales. Ni siquiera la **Galaxia de Andromeda** guarda dicha posición y, por eso, la vemos ladeada.

Canes Venatici, la constelación que alberga a **M 51**, es una de las más pequeñas y pasa habitualmente desapercibida junto a su famosa vecina **Ursa Major**, la **Osa Mayor**. Tanto es así que para localizar la galaxia, los astrónomos toman habitualmente como referencia esta última constelación y su estrella **Alkaid**, **Eta (η) Ursae Majoris**, la que ocupa el extremo del brazo del carro (véase planisferio 1). **M 51** se halla aproximadamente a tres grados al sur de esta estrella, y el principal problema para encontrarla es que resulta difícil verla por el buscador del telescopio, no tanto por su brillo como por su pequeño tamaño. Una vez que han orientado el telescopio hacia el sector, muchos aficionados prefieren barrerlo observando directamente con un ocular de gran campo hasta que la galaxia aparece en él.

La imagen de **M 51** llama de inmediato la atención por su peculiar forma. La espiral que se percibe en el cuerpo central no esta sola, sino que aparece acompañada por un segundo objeto, una mancha compacta que en realidad no es sino otra ciudad estelar, satélite de la **Galaxia del Torbellino**. Esta segunda galaxia es **NGC 5195**, con la cual **M 51** lleva en interacción millones de años, tal como atestigua en las fotografías el gigantesco puente de materia que une a ambas. La marea gravitatoria de **M 51** en **NGC 5195** acabó deformando a ésta, de suerte que ahora estamos viendo una galaxia que ha perdido su estructura original.

Las dos galaxias se ven incluso con telescopios de pequeña abertura. En los instrumentos grandes, **M 51** muestra al observador la estructura de torbellino que imprimen sus brazos espirales, pero nada como las fotografías de larga exposición aporta una imagen más fiel de esta bella galaxia. A foco directo con el telescopio, con cámara fotográfica o con CCD, o incluso con un teleobjetivo de gran longitud focal, este objeto mostrará detalles extraordinarios y quedarán resueltas en la imagen su naturaleza espiral, la galaxia compañera **NGC 5195** y el puente de unión entre ambas a través de uno de los brazos exteriores de la principal.

Las observaciones efectuadas con el Telescopio Espacial *Hubble* sugieren que en el corazón de **M 51**, como parece ocurrir en otras muchas, hay un agujero negro. Por ello, se asemeja en muchos aspectos a la **Vía Láctea**, aunque su tamaño parece bastante más pequeño. Y aunque en nuestra galaxia no sea tan intenso, sus satélites, las **Nubes de Magallanes** (**cartas 18 a 23**), también ejercen un efecto de marea gravitatoria que deforma su estructura espiral.

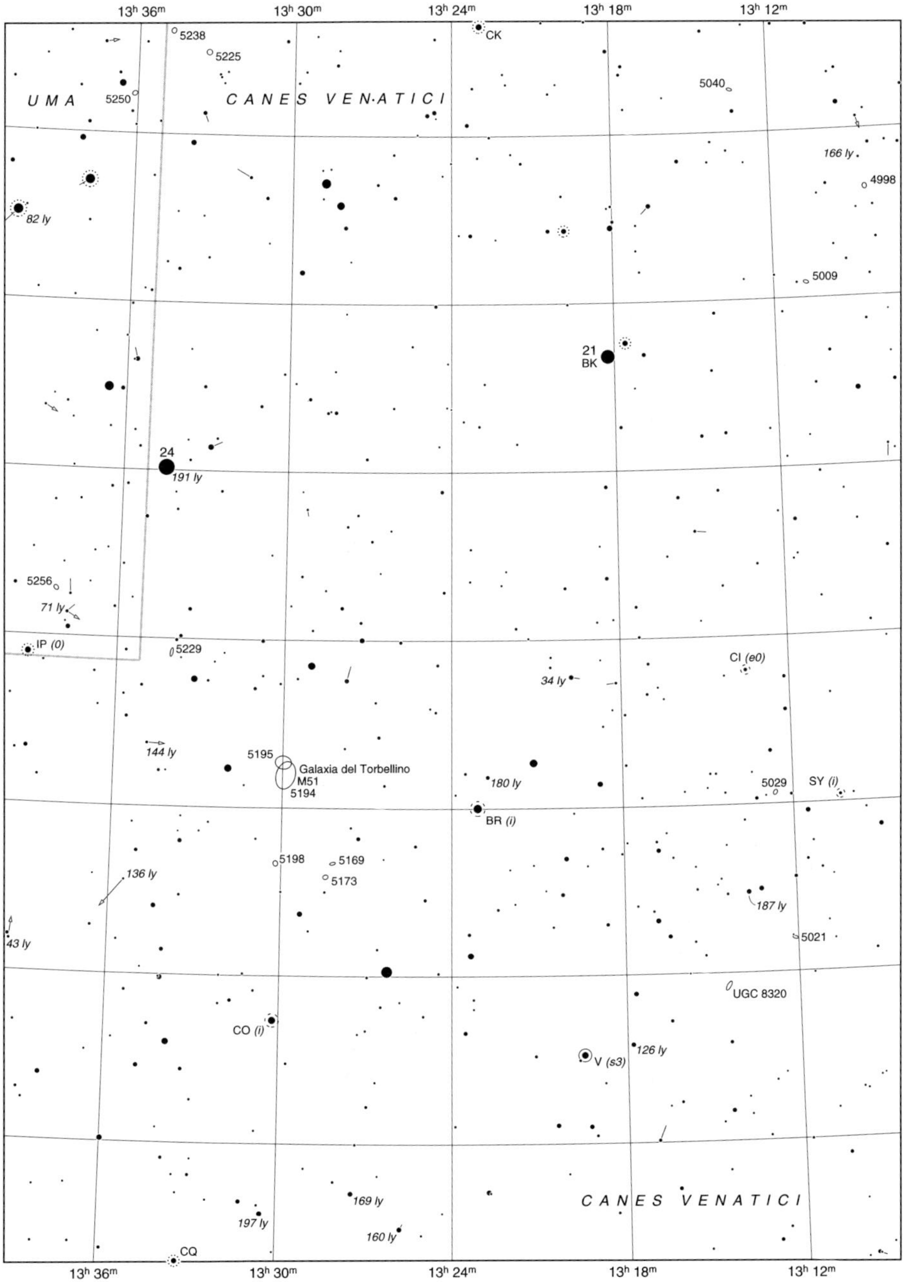
13h 36m
13h 30m
13h 24m
13h 18m
13h 12m
+51°
+50°
+49°
+48°
+47°
+46°
+45°
UMA
CANES VENATICI
5238
5225
5250
CK
5040
166 ly
4998
82 ly
5009
21
BK
24
191 ly
5256
71 ly
IP (0)
5229
CI (e0)
34 ly
144 ly
5195
Galaxia del Torbellino
M51
5194
180 ly
5029
SY (i)
BR (i)
5198
5169
5173
136 ly
187 ly
43 ly
5021
UGC 8320
CO (i)
126 ly
V (s3)
169 ly
197 ly
160 ly
CQ
CANES VENATICI

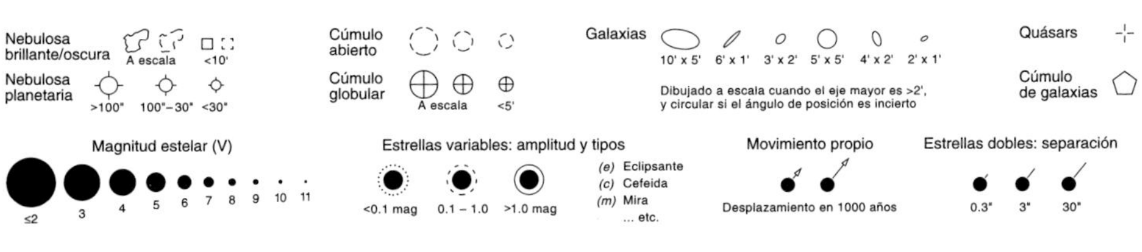
Nebulosa brillante/oscura
A escala
<10'
Nebulosa planetaria
>100"
100"–30"
<30"
Cúmulo abierto
Cúmulo globular
A escala
<5'
Galaxias
10' x 5'
6' x 1'
3' x 2'
5' x 5'
4' x 2'
2' x 1'
Dibujado a escala cuando el eje mayor es >2',
y circular si el ángulo de posición es incierto
Quásars
Cúmulo de galaxias
Magnitud estelar (V)
≤2
3
4
5
6
7
8
9
10
11
Estrellas variables: amplitud y tipos
<0.1 mag
0.1 – 1.0
>1.0 mag
(e) Eclipsante
(c) Cefeida
(m) Mira
... etc.
Movimiento propio
Desplazamiento en 1000 años
Estrellas dobles: separación
0.3"
3"
30"

La constelación de **Coma Berenices**, la **Cabellera de Berenice**, carece de estrellas brillantes y no figura entre los lugares comunes de la observación astronómica. Quienes dirigen sus telescopios hacia esta región celeste lo hacen, salvo excepciones muy contadas, en busca de galaxias, puesto que se trata de una de las zonas con mayor abundancia en el hemisferio norte. Esta carta y el sector que abarca en el firmamento se han seleccionado para este atlas por su interés para observadores avanzados o que dispongan de telescopios relativamente potentes, con aberturas superiores a los 300 mm, aunque algunos de los objetos que pueden encontrarse aquí también son dignos de una búsqueda con instrumentos de inferior envergadura.

El área de mayor interés se encuentra a 28 grados de declinación y a 13 horas de ascensión recta. Es el **Cúmulo de Coma** o **Abell 1656** (**A 1656**), un rincón de cielo profundo de gran espectacularidad cuando se observa con el telescopio adecuado y que aporta una idea de las verdaderas escalas cósmicas. Los observadores que quieran ir más allá de las actividades habituales encontrarán en este cúmulo una excelente opción, teniendo en cuenta lo que significa contemplar objetos celestes que se hallan a una distancia de 280 millones de años luz. Aunque esto no les remontará al principio del Universo, sí que equivale a contemplar con sus propios ojos un pasado cósmico remoto, porque las galaxias de este cúmulo eran así hace 280 millones de años. Lo que vemos ahora por el telescopio es su imagen perteneciente a una realidad de la que todavía no formaba parte el hombre, puesto que la **Tierra** y la vida sobre ella eran muy diferentes hace 280 millones de años.

Hay en el **Cúmulo de Coma** unas 3000 galaxias, de las que una cincuentena aparecen en esta carta con una magnitud asequible para la observación con telescopios al alcance del aficionado. Esta gigantesca familia de galaxias se extiende más de 4 grados en el cielo y tiene una envergadura real de unos 20 millones de años luz, por lo que cabrían en ella unas 200 galaxias como la nuestra, la **Vía Láctea**. Su visión suscitará al observador las mismas preguntas que ya se hizo William Herschel hace más de dos siglos, cuando vislumbró unas extrañas y diminutas nebulosas arracimadas en el vacío cielo de **Coma Berenices**. Él hablaba de un "estrato nebuloso igualmente rico por todas partes" y anotó aquellos objetos en su famoso catálogo, del que han derivado buena parte de los atlas actuales. La diferencia está en que él nunca supo que aquellas "nebulosas" eran las lejanas galaxias que nosotros conocemos en la actualidad.

En el seno del cúmulo hay algunas galaxias que destacan sobre el resto. En especial, resultan llamativos dos subgrupos, de los que el primero acoge a **NGC 4889**, **NGC 4898**, **NGC 4894** y **NGC 4886**. A su derecha está el segundo, compuesto por **NGC 4871**, **NGC 4872**, **NGC 4873** y **NGC 4874**. Probablemente, **NGC 4889** y **NGC 4874** sean las más asequibles, aunque nos encontramos ante galaxias de magnitud 11 y un diámetro aparente de apenas un par de minutos de arco, muy difíciles para telescopios pequeños. Quizá la forma más sugestiva de estudiar el **Cúmulo de Coma** sea la observación del conjunto con un telescopio potente; las galaxias suman sus difuminados puntos de luz distante para formar ese "estrato nebuloso" al que se refirió Herschel. Es una visión que evoca la de un cúmulo estelar abierto, pero con galaxias de luz débil en lugar de brillantes estrellas.

Además del cúmulo de la constelación de **Coma Berenices**, esta región celeste tiene otras galaxias interesantes. Arriba a la derecha, dentro de los límites de la vecina constelación de **Canes Venatici**, hay un pequeño grupo de galaxias en el que sobresalen **NGC 4656** y **NGC 4631**. Son un poco más brillantes que las del **Cúmulo de Coma** y, sobre todo, bastante más grandes, ya que la primera tiene magnitud 10,5 y 20 minutos de arco de diámetro aparente, y la segunda, magnitud 9,2 y 15,5 minutos de arco. Esto hace que sea posible observarlas también con telescopios pequeños.

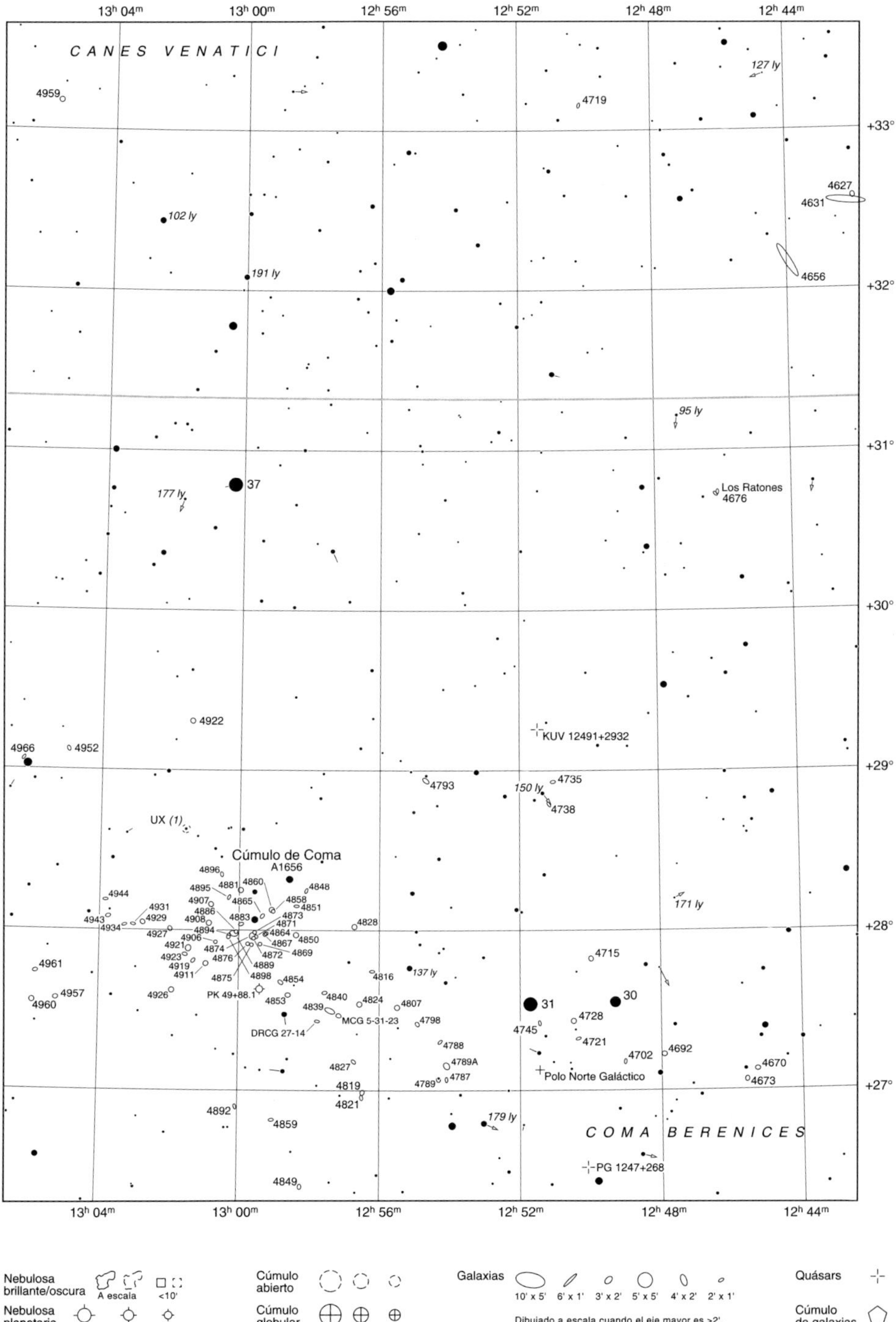

Nebulosa brillante/oscura — A escala — <10'

Nebulosa planetaria — >100" — 100"–30" — <30"

Cúmulo abierto

Cúmulo globular — A escala — <5'

Galaxias — 10' x 5' — 6' x 1' — 3' x 2' — 5' x 5' — 4' x 2' — 2' x 1'

Dibujado a escala cuando el eje mayor es >2', y circular si el ángulo de posición es incierto

Quásars

Cúmulo de galaxias

Magnitud estelar (V): ≤2, 3, 4, 5, 6, 7, 8, 9, 10, 11

Estrellas variables: amplitud y tipos: <0.1 mag, 0.1 – 1.0, >1.0 mag

(e) Eclipsante
(c) Cefeida
(m) Mira
... etc.

Movimiento propio: Desplazamiento en 1000 años

Estrellas dobles: separación: 0.3", 3", 30"

Aparecen en esta carta algunas de las galaxias más brillantes de la constelación de **Coma Berenices**, que a pesar de su carencia de estrellas destacadas es de gran interés para el observador por la existencia de tres grandes zonas pobladas de galaxias. La primera es la del **Cúmulo de Coma**, descrito en detalle en la **carta 26**; la segunda se centra en el sector visible en esta carta y la tercera, también de gran interés, comprende las galaxias integradas en el famoso **Cúmulo de Virgo**, al que se refiere la carta correspondiente a la **Región Celeste 28**.

El objeto más interesante de esta carta del atlas es la **Galaxia Ojo Negro** (**M 64/NGC 4826**), que se encuentra en la parte inferior izquierda. Éstas son sus principales señas de identidad: una espiral barrada de magnitud 8,5 y unas dimensiones aparentes de 9 × 5 minutos de arco. Se halla a unos 15 millones de años luz de la **Vía Láctea**, de ahí que no pertenezca al **Cúmulo de Coma**, cuya distancia, como se ha explicado en las referencias de la **carta 26**, es de 280 millones de años luz. La característica más sobresaliente de **M 64** es la existencia de una espectacular nube oscura de polvo que oculta parte del núcleo y que contrasta asombrosamente con la tonalidad clara de esta galaxia. Ese "guiño" celestial es el que terminó popularizando su nombre de Ojo Negro.

Es una galaxia de brillo relativo, que no presenta problema alguno para localizarla incluso con los telescopios de 80 mm de abertura. Por regla general, los refractores hacen gala, con esta galaxia, de sus grandes virtudes a la hora de aportar una imagen contrastada. Los reflectores medios pueden dar, igualmente, buen resultado, pero la clave de la **Galaxia Ojo Negro** no es otra que apreciar ese increíble pasillo oscuro de forma ovalada que le imprime tanta personalidad a este objeto. No es necesario un telescopio de gran abertura porque se trata de una galaxia brillante y, al mismo tiempo, los refractores de 80 a 120 mm guardan un perfecto equilibrio entre el contraste necesario y la proporción de luz, ya que son capaces de dar una imagen definida pero no demasiado brillante, que difuminaría la presencia del sorprendente ojo negro.

Fotografiar **M 64** requiere el uso del telescopio. Los teleobjetivos se quedan algo cortos para un objeto de 9 minutos de tamaño aparente, pero la imagen telescópica puede dar muy buenos resultados si se logra una adecuada toma, evitando la sobreexposición, que "velaría" el ojo negro. La fotografía no aportará muchos más detalles que la observación visual acerca de la estructura espiral de la galaxia, pero sí que inmortalizará la forma global y el famoso pasillo oscuro.

Aunque no tan espectaculares en sus formas como **M 64**, hay otras galaxias de interés en esta parte de **Coma Berenices**. Arriba del centro, **NGC 4725** se presta a una observación con telescopios modestos, ya que tiene una magnitud de 9,2 y el tamaño, en minutos de arco, es de 11 × 8. Es, pues, ligeramente menos brillante que la **Galaxia Ojo Negro**, pero en contrapartida la supera en tamaño. Tiene al lado a otras dos galaxias diminutas: **NGC 4747** y **NGC 4712**, que son bastante más difíciles de observar. A la derecha de este grupo se encuentra un peculiar trío: **NGC 4613**, **NGC 4614** y **NGC 4615**. Son también muy pequeñas, pero con telescopios de 250-300 mm se puede ver esta singular formación.

Hay que prestar atención también a la única estrella de especial interés que cohabita esta región celeste junto a las galaxias descritas. Se trata de **35 Comae Berenices**, un sistema estelar binario que está a 12 horas y 53 minutos de ascensión recta y 21 grados y 15 minutos de declinación. Sus dos componentes tiene las magnitudes 5,1 y 7,2, respectivamente, pero desdoblar la pareja no es nada sencillo. El sistema tiene un periodo de unos 510 años, aproximadamente, y la separación angular cambia. Las últimas observaciones efectuadas en el año 2000 estimaban esa separación entre 0,7 y 1 segundo de arco, un verdadero reto para los telescopios.

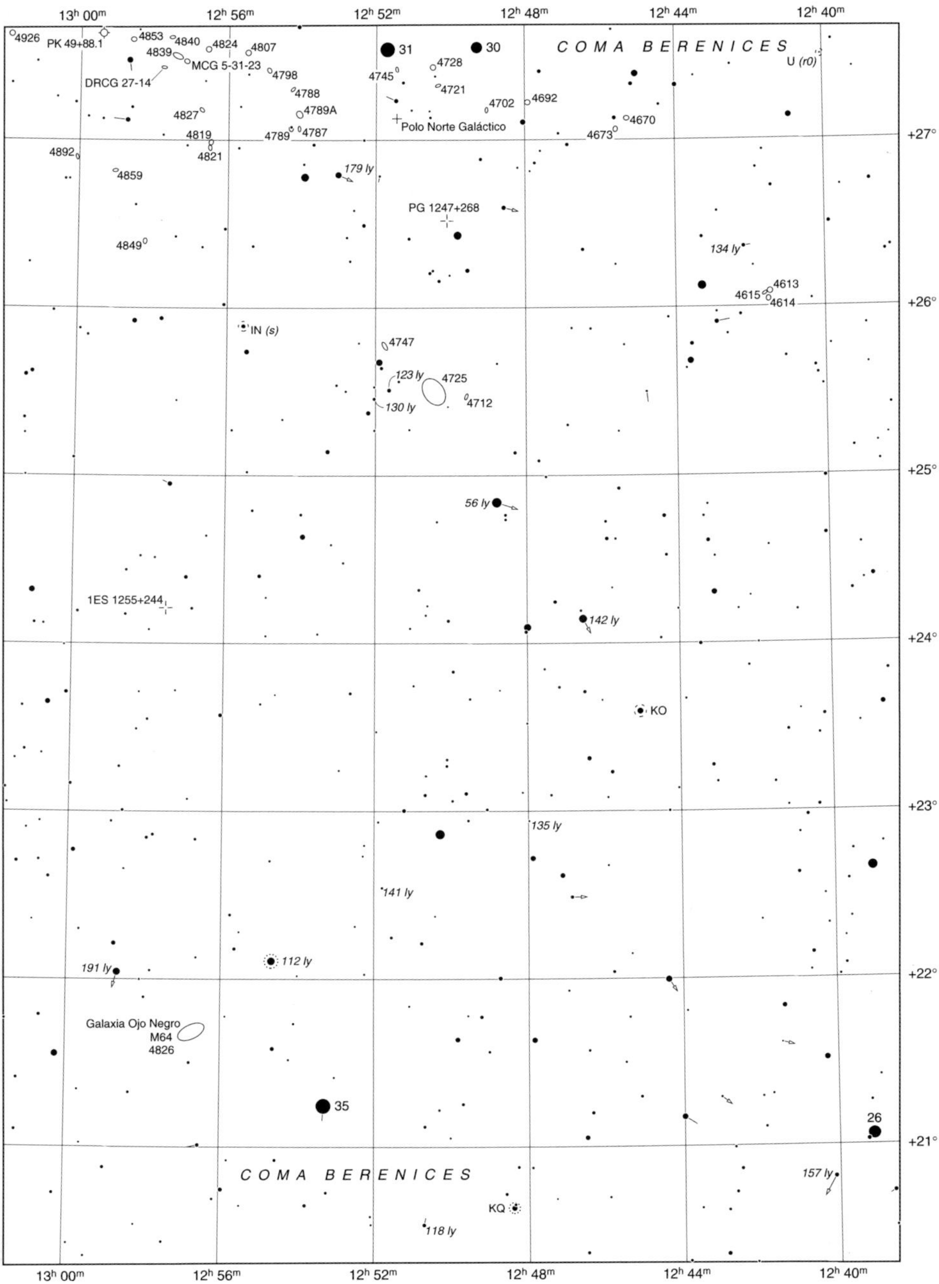
13h 00m
12h 56m
12h 52m
12h 48m
12h 44m
12h 40m
COMA BERENICES
4926
PK 49+88.1
4853
4840
4824
4807
4839
MCG 5-31-23
DRCG 27-14
4798
4788
4789A
4827
4819
4821
4789
4787
4892
4859
4849
31
30
4745
4728
4721
4702
4692
4670
4673
U (r0)
Polo Norte Galáctico
179 ly
PG 1247+268
134 ly
4613
4615
4614
IN (s)
4747
123 ly
4725
4712
130 ly
56 ly
1ES 1255+244
142 ly
KO
135 ly
141 ly
112 ly
191 ly
Galaxia Ojo Negro
M64
4826
35
26
157 ly
KQ
118 ly
+27°
+26°
+25°
+24°
+23°
+22°
+21°

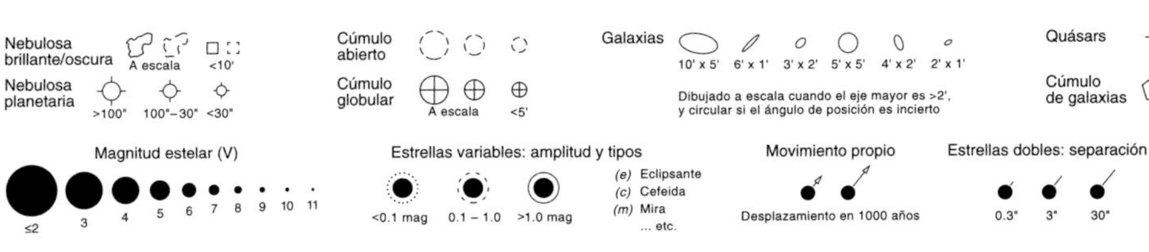
Nebulosa brillante/oscura
A escala
<10'
Nebulosa planetaria
>100"
100"–30"
<30"
Cúmulo abierto
Cúmulo globular
A escala
<5'
Galaxias
10' x 5'
6' x 1'
3' x 2'
5' x 5'
4' x 2'
2' x 1'
Dibujado a escala cuando el eje mayor es >2',
y circular si el ángulo de posición es incierto
Quásars
Cúmulo de galaxias
Magnitud estelar (V)
≤2
3
4
5
6
7
8
9
10
11
Estrellas variables: amplitud y tipos
<0.1 mag
0.1 – 1.0
>1.0 mag
(e) Eclipsante
(c) Cefeida
(m) Mira
... etc.
Movimiento propio
Desplazamiento en 1000 años
Estrellas dobles: separación
0.3"
3"
30"

La **Región Celeste 28** abarca el sector principal del **Cúmulo de Virgo**, que en total aglutina unas 2000 galaxias situadas a distancias de 50-65 millones de años luz de la **Vía Láctea**. Es el cúmulo de galaxias más próximo a nosotros y tiene una extensión enorme en el cielo, ya que ocupa más de 12 grados de arco. Por su tamaño, el cúmulo rebasa los límites de la constelación de **Virgo** y entra en la de **Coma Berenices**, razón por la cual se le denomina también en algunas ocasiones **Cúmulo de Virgo-Coma**, aunque éste es distinto del **Cúmulo de Coma** (**carta 26**), que se halla mucho más lejos, a unos 280 millones de años luz.

La fama del **Cúmulo de Virgo** se debe a la brillantez de algunas de sus galaxias y a que buena parte de ellas son objetos pertenecientes al catálogo de Messier. En el tercio superior de la carta, dentro de **Coma Berenices**, ya encontramos dos galaxias de Messier: **M 91/NGC 4548** y **M 88/NGC4501**. Las dos son espirales barradas, de pequeño tamaño pero sin problemas para localizarlas con pequeños telescopios. **M 91** es de magnitud 10,2 y **M 88** tiene 9,5.

Debajo de **M 91**, pero ya en **Virgo**, está **M 90/NGC 4569**. La magnitud es similar, de 9,5, pero es algo más grande y sus casi 10 minutos de arco se notan en la observación telescópica. Tiene muy cerca de ella, abajo a menos de 1 grado, a **M 89/NGC 4552**, una galaxia elíptica de magnitud 9,8 y algo más pequeña. Se pueden observar juntas por el telescopio a bajo aumento, en una visión que evoca a la de **M 81** y **M 82** en **Ursa Major**.

A la derecha de **M 90**, en la confluencia de **Virgo** y **Coma Berenices**, se encuentra la **Cadena de Markarian**, un increíble grupo de galaxias encadenadas que ocupa varios grados en el cielo y que incluye dos objetos Messier brillantes: **M 84/ NGC 4374** y **M 86/NGC 4406**. La cadena se prolonga desde estos dos en dirección superior izquierda hasta **NGC 4468** y **NGC 4474**. Este excepcional grupo es uno de los grandes atractivos del **Cúmulo de Virgo**, tanto por el interés de su observación visual como por la espectacularidad de sus fotografías. Con telescopios de aberturas en torno a los 100-150 mm y longitudes focales de 600-1000 mm, se pueden lograr fotografías de la **Cadena de Markarian**.

Casi en el centro está **M 87/NGC 4486**, que es la galaxia más brillante de esta carta (magnitud 8,6) y supera los 7 minutos de diámetro aparente. En este caso, como ocurre en las cercanas **M 84** y **M 86**, nos hallamos ante una galaxia elíptica, pero la excepcionalidad de **M 87** es que alberga la radiofuente **Virgo A** (también conocida como **3C 274**), una de las más intensas que se conoce y que está asociada a un enorme chorro de gas con un tamaño de 4000 años luz.

M 58/NGC 4579 completa el grupo de objetos Messier de esta región celeste. Pequeña, de 5 minutos en el eje mayor y magnitud 9,8, es una galaxia espiral barrada. Con unos prismáticos potentes de 11 × 80 o superiores, puede contemplarse en el mismo campo que **M 89** y **M 90**, situadas más arriba.

La parte inferior de la carta está poblada de galaxias menos brillantes y más pequeñas. Los telescopios de unos 300 mm muestran un campo salpicado de nebulosidades difusas cuando se barre esta zona del cielo, en la que es llamativa la ausencia de estrellas importantes.

Harlow Shapley, uno de los grandes estudiosos de las galaxias del siglo XX, se preguntaba: "¿Estamos nosotros dentro del **Cúmulo de Virgo**?". Como él observaba, "al sur del cuerpo principal hay una prolongación que se extiende 30 grados en dirección a la constelación del **Centauro**", y "también hacia el norte vemos esparcidas a múltiples galaxias brillantes". Tenía razón: el **Cúmulo de Virgo** y el **Grupo Local** –al que pertenecen la **Vía Láctea** y la **Galaxia de Andromeda**– forman parte del **Supercúmulo Local**, que alberga más de 10 000 galaxias.

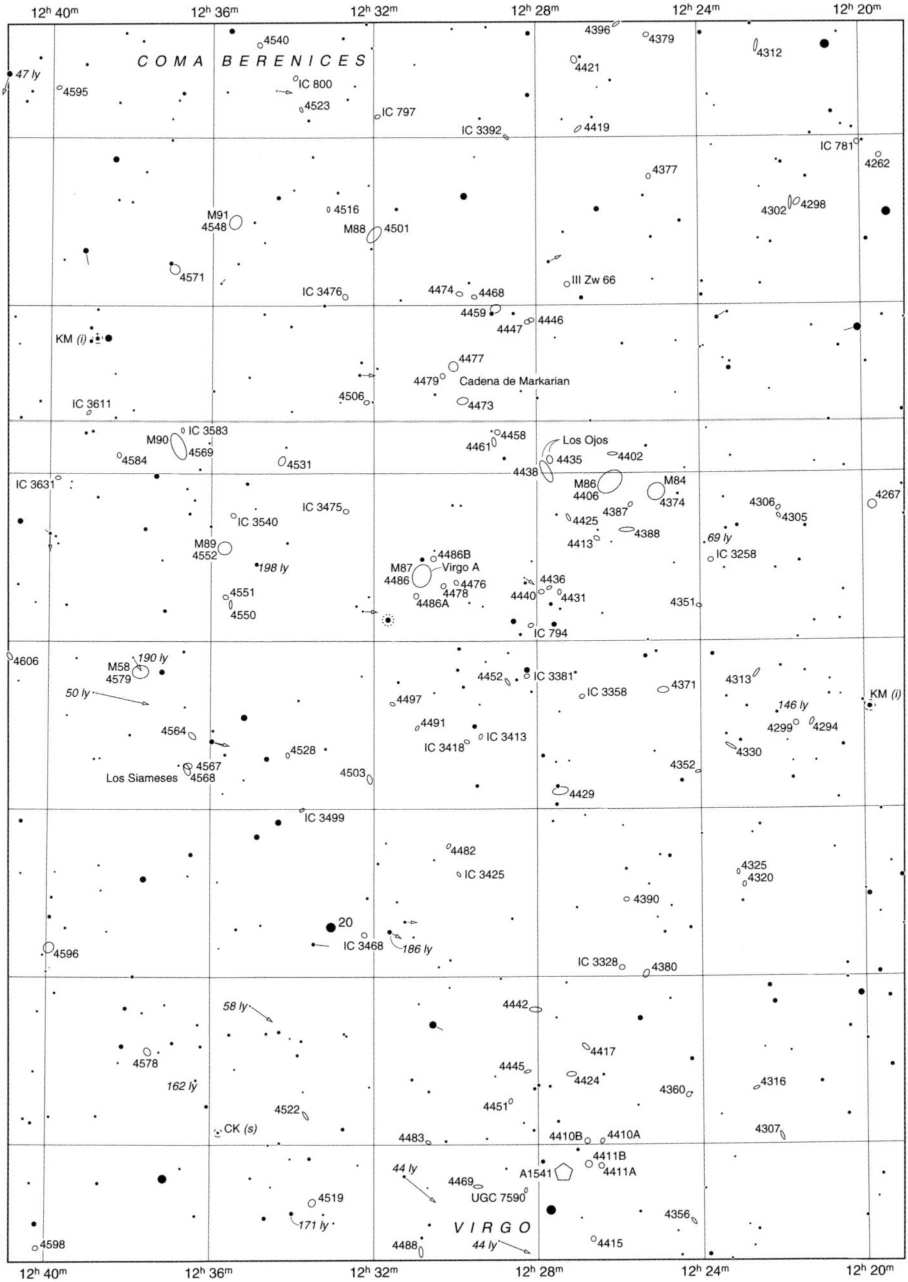

12h 40m
12h 36m
12h 32m
12h 28m
12h 24m
12h 20m
COMA BERENICES
VIRGO
+15°
+14°
+13°
+12°
+11°
+10°
+9°
47 ly
4595
4540
IC 800
4523
IC 797
IC 3392
4396
4379
4421
4419
4312
IC 781
4262
4377
4302
4298
M91
4548
4516
M88
4501
4571
IC 3476
4474
4468
III Zw 66
4459
4447
4446
KM (i)
4477
4479
Cadena de Markarian
4506
4473
IC 3611
M90
IC 3583
4569
4584
4531
4461
4458
Los Ojos
4435
4402
4438
M86
4406
M84
4374
IC 3631
IC 3475
IC 3540
4387
4425
4388
4413
4306
4305
4267
M89
4552
198 ly
69 ly
IC 3258
M87
4486
4486B
Virgo A
4476
4478
4486A
4436
4440
4431
4551
4550
4351
IC 794
4606
M58
4579
190 ly
50 ly
4452
IC 3381
IC 3358
4371
4313
KM (i)
4497
4491
IC 3413
IC 3418
146 ly
4299
4294
4564
4528
4567
Los Siameses
4568
4503
4352
4330
4429
IC 3499
4482
IC 3425
4325
4320
4390
20
IC 3468
186 ly
4596
IC 3328
4380
58 ly
4442
4417
4578
4445
4424
162 ly
4360
4316
4522
4451
CK (s)
4483
4410B
4410A
4307
4411B
4411A
44 ly
A1541
4469
UGC 7590
4519
171 ly
4356
4598
4488
44 ly
4415

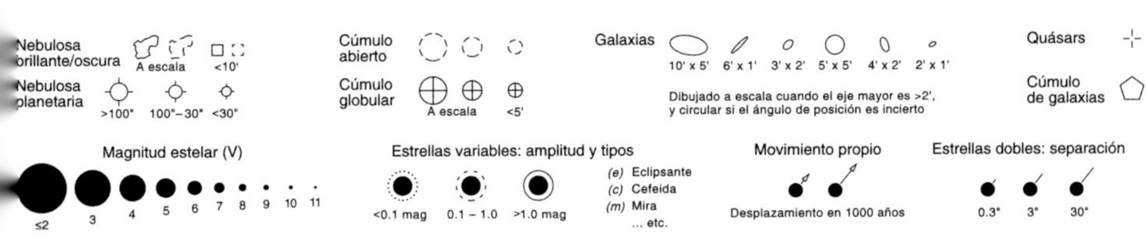

Nebulosa brillante/oscura
A escala
<10'
Nebulosa planetaria
>100"
100"–30"
<30"
Cúmulo abierto
Cúmulo globular
A escala
<5'
Galaxias
10' x 5'
6' x 1'
3' x 2'
5' x 5'
4' x 2'
2' x 1'
Dibujado a escala cuando el eje mayor es >2', y circular si el ángulo de posición es incierto
Quásars
Cúmulo de galaxias
Magnitud estelar (V)
≤2
3
4
5
6
7
8
9
10
11
Estrellas variables: amplitud y tipos
<0.1 mag
0.1 – 1.0
>1.0 mag
(e) Eclipsante
(c) Cefeida
(m) Mira
... etc.
Movimiento propio
Desplazamiento en 1000 años
Estrellas dobles: separación
0.3"
3"
30"

Es el cúmulo globular más bello y más grande que puede encontrarse en el cielo. La única objeción que puede hacerse a **Omega Centauri** (**NGC 5139**) es que a –47 grados y 39 minutos de declinación queda fuera del alcance de muchos observadores del hemisferio norte. Pero la espectacular visión que ya ofrecen otros cúmulos globulares como **M 13** en **Hercules** y **M 15** en **Pegasus**, se convierte en una verdadera fascinación cuando la luz granular de **Omega Centauri** entra por el campo del ocular del telescopio e invade un espacio de casi 1 grado. Esa envergadura es asombrosa en un cúmulo globular y le permite rivalizar en tamaño con algunos de los cúmulos abiertos más famosos, caso de las **Pleiades** (**M 45**), y superar abrumadoramente a otros como **M 35** en **Gemini** y **M 41** en **Canis Major**.

La magnitud de **Omega Centauri** es de 3,7 y ello lo convierte también en el cúmulo globular más brillante. En noches claras puede detectarse desde el interior de las ciudades, en forma de nebulosa elíptica que sobresale sobre una zona rica en estrellas de la constelación de **Centaurus**, el **Centauro**. Las dificultades que se dan en otros cúmulos globulares para observarlos bien con unos binoculares desaparecen aquí merced a su gigantesca envergadura. Con unos de 7 × 50, los prismáticos estándar para uso astronómico, ya se obtiene una sugestiva visión, pero con unos 11 × 80 o superiores la imagen de **Omega Centauri** no tiene nada que envidiar a la que se consigue con un telescopio, con la ventaja añadida de que el cúmulo aparecerá junto a los campos estelares que lo rodean.

En la **carta 23** ya se ha apuntado la rivalidad entre **Omega Centauri** y **47 Tucanae/ NGC 104**, los dos cúmulos globulares más espectaculares. Aquél es algo más brillante y grande y, en general, se considera ligeramente superior a este último, cuyo principal mérito es la mayor densidad estelar en el centro. Por ello, unos observadores consideran que la visión de **47 Tucanae** por el telescopio a gran aumento es algo mejor que la de **Omega Centauri**, aunque la armonía de este último se traduce en soberbias imágenes de conjunto, tanto con un telescopio a pocos aumentos como con unos binoculares. No es de extrañar que su aspecto en el cielo haya cautivado a astrónomos y profanos a lo largo de los siglos.

Omega Centauri fue descubierto por Edmund Halley, el astrónomo inglés con cuyo nombre se bautizó al famoso cometa. Su interés por la exploración de los cielos le movió a estudiar durante dos años el firmamento austral, y fue el primero en darse cuenta de que el cúmulo estaba compuesto por estrellas. John Herschel, hijo de William Herschel, dijo de él que su belleza estaba "más allá de cualquier comparación" y lo calificó como "el objeto más grande y rico de su clase", porque sus estrellas eran "literalmente innumerables".

Ninguno de los demás objetos celestes que aparecen en esta carta puede compararse en interés con el cúmulo globular, pero los observadores que dispongan de telescopios de 250-300 mm de abertura encontrarán algunas galaxias interesantes, especialmente del catálogo del European Southern Observatory (ESO). La más grande de ellas es **ESO 270-17**, también conocida como **objeto Fourcade-Figueroa** (arriba izquierda), de forma alargada y con un tamaño angular máximo de unos 15 minutos de arco. Es de magnitud 11, por lo que no queda al alcance de todos los telescopios.

A la derecha de **Omega Centauri** se halla un grupo de tres galaxias: **ESO 269-90**, **ESO 269-80** y **ESO 289-85**. Su tamaño apenas llega a los dos minutos y son más débiles que el **objeto Fourcade-Figueroa**.

El único representante destacable del *New General Catalogue* dibujado en esta carta es **NGC 4976**, en la parte derecha de la carta, entre –49 y –50 grados de declinación. Con magnitud 10,2 y un tamaño aparente de 5 × 3 minutos es un poco más asequible que las demás galaxias de este sector, y en buenas condiciones atmosféricas puede observarse con telescopios de 100-150 mm de abertura.

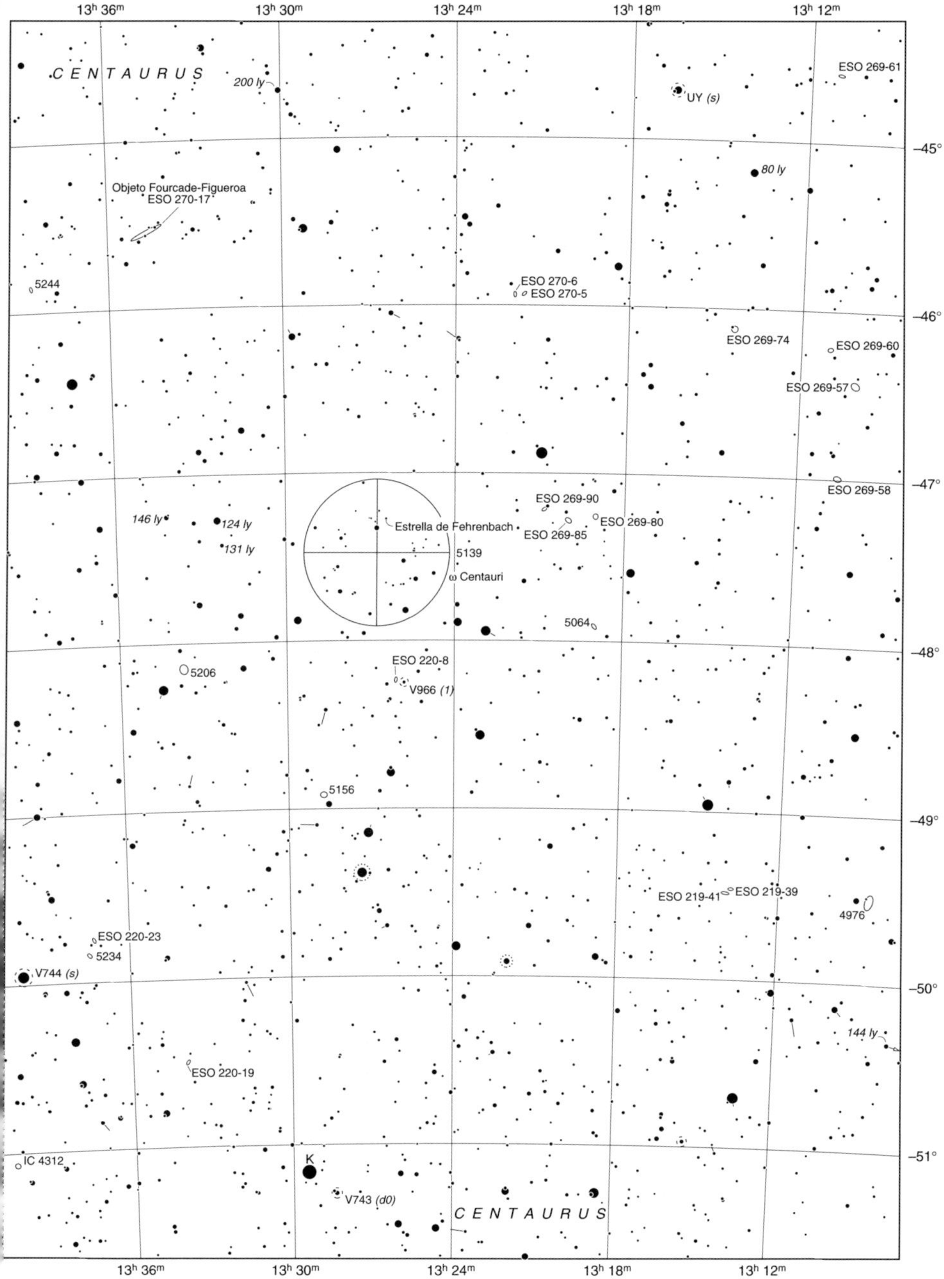

13h 36m
13h 30m
13h 24m
13h 18m
13h 12m
CENTAURUS
200 ly
UY (s)
ESO 269-61
-45°
80 ly
Objeto Fourcade-Figueroa
ESO 270-17
5244
ESO 270-6
ESO 270-5
-46°
ESO 269-74
ESO 269-60
ESO 269-57
-47°
ESO 269-58
ESO 269-90
ESO 269-85
ESO 269-80
146 ly
124 ly
131 ly
Estrella de Fehrenbach
5139
ω Centauri
5064
-48°
ESO 220-8
V966 (1)
5206
5156
-49°
ESO 219-41
ESO 219-39
4976
ESO 220-23
5234
V744 (s)
-50°
144 ly
ESO 220-19
-51°
IC 4312
K
V743 (d0)
CENTAURUS

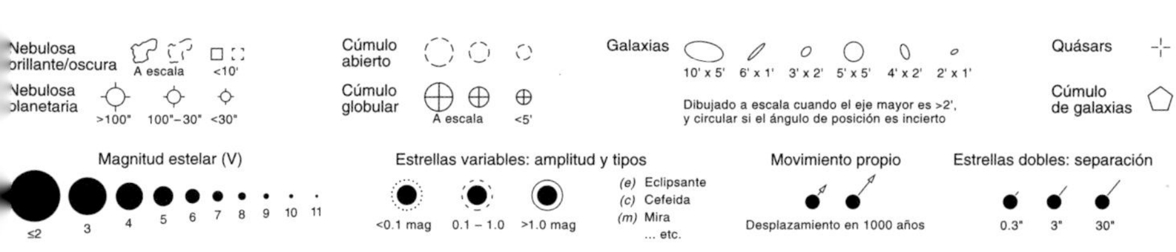

Nebulosa brillante/oscura
A escala
<10'
Nebulosa planetaria
>100"
100"–30"
<30"
Cúmulo abierto
Cúmulo globular
A escala
<5'
Galaxias
10' x 5'
6' x 1'
3' x 2'
5' x 5'
4' x 2'
2' x 1'
Dibujado a escala cuando el eje mayor es >2',
y circular si el ángulo de posición es incierto
Quásars
Cúmulo de galaxias
Magnitud estelar (V)
≤2
3
4
5
6
7
8
9
10
11
Estrellas variables: amplitud y tipos
<0.1 mag
0.1 – 1.0
>1.0 mag
(e) Eclipsante
(c) Cefeida
(m) Mira
... etc.
Movimiento propio
Desplazamiento en 1000 años
Estrellas dobles: separación
0.3"
3"
30"

Éste es otro de los tesoros del cielo ocultos para los habitantes de la mayor parte del hemisferio norte. El sistema estelar de **Alfa (α) Centauri**, el más próximo a nosotros y también uno de los más bellos, se halla al sur de –60 grados de declinación, por lo que sólo los observadores del hemisferio sur y de las zonas del hemisferio norte más próximas al ecuador lo tienen a su alcance.

El sistema, que se halla a 4,22-4,40 años luz, está compuesto por tres estrellas, de la que la más brillante es **Rigil Kentaurus** o **Alfa¹ (α) Centauri**, que en la carta destaca por encima de cualquier otra junto al centro. Además de su cercanía, esta estrella sobresale entre las demás porque es una de las más parecidas al **Sol**, con idéntica clase espectral (G2) y una masa y volumen muy parecidos. Su magnitud visual de –0,01 la erige en la cuarta más brillante del cielo, sólo superada por **Sirius** (–1,44), **Canopus** (–0,62) y **Arcturus** (–0,05), aunque hay que anotar que habitualmente se la considera la tercera porque su brillo conjunto con su compañera **Alfa² (α) Centauri** –la segunda estrella del sistema– le otorga una magnitud aparente de –0,28.

Alfa¹ (α) Centauri y **Alfa² (α) Centauri** forman un sistema binario con un periodo de 80 años. Aunque a ojo desnudo parecen la misma estrella, hasta los más pequeños telescopios separan a ambas y revelan al observador la emocionante imagen de dos estrellas que forman un sistema solar muy diferente al nuestro, pero en la inmediata vecindad teniendo en cuenta la magnitud de las distancias cósmicas. La separación angular máxima entre ambas es de 20 segundos de arco, pero decrece actualmente y en el año 2035 se reducirá a sólo 2 segundos, para volver a separarse posteriormente. Incluso cuando estén en su máxima aproximación, será posible resolverlas con telescopios de más de 60 mm de abertura.

Alfa² (α) Centauri es un poco menos brillante que su compañera principal, ya que su magnitud aparente individual es de 1,35. También es más pequeña y de clase espectral K1, más fría que **Rigil Kentaurus** y que el **Sol**, de ahí que su color sea anaranjado en lugar del amarillento de estas dos.

La tercera componente del sistema de **Alfa (α) Centauri** es mucho más difícil de observar, pero ello no le resta ningún interés, porque es una estrella extraordinaria. Su nombre es **Proxima Centauri**, que no se le asignó casualmente, sino atendiendo al hecho de que es la estrella más próxima a nosotros. Las medidas más recientes le otorgan una distancia al **Sol** de 4,22 años luz, en lugar de los 4,40 a los que se encuentran sus dos compañeras más brillantes del sistema. En la carta, **Proxima Centauri** aparece a más de dos grados abajo a la derecha de **Rigil Kentaurus**. Tiene una magnitud aparente de 11,01 y es necesaria una abertura mínima de 80 mm para poder distinguirla con un telescopio. En 1915, el astrónomo escocés Robert Innes descubrió que las dos componentes principales de **Alfa (α) Centauri** y **Proxima** describían juntas el mismo movimiento aparente en el cielo, lo que permitió confirmar que se trataba de tres estrellas de un mismo sistema. Nótese, precisamente, en esta carta cómo las flechas indicativas del movimiento propio muestran un desplazamiento de aproximadamente un grado de arco en un milenio, en la misma dirección. **Proxima Centauri** es una enana roja que sufre súbitas fulguraciones durante varios minutos, en los que su brillo puede aumentar hasta una magnitud.

Además de estas famosas estrellas, la carta incluye otras muy interesantes. **R Centauri** es una variable del tipo **Mira**, que oscila entre las magnitudes 5 y 11. Como ocurre en **R Leporis** (**carta 15**), es muy interesante observar su intenso color rojo en el máximo.

Entre los númerosos cúmulos abiertos de esta región celeste destacan **NGC 5662**, en el extremo superior, y **NGC 5617**, a la derecha de **Rigil Kentaurus**. El primero es el más brillante de ambos, con magnitud 5,5 y 12 minutos de arco de diámetro aparente. **NGC 5617** tiene la magnitud 6,3 y un diámetro aparente de 10 minutos de arco. Ambos son espectaculares con telescopios de 80-100 mm de abertura.

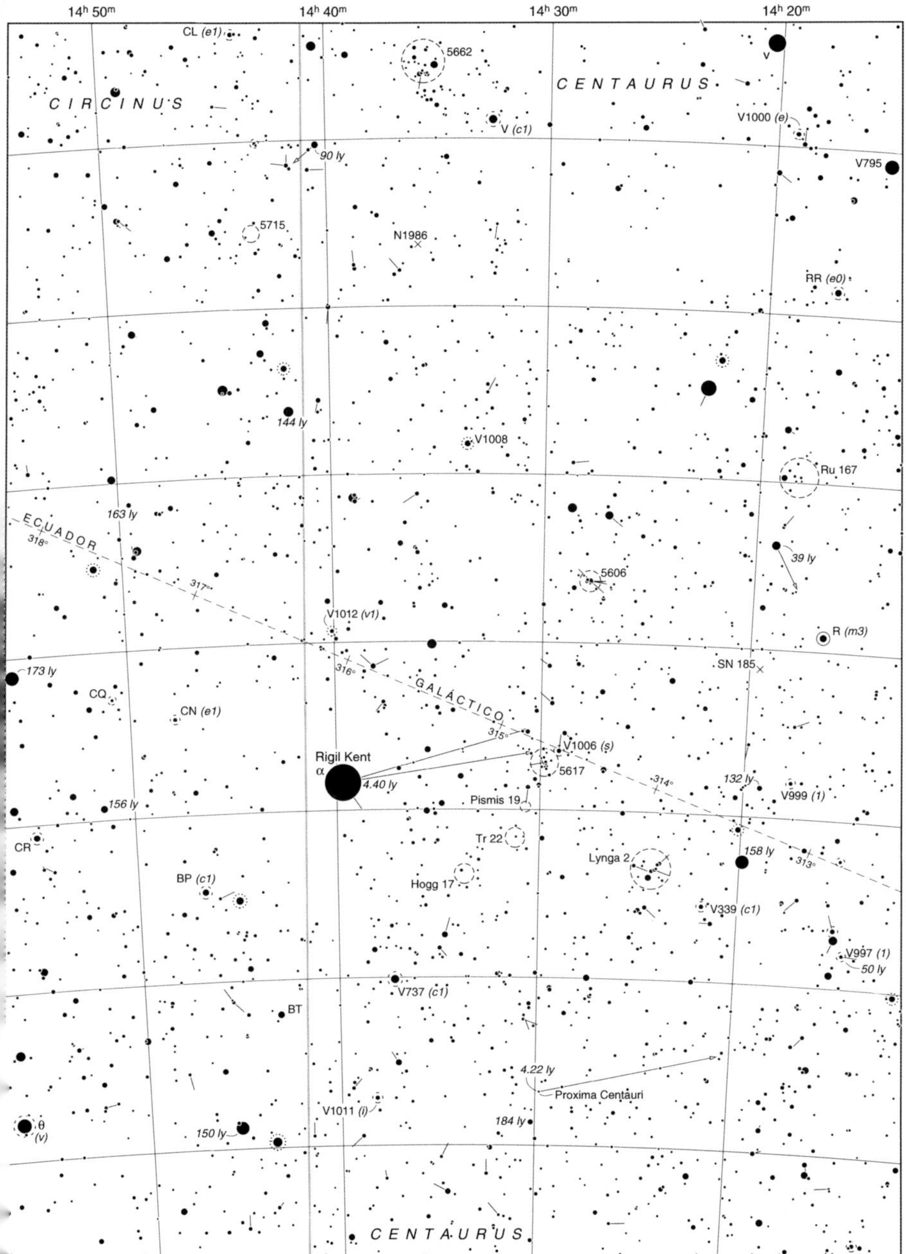
14h 50m
14h 40m
14h 30m
14h 20m
CL (e1)
5662
C E N T A U R U S
C I R C I N U S
V (c1)
V1000 (e)
V
V795
90 ly
-57°
5715
N1986
RR (e0)
-58°
144 ly
V1008
Ru 167
-59°
163 ly
E C U A D O R
318°
317°
39 ly
5606
V1012 (v1)
R (m3)
173 ly
316°
G A L Á C T I C O
SN 185
-60°
CQ
CN (e1)
315°
V1006 (s)
Rigil Kent
α
4.40 ly
5617
314°
132 ly
156 ly
Pismis 19
V999 (1)
-61°
CR
Tr 22
158 ly
313°
Lynga 2
BP (c1)
Hogg 17
V339 (c1)
V997 (1)
50 ly
V737 (c1)
-62°
BT
4.22 ly
Proxima Centauri
V1011 (i)
184 ly
θ
(v)
150 ly
-63°
C E N T A U R U S
14h 50m
14h 40m
14h 30m
14h 20m

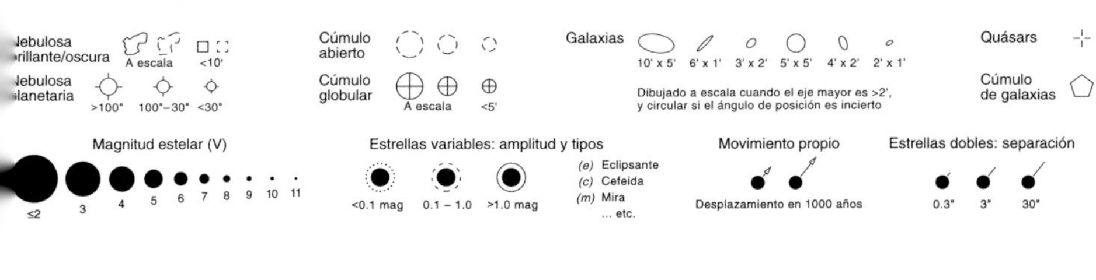
Nebulosa brillante/oscura
A escala
<10'
Nebulosa planetaria
>100"
100"–30"
<30"
Cúmulo abierto
Cúmulo globular
A escala
<5'
Galaxias
10' x 5'
6' x 1'
3' x 2'
5' x 5'
4' x 2'
2' x 1'
Dibujado a escala cuando el eje mayor es >2',
y circular si el ángulo de posición es incierto
Quásars
Cúmulo de galaxias
Magnitud estelar (V)
≤2
3
4
5
6
7
8
9
10
11
Estrellas variables: amplitud y tipos
<0.1 mag
0.1 – 1.0
>1.0 mag
(e) Eclipsante
(c) Cefeida
(m) Mira
... etc.
Movimiento propio
Desplazamiento en 1000 años
Estrellas dobles: separación
0.3"
3"
30"

La **Región Celeste 31** alberga una excelente colección de hermosas estrellas y espectaculares objetos celestes en las constelaciones de **Crux**, la **Cruz del Sur**, y **Centaurus**, el **Centauro**. Buena parte de la mitad inferior está ocupada por el **Saco de Carbón**, una extraordinaria nebulosa oscura que abarca aproximadamente 7 × 5 grados de la bóveda celeste y de la que en esta carta aparece el sector superior y en la **carta 34**, la parte más meridional. Es perfectamente visible sin ayuda óptica porque rompe de forma espectacular las densas nubes de estrellas que muestra la **Vía Láctea** en esta zona del firmamento austral. Su tamaño real ronda los 60 años luz y su distancia al **Sol** se aproxima a los 600, siendo una de las nebulosas oscuras más famosas a pesar de que su posición, al sur de –61 grados de declinación, impide su observación desde latitudes boreales. En plena naturaleza, desde lugares alejados de focos de contaminación lumínica, el **Saco de Carbón** abre el cielo como si fuera un sorprendente agujero oscuro rodeado de miles de estrellas. Dentro de él, a –63 grados de declinación, rodeando a la estrella variable **BZ Crucis**, hay un interesantísimo grupo de cúmulos abiertos, entre los que destaca **NGC 4609**, con unas 40 estrellas repartidas en un diámetro angular de unos 5 minutos.

En el cielo boreal hay una réplica de este objeto, el **Saco de Carbón del Norte**, que se halla en la constelación de **Cygnus**, el **Cisne**. Es también muy espectacular, pero no tan extenso y llamativo como el austral.

Aproximadamente en el centro de la carta, coronando el **Saco de Carbón**, hallamos el cúmulo estelar abierto más famoso de los cielos del sur: es el **Joyero** (**NGC 4755**), un conglomerado que parece formado por diamantes de colores y cuyas estrellas principales crean, curiosamente, la forma de la letra A. Con un diámetro aparente de 10 minutos de arco, es bastante más pequeño que las **Pleiades** (**M 45**) y el **Doble Cúmulo de Perseus** (**NGC 869** y **NGC 884**), pero es tan bello que, después de estos dos, es el más popular. Por el telescopio, una de las mayores sorpresas para el observador es una estrella de color rojo, situada en el centro del cúmulo, que contrasta extraordinariamente con los colores blancos y azulados de sus compañeras. Esta estrella es una supergigante roja que ya destaca con unos binoculares, con los que también se obtienen excelentes vistas del cúmulo.

La estrella más brillante del sector, arriba a la derecha del **Cúmulo del Joyero**, es **Mimosa**, **Beta (β) Crucis**, una gigante azul de clase espectral B. Tiene una magnitud de 1,25 y es la vigésima más brillante de todo el cielo, aunque en realidad se trata de una variable cefeida que experimenta pequeñas oscilaciones en su luminosidad.

Cerca de **Mimosa** hay dos otras dos variables. A su izquierda, ligeramente más arriba, está **Lambda (λ) Crucis**, menos brillante, y justo arriba de ésta se halla **S Crucis**. Como aquellas dos, esta última es una cefeida, y en los tres casos los cambios de brillo no son superiores a una magnitud.

Mu (μ) Crucis, en la parte superior, es una estrella doble muy fácil de separar con los más pequeños telescopios, ya que la distancia angular a la que se hallan las dos componentes del sistema es de casi 35 segundos de arco. Las dos son de color blancoazulado y brillo similar, con magnitudes de 4,0 y 5,2.

Otra binaria muy bonita es **Iota (ι) Crucis**, situada a poco más de un grado debajo de **Mimosa**. La separación aquí también es muy grande, de unos 27 segundos de arco, aunque las dos estrellas son de brillo muy distinto: magnitud 4,7 la principal –observable a simple vista– y 9,5 la secundaria.

Teniendo en cuenta la densidad de campos estelares que se da en esta zona del firmamento austral, es muy aconsejable que el observador barra el cielo aleatoriamente con un telescopio a pocos aumentos o con unos prismáticos. Una vista global del sector central, con el **Cúmulo del Joyero**, la estrella **Mimosa** y la parte superior del **Saco de Carbón** es realmente espectacular.

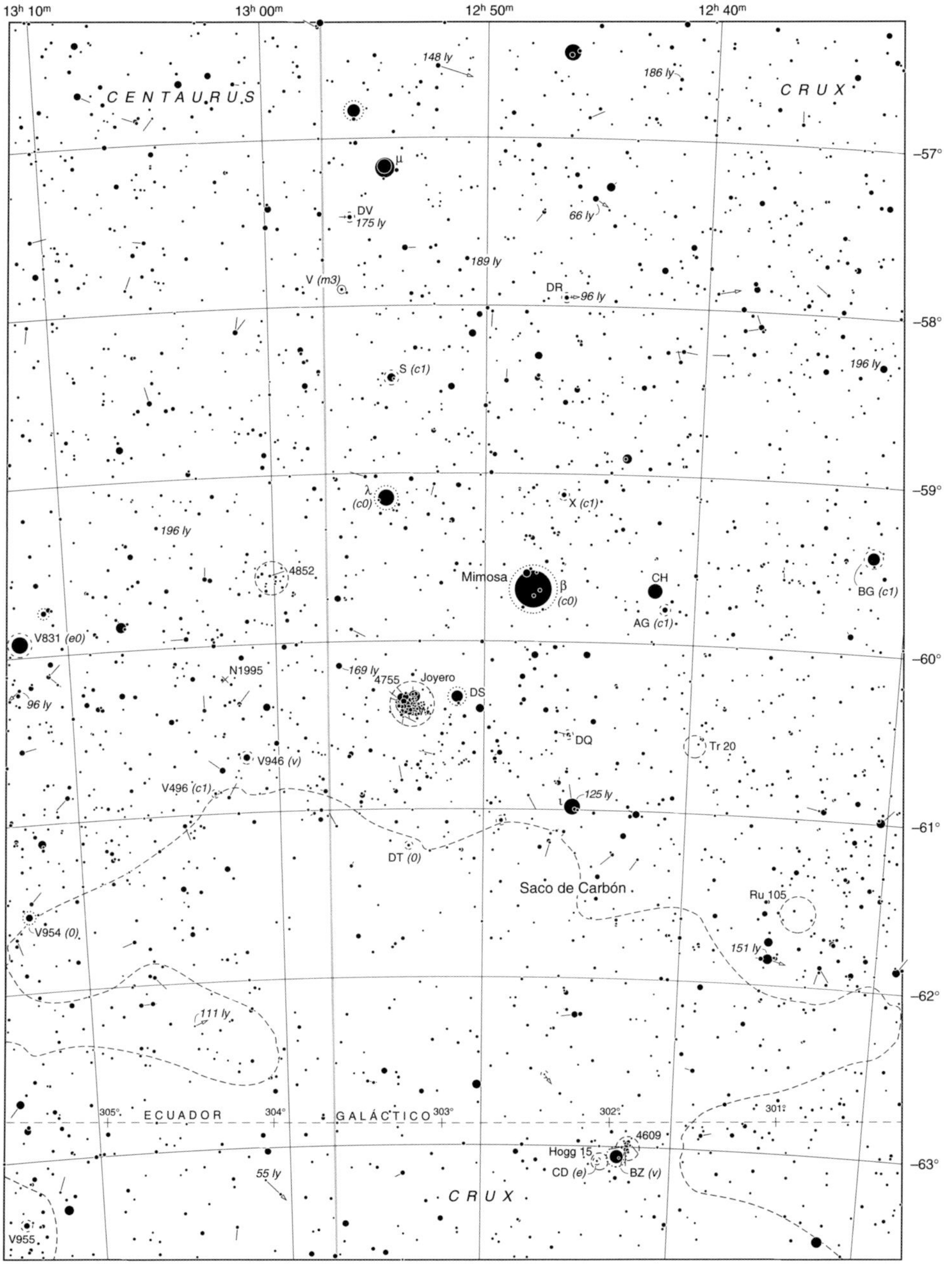

13h 10m
13h 00m
12h 50m
12h 40m
12h 30m
CENTAURUS
CRUX
−57°
−58°
−59°
−60°
−61°
−62°
−63°
148 ly
186 ly
μ
DV
175 ly
66 ly
189 ly
V (m3)
DR
96 ly
196 ly
S (c1)
λ
(c0)
X (c1)
4852
Mimosa
β
(c0)
CH
AG (c1)
BG (c1)
V831 (e0)
N1995
169 ly
4755
Joyero
DS
96 ly
DQ
Tr 20
V946 (v)
V496 (c1)
125 ly
ι
DT (0)
Saco de Carbón
Ru 105
V954 (0)
151 ly
111 ly
305°
ECUADOR
304°
GALÁCTICO
303°
302°
301°
4609
Hogg 15
CD (e)
BZ (v)
55 ly
V955

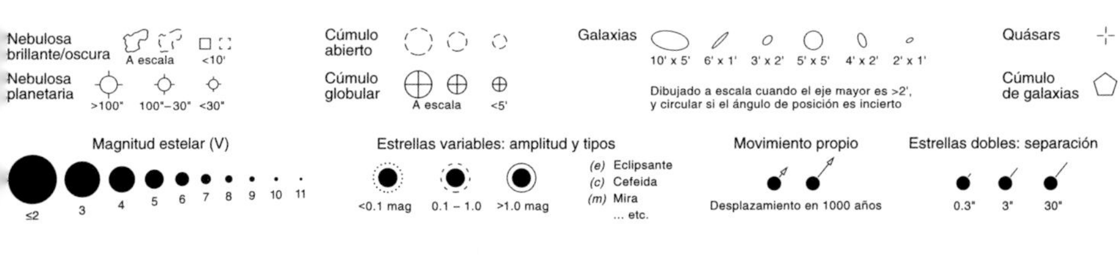

Nebulosa brillante/oscura
A escala
<10'
Nebulosa planetaria
>100"
100"–30"
<30"
Cúmulo abierto
Cúmulo globular
A escala
<5'
Galaxias
10' x 5'
6' x 1'
3' x 2'
5' x 5'
4' x 2'
2' x 1'
Dibujado a escala cuando el eje mayor es >2', y circular si el ángulo de posición es incierto
Quásars
Cúmulo de galaxias
Magnitud estelar (V)
≤2
3
4
5
6
7
8
9
10
11
Estrellas variables: amplitud y tipos
<0.1 mag
0.1 – 1.0
>1.0 mag
(e) Eclipsante
(c) Cefeida
(m) Mira
... etc.
Movimiento propio
Desplazamiento en 1000 años
Estrellas dobles: separación
0.3"
3"
30"

La constelación austral de **Carina**, la **Quilla**, es extraordinaria. Sus campos estelares son de lo mejor que puede encontrarse en el cielo, hasta tal punto que el observador no da abasto para estudiar la larga lista de objetos de interés que hay en esta zona, densísimamente cubierta de estrellas por la **Vía Láctea**. La constelación es una de las cuatro actuales en la que quedó dividida la difunta **Argo Navis**, la **Nave de los Argonautas**, una de las míticas figuras que formaban parte de las 48 constelaciones originales de Ptolomeo y que está actualmente repartida en cuatro partes: **Puppis** (**Popa**), **Pyxis** (**Brújula**), **Carina** (**Quilla**) y **Vela** (**Vela**).

El objeto más destacado de esta región celeste es **NGC 3532** –la **Nebulosa de Eta Carinae** se describe en detalle en la **carta 33**–, un cúmulo abierto tan impresionante o más que el del **Joyero** (**carta 31**). El francés Lacaille quedó sobrecogido por su imagen cuando lo descubrió en el siglo XVIII, y el inglés John Herschel –hijo de William Herschel– llegó a afirmar de él que se trataba del cúmulo "más bello" que había visto en su vida. Pese a estos testimonios históricos y al culto que rinden a este cúmulo muchos observadores, no es un objeto muy conocido, tal vez por su pertenencia al cielo austral. A 1300 años luz de distancia del **Sol**, **NGC 3532** acoge a unas 150-200 estrellas armónicamente repartidas en un espacio de casi 1 grado de arco. Su magnitud visual es 3,0 y ello lo hace superior en brillo al popular cúmulo **Praesepe** (el **Pesebre** o **M 44/NGC 2632**), en la constelación de **Cancer**.

Si el observador busca objetos más difíciles que **NGC 3532**, puede probar con el diminuto cúmulo **Melotte 105** (**Mel 105**), en el extremo inferior de la carta. Apenas supera el minuto de diámetro aparente, pero observándolo a más de 120 aumentos con un telescopio mediano, el cúmulo muestra sus estrellas.

Toda la **Región Celeste 32** está repleta de cúmulos de diversos catálogos. Además de los populares NGC e IC, tienen representantes aquí los catálogos Collinder (Cr), Trumpler (Tr) y Ruprecht (Ru), entre otros. Lógicamente, no hay en esta zona objetos Messier porque se halla muy al sur y Charles Messier no barrió esta zona en busca de cometas, la mayor obsesión de su vida.

IC 2714, arriba de **Mel 105**, es un buen cúmulo de 15 × 25 minutos de tamaño aparente. No es muy brillante, pero a través del telescopio es fácil distinguir una multitud de estrellas débiles.

A 11 horas y 10 minutos de ascensión recta y –60 grados y 14 minutos de declinación –arriba del ecuador galáctico–, el cúmulo **NGC 3572** tiene la magnitud integrada 6,4 y alberga una interesante alineación de estrellas en un sector de 7 minutos de arco. Debajo de este cúmulo y del ecuador galáctico está **Trumpler 18** (**Tr 18**), que es un poco más denso y grande, aunque resulta difícil distinguirlo del resto de estrellas que llenan los campos estelares de este sector de la constelación de **Carina**. Su hermano **Trumpler 19** (**Tr 19**), en la parte superior, es todavía más débil.

Junto al vértice inferior izquierdo de la carta está el cúmulo **Ruprecht 94** (**Ru 94**). Exige cierta ampliación de imagen, pero a partir de unos 100 aumentos revela una fina estructura de estrellas en torno a la magnitud 10.

Un poco más arriba hay un interesantísimo par de nebulosas: **Gum 39** e **IC 2872**, que abarcan más de medio grado y que son especialmente propicias para la fotografía. De hecho, **IC 2872** fue descubierta fotográficamente desde la estación austral de Arequipa, perteneciente al Observatorio del Harvard College. No hay que confundir, en cualquier caso, **Gum 39** con la **Nebulosa de Gum**, que ocupa una zona mucho más extensa en las constelaciones de **Puppis** y **Vela**.

La estrella más destacada del sector es la variable cefeida **U Carinae**, situada a casi –60 grados y 10 horas y 58 minutos de ascensión recta. Fluctúa entre las magnitudes 5,7 y 7,0 con un periodo de 38,8 días.

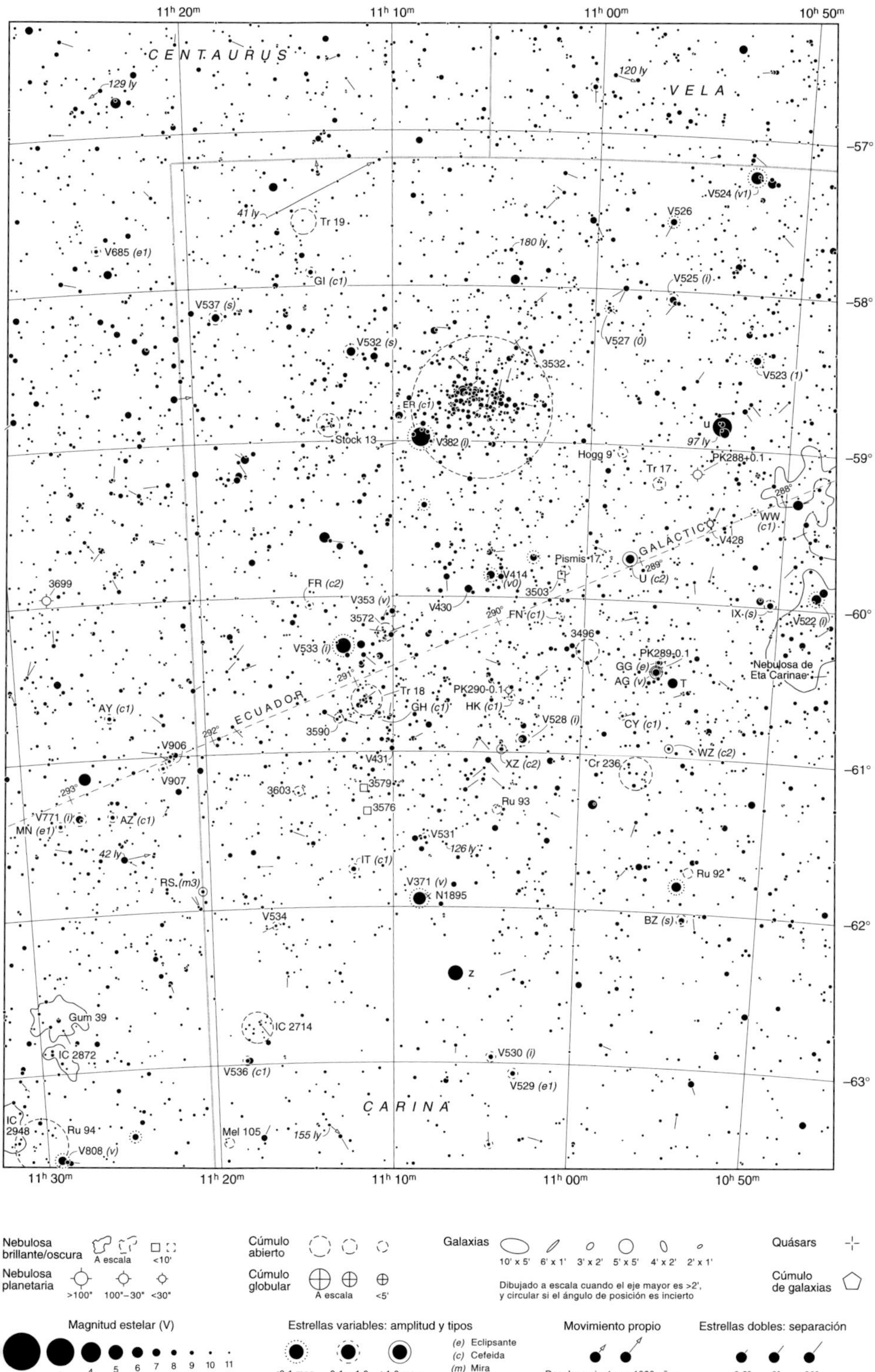

11h 20m
11h 10m
11h 00m
10h 50m
11h 30m
–57°
–58°
–59°
–60°
–61°
–62°
–63°
CENTAURUS
VELA
CARINA
129 ly
120 ly
41 ly
Tr 19
180 ly
V685 (e1)
V524 (v1)
V526
GI (c1)
V525 (i)
V537 (s)
V527 (0)
V532 (s)
3532
V523 (1)
ER (c1)
u
97 ly
Stock 13
V382 (i)
Hogg 9
PK288+0.1
Tr 17
288°
WW (c1)
V428
GALÁCTICO
Pismis 17
V414 (v0)
289°
U (c2)
3699
FR (c2)
3503
V353 (v)
V430
290°
FN (c1)
IX (s)
V522 (i)
3572
3496
V533 (i)
PK289-0.1
GG (e)
AG (v)
T
Nebulosa de Eta Carinae
291°
Tr 18
PK290-0.1
AY (c1)
GH (c1)
HK (c1)
ECUADOR
V528 (i)
CY (c1)
3590
292°
V906
WZ (c2)
V431
XZ (c2)
Cr 236
V907
293°
3603
3579
Ru 93
V771 (i)
AZ (c1)
3576
MN (e1)
V531
126 ly
42 ly
IT (c1)
Ru 92
RS (m3)
V371 (v)
N1895
V534
BZ (s)
z
Gum 39
IC 2714
IC 2872
V530 (i)
V536 (c1)
V529 (e1)
IC 2948
Ru 94
Mel 105
155 ly
V808 (v)
Nebulosa brillante/oscura
A escala
<10'
Nebulosa planetaria
>100"
100"–30"
<30"
Cúmulo abierto
Cúmulo globular
A escala
<5'
Galaxias
10' x 5'
6' x 1'
3' x 2'
5' x 5'
4' x 2'
2' x 1'
Dibujado a escala cuando el eje mayor es >2', y circular si el ángulo de posición es incierto
Quásars
Cúmulo de galaxias
Magnitud estelar (V)
≤2
3
4
5
6
7
8
9
10
11
Estrellas variables: amplitud y tipos
<0.1 mag
0.1 – 1.0
>1.0 mag
(e) Eclipsante
(c) Cefeida
(m) Mira
... etc.
Movimiento propio
Desplazamiento en 1000 años
Estrellas dobles: separación
0.3"
3"
30"

El esplendor de la **Nebulosa de Eta Carinae** (NGC 3372) es de tal magnitud que el cielo se rompe en ella. En un espacio de poco más de dos grados se hace realidad la más bella diversidad de formas y colores creada por la mecánica celeste, un lugar al que todo observador deseará regresar numerosas veces después de su primera visita. Espectaculares estrellas y cúmulos se reúnen abrazados por una de las nebulosas más bellas que pueda encontrarse en el firmamento austral, que ha alumbrado aquí un prodigio de la naturaleza en el que resplandecientes nubes de gas de un tamaño de varios años luz aparecen rotas por grupos de grietas oscuras. Se halla a 8000 años luz de distancia de nosotros y es una de las nebulosas más importantes de la **Vía Láctea**. Debe su nombre a que en su interior se encuentra la estrella **Eta (η) Carinae**, de sexta magnitud, situada a 10 horas y 45 minutos de ascensión recta y a –59 grados y 41 minutos de declinación, en pleno corazón de la nebulosa.

La **Nebulosa de Eta Carinae** está partida en dos grandes sectores por una enorme franja oscura de polvo. Las fotografías muestran intensamente esa naturaleza contrapuesta en la que se combina la delicada luz roja de las áreas más resplandecientes con los abismos negros de las nebulosas oscuras que rompen el cuerpo principal. La magnitud combinada es de 5,3 y gracias a su gran tamaño puede explorarse por zonas tanto con un telescopio como con unos prismáticos con buen campo.

Uno de los paradigmas de este primoroso objeto celeste es que, en la actualidad, la estrella que le da nombre apenas es visible. **Eta (η) Carinae** es una variable azul de ciclo irregular, una estrella del tipo **S Doradus** que supera en 100 veces la masa del Sol y que, con toda probabilidad, es la estrella más masiva de nuestra galaxia. En 1843 fue, temporalmente, la segunda estrella más brillante del firmamento nocturno, ya que en una de sus erupciones superó a todas en brillo a excepción de **Sirius**, de magnitud –1,44. Ahora, en cambio, **Eta (η) Carinae** vive en la oscuridad, casi oculta por la **Nebulosa del Homúnculo**, una negra nube de pequeño tamaño formada por el gas que la propia estrella expelió en aquella explosión de mediados del siglo XIX y que se encuentra inmersa en el conjunto de la **Nebulosa de Eta Carinae**.

Otro espectacular objeto es la **Nebulosa Ojo de Cerradura** (NGC 3324), que está situada a 10 horas y 37 minutos de ascensión recta y –58 grados y 38 minutos de declinación, arriba del centro de la carta. Es ésta una de las principales nebulosas oscuras que, en forma de grieta, recorta el halo de luz de la nebulosa principal, que también alberga diversos cúmulos estelares, entre los que el más extenso es **Collinder 228 (Cr 228)**. Es éste un espectacular conglomerado de la magnitud 4,4 y 14 minutos de arco de tamaño aparente. Es muy probable que Nicolas Lacaille fuera el primer astrónomo que observó este cúmulo en el siglo XIX durante sus históricas observaciones del cielo austral.

Arriba a la derecha de la **Nebulosa Ojo de Cerradura** (NGC 3324) hay otro excelente cúmulo abierto todavía envuelto por la nebulosidad de la zona: **NGC 3293**. Es bastante brillante, de la magnitud 4,7, pero tan denso que los prismáticos se quedan cortos para resolverlo y se impone el uso de un telescopio. Con él aparecen decenas de estrellas. Desde este cúmulo, la línea que marca el ecuador galáctico nos lleva, arriba a la derecha, hasta otro cúmulo muy interesante, **IC 2582**, que alberga una treintena de estrellas perfectamente visibles con telescopios de 80-100 mm de abertura.

Esta región celeste confluye, en la constelación de **Carina**, con la de la carta anterior. Los ya densos campos estelares visibles en el sector de la **carta 32** se intensifican en el entorno de la **Nebulosa de Eta Carinae**, por lo que es muy espectacular un barrido general con unos prismáticos o un telescopio con pocos aumentos. Fuera de la nebulosa, en el sector derecho de la carta, cúmulos como **Cr 223**, **NGC 3255** y **Tr 13** se confunden con los campos estelares de la constelación austral de **Carina**.

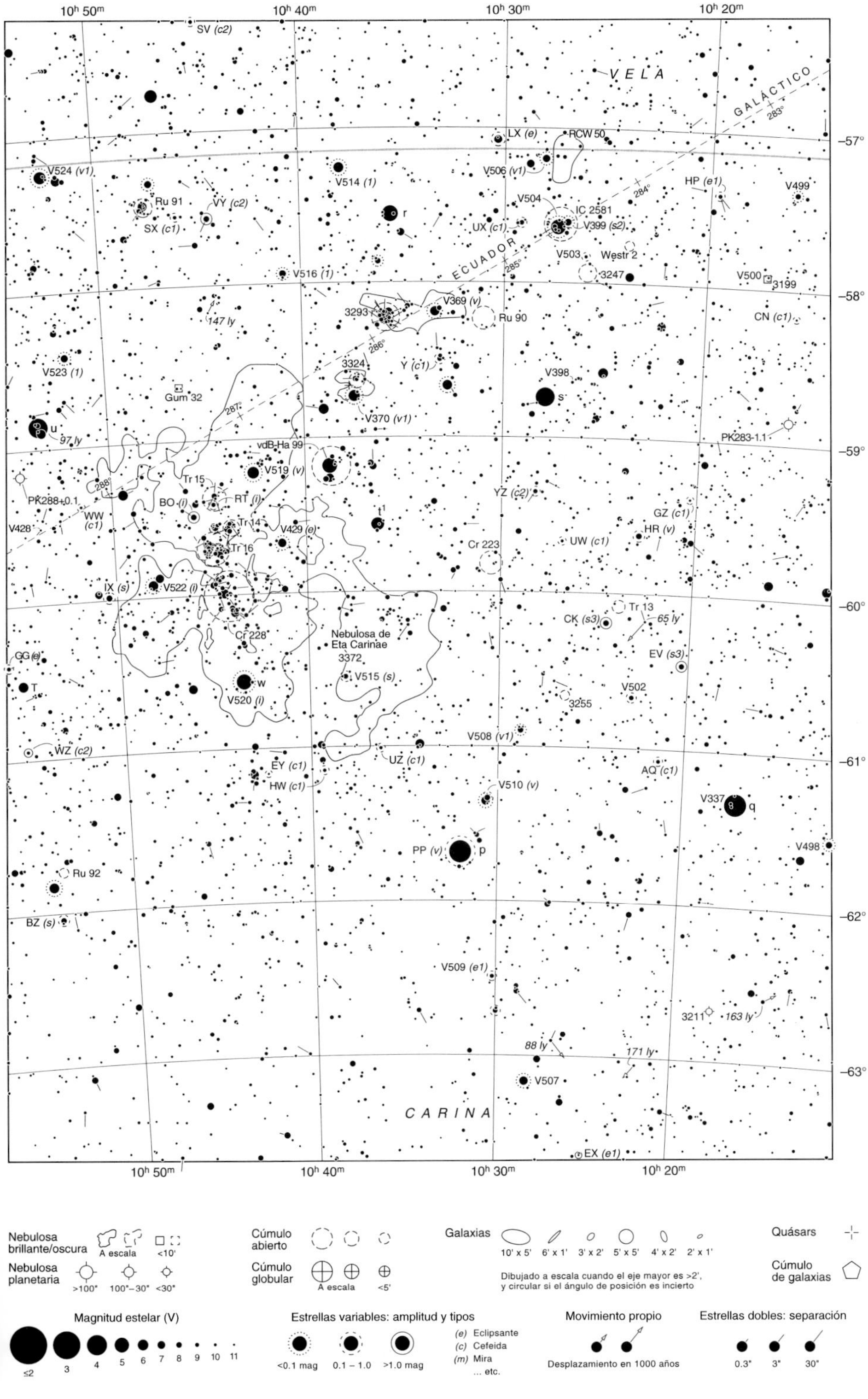

10h 50m
10h 40m
10h 30m
10h 20m
VELA
CARINA
GALÁCTICO
ECUADOR
-57°
-58°
-59°
-60°
-61°
-62°
-63°
283°
284°
285°
286°
287°
288°
SV (c2)
LX (e)
RCW 50
V524 (v1)
V506 (v1)
V514 (1)
HP (e1)
V499
Ru 91
VY (c2)
V504
IC 2581
SX (c1)
r
UX (c1)
V399 (s2)
V503
Westr 2
V516 (1)
3247
V500
3199
V369 (v)
3293
Ru 90
CN (c1)
147 ly
286°
3324
Y (c1)
V523 (1)
V398
Gum 32
s
V370 (v1)
u
97 ly
PK283-1.1
vdB-Ha 99
V519 (v)
Tr 15
PK288+0.1
BO (i)
RT (i)
YZ (c2)
WW (c1)
t1
GZ (c1)
V428
Tr 14
V429 (e)
HR (v)
Tr 16
UW (c1)
Cr 223
IX (s)
V522 (i)
Tr 13
65 ly
CK (s3)
Cr 228
Nebulosa de Eta Carinae
3372
GG (e)
EV (s3)
V515 (s)
T
w
V520 (i)
V502
3255
V508 (v1)
WZ (c2)
UZ (c1)
EY (c1)
AQ (c1)
HW (c1)
V510 (v)
V337
q
V498
PP (v)
p
Ru 92
BZ (s)
V509 (e1)
3211
163 ly
88 ly
171 ly
V507
EX (e1)
Nebulosa brillante/oscura
A escala
<10'
Nebulosa planetaria
>100"
100"–30"
<30"
Cúmulo abierto
Cúmulo globular
A escala
<5'
Galaxias
10' x 5'
6' x 1'
3' x 2'
5' x 5'
4' x 2'
2' x 1'
Dibujado a escala cuando el eje mayor es >2',
y circular si el ángulo de posición es incierto
Quásars
Cúmulo de galaxias
Magnitud estelar (V)
≤2
3
4
5
6
7
8
9
10
11
Estrellas variables: amplitud y tipos
<0.1 mag
0.1 – 1.0
>1.0 mag
(e) Eclipsante
(c) Cefeida
(m) Mira
... etc.
Movimiento propio
Desplazamiento en 1000 años
Estrellas dobles: separación
0.3"
3"
30"

La **Vía Láctea** alimenta su población estelar desde diversos criaderos en forma de nebulosa. **M 42** en **Orion** (**carta 12**), **Roseta** en **Monoceros** (**carta 8**) y **M 16** en **Aquila** (**carta 45**) son las tres nebulosas brillantes más famosas que ostentan la responsabilidad de mantener el "índice de natalidad" de la galaxia, pero la vida de las estrellas también surge de la oscuridad, desde aquellas nebulosas cuya negrura impide a los astrónomos observar con exactitud el tamaño y características de nuestra ciudad estelar, porque nos tapan con su velo de gas y polvo –el mismo del que nacen las estrellas– lo que hay más allá, en los brazos espirales exteriores. El **Saco de Carbón** es uno de esos criaderos estelares sin luz, como la **Nebulosa Cabeza de Caballo** (**Barnard 33**) en **Orion**.

El sector de esta carta muestra la región más meridional del **Saco de Carbón**, cuya parte superior aparece en la **Región Celeste 31**. Aquí, la banda oscura de gas y polvo de este enorme objeto se reparte por tres constelaciones: **Centaurus** (arriba izquierda), **Crux** (arriba derecha) y **Musca** (debajo). Desde hace décadas, los astrónomos creen que este objeto no es sino la prolongación de una colosal nebulosa oscura que atraviesa el brazo espiral de la **Vía Láctea** en el que se hallan el **Sol** y las demás estrellas que podemos observar cualquier noche. Esta espiral es conocida como **Brazo de Orion** y se extiende desde la constelación boreal de **Cygnus** hasta la austral de **Vela**, agrupando a buena parte de los objetos celestes más importantes. El **Sistema Solar** queda en la parte interior del brazo, orientado hacia el centro de la galaxia. Gran parte del exterior, en cambio, está oscurecida por este gigantesco conjunto de nebulosidad oscura.

Como ocurre en el sector de la nebulosa descrito en la **carta 31**, con un telescopio sólo puede observarse el **Saco de Carbón** por zonas. Los binoculares son más útiles en este caso, porque su gran campo proporciona excelentes vistas del contorno negro de este objeto oscureciendo el resplandor de los extensos campos estelares de la **Vía Láctea** en esta parte del firmamento austral.

Dentro del área abarcada por la propia nebulosa, arriba a la derecha, hay una magnífica pareja de cúmulos abiertos flanqueando a la estrella variable **BZ Crucis**. Estos cúmulos son **Hogg 15** (izquierda) y el espectacular **NGC 4609**, que acoge unas 40-50 estrellas y tiene una magnitud integrada de 6,9. Su tamaño angular es de 5 minutos, por lo que conviene buscarlo con un telescopio a más de 100 aumentos.

Los dos tercios inferiores de esta carta corresponden a **Musca**, la **Mosca**, una pequeña constelación del hemisferio celeste sur. Antiguamente, su nombre era el de **Apis** (la **Abeja**), que le asignó el astrónomo alemán Johann Bayer en *Uranometria*, el primer atlas estelar completo, elaborado en 1603. Sin embargo, como otras muchas del cielo austral, fue modificada un siglo y medio después por el francés Nicolas Lacaille, que optó por la denominación **Musca Australis** y, finalmente, en el siglo XX se quedó, simplemente, en **Musca** en el catálogo de 88 constelaciones de la Unión Astronómica Internacional (IAU).

Las dos estrellas principales de la constelación, **Alfa (α)** y **Beta (β) Muscae**, tienen brillo similar y aparecen muy cerca una de otra en la parte inferior derecha de la carta, con el aliciente de que ambas son dos binarias muy interesantes que suponen un estimulante reto para observarlas con telescopio. En **α Muscae** –extremo inferior– el par de estrellas está muy separado, a 30 segundos de arco una de otra, pero el problema es la disparidad de magnitudes, ya que la principal es de 2,7 y la secundaria tiene la 12,8. Por tanto, la compañera sólo es visible con 200 mm de abertura o más.

En **β Muscae** las dos estrellas son muy brillantes, ya que sus magnitudes respectivas son 3,7 y 4,0. La dificultad, ahora, reside en la escasa separación, que es de 1,4 segundos, pero debe poder resolverse con aberturas de 100 mm.

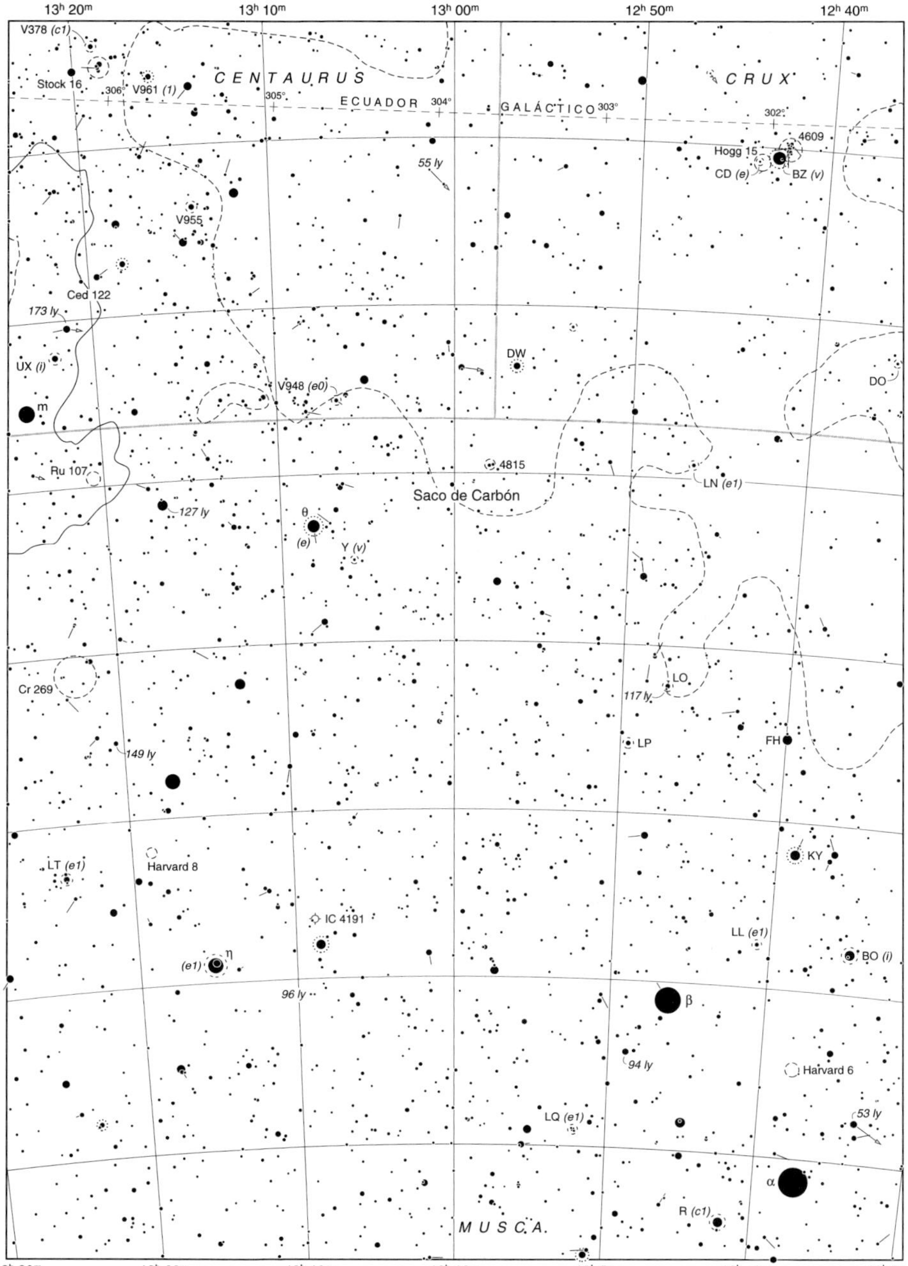
13h 20m
13h 10m
13h 00m
12h 50m
12h 40m
CENTAURUS
CRUX
MUSCA
ECUADOR GALÁCTICO
306°
305°
304°
303°
302°
V378 (c1)
Stock 16
V961 (1)
4609
Hogg 15
CD (e)
BZ (v)
55 ly
V955
Ced 122
173 ly
UX (i)
DW
DO
V948 (e0)
m
Ru 107
4815
LN (e1)
Saco de Carbón
127 ly
θ
(e)
Y (v)
Cr 269
LO
117 ly
LP
FH
149 ly
KY
LT (e1)
Harvard 8
IC 4191
LL (e1)
BO (i)
η
(e1)
96 ly
β
94 ly
Harvard 6
53 ly
LQ (e1)
α
R (c1)
−63°
−64°
−65°
−66°
−67°
−68°
−69°
13h 30m
13h 20m
13h 10m
13h 00m
12h 50m
12h 40m
12h 30m

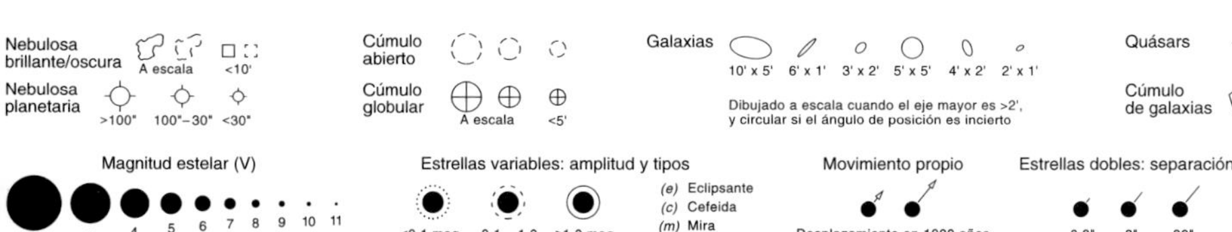
Nebulosa brillante/oscura
A escala
<10'
Nebulosa planetaria
>100"
100"–30"
<30"
Cúmulo abierto
Cúmulo globular
A escala
<5'
Galaxias
10' x 5'
6' x 1'
3' x 2'
5' x 5'
4' x 2'
2' x 1'
Dibujado a escala cuando el eje mayor es >2', y circular si el ángulo de posición es incierto
Quásars
Cúmulo de galaxias
Magnitud estelar (V)
≤2
3
4
5
6
7
8
9
10
11
Estrellas variables: amplitud y tipos
<0.1 mag
0.1 – 1.0
>1.0 mag
(e) Eclipsante
(c) Cefeida
(m) Mira
... etc.
Movimiento propio
Desplazamiento en 1000 años
Estrellas dobles: separación
0.3"
3"
30"

Los campos estelares más densos de la **Vía Láctea** alcanzan su límite boreal en las constelaciones de **Cassiopeia** y **Cepheus**, cuya confluencia aparece en esta carta. Aunque su riqueza estelar es menor que la de **Sagittarius**, **Carina** y otras constelaciones australes, se congregan aquí muchas nebulosas y cúmulos excelentes para la observación. La divisoria de las dos constelaciones fragmenta el sector, en forma de escalera, en dos partes prácticamente iguales, con **Cassiopeia** a la izquierda y **Cepheus** a la derecha.

La más famosa de las nebulosas –aunque no la más extensa– de esta región celeste es **NGC 7635**, popularmente conocida como **Nebulosa de la Burbuja** (en **Cassiopeia**, arriba a la izquierda del centro). Está formada por una inmensa nube de gas alimentada por el viento solar de una estrella muy caliente, que confiere a este objeto el curioso aspecto de burbuja que ha dado lugar a su nombre. Aunque la estrella inductora es de magnitud 7, la nebulosa tiene la 11 y no es, por tanto, sino un débil halo perceptible únicamente con grandes telescopios. Sin embargo, fotográficamente está al alcance de los teleobjetivos, ya que su tamaño angular es de unos 15 minutos de arco. Serán necesarias exposiciones largas, pero la **Nebulosa de la Burbuja** mostrará en las fotografías la belleza que visualmente resulta esquiva.

A la izquierda de esta nebulosa está el único objeto Messier de este sector: el cúmulo abierto **M 52/NGC 7654**, de magnitud 6,9 y bastante denso, con unas 150-200 estrellas en un espacio angular de unos 13 minutos de arco. Probablemente es el cúmulo abierto más espectacular de **Cassiopeia**, superior incluso a **M 103** (no visible en esta carta), a pesar de que éste es más fácil de localizar por su proximidad a las estrellas principales de la constelación. Junto a **M 52** está otro cúmulo abierto, **Czernik 43**, con una extensión similar pero mucho más disperso y débil.

La línea del ecuador galáctico nos acerca, en sentido descendente, hacia la zona dominada por la nebulosa **Sharpless 157** (**Sh2-157**), situada en una parte en **Cassiopeia** y en la otra en **Cepheus.** Con aberturas grandes, los actuales filtros nebulares facilitan la observación telescópica de este extenso objeto, que abarca más de 1 grado. Lo más aconsejable, no obstante, es apostar de nuevo por la fotografía, ya que puede obtenerse un extraordinario encuadre con la nebulosa **Sh2-157**, la **Nebulosa de la Burbuja** (**NGC 7635**) y los cúmulos estelares abiertos **M 52** y **Czernik 43**.

Junto a **Sh2-157** hay un cúmulo abierto que no debe pasar desapercibido: **NGC 7510**, de magnitud 8,0 y sólo 4 minutos de tamaño, en los que se apiñan más de 50 estrellas.

En la parte superior derecha, en la constelación de **Cepheus**, se encuentra la **Nebulosa de la Cueva** o **Sharpless 155** (**Sh2-155**), cuyas características son muy similares a la de su vecina y hermana de catálogo **Sh2-157**. Abarca más de medio grado, pero es muy débil y sólo las fotografías revelan de ella su verdadera forma y color, a pesar de que también pueda recurrirse en este caso a telescopios de gran abertura con filtros nebulares. Las imágenes en color muestran una hermosa y enorme nebulosa de color rojizo con una brillantísima estrella anaranjada en su interior. En su parte izquierda, un gran orificio negro se asemeja a la forma de una cueva, por lo que se conoce a esta nebulosa con dicho nombre.

En esta carta hay dos objetos muy llamativos. Uno es la radiofuente **Cassiopeia A** (abajo a la izquierda del centro), cuyas ondas de radio figuran entre las más intensas que pueden detectarse en todo el cielo. La existencia de jirones nebulosos en su entorno ha hecho creer a los astrónomos que esta radiofuente está relacionada con el remanente de una supernova que se produjo hace unos tres siglos. El otro objeto especial es la estrella **Bradley 3077**, situada en la parte inferior de la carta. Está a 21,3 años luz del **Sol** y es del tipo espectral K, de color anaranjado. Forma parte de las estrellas elegidas en busca de señales de radio inteligentes y también destaca por su notable movimiento propio, que supera el medio grado cada 1000 años.

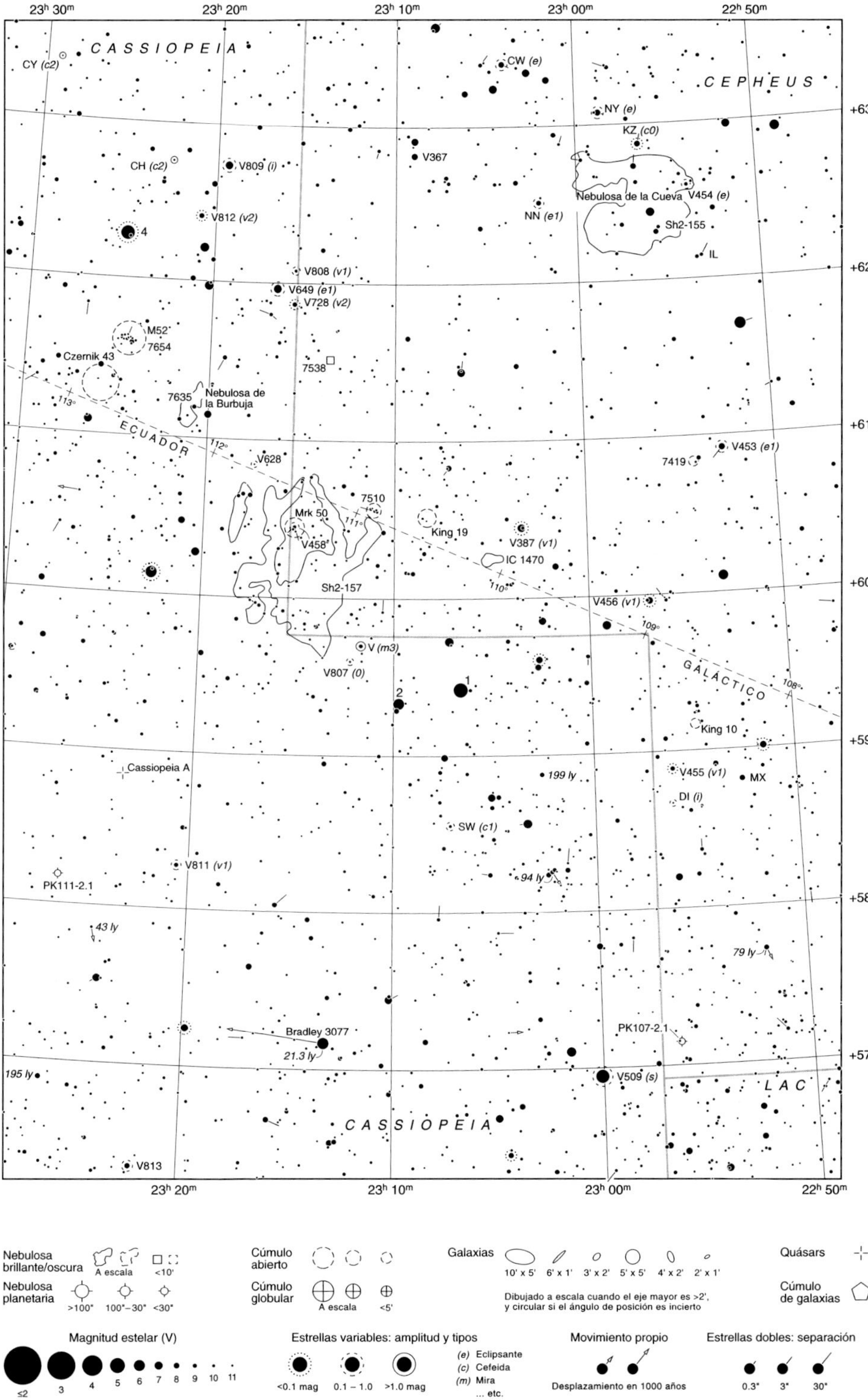
23h 30m
23h 20m
23h 10m
23h 00m
22h 50m
CASSIOPEIA
CEPHEUS
LAC
+63°
+62°
+61°
+60°
+59°
+58°
+57°
CY (c2)
CW (e)
NY (e)
KZ (c0)
CH (c2)
V809 (i)
V367
Nebulosa de la Cueva
V454 (e)
NN (e1)
V812 (v2)
4
Sh2-155
IL
V808 (v1)
V649 (e1)
V728 (v2)
M52
7654
Czernik 43
7538
113°
7635
Nebulosa de la Burbuja
ECUADOR
112°
V628
V453 (e1)
7419
7510
Mrk 50
111°
King 19
V458
V387 (v1)
IC 1470
110°
Sh2-157
V456 (v1)
109°
V (m3)
V807 (0)
GALACTICO
108°
1
2
King 10
Cassiopeia A
199 ly
V455 (v1)
MX
DI (i)
SW (c1)
V811 (v1)
PK111-2.1
94 ly
43 ly
79 ly
Bradley 3077
21.3 ly
PK107-2.1
195 ly
V509 (s)
V813
Nebulosa brillante/oscura
A escala
<10'
Cúmulo abierto
Galaxias
10' x 5'
6' x 1'
3' x 2'
5' x 5'
4' x 2'
2' x 1'
Quásars
Nebulosa planetaria
>100"
100"–30"
<30"
Cúmulo globular
A escala
<5'
Dibujado a escala cuando el eje mayor es >2',
y circular si el ángulo de posición es incierto
Cúmulo de galaxias
Magnitud estelar (V)
≤2
3
4
5
6
7
8
9
10
11
Estrellas variables: amplitud y tipos
<0.1 mag
0.1 – 1.0
>1.0 mag
(e) Eclipsante
(c) Cefeida
(m) Mira
... etc.
Movimiento propio
Desplazamiento en 1000 años
Estrellas dobles: separación
0.3"
3"
30"

La constelación boreal de **Cepheus** no tiene una figura tan espectacular y famosa como las de **Orion**, **Cassiopeia** o **Ursa Major**, pero en su interior se encuentran algunas de las mejores estrellas y nebulosas del hemisferio norte. Merced a su proximidad al polo norte celeste, localizar esta constelación es bastante sencillo y deparará momentos memorables al observador.

Aunque el mayor brillo corresponde a **Alderamin** (arriba), **Mu (μ) Cephei** –abajo a la izquierda del centro– es la estrella más hermosa y espectacular en esta constelación. A William Herschel no se le pasó por alto esta maravilla del cielo boreal que refulge con inusitado color rojo, como si fuera una brasa. La importancia que este ilustre astrónomo dio a esta estrella se ha heredado con el paso del tiempo, de forma que se la conoce también como **Estrella Granate de Herschel**. Vista por cualquier telescopio resplandece con esa coloración de tal forma que contrasta abrumadoramente con las demás estrellas de su entorno, con el aliciente de que es una de las escasas estrellas intensamente rojas observable a simple vista, ya que su brillo nunca es más débil que la magnitud 5,1. En este aspecto, aventaja a la **Estrella Carmesí de Hind** (**R Leporis**) y otras que, a pesar del interés de su observación por su llamativo color rojo, no tienen el brillo suficiente para observarlas a simple vista.

Pero **Mu (μ) Cephei** también es espectacular por más motivos. Se trata de una variable semirregular del tipo SRC, una supergigante roja que oscila cada dos años entre las magnitudes 3,4 y 5,1. Su distancia es incierta, pero se estima que debe de estar aproximadamente a unos 2700 años luz. Si es así, nos encontramos ante una de las estrellas más voluminosas de la **Vía Láctea**, con un diámetro tan gigantesco que, si la colocáramos en el lugar que ocupa el **Sol**, quedarían en su interior todos los planetas desde **Mercurio** a **Júpiter**. Se cree que su masa puede superar en unas 20 veces la solar, por lo que teniendo en cuenta la avanzada fase que atraviesa en su evolución y la inestabilidad que caracteriza a este tipo de estrellas, podría explotar en forma de supernova en cualquier momento.

La **Estrella Granate de Herschel** se encuentra en el extremo superior de **IC 1396**, un cúmulo abierto rodeado de una extraordinaria nebulosa que abarca unos tres grados en el cielo y cuya forma y color evocan, de forma sorprendente, a la **Nebulosa Roseta** (**NGC 2237/8**), perteneciente a la constelación de **Monoceros**. La principal diferencia es que en **IC 1396** el cúmulo estelar está repartido uniformemente junto a la nebulosa, pero en **NGC 2237/8** ocupa el orificio central. Sin embargo, resultan extraordinariamente parecidas ambas nebulosas por su forma circular y el cúmulo alojado en su interior. La nebulosa de **IC 1396** sólo revela sus extraordinarios colores con fotografías de larga exposición, mientras que en la observación visual únicamente destaca el cúmulo. La fotografía nos mostrará también estas siete **Nebulosas Oscuras de Barnard**: **B 142**, **B 160**, **B 161**, **B 162**, **B 163**, **B 465** y **B 367**. Todas ellas fragmentan espectacularmente la estructura de halo de la nebulosa brillante principal.

En la parte derecha del sector hay otros dos objetos excepcionales que deben fotografiarse con teleobjetivos o telescopios de corta longitud focal. El más grande es **Sharpless 129** (**Sh2-129**), una bellísima nebulosa rosa y roja que abarca varios grados en forma de óvalo y que encierra, a su derecha, dos estrellas increíblemente contrastadas, una naranja y la otra blancoazulada. A la izquierda del óvalo nebuloso hay una alineación de tres estrellas que deleitará al observador, tanto visual como fotográficamente, y lo mismo sucede con la nebulosa **Barnard 140** (**B 140**), un poco más abajo. Esta nebulosa oscura se halla junto a dos estrellas, una roja y la otra azulada, que forman un extraordinario conjunto.

En la parte inferior derecha hay otras cinco nebulosas oscuras que roban densidad a los campos estelares de la **Vía Láctea** en la constelación de **Cepheus**: **B 151**, **B 153**, **B 154**, **B 359** y **B 360**.

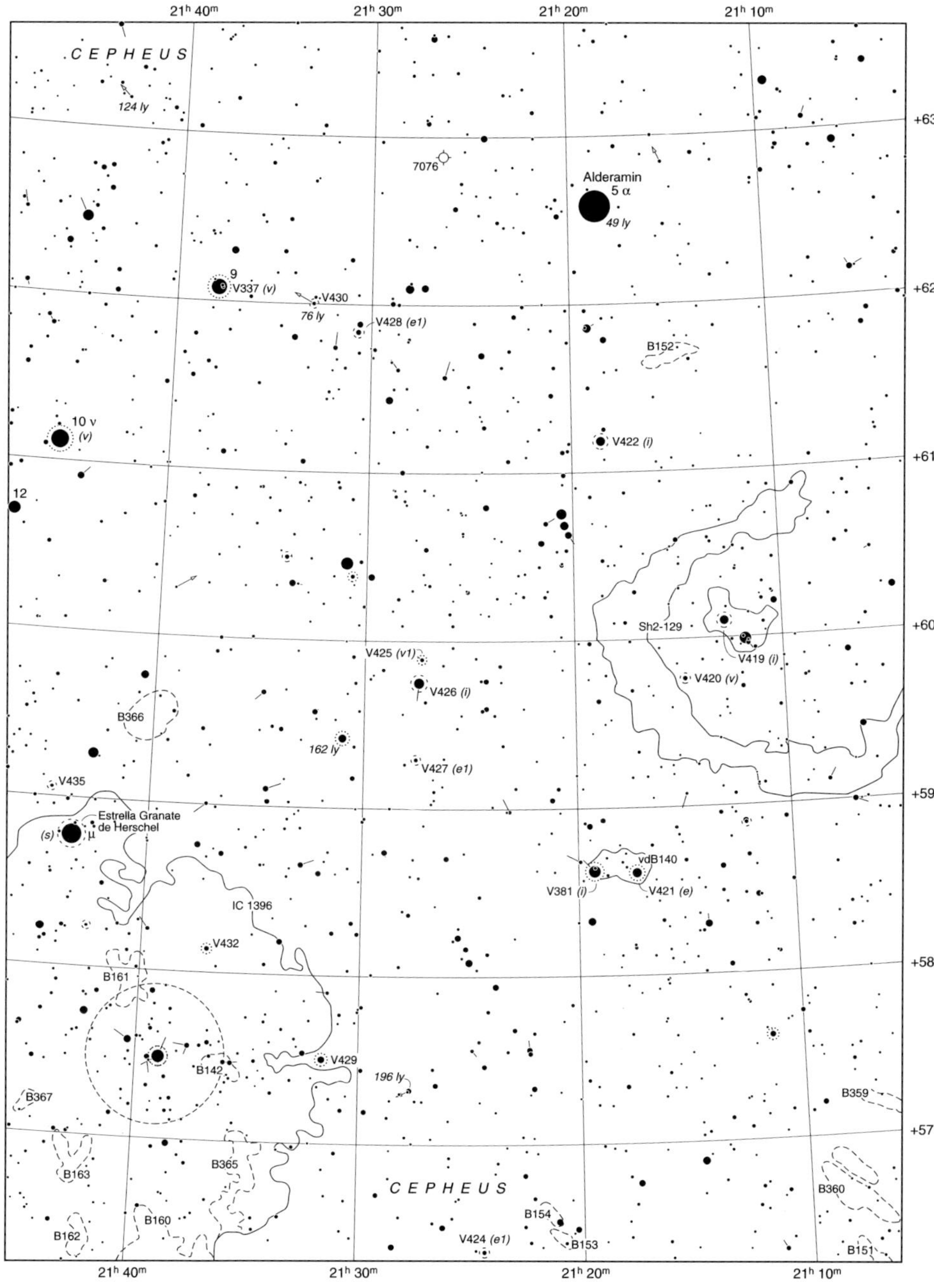
21h 40m
21h 30m
21h 20m
21h 10m
CEPHEUS
124 ly
+63°
7076
Alderamin
5 α
49 ly
9
V337 (v)
V430
76 ly
+62°
V428 (e1)
B152
10 ν
(v)
V422 (i)
+61°
12
Sh2-129
+60°
V425 (v1)
V419 (i)
V420 (v)
V426 (i)
B366
162 ly
V427 (e1)
V435
+59°
Estrella Granate de Herschel
(s)
μ
vdB140
V381 (i)
V421 (e)
IC 1396
V432
+58°
B161
V429
B142
196 ly
B367
B359
+57°
B365
B163
CEPHEUS
B360
B154
B160
B162
V424 (e1)
B153
B151
21h 40m
21h 30m
21h 20m
21h 10m

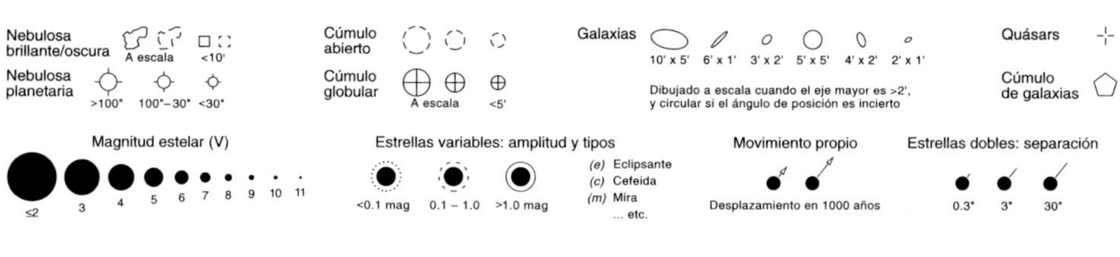
Nebulosa brillante/oscura
A escala
<10'
Cúmulo abierto
Galaxias
10' x 5'
6' x 1'
3' x 2'
5' x 5'
4' x 2'
2' x 1'
Quásars
Nebulosa planetaria
>100"
100"–30"
<30"
Cúmulo globular
A escala
<5'
Dibujado a escala cuando el eje mayor es >2',
y circular si el ángulo de posición es incierto
Cúmulo de galaxias
Magnitud estelar (V)
≤2
3
4
5
6
7
8
9
10
11
Estrellas variables: amplitud y tipos
<0.1 mag
0.1 – 1.0
>1.0 mag
(e) Eclipsante
(c) Cefeida
(m) Mira
... etc.
Movimiento propio
Desplazamiento en 1000 años
Estrellas dobles: separación
0.3"
3"
30"

Cygnus, la constelación boreal del **Cisne**, se halla en el cenit en las cortas madrugadas estivales. La **Vía Láctea** dibuja en ella sus trazos más definidos para un observador del hemisferio norte, siendo muy fácil distinguirla desde zonas rurales y, algunas veces, cuando la atmósfera adquiere gran transparencia, también desde pequeñas ciudades sin mucha luz parásita.

Esta carta comprende el sector de la constelación en el que se halla la sección norte de la **Nebulosa Norteamérica** (**NGC 7000**), cuyo entorno es de gran interés por la profusión de nebulosidades brillantes y oscuras que cubren el cielo alternándose con cúmulos estelares. La parte sur de dicha nebulosa y su vecina, la **Nebulosa del Pelícano** (**IC 5067/70**) aparecen en la **Región Celeste 38**, a continuación de ésta.

La observación de la extensa nebulosidad existente en **Cygnus** no es materia para los telescopios, salvo en el caso específico de las nebulosas planetarias. **Norteamérica** ocupa más de 3 grados cerca de la estrella **Deneb** o **Alfa (α) Cygni** (no visible en la carta) y sólo es perceptible a simple vista o con prismáticos desde lugares con cielos muy limpios. Ni siquiera en ellos la nebulosa podrá apreciarse bien con los telescopios, ya que la extensa nebulosidad se percibe únicamente por contraste con su entorno inmediato. A ojo desnudo o con unos prismáticos de 7 × 50 u 11 × 80, el observador distinguirá partes del contorno ayudado, fundamentalmente, por los huecos oscuros que la rodean.

Las dificultades de la observación visual se disipan rápidamente en la fotográfica. Es, junto a la **Nebulosa de Orion** (**M 42/NGC 1976**), la más fácil de fotografiar. Siempre que se cuente con un sistema de seguimiento para compensar la rotación del cielo, sencillas exposiciones de 3 a 5 minutos con objetivos estándar de 50 mm o grandes angulares de 28-35 mm proporcionan extraordinarias imágenes.

El interés de este famosísimo objeto impide, muchas veces, la observación de los excelentes cúmulos y nebulosas que se hallan en su vecindad. **NGC 7039** (abajo izquierda) es un cúmulo abierto muy grande, de casi medio grado, y una asequible magnitud de 7,6, que permite observarlo fácilmente con unos binoculares, ya que sus estrellas están muy dispersas.

Arriba a la izquierda del cúmulo está la nebulosa planetaria **NGC 7048**, de magnitud 11,3 y 1 minuto de diámetro aparente. Puede probarse su localización con telescopios de aberturas superiores a 250 mm. Más arriba de ella hay otras nebulosas planetarias, aunque también son muy difíciles de ver: **PK 89-0.1** y **NGC 7026**.

Alrededor del extremo superior de **Norteamérica** hay una interesante aureola de nebulosas oscuras que vacían de forma espectacular los campos de estrellas de la **Vía Láctea**. La más grande de ellas es **Barnard 361** (centro izquierda), cerca de **PK 89-0.1** y el pequeño cúmulo abierto **IC 1369**, pero también destacan, a su derecha, **B 351** y **B 356**. Más abajo, rasgan la nebulosidad brillante de **Norteamérica** los huecos negros de **B 352** y **B 353**, que destaca, además, por contraste con el cercano cúmulo abierto **NGC 6996**, difícil de extraer de la gran densidad general de estrellas en esta zona.

A la derecha de **B 352** está el cúmulo abierto **Bark 1**, el más grande en este sector después de **NGC 7039**. Debe observarse el sensacional contraste que produce la imagen telescópica entre la nebulosa oscura de Barnard y este cúmulo, que tiene una extensión angular de unos 20 minutos. Con un telescopio de 80-100 mm pueden efectuarse dos observaciones muy sugestivas: primero, con un ocular que proporcione menos de 50 aumentos deben contemplarse juntos la nebulosa oscura y el cúmulo. Después, hay que aumentar la potencia hasta unos 80-100 aumentos para obtener una mayor resolución efectiva y separar las diferentes estrellas del cúmulo.

Bark 1 pertenece al catálogo de objetos Barkhatova. No debe confundirse con el catálogo de Berkeley, cuya abreviatura, Berk, es muy parecida. A este catálogo pertenece el cúmulo **Berk 53** (extremo superior).

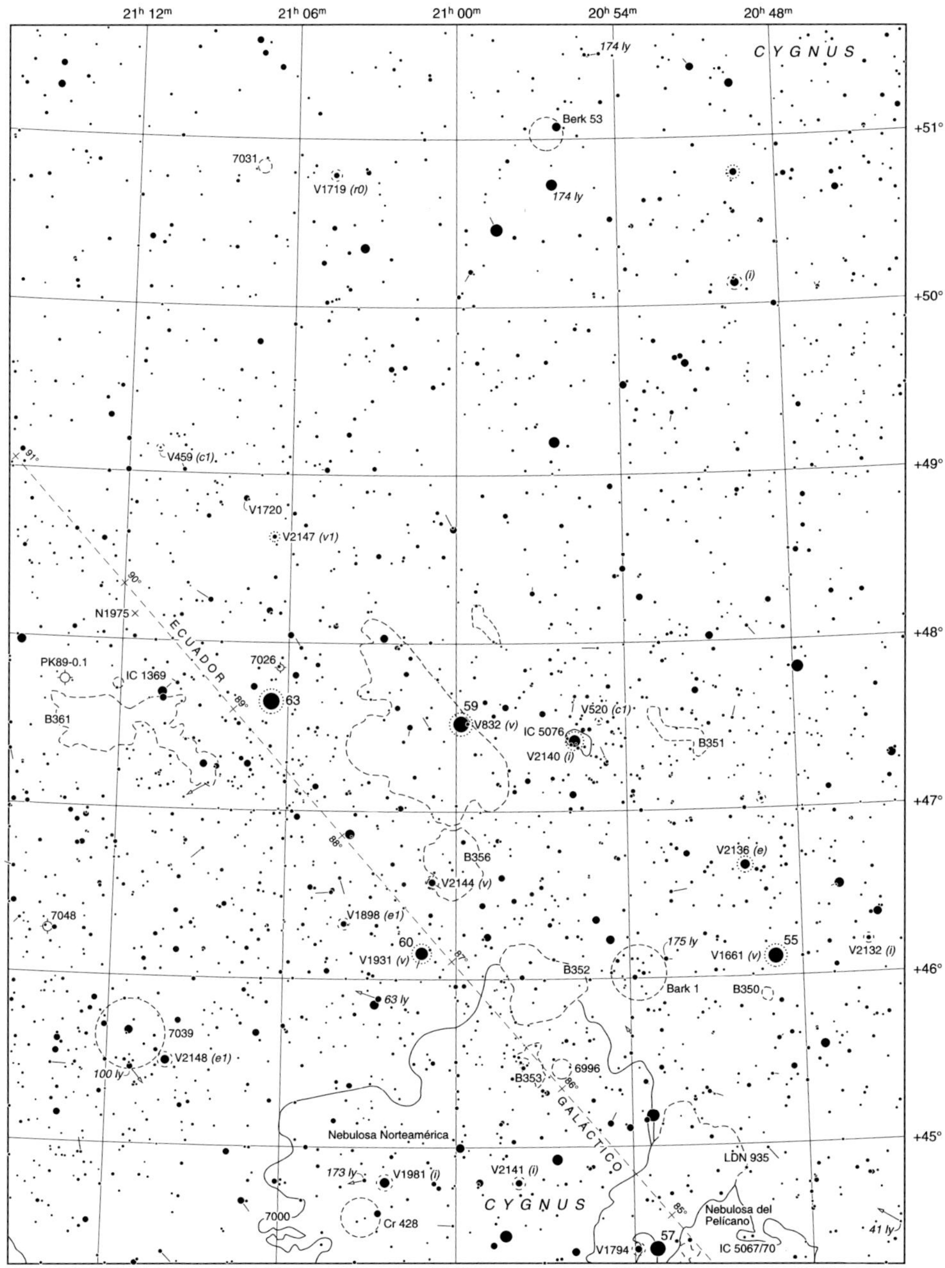
21h 12m
21h 06m
21h 00m
20h 54m
20h 48m
CYGNUS
174 ly
Berk 53
+51°
7031
V1719 (r0)
174 ly
(i)
+50°
V459 (c1)
91°
+49°
V1720
V2147 (v1)
90°
N1975
ECUADOR
+48°
PK89-0.1
IC 1369
7026
63
B361
89°
59
V832 (v)
V520 (c1)
IC 5076
B351
V2140 (i)
+47°
88°
B356
V2136 (e)
V2144 (v)
7048
V1898 (e1)
60
V1931 (v)
87°
175 ly
V1661 (v)
55
V2132 (i)
B352
+46°
Bark 1
B350
63 ly
7039
V2148 (e1)
100 ly
6996
B353
86°
GALÁCTICO
Nebulosa Norteamérica
+45°
LDN 935
173 ly
V1981 (i)
V2141 (i)
CYGNUS
85°
7000
Cr 428
Nebulosa del Pelícano
41 ly
57
V1794
IC 5067/70
21h 12m
21h 06m
21h 00m
20h 54m
20h 48m

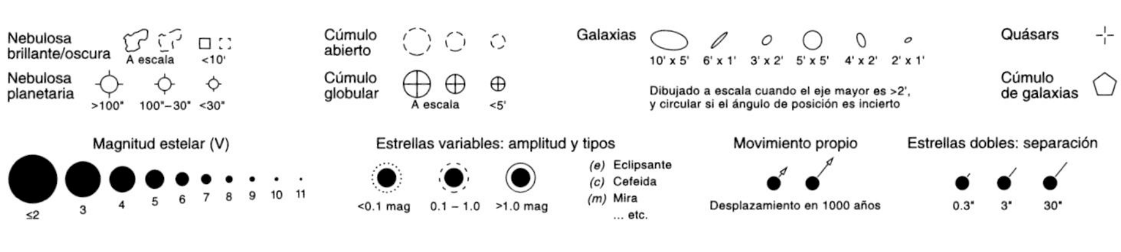
Nebulosa brillante/oscura
A escala
<10'
Nebulosa planetaria
>100"
100"–30"
<30"
Cúmulo abierto
Cúmulo globular
A escala
<5'
Galaxias
10' x 5'
6' x 1'
3' x 2'
5' x 5'
4' x 2'
2' x 1'
Dibujado a escala cuando el eje mayor es >2',
y circular si el ángulo de posición es incierto
Quásars
Cúmulo de galaxias
Magnitud estelar (V)
≤2
3
4
5
6
7
8
9
10
11
Estrellas variables: amplitud y tipos
<0.1 mag
0.1 – 1.0
>1.0 mag
(e) Eclipsante
(c) Cefeida
(m) Mira
... etc.
Movimiento propio
Desplazamiento en 1000 años
Estrellas dobles: separación
0.3"
3"
30"

La **Nebulosa Norteamérica** (**NGC 7000**) –parte superior– se halla a una distancia de unos 1500 años luz y está asociada a una caliente estrella de magnitud 6 alojada en su interior, que hace resplandecer sus gigantescas nubes de gas. El sector sur de la nebulosa es todavía más interesante que la parte norte (**Región Celeste 37**), en especial porque aquí forma un impresionante conjunto con la **Nebulosa del Pelícano** (**IC 5067/70**), que se halla inmediatamente a su derecha. Aunque en los catálogos celestes ambas figuran como objetos diferentes, en realidad forman parte de la misma nebulosa, siendo la del **Pelícano** una extensión de **Norteamérica**. Juntas superan los 100 años luz de tamaño máximo.

La **Nebulosa del Pelícano** es un poco más débil y pequeña, por lo que el recurso de la fotografía es muy aconsejable. Lo mejor es fotografiar juntas las dos, ya que para obtener imágenes exclusivas de ella sería necesario un telescopio de gran longitud focal para centrarla en el campo. Cuando se efectúan exposiciones cortas, de 3 a 5 minutos, en esta región celeste es habitual que sólo aparezca la **Nebulosa Norteamérica** y la del **Pelícano** sólo insinúe sus formas con un delicado trazo. Duplicando o triplicando la exposición, **Norteamérica** revela hasta el más mínimo detalle y la del **Pelícano** muestra su peculiar forma, que recuerda a la del ave con cuyo nombre fue bautizada.

Debajo de estas nebulosas se extiende, de izquierda a derecha, otro conjunto de nebulosidades de gran interés, en el que destaca **IC 5068**. En las fotografías, esta nebulosidad completa una excelente escena dominada en la parte superior por las nebulosas de **Norteamérica** y del **Pelícano**, siendo necesarios aproximadamente los mismos tiempos de exposición para que aparezca en ellas.

Toda la zona de nubes brillantes de gas está salpicada también, en este sector, de nebulosas oscuras del catálogo de Barnard. En el extremo inferior de **Norteamérica** aparece **B 355** y, a su izquierda, **B 358**. Esta última es más fácil de detectar porque crea un agujero oval muy definido en un campo estelar muy rico, que en las fotografías aparece como una pequeña brecha negra. A la derecha de la **Nebulosa del Pelícano** está **B 349**, menos pronunciada que las otras.

En esta carta hay que anotar la presencia, en la parte superior izquierda, del sector oriental de un magnífico objeto celeste: **Sharpless 119** (**Sh2-119**), una nebulosa de enormes proporciones, cuyo tamaño es similar al de la **Nebulosa Norteamérica**. Para muchos observadores es desconocida porque aparece en pocos atlas astronómicos, pero se trata de una nebulosa muy espectacular fotográficamente, que merece que se le preste atención. Este tipo de objetos proporcionan muy buenos resultados a los observadores que deseen encontrar alternativas a los catálogos celestes tradicionales.

En el extremo inferior, a la izquierda, se halla la estrella más interesante de este sector de la constelación de **Cygnus**: **61 Cygni**, antiguamente conocida como **Estrella Volante de Piazzi**, en honor del astrónomo italiano Giuseppe Piazzi, quien descubrió su rapidísimo movimiento propio, el mayor que se conoce en una estrella observable a simple vista. Se trata, además, de una binaria cuyas dos componentes son de magnitud 5,20 y 6,05, respectivamente. Según los cálculos obtenidos por el satélite *Hipparcos* de la Agencia Espacial Europea (ESA), **61 Cygni A**, la estrella más brillante del sistema, se desplaza a razón de 5,28 segundos de arco cada año y su compañera, **61 Cygni B**, se mueve 5,17 segundos de arco en el mismo tiempo. Ocupan el séptimo y octavo lugar, respectivamente, en la lista de estrellas con mayor movimiento propio conocido, en la que el primer lugar corresponde a la **Estrella de Barnard** (**Región Celeste 43**), la segunda estrella más próxima al **Sol**.

La pareja de **61 Cygni** puede resolverse fácilmente con cualquier telescopio, ya que su separación angular es de 28 segundos de arco.

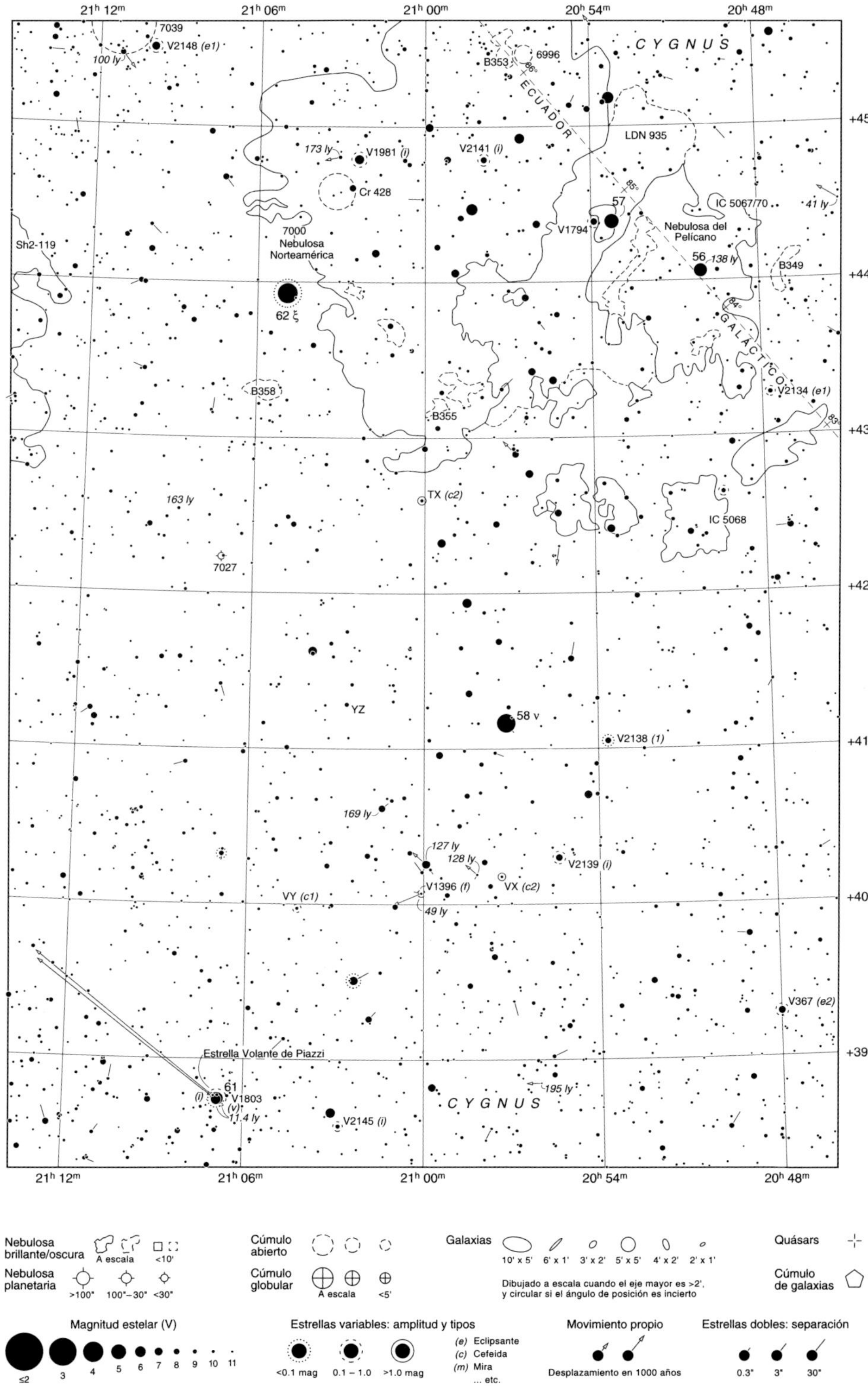
21h 12m
21h 06m
21h 00m
20h 54m
20h 48m
CYGNUS
7039
V2148 (e1)
100 ly
6996
B353
ECUADOR
LDN 935
+45°
173 ly
V1981 (i)
V2141 (i)
Cr 428
IC 5067/70
41 ly
57
V1794
Nebulosa del Pelícano
7000
Nebulosa Norteamérica
Sh2-119
56
138 ly
B349
+44°
62 ξ
GALÁCTICO
V2134 (e1)
B358
B355
+43°
TX (c2)
163 ly
IC 5068
7027
+42°
YZ
58 ν
V2138 (1)
+41°
169 ly
127 ly
128 ly
V2139 (i)
V1396 (f)
VX (c2)
VY (c1)
49 ly
+40°
V367 (e2)
+39°
Estrella Volante de Piazzi
61
V1803
(v)
11.4 ly
195 ly
V2145 (i)
Nebulosa brillante/oscura
A escala
<10'
Nebulosa planetaria
>100"
100"–30"
<30"
Cúmulo abierto
Cúmulo globular
A escala
<5'
Galaxias
10' x 5'
6' x 1'
3' x 2'
5' x 5'
4' x 2'
2' x 1'
Dibujado a escala cuando el eje mayor es >2', y circular si el ángulo de posición es incierto
Quásars
Cúmulo de galaxias
Magnitud estelar (V)
≤2
3
4
5
6
7
8
9
10
11
Estrellas variables: amplitud y tipos
<0.1 mag
0.1 – 1.0
>1.0 mag
(e) Eclipsante
(c) Cefeida
(m) Mira
... etc.
Movimiento propio
Desplazamiento en 1000 años
Estrellas dobles: separación
0.3"
3"
30"

Es posible que ningún otro objeto celeste tan lejano haya despertado el mismo interés por observarlo entre astrónomos profesionales y aficionados. El **Quinteto de Stephan**, situado en la constelación boreal de **Pegasus**, es un espectacular grupo de cinco galaxias formado por **NGC 7317**, **NGC 7318A**, **NGC 7318B**, **NGC 7319** y **NGC 7320**. Esta última es la más brillante de todas, pero aun así su magnitud es de 13,8 y ello supone, de antemano, que queda fuera del alcance de los telescopios pequeños. Sin embargo, los evidentes avances en la capacidad del instrumental astronómico al alcance de los aficionados ha hecho incrementar espectacularmente la popularidad de este singular objeto, ya que puede accederse a él, visual o fotográficamente, mediante telescopios con aberturas de 250-300 mm o superiores.

El grupo de galaxias se encuentra a casi 34 grados de declinación y 22 horas y 36 minutos de ascensión recta, en la parte inferior derecha de la carta. Los diámetros aparentes de cada galaxia rondan el minuto de arco, salvo en el caso de la más brillante **NGC 7320**, que supera los 2 minutos. Buscar este quinteto de remotas ciudades estelares, cuya distancia media a la **Vía Láctea** es de unos 345 millones de años luz, supone un atractivo reto para los observadores que posean el instrumental adecuado. El grupo aparecerá de forma sorprendente en el campo del ocular sobre el fondo de cielo, aunque serán necesarios bastantes aumentos para que estas lejanas galaxias muestren algún detalle.

En la actualidad, los astrónomos mantienen un debate no resuelto acerca del **Quinteto de Stephan**. **NGC 7320**, el miembro más brillante del grupo, se aleja de nosotros con una velocidad de recesión inferior a los 1000 kilómetros por segundo, mucho menor que los 5000-6000 de sus compañeras. Este hecho ha suscitado la teoría de que dicha galaxia no forma parte, en realidad, del famoso quinteto, por lo que sólo cuatro de ellas estarían relacionadas entre sí. Si es cierto que **NGC 7320** no pertenece al quinteto, probablemente sea una galaxia que se halla visualmente en la misma perspectiva y que, en realidad, pertenece al grupo de galaxias que hay a sólo medio grado de distancia, en el que el miembro más destacado es **NGC 7331**, la galaxia más brillante de la constelación de **Pegasus**, con una magnitud de 9,5 y casi 11 minutos de arco en su eje máximo. Es un objeto más fácil de observar y tiene seis vecinas: **NGC 7315**, **NGC 7335**, **NGC 7336**, **NGC 7337**, **NGC 7340** y **NGC 7342**.

Las cuatro componentes confirmadas del **Quinteto de Stephan** son algo más pequeñas y débiles que la dudosa **NGC 7320**. La más apagada es **NGC 7317**, una elíptica situada en el extremo derecho del grupo, ya que su magnitud es de 14,8 y apenas tiene 1,1 × 1,1 minutos de diámetro angular. **NGC 7318A** también es elíptica, de magnitud 14,6 y no alcanza el minuto de tamaño, mientras que su hermana **NGC 7318B** es una espiral barrada algo más favorable: magnitud 14,0 y casi 2 minutos de diámetro. La restante componente confirmada del quinteto es **NGC 7319**, una galaxia espiral barrada de magnitud 14,4 y un tamaño máximo de 1,7 minutos.

Respecto a **NGC 7320**, se trata de una galaxia espiral típica, pero es mucho más pequeña que cualquiera de las otras cuatro componentes, ya que su diámetro se ha estimado en unos 30 000 años luz y las demás oscilan entre los 100 000 y los 200 000 años luz. De todas ellas, **NGC 7318B** es la galaxia más parecida a la **Vía Láctea**, ya que ambas son espirales barradas, aunque aquélla es un poco más grande: unos 165 000 años luz de diámetro en lugar de los 100 000 de la nuestra. El quinteto fue descubierto en 1876 por el astrónomo francés Edouard J. M. Stephan, cuyo nombre se le asignó.

La mitad superior de la carta corresponde a **Lacerta**, el **Lagarto**, una constelación desapercibida porque carece de estrellas y objetos celestes brillantes. En esta parte hay varias galaxias muy débiles que exigen telescopios potentes: **UGC 12181**, **UGC 12173**, **UGC 12137** y **NGC 7330**.

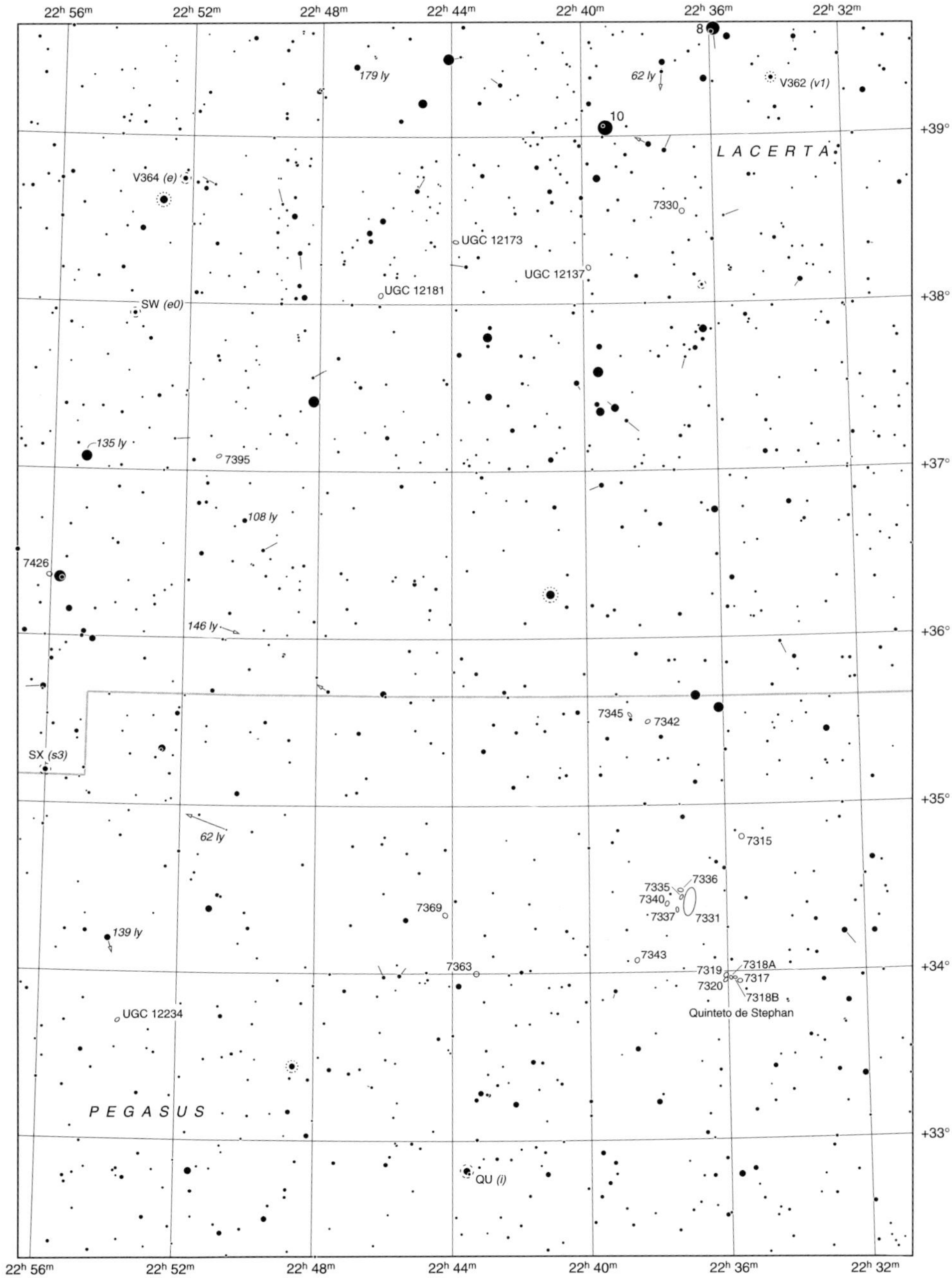

22h 56m
22h 52m
22h 48m
22h 44m
22h 40m
22h 36m
22h 32m
+39°
+38°
+37°
+36°
+35°
+34°
+33°
8
10
179 ly
62 ly
V362 (v1)
L A C E R T A
V364 (e)
7330
UGC 12173
UGC 12137
UGC 12181
SW (e0)
135 ly
7395
108 ly
7426
146 ly
7345
7342
SX (s3)
62 ly
7315
7335
7336
7340
7337
7331
7369
139 ly
7343
7363
7319
7318A
7317
7320
7318B
Quinteto de Stephan
UGC 12234
P E G A S U S
QU (i)

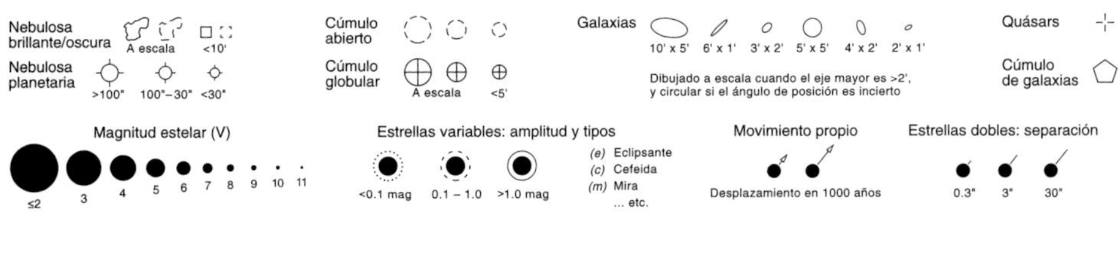

Nebulosa brillante/oscura
A escala
<10'
Nebulosa planetaria
>100"
100"–30"
<30"
Cúmulo abierto
Cúmulo globular
A escala
<5'
Galaxias
10' x 5'
6' x 1'
3' x 2'
5' x 5'
4' x 2'
2' x 1'
Dibujado a escala cuando el eje mayor es >2', y circular si el ángulo de posición es incierto
Quásars
Cúmulo de galaxias
Magnitud estelar (V)
≤2
3
4
5
6
7
8
9
10
11
Estrellas variables: amplitud y tipos
<0.1 mag
0.1 – 1.0
>1.0 mag
(e) Eclipsante
(c) Cefeida
(m) Mira
... etc.
Movimiento propio
Desplazamiento en 1000 años
Estrellas dobles: separación
0.3"
3"
30"

La estrella **Vega** o **Alfa (α) Lyrae** (derecha, arriba) es la quinta más brillante del cielo nocturno, con una magnitud aparente de 0,03. De color blanco o blanco-azulado, es una enana de la clase espectral A, la misma que **Sirius**, y está a 25,3 años luz del **Sol**. Durante las madrugadas de julio y agosto, su presencia es especialmente llamativa porque se halla en el cenit, donde brilla como ninguna, y forma el popular asterismo del **Triángulo Estival** con las estrellas **Deneb** (α **Cygni**) y **Altair** (α **Aquilae**). El satélite *IRAS*, creado para estudiar el cosmos en el infrarrojo, descubrió en los años 80 que alrededor de **Vega** existe un halo de materia que, presumiblemente, son planetas en formación.

Entre las constelaciones pequeñas, **Lyra** es realmente espectacular. **Vega** no sólo ayuda a identificar esta constelación, sino que también es un faro celeste que ayuda a los observadores a orientarse en sus rutas por el firmamento. Pero también hay aquí otros objetos excelentes. El más famoso de todos es, seguramente, la **Nebulosa Anular** o **M 57/NGC 6720** (abajo izquierda), de magnitud 9,7 y un diámetro angular de 150 segundos de arco. Aunque ambos datos no son muy notables en comparación con el brillo y tamaño de otros objetos del catálogo Messier –especialmente cúmulos estelares–, sí lo son para una nebulosa planetaria, entre las que es muy posible que ésta sea la más conocida.

Puede observarse bien **M 57** con cualquier telescopio a partir de 80 mm de abertura, en las proximidades de la estrella **Sheliak** o **Beta (β) Lyrae**. La imagen telescópica muestra un sorprendente aro de diminuto tamaño, en el que resulta difícil apreciar el agujero central cuando se contempla a través de los telescopios más pequeños, pero las aberturas de 100 mm o más lo permiten ver claramente. La visión con instrumentos de 250-300 mm es soberbia y suele dejar estupefactos a los principiantes por la originalidad de este objeto, que como las demás nebulosas planetarias está formado por los restos escindidos de una estrella moribunda alojada en su interior. En el caso de **M 57**, la estrella central tiene la magnitud 14,8 y es, teóricamente, observable con telescopios de 300 mm, aunque en la práctica únicamente suele aparecer en las fotografías de larga exposición.

Lyra acoge también algunas de las estrellas múltiples más hermosas del hemisferio celeste norte. La más sorprendente es **Epsilon (ε) Lyrae**, situada en el extremo superior, casi fuera de los límites de la carta. Las personas que gozan de excelente vista ya pueden distinguir, sin ayuda óptica, a **ε^1 Lyrae** de **ε^2 Lyrae**, que están separadas entre sí unos 3,5 minutos de arco. Con prismáticos o un telescopio de 80 mm a unos 40-50 aumentos, el par se resuelve de maravilla, pero si se aumenta la potencia con un ocular que dé 150 aumentos llega la verdadera sorpresa. Cada una de las dos estrellas es, a su vez, binaria y aparecen en el campo óptico cuatro estrellas. Las dos componentes de **ε^1 Lyrae** tienen magnitudes respectivas de 5,0 y 6,1, con una escasa separación angular de 2,6 segundos de arco, mientras que las otras dos estrellas que forman **ε^2 Lyrae** son de magnitudes 5,2 y 5,5, respectivamente, y quedan a 2,3 segundos una de otra. Ambas son muy fáciles de resolver con la ampliación adecuada y constituyen uno de los mejores espectáculos proporcionados por una estrella múltiple, ya que nos hallamos ante un sistema estelar cuádruple.

Delta (δ) Lyrae (centro, izquierda) también es un sistema cuádruple, aunque no tan sorprendente, ya que sus dos componentes principales están muy separadas. Por el telescopio, es fácil ver las dos estrellas de **δ^1 Lyrae**, ya que están a unos 175 segundos una de otra. La más brillante tiene magnitud 5,6 y la secundaria, 9,3. Las dos estrellas de **δ^2 Lyrae** tienen una separación de 85 segundos y magnitudes de 4,5 y 11,2.

Zeta (ζ) Lyrae (centro, arriba) es otra buena doble, con estrellas muy separadas, de magnitudes 4,3 y 5,9, y **Sheliak** (abajo, izquierda) es una interesante variable, que da nombre al prototipo **Beta Lyrae**.

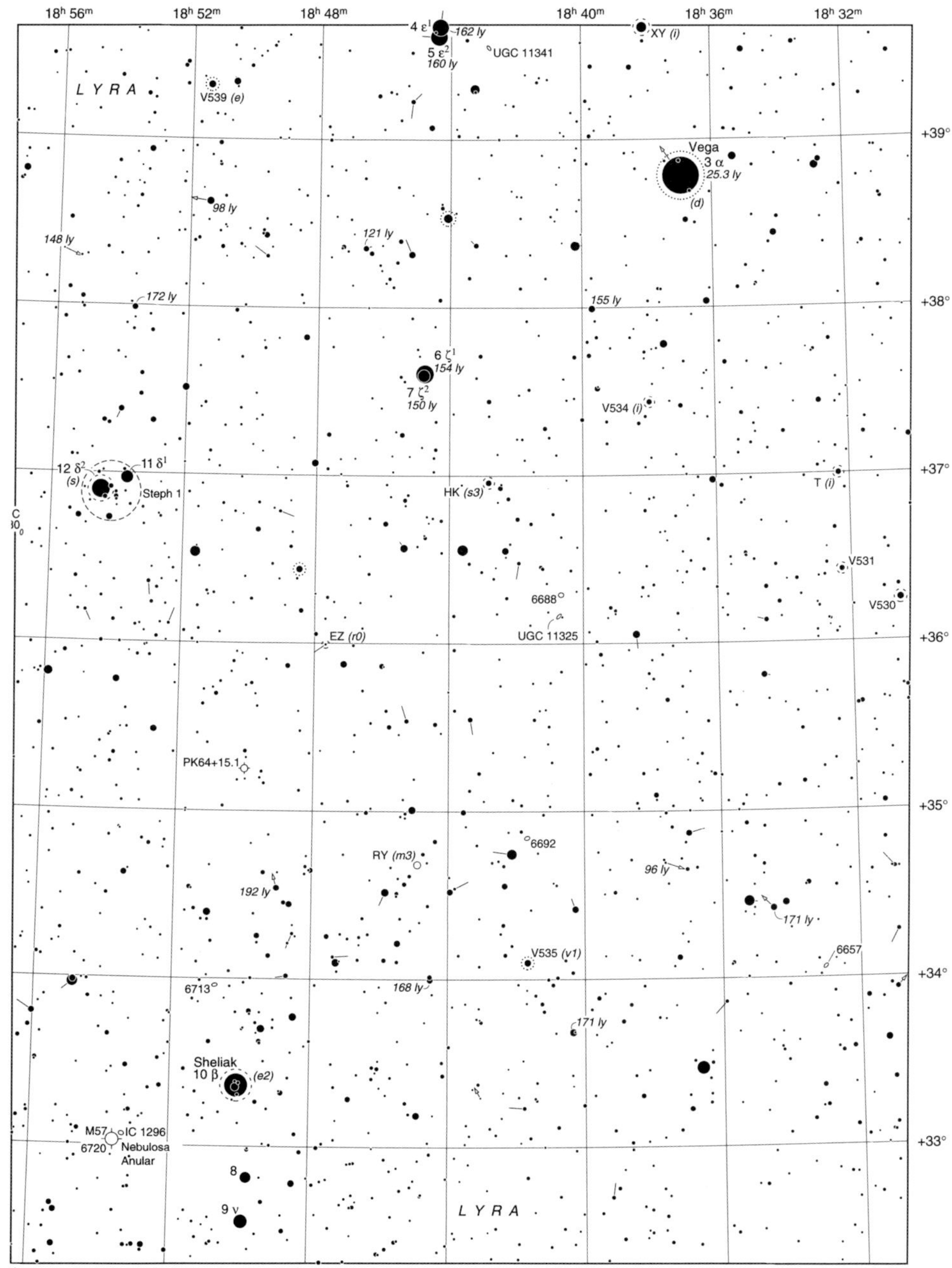

Nebulosa brillante/oscura — A escala — <10'

Nebulosa planetaria — >100" — 100"–30" — <30"

Cúmulo abierto

Cúmulo globular — A escala — <5'

Galaxias — 10' x 5' — 6' x 1' — 3' x 2' — 5' x 5' — 4' x 2' — 2' x 1'

Dibujado a escala cuando el eje mayor es >2', y circular si el ángulo de posición es incierto

Quásars

Cúmulo de galaxias

Magnitud estelar (V): ≤2, 3, 4, 5, 6, 7, 8, 9, 10, 11

Estrellas variables: amplitud y tipos: <0.1 mag — 0.1 – 1.0 — >1.0 mag

(e) Eclipsante
(c) Cefeida
(m) Mira
... etc.

Movimiento propio: Desplazamiento en 1000 años

Estrellas dobles: separación: 0.3" — 3" — 30"

En la constelación boreal de **Hercules** se halla el cúmulo globular **M 13/NGC 6205**, situado en esta carta a la izquierda del centro. No puede compararse en belleza, tamaño y espectacularidad a sus hermanos del hemisferio sur **Omega Centauri (carta 29)** y **47 Tucanae (carta 23)**, pero es el mejor objeto de este tipo en el hemisferio celeste norte. Es lo suficientemente brillante para que pueda verse a simple vista, a unos 2 grados al sur de **Eta (η) Herculi**, una de las cuatro estrellas principales que forman el trapecio de esta constelación.

M 13 tiene la magnitud 5,9 y un diámetro angular de 16,6 minutos. Los observadores con cierta experiencia lo identifican claramente en una noche estrellada sin necesidad de usar prismáticos, pero a las personas que lo distingan por primera vez a ojo desnudo les parecerá una simple y apagada estrella de aspecto nebuloso. Los binoculares muestran ese mismo aspecto difuso, pero ya con la forma de una bola de matices granulares, y sólo los telescopios –a partir de 80 mm de abertura– permiten resolverlo en estrellas. En casi todos los telescopios ofrece un buen espectáculo, y cuando se observa con un refractor de 100-120 mm o un reflector de 150-200 mm, este cúmulo globular recrea una de las mejores escenas a las que se puede asistir en una noche estrellada. Con aberturas de 250-300 mm, la imagen de **M 13** a unos 100-150 aumentos no se olvidará nunca.

En general, a partir de los 80-100 mm las estrellas exteriores del cúmulo ya aparecen como puntos individuales y, a medida que aumenta el tamaño del telescopio, la creciente resolución añade espectacularmente decenas de puntitos luminosos que nos delatan la extraordinaria naturaleza de este tipo de objetos celestes, en los que pueden apiñarse millones de estrellas en un espacio increíblemente reducido en comparación con el "vacío" de otras regiones de la **Vía Láctea**, como la del **Sol**, en las que sólo hay una o varias estrellas cada año luz. **M 13** se halla a unos 23 000 años luz del **Sistema Solar**. Ocupa una zona del halo galáctico relativamente próxima al lugar en el que se halla el **Sol**, aunque nuestra estrella está en el interior del disco de la **Vía Láctea**. Asimismo, el cúmulo globular tiende a acercarse hacia nosotros a una velocidad de 250 kilómetros por segundo. En su interior se estima que puede haber más de medio millón de estrellas, de las que unas 40 000 son más brillantes que la magnitud 10.

La observación de **M 13** tiene otro aliciente más: a medio grado de él, arriba a la izquierda, se encuentra la galaxia **NGC 6207**, que puede observarse conjuntamente con el cúmulo globular mediante un telescopio de 150-200 mm dotado de un ocular de campo medio. La galaxia es de magnitud 11,6 y sólo abarca 3 minutos de grado de tamaño aparente, pero se percibe perfectamente en el fondo de una bella estampa dominada, en primer plano, por el majestuoso cúmulo.

A la izquierda del centro también son visibles otras tres galaxias, **NGC 6194**, **NGC 6196** y **NGC 6197**, junto a la estrella **V902**, pero son muy débiles y pequeñas, y exigen telescopios de más de 300 mm.

En este sector hay dos interesantes cúmulos abiertos del catálogo Dolidze-Dzimselejsvili. **DoDz 6** aparece debajo de **Eta (η) Herculi**, con un tamaño angular próximo a los 15 minutos, aunque las estrellas son bastante débiles. A su derecha, a 38 grados de declinación y 16 horas y 27 minutos de ascensión recta, **DoDz 5** supera los 20 minutos y reúne una veintena de estrellas algo más brillantes.

El tercio oriental de la carta no corresponde a la constelación de **Hercules**, sino a la de **Corona Borealis**. El grupo de galaxias que hay en su parte superior, integrado por **NGC 6137** y cuatro más, es muy débil, pero en la parte inferior hay una estrella binaria muy interesante: **Nu (ν) Coronae Borealis**. Las dos componentes de este sistema son más brillantes que la magnitud 6 y están a varios minutos una de otra, por lo que son muy fáciles de ver hasta con los telescopios más sencillos.

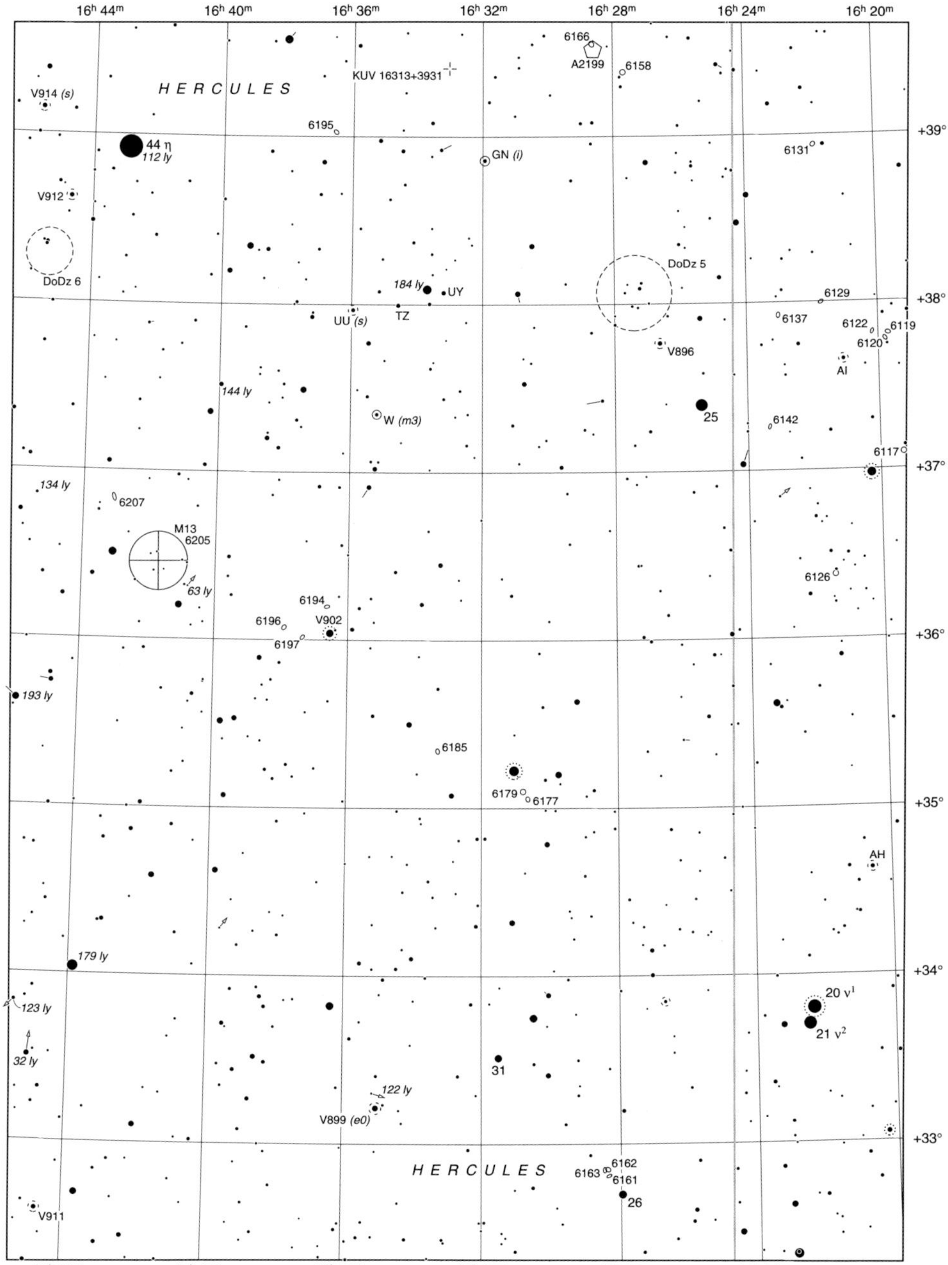
16h 44m
16h 40m
16h 36m
16h 32m
16h 28m
16h 24m
16h 20m
HERCULES
6166
A2199
6158
KUV 16313+3931
V914 (s)
6195
+39°
44 η
112 ly
GN (i)
6131
V912
DoDz 6
DoDz 5
184 ly
UY
6129
+38°
UU (s)
TZ
6137
6122
6119
6120
V896
AI
144 ly
W (m3)
25
6142
6117
+37°
134 ly
6207
M13
6205
63 ly
6126
6194
V902
6196
6197
+36°
193 ly
6185
6179
6177
+35°
AH
179 ly
+34°
20 ν1
21 ν2
123 ly
32 ly
31
122 ly
V899 (e0)
+33°
HERCULES
6162
6163
6161
26
V911
16h 44m
16h 40m
16h 36m
16h 32m
16h 28m
16h 24m

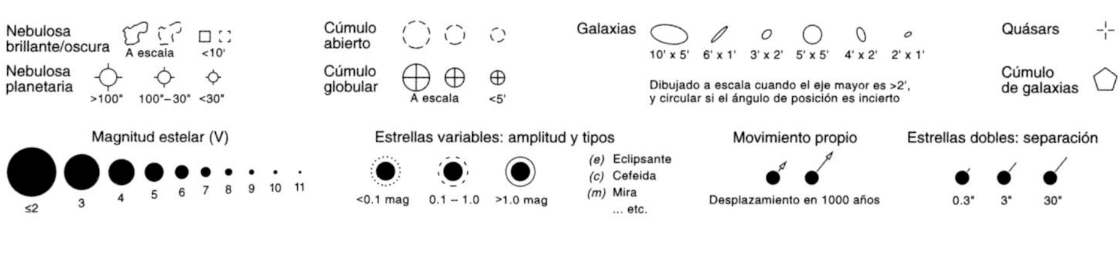
Nebulosa brillante/oscura
A escala
<10'
Nebulosa planetaria
>100"
100"–30"
<30"
Cúmulo abierto
Cúmulo globular
A escala
<5'
Galaxias
10' x 5'
6' x 1'
3' x 2'
5' x 5'
4' x 2'
2' x 1'
Dibujado a escala cuando el eje mayor es >2',
y circular si el ángulo de posición es incierto
Quásars
Cúmulo de galaxias
Magnitud estelar (V)
≤2
3
4
5
6
7
8
9
10
11
Estrellas variables: amplitud y tipos
<0.1 mag
0.1 – 1.0
>1.0 mag
(e) Eclipsante
(c) Cefeida
(m) Mira
... etc.
Movimiento propio
Desplazamiento en 1000 años
Estrellas dobles: separación
0.3"
3"
30"

Solitario en un extremo de la constelación boreal de **Pegasus**, el cúmulo globular **M 15/NGC 7078** ha sido calificado como una "obra maestra" de la naturaleza por miles de observadores, muchos de los cuales desconocían de antemano su espectacularidad. Ciertamente, este objeto ha quedado un tanto eclipsado por la fama de otros, especialmente de **M 13** (**carta 41**), el cúmulo globular más brillante del hemisferio norte, perteneciente a la constelación de **Hercules**.

De alguna forma, pese a la existencia de otros cúmulos muy espectaculares dentro del propio catálogo Messier, muchas veces se ha creído erróneamente que **M 13** era el único objeto interesante de este tipo en los cielos boreales. Esa sensación desaparece de un plumazo cuando se echa el primer vistazo a **M 15** a través de un telescopio. Hay algo en el aspecto de este cúmulo globular que, pese a no alcanzar el brillo y tamaño de su hermano mayor, ha llevado a una selecta minoría de aficionados a colocarlo en el primer lugar entre sus preferencias. Tiene la magnitud 6,4 y un tamaño angular próximo a los 13 minutos de arco.

Varios aspectos favorecen la belleza de **M 15**. En primer lugar, tiene una forma muy redondeada, casi perfecta, que supone un verdadero regalo para la vista. Además de ello, la presencia inmediata de tres estrellas –una solapada sobre el propio cúmulo– realza su imagen, a pesar de que no están relacionadas con él, ya que sus distancias al **Sol** son inferiores a los 200 años luz, mientras que el conglomerado se halla a unos 34 000 años luz, aproximadamente. Se trata, por tanto, de un objeto que está más lejano todavía que **M 13**, ya que éste se halla a unos 23 000 años luz de nosotros.

Si se utilizan telescopios de 250-300 mm, la espectacularidad de **M 15** se incrementa de forma extraordinaria al alcanzarse la magnitud y resolución necesarias para separar sus estrellas. La predilección de algunos astrónomos hacia este cúmulo no se debe tanto a los detalles que pueden observarse de él, que son menores que en **M 13** y otros, sino a su forma y al entorno que puede verse en el campo del ocular. Con telescopios pequeños, pese a la belleza global de este enjambre estelar, no es posible conseguir la misma resolución que en sus hermanos mayores. Dicho esto, hay que recordar que la fotografía es un excelente recurso para los cúmulos globulares, y los observadores que posean telescopios de gran longitud focal –imprescindible para estos objetos– encontrarán aquí un magnífico sujeto, aunque serán necesarias largas exposiciones.

M 15 tiene otra peculiaridad respecto a otros cúmulos globulares: es el único que posee una nebulosa planetaria, denominada **PK65-27.1** y de magnitud 14. Aunque por su brillo debería ser observable con telescopios de más de 200 mm de abertura, la luz de las estrellas que lo rodean lo impide y únicamente ha sido posible fotografiarlo mediante grandes telescopios.

En el halo galáctico formado por las nubes de cúmulos globulares conocidos en la actualidad, **M 15** se halla en la parte contraria que **M 13**, aunque mantiene cierta proximidad al **Sol**, ya que se encuentra en el mismo lado que éste –aunque fuera del disco– respecto al núcleo de la **Vía Láctea**, nuestra galaxia.

En este sector de **Pegasus** hay muy pocos objetos celestes. El más interesante, después del cúmulo globular **M 15**, es la pequeña nebulosa planetaria **NGC 7094** (centro, izquierda). Tiene un tamaño angular de 99 × 91 segundos de arco y la magnitud 13,4, de ahí que para detectarla bien sea preciso utilizar aberturas de unos 300 mm.

Las galaxias **NGC 7066** (arriba, derecha) y **NGC 7100** (abajo, izquierda) no superan los 2 minutos de arco de diámetro y no están al alcance de telescopios pequeños, al igual que **UGC 11740** (abajo), perteneciente al *Uppsala General Catalogue*.

La parte derecha de la carta corresponde a **Equuleus**, el **Caballo Menor**, la constelación más pequeña después de **Crux**, la **Cruz del Sur**.

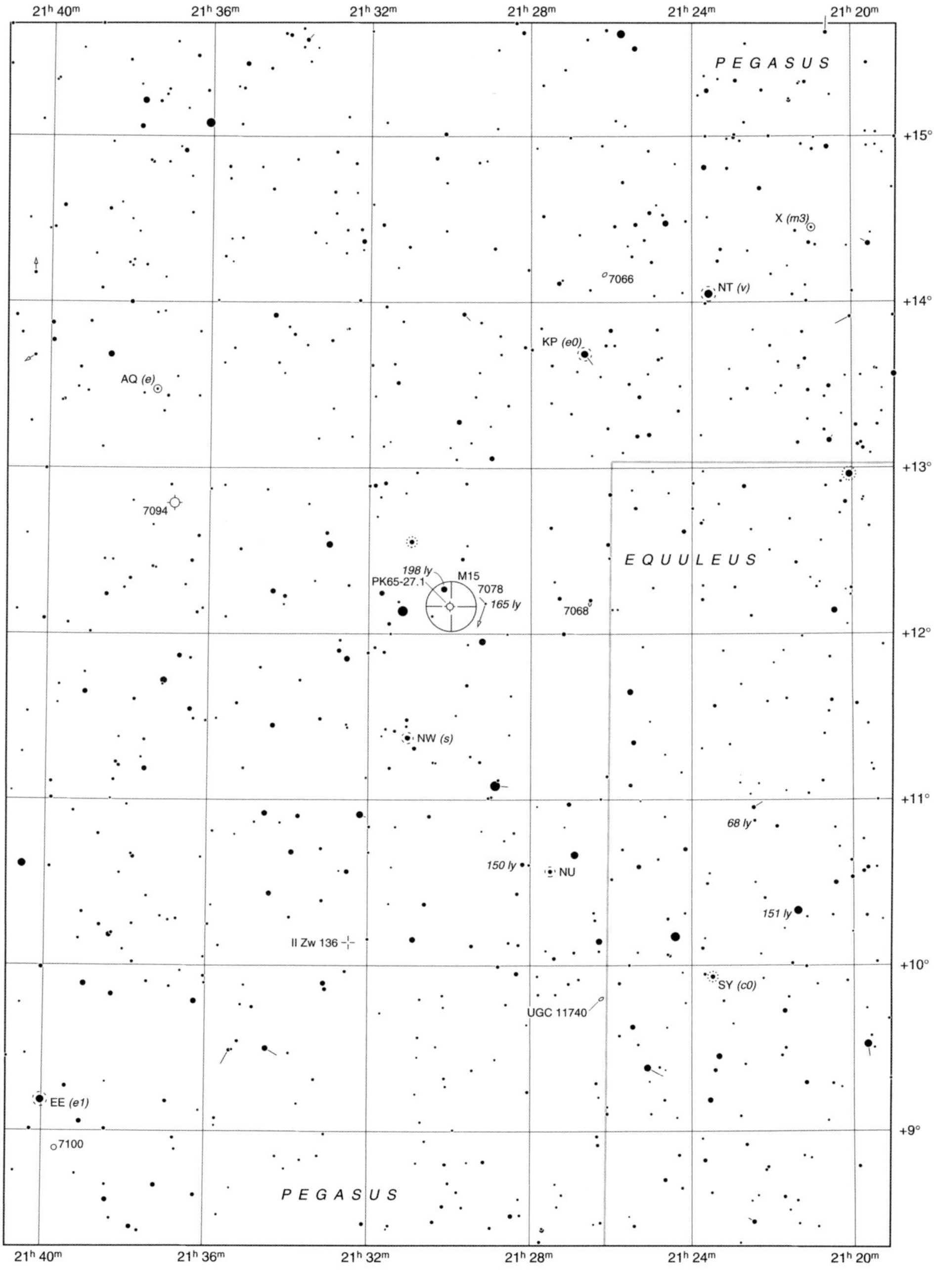

21h 40m
21h 36m
21h 32m
21h 28m
21h 24m
21h 20m
PEGASUS
+15°
+14°
+13°
+12°
+11°
+10°
+9°
X (m3)
7066
NT (v)
KP (e0)
AQ (e)
7094
EQUULEUS
198 ly
PK65-27.1
M15
7078
165 ly
7068
NW (s)
68 ly
150 ly
NU
151 ly
II Zw 136
SY (c0)
UGC 11740
EE (e1)
7100
PEGASUS
21h 40m
21h 36m
21h 32m
21h 28m
21h 24m
21h 20m

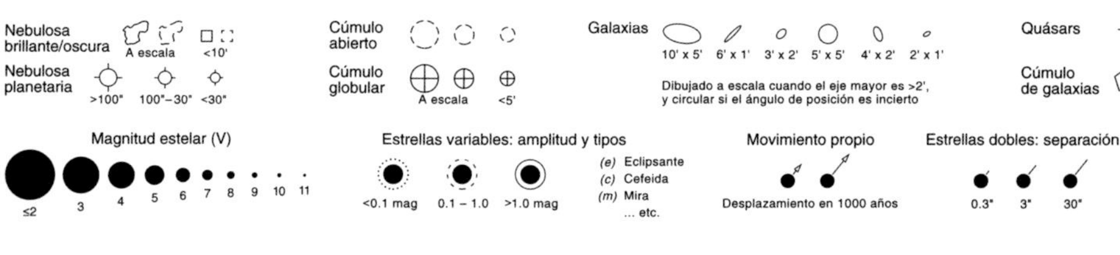

Nebulosa brillante/oscura
A escala
<10'
Nebulosa planetaria
>100"
100"–30"
<30"
Cúmulo abierto
Cúmulo globular
A escala
<5'
Galaxias
10' x 5'
6' x 1'
3' x 2'
5' x 5'
4' x 2'
2' x 1'
Dibujado a escala cuando el eje mayor es >2',
y circular si el ángulo de posición es incierto
Quásars
Cúmulo de galaxias
Magnitud estelar (V)
≤2
3
4
5
6
7
8
9
10
11
Estrellas variables: amplitud y tipos
<0.1 mag
0.1 – 1.0
>1.0 mag
(e) Eclipsante
(c) Cefeida
(m) Mira
... etc.
Movimiento propio
Desplazamiento en 1000 años
Estrellas dobles: separación
0.3"
3"
30"

Después del sistema estelar triple de **Alfa (α) Centauri** (**carta 30**), la **Estrella de Barnard** es la más próxima al **Sol**, ya que su distancia se estima en 5,94 años luz. La observación de este cercano sol rojo, que no podemos ver con nuestros propios ojos más que con la ayuda de prismáticos o telescopio, es una gratificante experiencia que ayudará a conocer mejor muchos aspectos del cielo y de la naturaleza estelar. Se llama así en honor del astrónomo estadounidense Edward Emerson Barnard, su descubridor, que tuvo en esta estrella uno de sus hallazgos más notables, aunque no el único, porque la ciencia también le debe un catálogo de 349 nebulosas oscuras que sigue en pleno uso y del que este libro toma numerosas referencias, así como el descubrimiento de 16 cometas y de **Amalthea**, el quinto satélite de **Júpiter**.

La **Estrella de Barnard** (abajo a la izquierda del centro) pertenece a la constelación ecuatorial de **Ophiuchus** y tiene la magnitud 9,54. Es una enana roja de clase espectral M5, cuya luminosidad es miles de veces menos intensa que la del **Sol**. Además de su proximidad, el atributo más notable es su extraordinario movimiento propio, el mayor que se conoce en una estrella. Cambia de posición en el cielo 10,31 segundos de arco por año o, lo que es lo mismo, 2,9 grados cada 1000 años, justamente la distancia que muestra la flecha indicativa sobre la carta de esta región celeste. En el año 3000 de nuestra era, esta diminuta estrella se situará, aproximadamente, donde marca el extremo de dicha flecha. El desplazamiento es tan rápido, que cualquier observador lo puede estudiar mediante un sencillo telescopio, dibujando su posición respecto a las demás estrellas que aparecen en el campo del ocular y repitiendo la experiencia al año siguiente y en los posteriores. Los sucesivos dibujos revelarán la particular travesía de la **Estrella de Barnard**, una de las pocas que permite a los observadores comprobar por sí mismos los lentos cambios del cielo, imposibles de apreciar a simple vista. En este caso, la ampliación de imagen proporcionada por el telescopio facilita la percepción del movimiento.

Localizar y observar la **Estrella de Barnard** está al alcance de cualquier telescopio. Merced a su clase espectral, tiene un delicado color rojo que descubre al observador la sorprendente belleza de una estrella que, hasta ese momento, era un anónimo objeto celeste más entre los muchos millones que no pueden observarse a simple vista.

Ophiuchus es una constelación excepcional por la gran colección de objetos interesantes que alberga, como la estrella múltiple **Rho (ρ) Ophiuchi** (**Región Celeste 49**) y la delirante nebulosa que la rodea. En el sector de esta carta destaca, a la derecha, el excelente cúmulo abierto **IC 4665**, uno de los más grandes y bellos del *Index Catalogue* (IC), una lista suplementaria de objetos celestes elaborada por J. L. E. Dreyer para completar el *New General Catalogue* (NGC). Este cúmulo tiene la magnitud 4,2 y es perfectamente visible a ojo desnudo. Para apreciarlo bien son aconsejables unos prismáticos u oculares de baja potencia en cualquier telescopio, puesto que supera los 40 minutos de arco de tamaño angular. Tiene unas 40 estrellas.

En la parte inferior derecha de la carta se encuentra **NGC 6426**. Es el cúmulo globular menos brillante de **Ophiuchus**, una constelación rica en este tipo de objetos, pero merece la pena orientar hacia él un telescopio de 150 mm de abertura o superior. Al tener una magnitud de 11,1, los instrumentos menos potentes no permiten verlo bien a pesar de que teóricamente está a su alcance. El problema, en la práctica, no es su débil brillo, sino su pequeño tamaño, ya que apenas supera los 3 minutos de diámetro angular. Por ello, una vez localizado, el cúmulo debe observarse a unos 150-200 aumentos.

La estrella más brillante de esta región celeste es **Cebalrai** o **Beta (β) Ophiuchi** (derecha, abajo), de magnitud 2,77. Aunque Bayer le asignó la letra griega β en su catálogo, no es la segunda de la constelación en orden de brillo, sino la cuarta. El primer lugar corresponde a **Rasalhague** o **Alfa (α) Ophiuchi**, de magnitud 2,08.

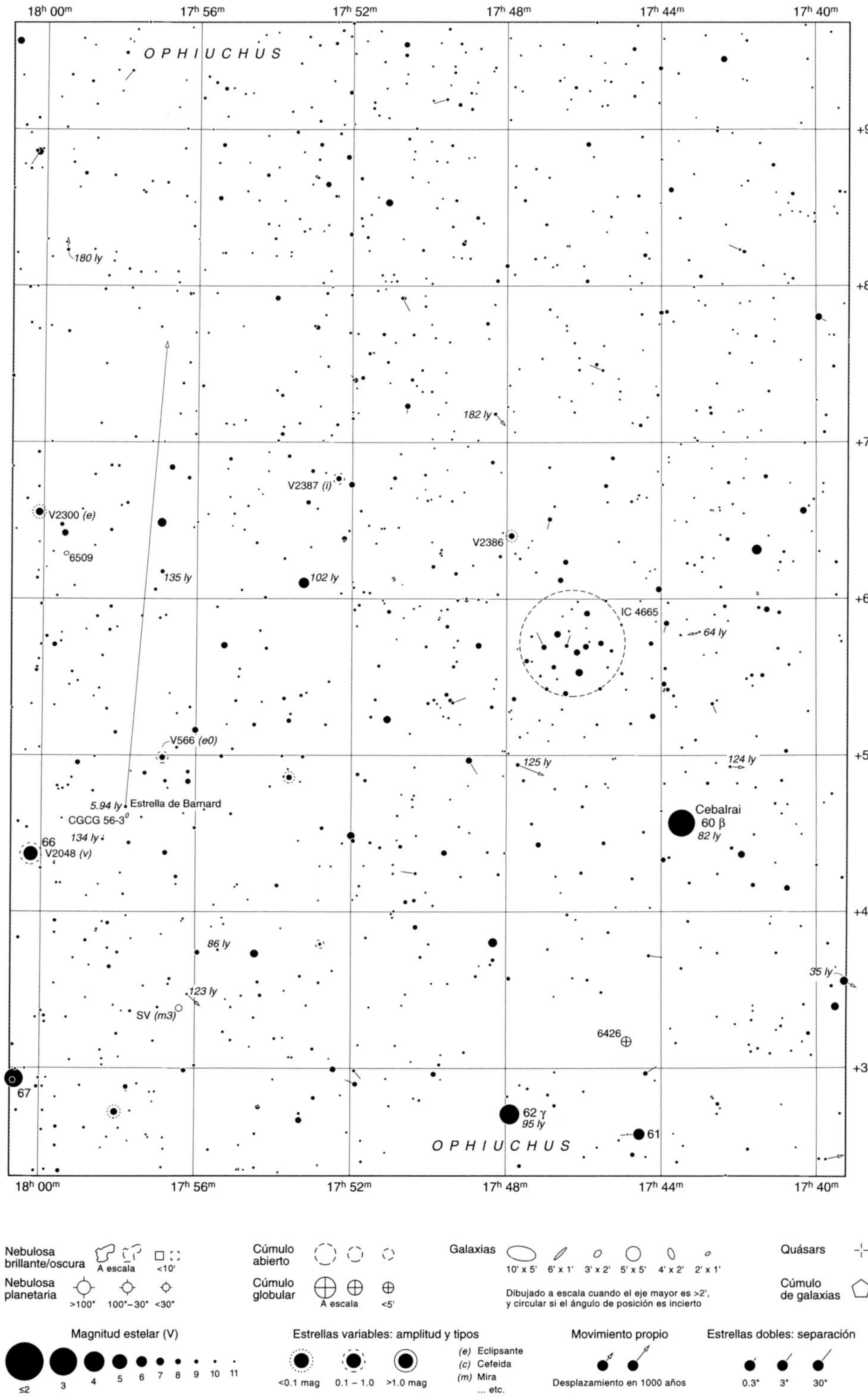

18h 00m
17h 56m
17h 52m
17h 48m
17h 44m
17h 40m
OPHIUCHUS
+9°
+8°
+7°
+6°
+5°
+4°
+3°
180 ly
182 ly
V2387 (i)
V2300 (e)
6509
V2386
135 ly
102 ly
IC 4665
64 ly
V566 (e0)
125 ly
124 ly
5.94 ly
Estrella de Barnard
CGCG 56-30
134 ly
66
V2048 (v)
Cebalrai
60 β
82 ly
86 ly
35 ly
123 ly
SV (m3)
6426
67
62 γ
95 ly
61
OPHIUCHUS
Nebulosa brillante/oscura
A escala
<10'
Nebulosa planetaria
>100"
100"–30"
<30"
Cúmulo abierto
Cúmulo globular
A escala
<5'
Galaxias
10' x 5'
6' x 1'
3' x 2'
5' x 5'
4' x 2'
2' x 1'
Dibujado a escala cuando el eje mayor es >2', y circular si el ángulo de posición es incierto
Quásars
Cúmulo de galaxias
Magnitud estelar (V)
≤2
3
4
5
6
7
8
9
10
11
Estrellas variables: amplitud y tipos
<0.1 mag
0.1 – 1.0
>1.0 mag
(e) Eclipsante
(c) Cefeida
(m) Mira
... etc.
Movimiento propio
Desplazamiento en 1000 años
Estrellas dobles: separación
0.3"
3"
30"

Como quinta constelación más pequeña de todo el firmamento, **Scutum** supone un verdadero paradigma. En un área de tan sólo 109 grados cuadrados –**Ursa Major**, como ejemplo comparativo, tiene 1280– se concentra una de las mayores diversidades de objetos, con decenas de nebulosas oscuras del catálogo de Barnard, excelentes cúmulos, tanto abiertos como globulares, y campos estelares que deleitarán al observador. Afortunadamente, esta riqueza celeste tiene como escenario un sector situado muy pocos grados al sur del ecuador, de forma que queda al alcance de todos los habitantes de latitudes medias de ambos hemisferios.

La parte superior de **Scutum**, cerca de la frontera con la constelación de **Aquila**, está dominada por la nebulosa oscura **Barnard 111** (**B 111**), que abarca 2 grados de esta región celeste y alberga en su interior otras cuatro nebulosas: **B 106**, **B 107**, **B 110** y **B 113**. Al estudiar esta zona del cielo, Edward Emerson Barnard dijo de ella que es una "espléndida región de oscuras estructuras", y él mismo se encargó de fotografiarlas para su famoso atlas de la **Vía Láctea**, que incluye el catálogo con las 349 nebulosas oscuras descubiertas durante sus observaciones.

B 111 marca un magnífico contraste con los excelentes campos estelares que tiene inmediatamente al sur, y que adquieren su máximo en el cúmulo abierto **M 11/NGC 6705** (centro), de magnitud 4,9. No es demasiado extenso, puesto que abarca unos 14 minutos de arco en el cielo, pero se han contado en él unas 500 estrellas, lo que da una idea de su riqueza estelar. En los países anglosajones se conoce a este objeto como **Cúmulo del Pato Salvaje**, porque la distribución de sus estrellas sugiere la imagen de esta ave en pleno vuelo.

Bajo **M 11**, las fotografías suelen revelar la presencia de la extraña nebulosa **B 318**, una grieta negra de forma longitudinal que se extiende casi 1,5 grados de este a oeste, pero apenas cubre varios minutos de anchura. Abajo a la izquierda de ella, el trío formado por **B 114**, **B 115** y **B 116** se diluye en una nebulosa única de similares características, aunque algo más tortuosa y en dirección norte-sur.

La carta está repleta de nebulosas del catálogo de Barnard, en especial entre –4 y –6 grados de declinación, donde además del grupo encabezado por **B 111**, las grietas oscuras se extienden interrumpiendo las nubes estelares de la **Vía Láctea** en dirección ascendente hacia el ecuador celeste, desde el interior de **Scutum** hasta la vecina constelación de **Aquila**.

En el extremo inferior de esta región celeste, el observador encontrará **M 26/NGC 6694**, otro excelente cúmulo abierto del catálogo Messier, próximo al ecuador. Su octava magnitud y su tamaño angular, de 15 minutos, lo convierten en un objeto magnífico para todos los telescopios.

Otros cúmulos abiertos de gran interés en este sector son **NGC 6683** (a la derecha del centro, junto a la nebulosa oscura **B 103**), **NGC 6704** (arriba del centro, alojado en **B 111**) y dos representantes de catálogos poco conocidos, situados en la parte superior derecha: **Trumpler 35** (**Tr 35**) y **Dolidze 32** (**Do 32**).

NGC 6712 (abajo) es un buen cúmulo globular de magnitud 8,2. Aunque con 7,2 minutos de tamaño angular es más pequeño que los objetos de este tipo más famosos, se observa bastante bien con telescopios de 80-100 mm de abertura a unos 100 aumentos.

Como broche final, **Scutum** posee dos estrellas variables de gran interés. **Delta (δ) Scuti**, junto al vértice inferior derecho, es el prototipo de una clase de estrellas pulsantes de periodo muy corto y oscilaciones de brillo apenas perceptibles. En este caso, las magnitudes varían entre 4,66 en los momentos de máximo brillo y 4,79 en el mínimo, con un periodo de 7,2 horas.

La otra variable es **R Scuti** (centro), una supergigante amarilla que oscila entre la magnitud 4,5 (visible a simple vista) y la 9,0 cada 146 días. Pertenece a la clase de variables pulsantes **RV Tauri**.

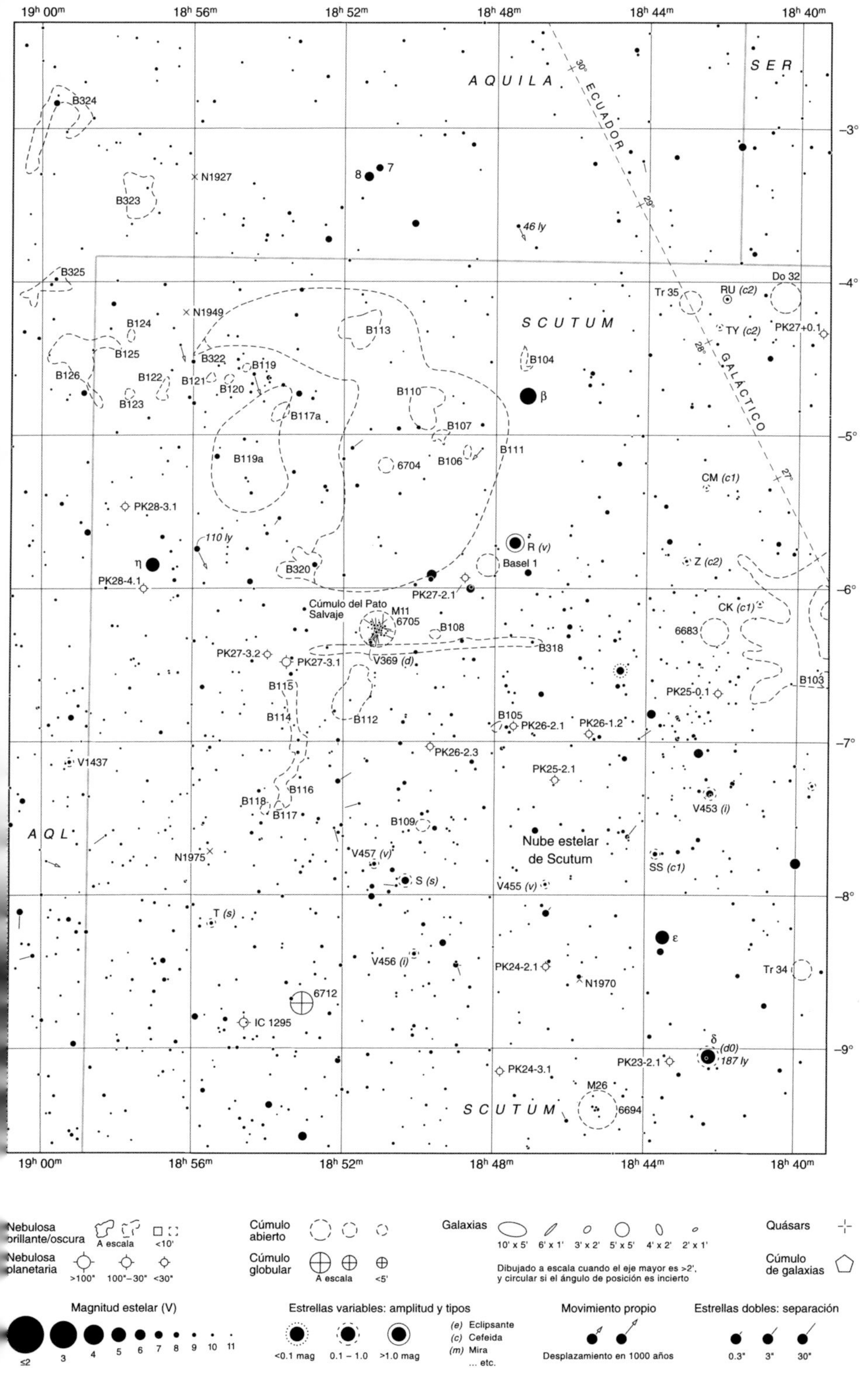
19h 00m
18h 56m
18h 52m
18h 48m
18h 44m
18h 40m
−3°
−4°
−5°
−6°
−7°
−8°
−9°
A Q U I L A
S E R
S C U T U M
A Q L
S C U T U M
30°
ECUADOR
29°
28°
GALÁCTICO
27°
B324
B323
N1927
8
7
46 ly
B325
N1949
B124
B125
B126
B122
B123
B322
B121
B120
B119
B117a
B113
B110
B107
B106
B111
B104
β
B119a
6704
Tr 35
RU (c2)
Do 32
TY (c2)
PK27+0.1
CM (c1)
PK28-3.1
110 ly
η
PK28-4.1
B320
R (v)
Basel 1
Z (c2)
PK27-2.1
Cúmulo del Pato Salvaje
M11
6705
B108
B318
CK (c1)
6683
PK27-3.2
PK27-3.1
V369 (d)
B115
B114
B112
B105
PK26-2.1
PK26-1.2
PK25-0.1
B103
V1437
PK26-2.3
PK25-2.1
B116
B118
B117
B109
V453 (i)
Nube estelar de Scutum
V457 (v)
N1975
S (s)
V455 (v)
SS (c1)
T (s)
ε
V456 (i)
PK24-2.1
N1970
Tr 34
6712
IC 1295
δ
(d0)
187 ly
PK24-3.1
PK23-2.1
M26
6694
Nebulosa brillante/oscura
A escala
<10'
Nebulosa planetaria
>100"
100"–30"
<30"
Cúmulo abierto
Cúmulo globular
A escala
<5'
Galaxias
10' x 5'
6' x 1'
3' x 2'
5' x 5'
4' x 2'
2' x 1'
Dibujado a escala cuando el eje mayor es >2',
y circular si el ángulo de posición es incierto
Quásars
Cúmulo de galaxias
Magnitud estelar (V)
≤2
3
4
5
6
7
8
9
10
11
Estrellas variables: amplitud y tipos
<0.1 mag
0.1 – 1.0
>1.0 mag
(e) Eclipsante
(c) Cefeida
(m) Mira
... etc.
Movimiento propio
Desplazamiento en 1000 años
Estrellas dobles: separación
0.3"
3"
30"

Si existe un lugar en el cielo que puede evocarnos la creación, se trata, sin duda de la **Nebulosa del Águila**, en la constelación de **Serpens**. Desde que la astronomía dispuso de telescopios adecuados para estudiar objetos difusos de cielo profundo, esta nebulosa ha recibido toda clase de alabanzas por su belleza y singularidad, de la que pueden ser partícipes todos los observadores actuales, que tienen a su alcance la contemplación de una de las principales factorías de estrellas de la **Vía Láctea**. Desde hace muchas décadas se sospechaba que éste era un importante criadero estelar, pero en 1995 el Telescopio Espacial *Hubble* fotografió lo que los científicos definieron en su momento como "los pilares de la creación", las grandes columnas cósmicas sobre las que descansa el proceso de gestación de nuevas estrellas en nuestra galaxia. En el año 2000 aquella imagen fue incluida por la popular revista *Sky&Telescope*, junto a las de la llegada del hombre a la **Luna** y el paisaje inmortalizado desde la superficie de **Marte** por la nave *Mars Pathfinder*, entre las 10 mejores fotografías espaciales del siglo XX. El retrato de este criadero estelar obtenido por el *Hubble* mostró tres gigantescos pilares o columnas, a los que se llamó "trompas de elefante", compuestos de gas y polvo y proyectados sobre el fondo brillante y aureolado en verde de las zonas luminiscentes de la nebulosa. En el interior de las trompas, la fotografía delató la existencia de áreas de mayor densidad donde están naciendo nuevas estrellas, la futura población de la galaxia.

La escena captada en aquella instantánea no queda, lógicamente, al alcance de los telescopios propios del aficionado, pero sí lo está la esplendorosa imagen de conjunto de la **Nebulosa del Águila** y del bello cúmulo estelar asociado a ella. Genéricamente se conoce a este objeto doble por **M 16** (catálogo Messier) o **NGC 6611** (*New General Catalogue*), pero la propia nebulosa es, en realidad, **IC 4703** (del *Index Catalogue*).

M 16 es un bello objeto sea cual sea la potencia del telescopio utilizado. Con aberturas de 80-200 mm, la nebulosa suele aparecer como un gran halo abrazando al cúmulo abierto, repartido en dos grandes condensaciones que suman, juntas, unas 40 estrellas. Esta sugestiva visión se hace realmente impresionante con aberturas de 250-300 mm, con las que la nebulosa cobra forma y muestra una silueta que recuerda a la de un águila, razón por la cual se le dio este nombre.

La magnitud conjunta de **M 16** es 6,0. El tamaño angular alcanza casi un grado en las fotografías, pero en la observación visual se queda en unos 35 minutos para la nebulosa y unos 20 para el cúmulo estelar. El uso de teleobjetivos en paralelo a un telescopio permite obtener extraordinarias fotografías, plasmando en la imagen no sólo la forma característica de este nido de estrellas, sino también la bella coloración rojiza que no perciben nuestros ojos en la observación visual.

Esta carta abarca el sector correspondiente a **Serpens Cauda**, una de las dos partes –la otra es **Serpens Caput**– en las que fue dividida la constelación original **Serpens**, la **Serpiente**. Ambas partes están separadas por la constelación de **Ophiuchus**, cuyo extremo meridional aparece arriba a la derecha. Esta última constelación contiene el cúmulo globular **NGC 6517**, fácil de ver con telescopios de 200 mm de abertura o superiores. Requiere una importante ampliación, de 100 a 150 aumentos, ya que es de 4 minutos de tamaño angular únicamente y su magnitud es la 10,1.

De nuevo en **Serpens**, a la izquierda del centro está el cúmulo abierto **NGC 6604**, un objeto sorprendente porque es bastante brillante, de la magnitud 6,5 –en el límite a simple vista–, pero muy pequeño: apenas 2 minutos de arco. Por ello, puede observarse con cualquier telescopio, pero el pequeño puñado de estrellas que contiene exige una ampliación mínima de 100 aumentos.

La nebulosa **Sharpless 46 (Sh2-46)**, abajo, sólo muestra sus detalles en las fotografías a pesar de su tamaño máximo de 20 minutos de arco.

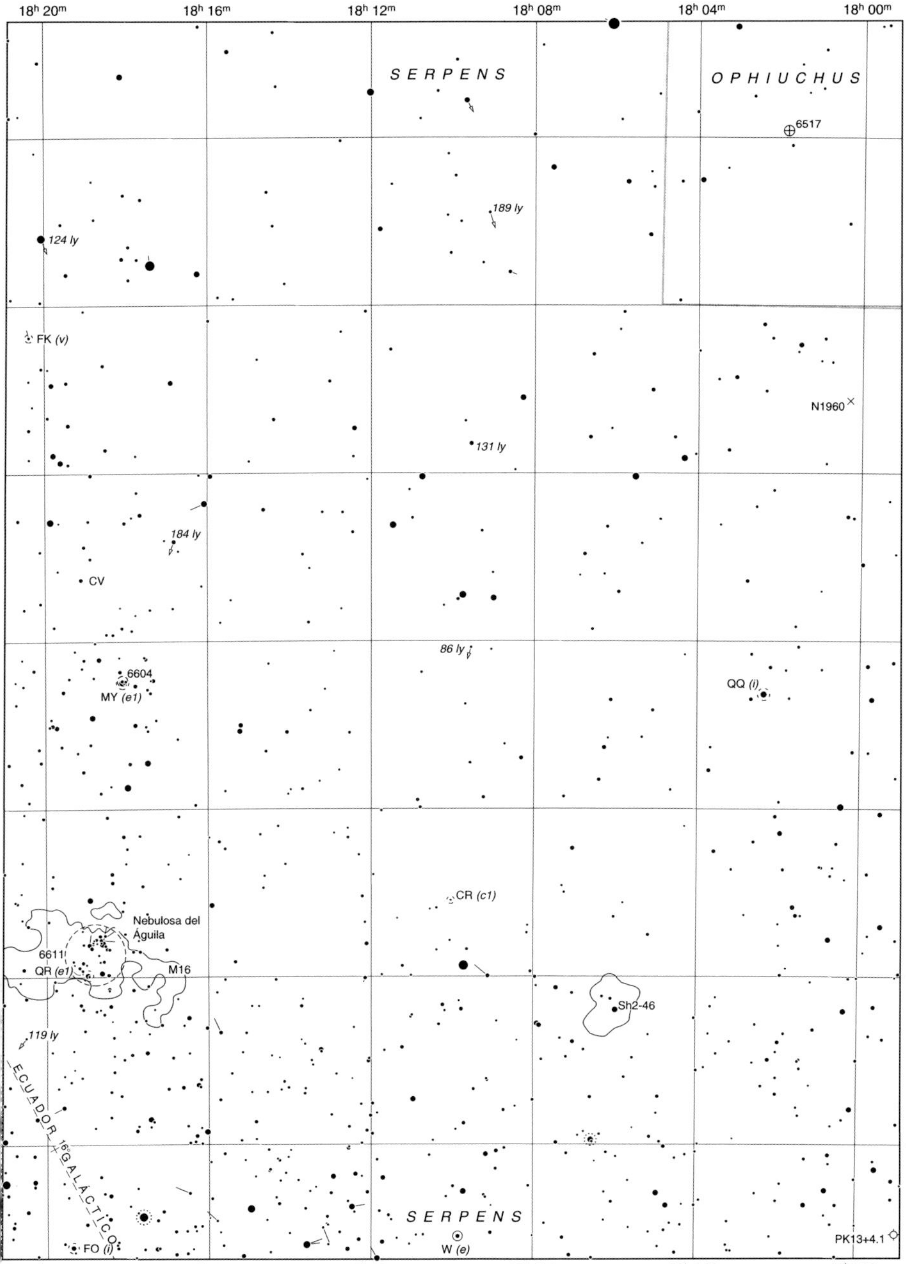

Nebulosa brillante/oscura — A escala — <10'

Nebulosa planetaria — >100" — 100"–30" — <30"

Cúmulo abierto

Cúmulo globular — A escala — <5'

Galaxias — 10' x 5' — 6' x 1' — 3' x 2' — 5' x 5' — 4' x 2' — 2' x 1'

Dibujado a escala cuando el eje mayor es >2', y circular si el ángulo de posición es incierto

Quásars

Cúmulo de galaxias

Magnitud estelar (V) — ≤2 — 3 — 4 — 5 — 6 — 7 — 8 — 9 — 10 — 11

Estrellas variables: amplitud y tipos — <0.1 mag — 0.1 – 1.0 — >1.0 mag

(e) Eclipsante
(c) Cefeida
(m) Mira
... etc.

Movimiento propio — Desplazamiento en 1000 años

Estrellas dobles: separación — 0.3" — 3" — 30"

Tres objetos del catálogo Messier, con los números 17, 18 y 25, se reúnen en esta carta, que abarca el sector donde confluyen las constelaciones de **Sagittarius** (abajo), **Scutum** (arriba) y **Serpens** (vértice superior derecho), en un área muy densa de la **Vía Láctea**.

M 17 (derecha, arriba), o **NGC 6618**, es la **Nebulosa Omega**, que recibe este nombre porque ya antiguamente se sugirió que tenía la forma de dicha letra griega. Está a pocos grados al sur de la **Nebulosa del Águila** (**Serpens**, **carta 45**), pero ya dentro de los límites de **Sagittarius**, constelación que acapara numerosos objetos de interés entre cúmulos y nebulosas (véanse también **cartas 47 y 50**). En **M 17** encontramos, nuevamente, una nebulosa brillante asociada a un cúmulo estelar abierto. Ambos son muy fáciles de ver, en especial la nebulosa, aunque con ella ocurre lo habitual: visualmente se observa una parte y fotográficamente crece hasta superar el medio grado de tamaño angular. Sin embargo, sus trazos son tan definidos que cuando se rastrea esta parte del cielo con prismáticos o telescopio, la **Nebulosa Omega** suele ser el primer objeto que llama la atención del observador por la característica forma de barra de su parte más brillante.

Aproximadamente 1 grado debajo de **M 17** está el cúmulo abierto **M 18/NGC 6613**, que muchas veces pasa desapercibido porque es muy pequeño y tiende a confundirse con el resto de los campos estelares de esta zona tan poblada de la **Vía Láctea**. De magnitud 6,9, sólo abarca unos 10 minutos de arco, pero cuando se localiza a través del telescopio despunta claramente sobre el fondo.

Mucho más espectacular es **M 25** (centro, abajo), el tercer objeto de Messier de esta región celeste. Estamos ahora ante un sensacional cúmulo abierto que supera el medio grado de diámetro, cuya magnitud es de 4,6 y, por tanto, se puede distinguir sin problema alguno a simple vista. Al observarlo por el telescopio sobresalen varias estrellas muy brillantes entre el centenar que suma el cúmulo. La más prominente de ellas es una variable cefeida –nótese en la carta, en el centro del cúmulo–, **U Sagitarii**, que en su máximo resplandece como ninguna y cuando se halla en la fase mínima de su ciclo tiende a diluirse entre el resto. **M 25** es uno de los pocos objetos de Messier que no tiene número en el *New General Catalogue* (NGC), pero sí que fue incluido en el *Index Catalogue* como **IC 4725**.

A la izquierda de la **Nebulosa Omega,** extendiéndose por un área que supera los 2 grados, la nebulosa oscura **Barnard 312** (**B 312**) domina una buena parte de esta región celeste. Es un objeto muy peculiar cuyo contorno aparece en las fotografías claramente definido en su borde occidental –el más próximo a **M 17**–, pero desaparece en el oriental. Aquí, en lugar de la silueta oscura que recorta la **Vía Láctea**, la nebulosa se funde con los campos estelares y aparece una zona mixta en la que las estrellas asoman sobre un fondo extraordinariamente oscuro.

Menos fácil de apreciar, **B 313** abarca unos 15 minutos del campo de la carta arriba de **B 312**. Al sur de ésta, prácticamente en el centro del sector, está **B 311**, y a mitad de camino entre ambas hay un magnífico cúmulo abierto: **NGC 6645**. No es tan destacado como **M 25**, pero supera en tamaño a **M 18,** aunque es algo menos brillante.

En el extremo derecho, escapando del área visible en la carta, **IC 4715** forma parte de un conjunto de nebulosidades próximas a **M 24** (fuera de la carta), un peculiar objeto del catálogo Messier, de naturaleza estelar, pero que no es ni un cúmulo abierto ni un cúmulo globular, sino, simplemente, una condensación de estrellas de un par de grados de diámetro que sobresale sobre el resto de la **Vía Láctea**.

Trumpler 33 (**Tr 33**) –abajo a la derecha del centro– y **Dolidze 28** (**Do 28**) –extremo superior– son dos cúmulos abiertos accesibles para casi todos los telescopios, aunque el primero es más brillante –magnitud 7,8– y está mucho más concentrado.

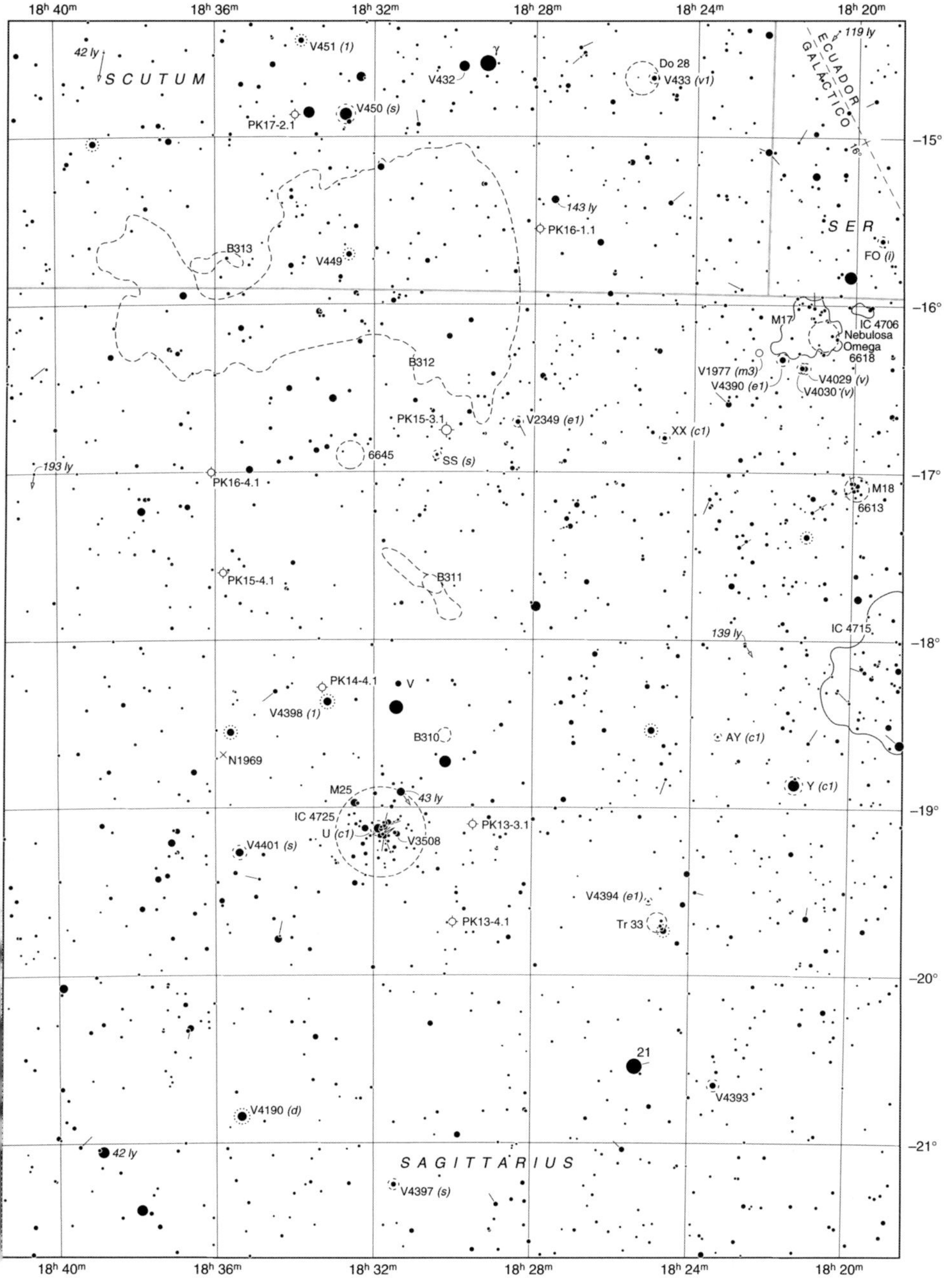

Nebulosa brillante/oscura — A escala — <10'

Nebulosa planetaria — >100" — 100"–30" — <30"

Cúmulo abierto

Cúmulo globular — A escala — <5'

Galaxias — 10' x 5' — 6' x 1' — 3' x 2' — 5' x 5' — 4' x 2' — 2' x 1'

Dibujado a escala cuando el eje mayor es >2', y circular si el ángulo de posición es incierto

Quásars

Cúmulo de galaxias

Magnitud estelar (V): ≤2, 3, 4, 5, 6, 7, 8, 9, 10, 11

Estrellas variables: amplitud y tipos — <0.1 mag — 0.1 – 1.0 — >1.0 mag

(e) Eclipsante
(c) Cefeida
(m) Mira
... etc.

Movimiento propio — Desplazamiento en 1000 años

Estrellas dobles: separación — 0.3" — 3" — 30"

Al observar esta impresionante región de **Sagittarius** dirigimos nuestra mirada al corazón de la **Vía Láctea**. El mar de estrellas que inunda el sector y la nube de objetos celestes que sale a nuestro encuentro están en una perspectiva muy cercana al corazón de nuestra galaxia, que no vemos porque nos lo tapan sus propios brazos espirales, aunque sí podemos "escucharlo" gracias a la radiofuente **Sagittarius A**, situada a unos 28 000 años luz de nosotros y considerada como el punto central de la ciudad estelar a la que pertenece el **Sol**. Se cree, además, que existe allí un agujero negro de al menos 1 millón de masas solares. Todos los cúmulos estelares y las nebulosas que hay en **Sagittarius** resplandecen especialmente durante los meses de junio a septiembre, verano en el hemisferio boreal e invierno en el austral. Justo en el extremo derecho de la carta está señalado el punto del solsticio de diciembre, porque el **Sol** cruza esta constelación en esa época del año, en la que nuestra estrella madre nos oculta sus maravillas. En cambio, en agosto, a medianoche, los campos estelares cruzan la bóveda celeste acompañados de algunos de los objetos más famosos, como la **Nebulosa Trífida** (**M 20/NGC 6514**) y la **Nebulosa de la Laguna** (**M 8/NGC 6523**).

Ambas otorgan a **Sagittarius** una belleza igual o superior a la que derrocha **Orion** en las largas noches del invierno boreal. Por ello, no es casualidad que se haya comparado **M 8** con **M 42**, la gran **Nebulosa de Orion**, porque también en ella se produce una singular simbiosis entre las nubes de gas y polvo de la **Vía Láctea** y los caprichosos juegos de luz de las estrellas que tiene en su proximidad. Dentro de ella está el cúmulo abierto **NGC 6530**, espectacularmente visible con su magnitud de 4,6 y decenas de estrellas. La iluminación de la nebulosa no es, sin embargo, obra de este enjambre, sino de su vecina, la estrella **9 Sagitarii**, de sexta magnitud. El gran halo brillante de la nebulosa, que se extiende casi un grado y medio, está partido en dos por una línea oscura que se aprecia perfectamente con los telescopios y que realza el grandioso aspecto de **M 8**.

A un grado al norte se encuentra su famosa compañera de constelación **M 20**, la **Nebulosa Trífida**. Menos brillante, tiene un cuerpo central dividido en tres grandes partes, que han dado origen a su nombre y que están separadas por un triple pasillo oscuro de polvo galáctico, visible a través del telescopio desde lugares con cielos muy limpios. El sector secundario aporta en las fotografías una intensa riqueza cromática a la nebulosa, ya que aparece azul en contraste con el rosa dominante en el área principal. Por si fuera poco, la frontera entre el azul y el rojo está teñida de negro merced a la presencia inmediata de la nebulosa oscura **Barnard 85** (**B 85**).

Arriba a la izquierda de **M 20** está su inmediato seguidor en el orden del catálogo Messier, **M 21**, un cúmulo abierto clasificado como **NGC 6531** en el *New General Catalogue*. Se pueden contar hasta 70 estrellas en su interior con telescopios modestos, ya que la magnitud integrada es de 5,9. Puede contemplarse, además, a simple vista coronando la densa zona de **Sagittarius** que alberga la **Nebulosa de la Laguna** y la **Nebulosa Trífida**.

NGC 6568 (arriba) y **NGC 6546** (centro, derecha) son otros dos magníficos cúmulos abiertos de tamaño equiparable a **M 21**, ya que se aproximan a los 13 minutos. Los dos son de octava magnitud y las estrellas se cuentan por decenas en ambos.

Los dos cúmulos globulares más destacados de esta región celeste son **NGC 6544** y **NGC 6553**, ambos debajo del centro. Su tamaño angular es inferior a los 10 minutos, pero comparten la magnitud 8,3, por lo que son relativamente brillantes y asequibles para telescopios de 80 mm.

Justamente en el centro de la carta hay un conjunto de objetos celestes a los que también debe prestarse atención. Es un área en la que sobresale el cúmulo abierto **Collinder 367** (**Cr 367**), de magnitud 6, pero también se congregan aquí varias nebulosas, como las oscuras **B 91** y **B 303**, y las difusas **IC 1274/5** e **IC 4685**.

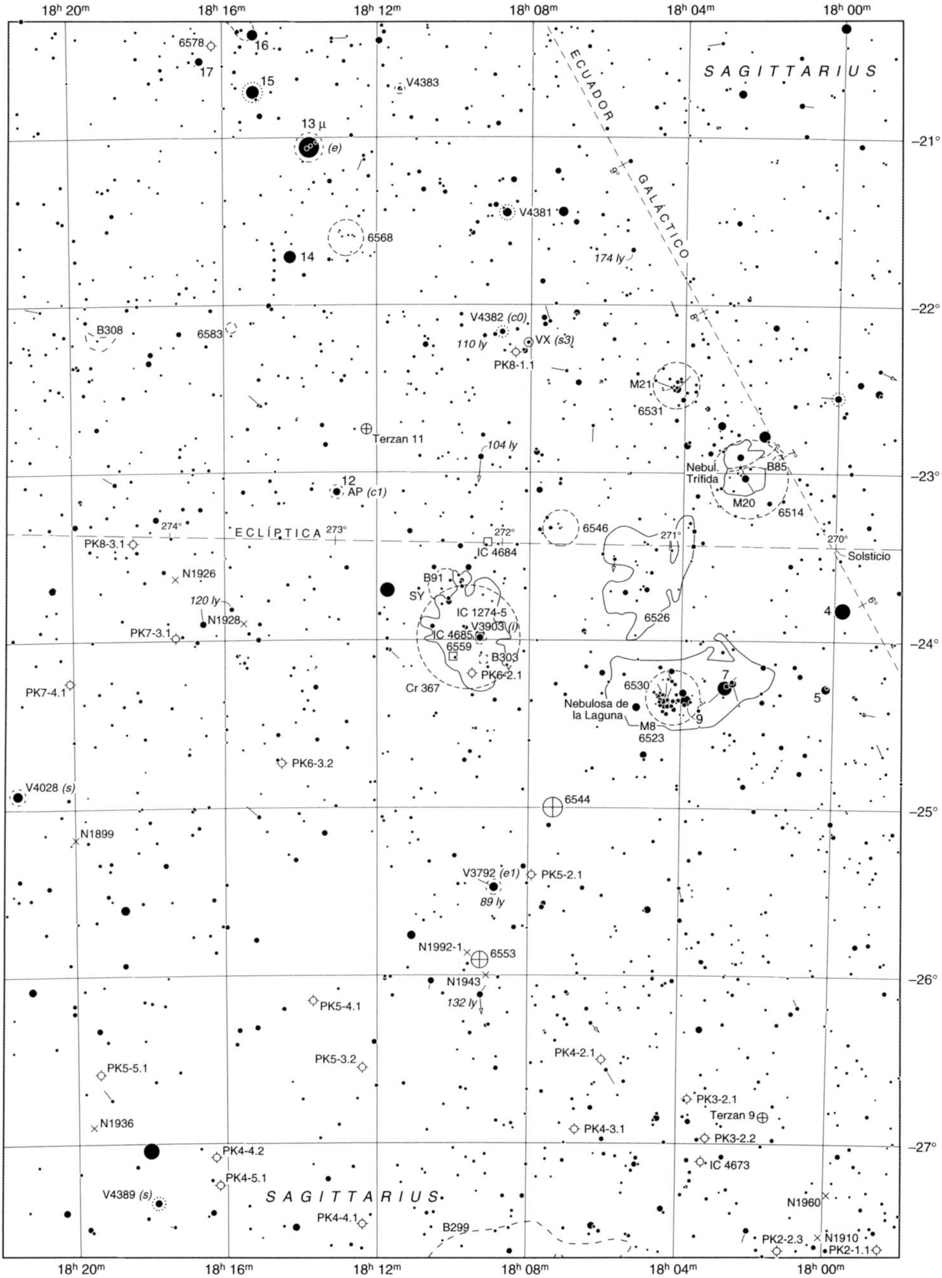

18h 20m
18h 16m
18h 12m
18h 08m
18h 04m
18h 00m
SAGITTARIUS
ECUADOR GALÁCTICO
ECLÍPTICA
−21°
−22°
−23°
−24°
−25°
−26°
−27°
6578
16
17
15
V4383
13 μ
(e)
V4381
6568
14
174 ly
9°
8°
7°
6°
B308
6583
V4382 (c0)
110 ly
VX (s3)
PK8-1.1
M21
6531
Terzan 11
104 ly
Nebul. Trífida
B85
M20
6514
12
AP (c1)
6546
274°
273°
272°
271°
270°
PK8-3.1
IC 4684
Solsticio
N1926
B91
SY
IC 1274-5
6526
120 ly
N1928
V3903 (i)
4
PK7-3.1
IC 4685
6559
B303
PK6-2.1
Cr 367
PK7-4.1
6530
7
5
Nebulosa de la Laguna
M8
6523
9
PK6-3.2
V4028 (s)
6544
N1899
V3792 (e1)
PK5-2.1
89 ly
N1992-1
6553
N1943
132 ly
PK5-4.1
PK4-2.1
PK5-3.2
PK5-5.1
PK3-2.1
Terzan 9
N1936
PK4-3.1
PK3-2.2
PK4-4.2
IC 4673
PK4-5.1
V4389 (s)
N1960
PK4-4.1
B299
PK2-2.3
N1910
PK2-1.1

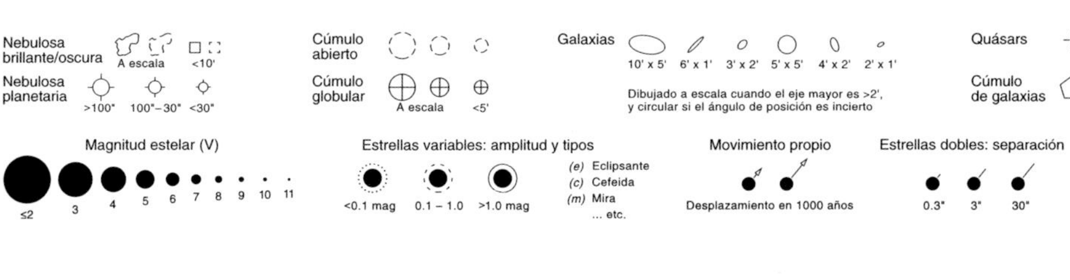

Nebulosa brillante/oscura
A escala
<10'
Nebulosa planetaria
>100"
100"–30"
<30"
Cúmulo abierto
Cúmulo globular
A escala
<5'
Galaxias
10' x 5'
6' x 1'
3' x 2'
5' x 5'
4' x 2'
2' x 1'
Dibujado a escala cuando el eje mayor es >2', y circular si el ángulo de posición es incierto
Quásars
Cúmulo de galaxias
Magnitud estelar (V)
≤2
3
4
5
6
7
8
9
10
11
Estrellas variables: amplitud y tipos
<0.1 mag
0.1 – 1.0
>1.0 mag
(e) Eclipsante
(c) Cefeida
(m) Mira
... etc.
Movimiento propio
Desplazamiento en 1000 años
Estrellas dobles: separación
0.3"
3"
30"

Las nebulosas que pueblan esta región del firmamento son materia reservada para cielos de gran transparencia y carentes por completo de contaminación lumínica. Centrado a –24 grados de declinación, este sector de la constelación de **Ophiuchus** está al alcance de todos los observadores del hemisferio sur y de la mayor parte de los del hemisferio norte. La principal estrella de referencia es la variable cefeida **Theta (θ) Ophiuchi** –centro, derecha–, de magnitud 3,3. El interés astronómico de esta zona tiene como protagonistas a algunas de las mejores nebulosas oscuras que pueden encontrarse en el cielo, tratándose, sin duda alguna, de una de las mayores concentraciones de este tipo en cualquier constelación. Habitualmente acostumbrados a estudiar estrellas, cúmulos, galaxias y nebulosas brillantes, muchos observadores nunca han reparado en la belleza de los contrastes impuestos en el cielo por esta clase de nebulosas, que destacan por las extraordinarias grietas oscuras que producen entre las grandes concentraciones estelares de la **Vía Láctea**.

Entre las excelencias de esta familia nebular hay objetos cuya espectacularidad les ha hecho salir del anonimato y añadir nombre propio a su número de catálogo. Así ocurre con el inmenso objeto oscuro que domina la mitad inferior del sector, la **Nebulosa de la Pipa**, formada por un notable grupo de objetos del histórico catálogo de Barnard. Las principales son **B 78**, **B 77**, **B 65**, **B 66**, **B 67** y **B 59**. Las dos primeras abarcan la zona en la que se hallaría el recipiente de la pipa, y las cuatro últimas, el mango de la misma, que se extiende desde debajo del centro hacia la derecha.

A la derecha del centro, como prolongación de la **Nebulosa de la Pipa**, está **Barnard 72** (**B 72**), popularmente conocida como la **Nebulosa de la Serpiente**. Es, comparativamente, mucho más pequeña que su compañera de catálogo, pero su tortuosa silueta negra le ha dado una notable fama al asemejarse a una serpiente reptando.

Las nebulosas descritas aparecen en el cielo como un vacío oscuro en medio de los campos estelares de la **Vía Láctea** en **Ophiuchus**, y su observación es de lo más sugestivo, pero exige ineludiblemente un lugar con cielos de gran pureza atmosférica, ya que de lo contrario no se consigue el contraste visual necesario. Los amantes de la astrofotografía encontrarán un lugar del máximo interés y pueden intentar emular al descubridor de todas estas nebulosas, el norteamericano Edward Emerson Barnard, cuyo catálogo de objetos oscuros está incluido en el atlas fotográfico de la **Vía Láctea** que culminó a principios del siglo XX. Dos consejos básicos para la fotografía de estos campos galácticos: objetivos de longitud focal media y películas de gran contraste.

En la parte superior de la carta también hay otras nebulosas de Barnard de gran interés: **B 276** y **B 268**, arriba a la izquierda; **B 262, B67A** y **B 63**, arriba a la derecha; **B 269**, arriba del centro, y un pequeño grupo integrado por **B 272**, **B 277**, **B 81**, **B 82** y **B 83**, a la izquierda del centro. Todas éstas son menos pronunciadas que la **Nebulosa de la Pipa** y que la **Nebulosa de la Serpiente**.

Entre los objetos brillantes de cielo profundo que comparten esta región con la extensa colección de nebulosas oscuras, el más destacado es el cúmulo globular **NGC 6355**, abajo a la derecha, asomando junto al contorno del mango de la **Nebulosa de la Pipa**. El cúmulo es de magnitud 9,6 y no supera los 10 minutos de diámetro angular, pero está al alcance de telescopios con aberturas de más de 100 mm, que ayudarán a distinguir su estructura.

Cerca de **Barnard 268** (**B 268**), en la parte superior, está el remanente de la **Supernova de Kepler** (**SN 1604**), observada en 1604 por el genio alemán que estableció las leyes de los movimientos planetarios. Aquella supernova fue la última ocurrida en la **Vía Láctea** y, aunque los grandes telescopios sólo han podido detectar actualmente unos pequeños jirones nebulosos del cataclismo estelar, se cree que la estrella que entró en explosión alcanzó la magnitud –3,0, similar a la de **Venus**.

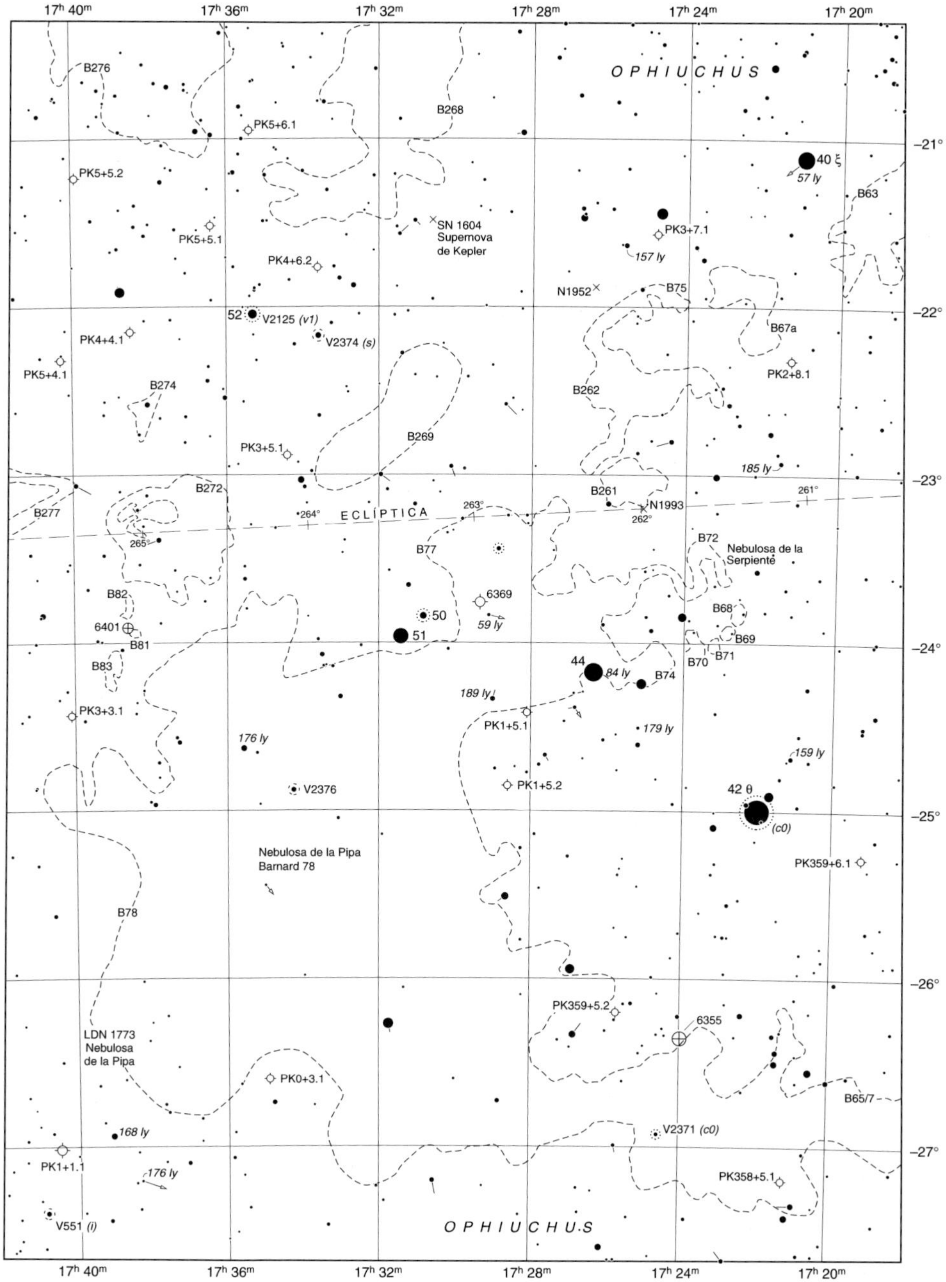

17h 40m
17h 36m
17h 32m
17h 28m
17h 24m
17h 20m
OPHIUCHUS
–21°
–22°
–23°
–24°
–25°
–26°
–27°
B276
B268
PK5+6.1
40 ξ
57 ly
PK5+5.2
B63
SN 1604
Supernova
de Kepler
PK5+5.1
PK3+7.1
157 ly
PK4+6.2
N1952
B75
52
V2125 (v1)
V2374 (s)
B67a
PK4+4.1
PK5+4.1
PK2+8.1
B274
B262
B269
PK3+5.1
185 ly
B272
B261
261°
B277
264°
ECLIPTICA
263°
N1993
262°
265°
B72
Nebulosa de la
Serpiente
B77
B82
6369
6401
50
59 ly
B68
51
B81
B69
B70
B71
B83
44
84 ly
B74
189 ly
PK3+3.1
PK1+5.1
179 ly
176 ly
159 ly
V2376
PK1+5.2
42 θ
(c0)
Nebulosa de la Pipa
Barnard 78
PK359+6.1
B78
PK359+5.2
6355
LDN 1773
Nebulosa
de la Pipa
PK0+3.1
B65/7
168 ly
V2371 (c0)
PK1+1.1
176 ly
PK358+5.1
V551 (i)
OPHIUCHUS

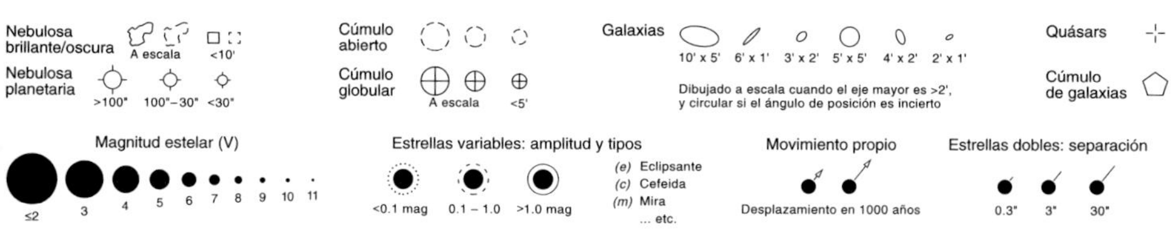

Nebulosa brillante/oscura
A escala
<10'
Nebulosa planetaria
>100"
100"–30"
<30"
Cúmulo abierto
Cúmulo globular
A escala
<5'
Galaxias
10' x 5'
6' x 1'
3' x 2'
5' x 5'
4' x 2'
2' x 1'
Dibujado a escala cuando el eje mayor es >2',
y circular si el ángulo de posición es incierto
Quásars
Cúmulo de galaxias
Magnitud estelar (V)
≤2
3
4
5
6
7
8
9
10
11
Estrellas variables: amplitud y tipos
<0.1 mag
0.1 – 1.0
>1.0 mag
(e) Eclipsante
(c) Cefeida
(m) Mira
... etc.
Movimiento propio
Desplazamiento en 1000 años
Estrellas dobles: separación
0.3"
3"
30"

Después de fotografiar esta región celeste en abril de 1905, Edward Emerson Barnard la calificó de "casi inigualable en el cielo entero". Aquella frase no fue ninguna exageración, como atestiguaba la famosa fotografía con la que el astrónomo norteamericano reveló la existencia de unos vertiginosos senderos de polvo que oscurecían la **Vía Láctea** de forma insondable en las proximidades de las estrellas **Antares** (**α Scorpii**) y **Rho (ρ) Ophiuchi**, cuyas respectivas nebulosas crean en este lugar una indescriptible conjunción de formas y colores que no se encuentra en ninguna otra parte del firmamento. Incluso aquella histórica imagen de Barnard revelaba la enorme diversidad de este rincón celeste, a pesar de haber sido tomada en blanco y negro, como correspondía a esa época.

Cualquier observador tiene actualmente a su alcance todas esas maravillas durante las noches del verano boreal y el invierno austral, en el punto de encuentro de las constelaciones de **Scorpius** y **Ophiuchus**. Para empezar, un buen espectáculo es **Antares** (abajo), de magnitud 1,06 y la decimosexta estrella más brillante del cielo nocturno. Es una supergigante roja cuyo diámetro se cree que supera entre 300 y 500 veces el del **Sol**, y que pertenece a la clase espectral M, la misma a la que pertenece **Betelgeuse** (**Orion**) y la variable **Mira** (**Cetus**). La estrella está aureolada de una bella neblina, denominada **Nebulosa de Antares**.

Si a simple vista esta estrella ya es un espectáculo refulgiendo en la cola de **Scorpius**, a través del telescopio se supera a sí misma. Tendremos ante nuestros ojos a una de las binarias más bellas, ya que forma pareja con una estrella azul de magnitud 5,4 que se halla a tan sólo 2,7 segundos de distancia angular de ella. Con un telescopio refractor de 100-120 mm o reflectores de 150 mm o más, el par se resuelve a pesar de la dificultad añadida del resplandor de la estrella principal del sistema, que eclipsa a su compañera. Lo más increíble es que muchos observadores aseguran que la estrella secundaria es verde y no azulada, lo que parece explicarse por un efecto visual derivado del notable contraste cromático.

Antares es un bello nombre de origen griego que alude a la similitud entre esta estrella y **Marte**, el planeta rojo, cuyo color comparte. Es fácil entender por qué los astrónomos griegos la llamaron así, porque en muchas de sus oposiciones, cuando alcanza su brillo máximo –lo que sucede cada dos años–, Marte se halla en **Scorpius**, muy cerca de **Antares**, con la que forma una bella pareja de astros muy brillantes de color rojo.

A la derecha de **Antares** hay otra interesante doble: **Sigma (σ) Scorpii**, cuyas dos componentes son de magnitudes 2,9 y 8,5, respectivamente. Es una pareja muy fácil de resolver al tener una separación angular de 20 segundos. Y el espacio entre **Antares** y **Sigma (σ) Scorpii** alberga dos cúmulos globulares, uno de ellos excepcional: **M 4/NGC 6121**. Con casi medio grado de diámetro y magnitud 5,9 es sensacional visto por el telescopio, ya que las estrellas se cuentan por decenas y muestra una inusitada facilidad para desgranarlo con instrumentos pequeños. Estas ventajas se deben, fundamentalmente, a que **M 4** es, a 7200 años luz de distancia, el cúmulo globular más próximo a nosotros.

El otro cúmulo globular es **NGC 6144**, de magnitud 9,1 y casi 10 minutos de diámetro. No tiene el esplendor de **M 4**, pero es bastante espectacular, especialmente cuando se observa en el mismo campo óptico que **Antares**, ya que están a medio grado de distancia.

El sector más próximo a **Rho (ρ) Ophiuchi** –centro, derecha– no tiene desperdicio. Es una estrella muy joven, rodeada de nebulosas, entre ellas **IC 4604**, la misma de la que nació y de la que aún están naciendo sus hermanas. Este criadero estelar azul forma una extraordinaria combinación de colores con los grandes pasillos oscuros que se extienden hacia su izquierda, y que alcanzan su máxima profundidad en la nebulosa **Barnard 44** (**B 44**), que aparece completamente negra y sin estrellas en las fotografías.

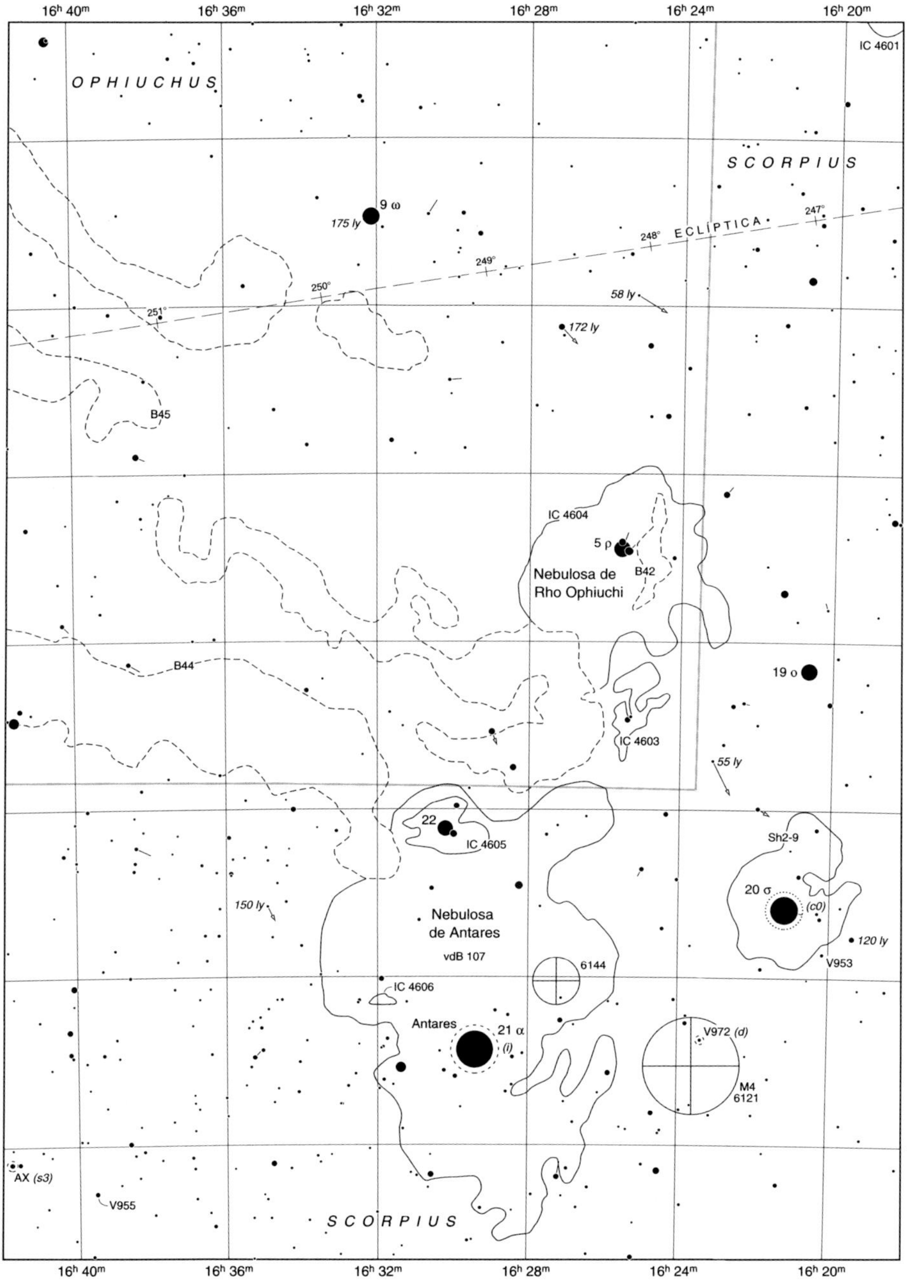
16h 40m
16h 36m
16h 32m
16h 28m
16h 24m
16h 20m
IC 4601
OPHIUCHUS
SCORPIUS
−21°
−22°
−23°
−24°
−25°
−26°
−27°
9 ω
175 ly
ECLÍPTICA
247°
248°
249°
250°
251°
58 ly
172 ly
B45
IC 4604
5 ρ
B42
Nebulosa de Rho Ophiuchi
B44
19 o
IC 4603
55 ly
22
IC 4605
Sh2-9
20 σ
(c0)
120 ly
V953
150 ly
Nebulosa de Antares
vdB 107
6144
IC 4606
Antares
21 α
(i)
V972 (d)
M4
6121
AX (s3)
V955

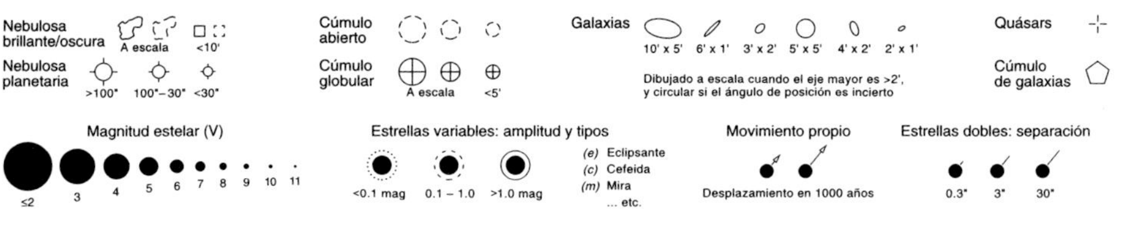
Nebulosa brillante/oscura
A escala
<10'
Nebulosa planetaria
>100"
100"–30"
<30"
Cúmulo abierto
Cúmulo globular
A escala
<5'
Galaxias
10' x 5'
6' x 1'
3' x 2'
5' x 5'
4' x 2'
2' x 1'
Dibujado a escala cuando el eje mayor es >2', y circular si el ángulo de posición es incierto
Quásars
Cúmulo de galaxias
Magnitud estelar (V)
≤2
3
4
5
6
7
8
9
10
11
Estrellas variables: amplitud y tipos
<0.1 mag
0.1 – 1.0
>1.0 mag
(e) Eclipsante
(c) Cefeida
(m) Mira
... etc.
Movimiento propio
Desplazamiento en 1000 años
Estrellas dobles: separación
0.3"
3"
30"

En las cálidas noches de agosto, muchas personas han confundido con nubes la gran franja lechosa de la **Vía Láctea** que cruza el firmamento de norte a sur. Esta gran banda adquiere tal condensación en su extremo sur, en la confluencia de las constelaciones de **Sagittarius** y **Scorpius**, que los campos estelares parecen verdaderas nubes. En realidad lo son, pero no de naturaleza atmosférica, sino formadas por estrellas, por miles de ellas que nuestra vista es incapaz de separar ante semejante densidad, salvo que recurramos a unos binoculares o un telescopio.

Las nubes de estrellas de **Sagittarius** y **Scorpius** quedan al alcance de los observadores de latitudes medias del hemisferio boreal, desde donde se puede participar plenamente de este espectáculo astronómico. Sin telescopio ya se pueden discernir, junto a los campos estelares, algunos de los objetos más extensos, como las nebulosas oscuras **Barnard 299** (**B 299**), arriba a la izquierda, y **Barnard 295** (**B 295**), abajo a la izquierda del centro.

La exploración con telescopio nos acercará a un buen grupo de interesantes enjambres estelares, a pesar de que la abundancia de densos campos de estrellas enmascara claramente la presencia de cúmulos abiertos. **NGC 6520** forma un excelente conjunto con la nebulosa **B 86**, arriba a la izquierda, ya que se encuentran prácticamente juntos, y los puntitos brillantes de las estrellas destacan, en color azul, sobre un fondo estelar más uniforme en el que la nebulosa oscura parece abrir un agujero. El cúmulo abierto no es muy grande, de unos 6 minutos de diámetro angular, pero su magnitud es la 6,7 y está al alcance de cualquier telescopio. Obsérvese el notable contraste entre ambos objetos.

NGC 6451 (centro derecha), es otro interesante cúmulo abierto de parecidas características. Algo más apagado, de magnitud 8,2, compensa el menor brillo con un tamaño algo superior, que en la práctica permite una observación similar, apta para todos los telescopios, siendo aconsejable el uso de un mínimo de 100 aumentos para obtener una imagen razonablemente grande.

El sector es más rico en cúmulos globulares que en cúmulos abiertos, pero sus características hacen bastante difícil su observación con pequeños telescopios. **NGC 6528** (centro izquierda) probablemente sea el más favorable de todos por su mayor brillo, ya que es de magnitud 8,2. El tamaño es de unos 6 minutos, similar al de la mayoría de cúmulos globulares que le acompañan en esta región celeste, casi todos ellos de tamaño inferior a los 10 minutos, y algunos, como **NGC 6558** (abajo izquierda), muy pequeños: sólo 3,7 minutos de tamaño angular aparente. **Djorgovski 1**, abajo a la derecha, es un objeto engañoso, ya que se trata de un cúmulo globular grande, de unos 15 minutos de diámetro, pero su magnitud es la 13,6, de forma que sólo puede verse aceptablemente por telescopios de más de 300 mm.

Toda la **Región Celeste 50** está llena de nebulosas planetarias, ya que se cuentan varias decenas. En todos los casos son muy pequeñas y débiles, aunque las personas que dispongan de telescopios de 300 mm deben seguir su permanente rastro por todos los rincones del sector. El observador apreciará que también destaca en esta carta la presencia de numerosos restos de novas repartidos con cierta uniformidad por todo el sector, algo nada extraño teniendo en cuenta la abundancia estelar que se da aquí, ya que, al igual que en el caso de la **carta 47**, nos hallamos en una perspectiva muy próxima al centro de la Vía Láctea, nuestra galaxia. De todas estas estrellas, la más destacada es **Alnasl** o **Gamma (γ) Sagitarii** (centro izquierda), de magnitud 2,99.

Las grandes nubes estelares de **Sagittarius** y **Scorpius** son extraordinariamente fotogénicas. La envergadura de estos campos de estrellas supone una invitación para que el amante de la astrofotografía obtenga en ellos un fiel retrato del corazón de la **Vía Láctea** incluso con vistas generales mediante un objetivo gran angular de 24-28 mm.

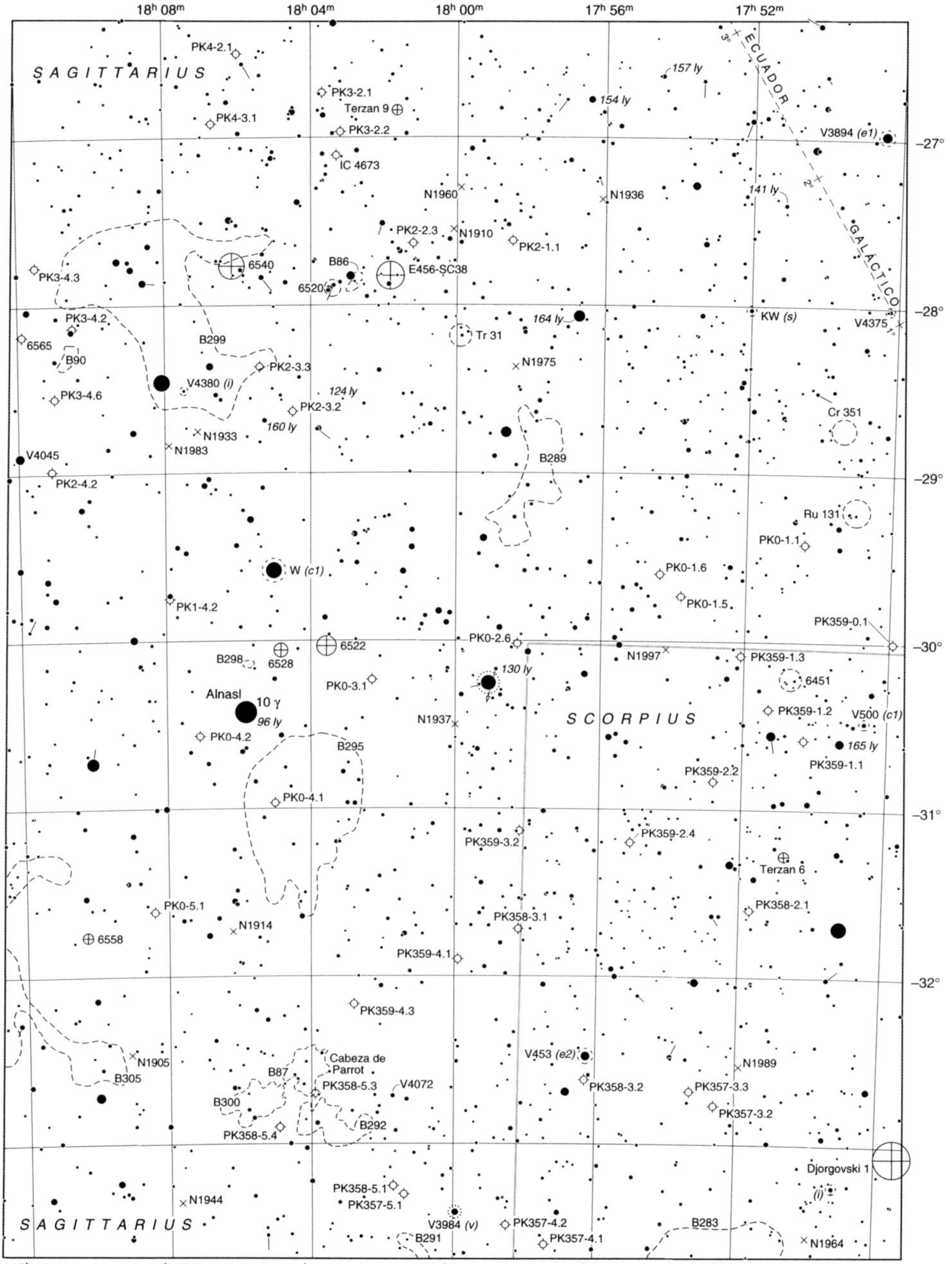
18h 08m
18h 04m
18h 00m
17h 56m
17h 52m
SAGITTARIUS
SCORPIUS
ECUADOR GALÁCTICO
-27°
-28°
-29°
-30°
-31°
-32°
PK4-2.1
PK3-2.1
Terzan 9
PK4-3.1
PK3-2.2
157 ly
154 ly
V3894 (e1)
IC 4673
N1960
N1936
141 ly
PK2-2.3
N1910
PK2-1.1
6540
B86
E456-SC38
PK3-4.3
6520
164 ly
KW (s)
PK3-4.2
V4375
Tr 31
6565
B299
B90
N1975
PK2-3.3
V4380 (i)
124 ly
PK3-4.6
PK2-3.2
Cr 351
160 ly
N1933
N1983
V4045
B289
PK2-4.2
Ru 131
PK0-1.1
PK0-1.6
W (c1)
PK0-1.5
PK1-4.2
PK359-0.1
PK0-2.6
6522
B298
6528
N1997
PK359-1.3
130 ly
6451
PK0-3.1
Alnasl
10 γ
96 ly
PK359-1.2
V500 (c1)
N1937
PK0-4.2
165 ly
B295
PK359-1.1
PK359-2.2
PK0-4.1
PK359-3.2
PK359-2.4
Terzan 6
PK0-5.1
PK358-2.1
N1914
PK358-3.1
6558
PK359-4.1
PK359-4.3
V453 (e2)
Cabeza de Parrot
N1905
N1989
B305
B87
PK358-5.3
V4072
PK358-3.2
PK357-3.3
B300
PK357-3.2
B292
PK358-5.4
Djorgovski 1
PK358-5.1
N1944
PK357-5.1
(i)
V3984 (v)
PK357-4.2
B283
SAGITTARIUS
B291
PK357-4.1
N1964
18h 12m
18h 08m
18h 04m
18h 00m
17h 56m
17h 52m
17h 48m

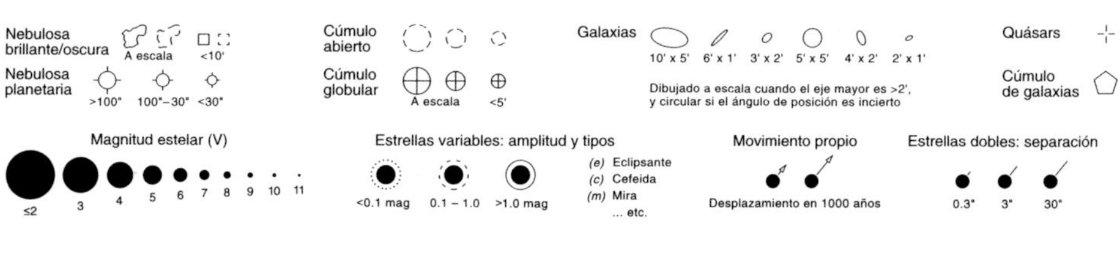
Nebulosa brillante/oscura
A escala
<10'
Nebulosa planetaria
>100"
100"–30"
<30"
Cúmulo abierto
Cúmulo globular
A escala
<5'
Galaxias
10' x 5'
6' x 1'
3' x 2'
5' x 5'
4' x 2'
2' x 1'
Dibujado a escala cuando el eje mayor es >2', y circular si el ángulo de posición es incierto
Quásars
Cúmulo de galaxias
Magnitud estelar (V)
≤2
3
4
5
6
7
8
9
10
11
Estrellas variables: amplitud y tipos
<0.1 mag
0.1 – 1.0
>1.0 mag
(e) Eclipsante
(c) Cefeida
(m) Mira
... etc.
Movimiento propio
Desplazamiento en 1000 años
Estrellas dobles: separación
0.3"
3"
30"

DÉCIMA PARTE

TABLAS Y APÉNDICES

Tabla 1
Propiedades físicas y visuales del Sol, la Luna y los planetas

ASTRO	DIÁMETRO ECUATORIAL (km)	TIEMPO DE ROTACIÓN*	PERIODO ORBITAL	DISTANCIA AL SOL**	TEMP. (° C)	MAGNITUD APARENTE	TAMAÑO ANGULAR***
Sol	1 392 530	25 d 9 h 7 m	—	—	5 800	–26, 7	1800
Luna	3476	27 d 7 h 43 m	27,32 días	149,6	–170/90	–12,7	1800
Mercurio	4879	58 d 15 h 30 m	87,97 días	57,9	–170/350	–2,0	6,5
Venus	12 104	–243 d	224,7 días	108,2	460	–4,7	25
Tierra	12 756	23 h 56 m 4 s	365,25 días	149,6	15	—	—
Marte	6794	24 h 37 m 22 s	686,98 días	227,9	–55	–2,8	26
Júpiter	142 984	9 h 55 m 30 s	11,86 años	778,3	–150	–2,8	48
Saturno	120 540	10 h 39 m 22 s	29,46 años	1427,0	–180	–0,3	21
Urano	51 118	17 h 14 m 24 s	84,0 años	2869,5	–215	5,7	4
Neptuno	49 528	10 h 6 m 36 s	164,8 años	4496,63	–215	7,8	2,5
Plutón	2320	–6 d 9 h 17 m	248,0 años	5900,0	–220	13,7	0,1

* En días (d), horas (h), minutos (m) y segundos (s).

** Distancia media en millones de kilómetros.

*** En segundos de arco (").

Tabla 2
Eclipses de Luna hasta el año 2020

FECHA	TIPO	MAGNITUD	DURACIÓN	ZONA DE VISIBILIDAD
26-5-2002	Penumbral	–0,283	—	Este de Asia, Australia, Pacífico, América
24-6-2002	Penumbral	–0,788	—	Sur de América, Europa, Asia central, Australia
20-11-2002	Penumbral	–0,222	—	América, Europa, África, este de Asia
16-5-2003	Total	1,134	53 m	Pacífico central, América, Europa, África
9-11-2003	Total	1,022	24 m	América, Europa, África, Asia central
4-5-2004	Total	1,309	1 h 16 m	Sur de América, Europa, África, Asia, Australia
8-10-2004	Total	1,313	1 h 21 m	América, Europa, África, Asia central
24-4-2005	Penumbral	–0,139	—	Este de Asia, Australia, Pacífico, América
17-10-2005	Parcial	0,068	58 m	Asia, Australia, Pacífico, América del Norte
14-3-2006	Penumbral	–0,055	—	América, Europa, África, Asia
7-9-2006	Parcial	0,189	1 h 33 m	Europa, África, Asia, Australia
3-3-2007	Total	1,238	1 h 14 m	América, Europa, África, Asia
28-8-2007	Total	1,481	1 h 31 m	Este de Asia, Australia, Pacífico, América
21-2-2008	Total	1,111	51 m	Pacífico central, América, Europa, África
16-8-2008	Parcial	0,813	3 h 9 m	Sur de América, Europa, África, Asia, Australia
9-2-2009	Penumbral	–0,083	—	Este de Europa, Asia, Australia
7-7-2009	Penumbral	–0,909	—	Australia, Pacífico, América
6-8-2009	Penumbral	–0,661	—	América, Europa, África, Asia
31-12-2009	Parcial	0,082	1 h 2 m	Europa, África, Asia, Australia
26-6-2010	Parcial	0,542	2 h 44 m	Este de Asia, Australia, América
21-12-2010	Total	1,262	1 h 13 m	Este de Asia, Australia, Pacífico, América, Europa
15-6-2011	Total	1,705	1 h 41 m	Sur de América, Europa, África, Asia, Australia
10-12-2011	Total	1,110	52 m	Europa, este de África, Asia, norte de América, Australia, Pacífico
4-6-2012	Parcial	0,376	2 h 8 m	Asia, Australia, Pacífico, América
28-11-2012	Penumbral	–0,184	—	Europa, este de África, Asia, Pacífico, Australia, norte de América

Tabla 2 (cont.)
Eclipses de Luna hasta el año 2020

FECHA	TIPO	MAGNITUD	DURACIÓN	ZONA DE VISIBILIDAD
25-4-2013	Parcial	0,020	32 m	Europa, África, Asia, Australia
25-5-2013	Penumbral	–0,928	—	América, África
18-10-2013	Penumbral	–0,266	—	América, Europa, África, Asia
15-4-2014	Total	1,296	1 h 19 m	Australia, Pacífico, América
8-10-2014	Total	1,172	1 h	Asia, Australia, Pacífico, América
4-4-2015	Total	1,006	12 m	Asia, Australia, Pacífico, América
28-9-2015	Total	1,282	1 h 13 m	Pacífico este, América, Europa, oeste de Asia, África
23-3-2016	Penumbral	–0,307	—	Asia, Australia, Pacífico, América
18-8-2016	Penumbral	–0,992	—	Australia, Pacífico, América
16-9-2016	Penumbral	–0,058	—	Europa, África, Asia, Australia
11-2-2017	Penumbral	–0,031	—	América, Europa, África, Asia
7-8-2017	Parcial	0,252	1 h 57 m	Europa, África, Asia, Australia
31-1-2018	Total	1,321	1 h 17 m	Asia, Australia, norte de América
27-7-2018	Total	1,614	1 h 44 m	Sur de América, Europa, África, Asia, Australia
21-1-2019	Total	1,201	1 h 3 m	Pacífico central, América, Europa, África
16-7-2019	Parcial	0,657	2 h 59 m	Sur de América, Europa, África, Asia, Australia
10-1-2020	Penumbral	–0,111	—	Europa, Asia, África, Australia
5-6-2020	Penumbral	–0,399	—	Europa, Asia, África, Australia
5-7-2020	Penumbral	–0,639	—	América, Europa, África
30-11-2020	Penumbral	–0,258	—	Asia, Australia, Pacífico, América

La magnitud expresa la fracción del diámetro lunar oscurecida por la sombra de la Tierra. En los eclipses penumbrales, la magnitud siempre es inferior a 0. En los parciales, la magnitud está comprendida entre 0,0 y 1,0, y en los totales es igual o superior a 1,0

La duración, en los eclipses totales, está referida a la fase de totalidad, y en los parciales a la de parcialidad.

Fuente: Fred Espenak, NASA/Goddard Space Flight Center

Tabla 3
Principales cráteres de la Luna

NOMBRE	LATITUD (°)	DECLINACIÓN (°)	DIÁMETRO (km)
Abel	34.5S	87.3E	122
Aitken	16.8S	173.4E	135
Albategnius	11.7S	4.3E	114
Alden	23.6S	110.8E	104
Alphonsus	13.7S	3.2W	108
Amundsen	84.3S	85.6E	101
Anderson	15.8N	171.1E	109
Ansgarius	12.7S	79.7E	94
Antoniadi	69.7S	172.0W	143
Apollo	36.1S	151.8W	537
Arnold	66.8N	35.9E	94
Arzachel	18.2S	1.9W	96
Ashbrook	81.4S	112.5W	156
Avogadro	63.1N	164.9E	139
Babbage	59.7N	57.1W	143
Babcock	4.2N	93.9E	99
Bailly	66.5S	69.1W	287
Balmer	20.3S	69.8E	138
Banachiewicz	5.2N	80.1E	92
Barnard	29.5S	85.6E	105
Barrow	71.3N	7.7E	92
Belkovich	61.1N	90.2E	214
Berlage	63.2S	162.8W	92
Birkhoff	58.7N	146.1W	345
Birmingham	65.1N	10.5W	92
Blackett	37.5S	116.1W	141
Blancanus	63.8S	21.4W	117
Boguslawsky	72.9S	43.2E	97
Bolyai	33.6S	125.9E	135
Bose	53.5S	170.0W	91
Boussingault	70.2S	54.6E	142
Brenner	39.0S	39.3E	97
Brianchon	75.0N	86.2W	134
Brouwer	36.2S	126.0W	158
Buffon	40.4S	133.4W	106
Byrd	85.3N	9.8E	93
Cabeus	84.9S	35.5W	98
Campbell	45.3N	151.4E	219
Carnot	52.3N	143.5W	126
Casatus	72.8S	29.5W	108
Catharina	18.1S	23.4E	104

Tabla 3 (cont.)
Principales cráteres de la Luna

NOMBRE	LATITUD (°)	DECLINACIÓN (°)	DIÁMETRO (km)
Chaplygin	6.2S	150.3E	137
Charlier	36.6N	131.5W	99
Chebyshev	33.7S	133.1W	178
Clavius	58.8S	14.1W	245
Cleomedes	27.7N	56.0E	125
Cockcroft	31.3N	162.6W	93
Compton	55.3N	103.8E	162
Copernicus	9.7N	20.1W	93
Crommelin	68.1S	146.9W	94
Curie	22.9S	91.0E	151
Curtius	67.2S	4.4E	95
Cyrillus	13.2S	24.0E	98
Daedalus	5.9S	179.4E	93
D'Alembert	50.8N	163.9E	248
Darwin	20.2S	69.5W	120
De La Rue	59.1N	52.3E	134
Debye	49.6N	176.2W	142
Demonax	77.9S	60.8E	128
Deslandres	33.1S	4.8W	256
Doppler	12.6S	159.6W	110
Drygalski	79.3S	84.9W	149
Eddington	21.3N	72.2W	118
Einstein	16.3N	88.7W	198
Emden	63.3N	177.3W	111
Endymion	53.9N	57.0E	123
Eötvös	35.5S	133.8E	99
Fabry	42.9N	100.7E	184
Fermi	19.3S	122.6E	183
Fersman	18.7N	126.0W	151
Fitzgerald	27.5N	171.7W	110
Fizeau	58.6S	133.9W	111
Fleming	15.0N	109.6E	106
Fowler	42.3N	145.0W	146
Fra Mauro	6.1S	17.0W	101
Fracastorius	21.5S	33.2E	112
Fridman	12.6S	126.0W	102
Furnerius	36.0S	60.6E	135
Gagarin	20.2S	149.2E	265
Galois	14.2S	151.9W	222
Gamow	65.3N	145.3E	129
Gärtner	59.1N	34.6E	115

Tabla 3 (cont.)
Principales cráteres de la Luna

NOMBRE	LATITUD (°)	DECLINACIÓN (°)	DIÁMETRO (km)
Gassendi	17.6S	40.1W	101
Gauss	35.7N	79.0E	177
Gerard	44.5N	80.0W	90
Gilbert	3.2S	76.0E	112
Goldschmidt	73.2N	3.8W	113
Grimaldi	5.5S	68.3W	172
Gruemberger	66.9S	10.0W	93
Guyot	11.4N	117.5E	92
H. G. Wells	40.7N	122.8E	114
Harkhebi	39.6N	98.3E	237
Hausen	65.0S	88.1W	167
Heaviside	10.4S	167.1E	165
Hecataeus	21.8S	79.4E	167
Hedin	2.0N	76.5W	150
Helmholtz	68.1S	64.1E	94
Heraclitus	49.2S	6.2E	90
Hermite	86.0N	89.9W	104
Hertz	13.4N	104.5E	90
Hertzsprung	2.6N	129.2W	591
Hevelius	2.2N	67.6W	115
Hilbert	17.9S	108.2E	151
Hipparchus	5.1S	5.2E	138
Hirayama	6.1S	93.5E	132
Hommel	54.7S	33.8E	126
Humboldt	27.0S	80.9E	189
Icarus	5.3S	173.2W	96
Inghirami	47.5S	68.8W	91
Isaev	17.5S	147.5E	90
John Herschel	62.0N	42.0W	165
Janssen	45.4S	40.3E	199
Joliot	25.8N	93.1E	164
Joule	27.3N	144.2W	96
Jules Verne	35.0S	147.0E	143
Julius Caesar	9.0N	15.4E	90
Karpinskiy	73.3N	166.3E	92
Kästner	6.8S	78.5E	108
Keeler	10.2S	161.9E	160
Kékulé	16.4N	138.1W	94
Kibalchich	3.0N	146.5W	92
Klaproth	69.8S	26.0W	119
Koch	42.8S	150.1E	95

Tabla 3 (cont.)
Principales cráteres de la Luna

NOMBRE	LATITUD (°)	DECLINACIÓN (°)	DIÁMETRO (km)
Kolhörster	11.2N	114.6W	97
Kondratyuk	14.9S	115.5E	108
Korolev	4.0S	157.4W	437
Kovalevskaya	30.8N	129.6W	115
Kurchatov	38.3N	142.1E	106
Lagrange	32.3S	72.8W	225
Lamarck	22.9S	69.8W	100
Lamb	42.9S	100.1E	106
Lamont	4.4N	23.7E	106
Landau	41.6N	118.1W	214
Langemak	10.3S	118.7E	97
Langmuir	35.7S	128.4W	91
Langrenus	8.9S	61.1E	127
Larmor	32.1N	179.7W	97
Le Gentil	74.6S	75.7W	128
Lebedev	47.3S	107.8E	102
Leeuwenhoek	29.3S	178.7W	125
Leibnitz	38.3S	179.2E	245
Lemaître	61.2S	149.6W	91
Letronne	10.8S	42.5W	116
Levi-Civita	23.7S	143.4E	121
Lippmann	56.0S	114.9W	160
Lomonosov	27.3N	98.0E	92
Longomontanus	49.6S	21.8W	157
Lorentz	32.6N	95.3W	312
Lundmark	39.7S	152.5E	106
Lyot	49.8S	84.5E	132
Mach	18.5N	149.3W	180
Maginus	50.5S	6.3W	194
Mandelshtam	5.4N	162.4E	197
Manzinus	67.7S	26.8E	98
Maurolycus	42.0S	14.0E	114
Maxwell	30.2N	98.9E	107
Mee	43.7S	35.3W	126
Mendel	48.8S	109.4W	138
Mendeleev	5.7N	140.9E	313
Messala	39.2N	60.5E	125
Meton	73.6N	18.8E	130
Michelson	7.2N	120.7W	123
Milankovic	77.2N	168.8E	101
Millikan	46.8N	121.5E	98

Tabla 3 (cont.)
Principales cráteres de la Luna

NOMBRE	LATITUD (°)	DECLINACIÓN (°)	DIÁMETRO (km)
Milne	31.4S	112.2E	272
Minkowski	56.5S	146.0W	113
Minnaert	67.8S	179.6E	125
Mitra	18.0N	154.7W	92
Moretus	70.6S	5.8W	111
Moseley	20.9N	90.1W	90
Nansen	80.9N	95.3E	104
Neper	8.5N	84.6E	137
Nernst	35.3N	94.8W	116
Neujmin	27.0S	125.0E	101
Numerov	70.7S	160.7W	113
Oppenheimer	35.2S	166.3W	208
Orontius	40.6S	4.6W	105
Ostwald	10.4N	121.9E	104
Papaleksi	10.2N	164.0E	97
Paraskevopoulos	50.4N	149.9W	94
Parenago	25.9N	108.5W	93
Parkhurst	33.4S	103.6E	96
Pascal	74.6N	70.3W	115
Paschen	13.5S	139.8W	124
Pasteur	11.9S	104.6E	224
Pavlov	28.8S	142.5E	148
Perepelkin	10.0S	129.0E	97
Petavius	25.1S	60.4E	188
Phillips	26.6S	75.3E	122
Phocylides	52.7S	57.0W	121
Piazzi	36.6S	67.9W	134
Pitatus	29.9S	13.5W	106
Planck	57.9S	136.8E	314
Plaskett	82.1N	174.3E	109
Plato	51.6N	9.4W	109
Poczobutt	57.1N	98.8W	195
Poincaré	56.7S	163.6E	319
Pontécoulant	58.7S	66.0E	91
Posidonius	31.8N	29.9E	95
Poynting	18.1N	133.4W	128
Prandtl	60.1S	141.8E	91
Ptolemaeus	9.3S	1.9W	164
Purbach	25.5S	2.3W	115
Pythagoras	63.5N	63.0W	142
Rayleigh	29.3N	89.6E	114

Tabla 3 (cont.)
Principales cráteres de la Luna

NOMBRE	LATITUD (°)	DECLINACIÓN (°)	DIÁMETRO (km)
Regiomontanus	28.3S	1.0W	108
Repsold	51.3N	78.6W	109
Riccioli	3.3S	74.6W	139
Richardson	31.1N	100.5E	141
Riemann	38.9N	86.8E	163
Roche	42.3S	136.5E	160
Röntgen	33.0N	91.4W	126
Rosenberger	55.4S	43.1E	95
Rowland	57.4N	162.5W	171
Rozhdestvenskiy	85.2N	155.4W	177
Russell	26.5N	75.4W	103
Sacrobosco	23.7S	16.7E	98
Saha	1.6S	102.7E	99
Sasserides	39.1S	9.3W	90
Scheiner	60.5S	27.5W	110
Schickard	44.3S	55.3W	206
Schiller	51.9S	39.0W	180
Schlesinger	47.4N	138.6W	97
Schrödinger	75.0S	132.4E	312
Schuster	4.2N	146.5E	108
Schwarzschild	70.1N	121.2E	212
Scott	82.1S	48.5E	103
Seares	73.5N	145.8E	110
Seyfert	29.1N	114.6E	110
Shayn	32.6N	172.5E	93
Sikorsky	66.1S	103.2E	98
Sklodowska	18.2S	95.5E	127
Sommerfeld	65.2N	162.4W	169
South	58.0N	50.8W	104
Stebbins	64.8N	141.8W	131
Stefan	46.0N	108.3W	125
Sternfeld	19.6S	141.2W	100
Stöfler	41.1S	6.0E	126
Struve	22.4N	77.1W	164
Szilard	34.0N	105.7E	122
Theophilus	11.4S	26.4E	110
Thomson	32.7S	166.2E	117
Tsander	6.2N	149.3W	181
Tsiolkovskiy	21.2S	128.9E	185
Tycho	43.4S	11.1W	102
Van de Graaff	27.4S	172.2E	233

Tabla 3 (cont.)
Principales cráteres de la Luna

NOMBRE	LATITUD (°)	DECLINACIÓN (°)	DIÁMETRO (km)
Van der Waals	43.9S	119.9E	104
Van't Hoff	62.1N	131.8W	92
Vavilov	0.8S	137.9W	98
Vendelinus	16.4S	61.6E	131
Ventris	4.9S	158.0E	95
Vernadskiy	23.2N	130.5E	91
Vertregt	19.8S	171.1E	187
Vestine	33.9N	93.9E	96
Vetchinkin	10.2N	131.3E	98
Volta	53.9N	84.4W	123
Von Blékésy	51.9N	126.8E	96
Von Kármán	44.8S	175.9E	180
William Bond	65.4N	4.5W	156
Walther	33.1S	1.0E	128
Wargentin	49.6S	60.2W	84
Weyl	17.5N	120.2W	108
Wiener	40.8N	146.6E	120
Wilhelm	43.4S	20.4W	106
Wyld	1.4S	98.1E	93
Xenophanes	57.5N	82.0W	125
Yablochkov	60.9N	128.3E	99
Zeeman	75.2S	133.6W	190
Zwicky	15.4S	168.1E	150

Fuentes: Unión Astronómica Internacional (IAU)/U. S. Geological Survey (Flagstaff, Arizona)
(La tabla incluye los cráteres con diámetro igual o superior a 90 km, a excepción de Wargentin.)

Tabla 4
Eclipses de Sol hasta el año 2020

FECHA	TIPO	MAGNITUD	DURACIÓN	ZONA DE VISIBILIDAD
10-6-2002	Anular	0,996	23 s	Pacífico norte, México
4-12-2002	Total	1,024	2 m 4 s	Sur de África, India, Australia
31-5-2003	Anular	0,938	3 m 37 s	Islandia, Groenlandia
23-11-2003	Total	1,038	1 m 57 s	Antártida
19-4-2004	Parcial	0,736	—	Antártida, Sur de África
14-10-2004	Parcial	0,927	—	Noreste de Asia, Hawai, Alaska
8-4-2005	Total/Anular	1,007	42 s	Pacífico sur, Panamá, Colombia, Venezuela
03-10-2005	Anular	0,958	4 m 32 s	Portugal, España, Libia, Sudán, Kenia
29-3-2006	Total	1,052	4 m 7 s	Centro de África, Rusia, Turquía
22-9-2006	Anular	0,935	7 m 9 s	Guyana, Surinam, Atlántico sur
19-3-2007	Parcial	0,874	—	Asia, Alaska
11-9-2007	Parcial	0,749	—	Sur de América, Antártida
7-2-2008	Anular	0,965	2 m 12 s	Antártida
1-8-2008	Total	1,039	2 m 27 s	Canadá, Groenlandia, Siberia, China, Mongolia
26-1-2009	Anular	0,928	7 m 54 s	Sur de India, Sumatra, Borneo
22-7-2009	Total	1,080	6 m 39 s	India, Nepal, China, Pacífico central
15-1-2010	Anular	0,919	11 m 8 s	Este de África, India, China
11-7-2010	Total	1,058	5 m 20 s	Pacífico sur, Chile, Argentina
4-1-2011	Parcial	0,857	—	Europa, África, Asia central
1-6-2011	Parcial	0,601	—	Este de Asia, norte de América, Islandia
1-7-2011	Parcial	0,096	—	Océano Índico sur
25-11-2011	Parcial	0,905	—	Sur de África, Antártida, Tasmania, Nueva Zelanda
20-5-2012	Anular	0,944	5 m 46 s	China, Japón, Pacífico, oeste de Estados Unidos
13-11-2012	Total	1,050	4 m 2 s	Norte de Australia, Pacífico sur
10-5-2013	Anular	0,954	6 m 3 s	Norte de Australia, Islas Salomón, Pacífico central
3-11-2013	Total/Anular	1,016	1 m 40 s	Atlántico, África central
29-4-2014	Anular	0,984	—	Antártida
23-10-2014	Parcial	0,811	—	Pacífico norte, norte de América
20-3-2015	Total	1,045	2 m 47 s	Atlántico norte, Islas Feroe
13-9-2015	Parcial	0,787	—	Sur de África, Índico, Antártida
9-3-2016	Total	1,045	4 m 9 s	Sumatra, Borneo, Sulawesi, Pacífico
1-9-2016	Anular	0,974	3 m 6 s	Atlántico, África central, Madagascar, Índico
26-2-2017	Anular	0,992	44 s	Pacífico, Chile, Argentina, Atlántico, África

Tabla 4 (cont.)
Eclipses de Sol hasta el año 2020

FECHA	TIPO	MAGNITUD	DURACIÓN	ZONA DE VISIBILIDAD
21-8-2017	Total	1,031	2 m 40 s	Pacífico norte, Atlántico sur, Estados Unidos
15-2-2018	Parcial	0,599	—	Antártida, sur de América
13-7-2018	Parcial	0,337	—	Sur de Australia
11-8-2018	Parcial	0,736	—	Norte de Europa, noreste de Asia
6-1-2019	Parcial	0,715	—	Noreste de Asia, Pacífico norte
2-7-2019	Total	1,046	4 m 33 s	Pacífico sur, Chile, Argentina
26-12-2019	Anular	0,970	3 m 40 s	Arabia Saudí, India, Sumatra, Borneo
21-6-2020	Anular	0,994	38 s	África central, sur de Asia, China, Pacífico
14-12-2020	Total	1,025	2 m 10 s	Pacífico sur, Chile, Argentina, Atlántico sur

La magnitud expresa la porción del diámetro solar oscurecida por la sombra de la Luna durante el eclipse. En los eclipses parciales y anulares, la magnitud siempre es inferior a 1,0. En los eclipses totales, la magnitud es igual o superior a 1,0.

La duración está expresada en minutos y segundos, y se refiere a la fase central del eclipse, desde el principio al final de la anularidad en los eclipses anulares, y de principio a fin de la totalidad en los totales.

Las zonas de visibilidad, salvo en los eclipses parciales, son aquellas en las que puede observarse la fase de anularidad o totalidad.

Fuente: Fred Espenak, NASA/Goddard Space Flight Center

Tabla 5
Dimensiones comparadas del Sol y otras estrellas

	RADIO (Sol=1)	DENSIDAD (Sol=1)	MASA (Sol=1)
SUPERGIGANTES			
Beta Lyrae	19,2	0,0014	9,7
Rigel	78	0,00004	20
Deneb	96	0,00002	20
Gamma Cygni	67	0,00007	20
Betelgeuse	1000	0,0000005	10
Antares	776	0,00000004	20
GIGANTES			
Capella	13	0,00096	2,1
Arcturus	35	0,00018	8
Aldebaran	87	0,000006	4
Beta Pegasi	40	0,00014	9
ESTRELLAS DE LA SECUENCIA PRINCIPAL			
Hadar	22	0,0023	25
Sirius A	1,9	0,335	2,3
Altair	1,6	0,415	1,7
Procyon A	2,6	0,102	1,8
61 Cygni A	0,7	1,69	0,58
Kruger 60	0,35	6,30	0,27
Estrella de Barnard	0,15	53,3	0,18
ENANAS BLANCAS			
Sirius B	0,022	90	0,99
40 Eridani B	0,018	71	0,41
Estrella de Van Maanen	0,007	47	0,14

Fuente: HEASARC/Goddard Space Flight Center

Tabla 6
Oposiciones de Marte hasta el año 2020

FECHA	AR (h m)	DEC. (° ')	TAMAÑO (")	DISTANCIA (millones km)
28-8-2003	22 38	–15 48	25,1	56
7-11-2005	02 51	+15 53	19,7	70
28-12-2007	06 12	+26 46	15,5	90
29-1-2010	08 54	+22 09	14,0	100
3-3-2012	11 52	+10 17	14,0	101
8-4-2014	13 14	–05 08	15,0	93
22-5-2016	15 58	–21 39	18,5	76
27-7-2018	20 33	–25 30	24,1	58
13-10-2020	01 22	+05 26	22,4	63

Tabla 7
Principales cometas periódicos

NOMBRE	PERIODO (en años)	DISTANCIA AL SOL EN EL PERIHELIO (u. a.*)	AÑO DE LA PRIMERA APARICIÓN OBSERVADA
Halley	76,0	0,587	–239
Encke	3,28	0,331	1786
Biela	6,62	0,861	1772
Brorsen	5,46	0,590	1846
D'Arrest	6,51	1,346	1678
Pons-Winnecke	6,37	1,256	1819
Tuttle	13,5	0,998	1790
Tempel 1	5,50	1,494	1867
Tempel 2	5,48	1,484	1873
Tempel-Swift	5,68	1,153	1869
Pons-Brooks	70,9	0,774	1812
Olbers	69,6	1,178	1815
Wolf	8,25	2,428	1884
Brooks 2	6,89	1,843	1889
Perrine-Mrkos	6,72	1,272	1896
Giacobini-Zinner	6,61	1,034	1900
Brorsen-Metcalf	70,5	0,479	1847
Grigg-Skjellerup	5,10	0,995	1808
Reinmuth 1	7,31	1,874	1928
Comas Solá	8,83	1,846	1926
Herschel-Rigollet	155,0	0,748	1788
Whipple	8,53	3,094	1925
Arend	7,99	1,850	1951
De Vico-Swift	6,31	1,624	1844
Tempel-Tuttle	32,9	0,982	1366
Kohoutek	6,65	1,775	1975
Machholz 1	5,24	0,126	1986
Metcalf-Brewington	7,76	1,591	1906
Takamizawa	7,22	1,590	1984
Kowal 1	15,0	4,673	1977
Hartley 1	6,02	1,818	1985
Shoemaker 1	7,26	1,986	1984
Hartley 2	6,26	0,953	1986
Kowal 2	6,39	1,500	1979
Singer Brewster	6,43	2,027	1986
Schuster	7,26	1,539	1977
Wilson-Harrington	4,29	0,996	1949
Swift-Tuttle	135,0	0,958	–68
Hartley 3	6,84	3,461	1988
Urata-Nijima	6,64	1,457	1986

Tabla 7 (cont.)
Principales cometas periódicos

NOMBRE	PERIODO (en años)	DISTANCIA AL SOL EN EL PERIHELIO (u. a.*)	AÑO DE LA PRIMERA APARICIÓN OBSERVADA
Spitaler	7,10	2,133	1890
Wiseman-Skiff	6,53	1,509	1986
Maury	8,74	2,026	1985
Wild 4	6,16	1,989	1990
Shoemaker-Levy 4	6,51	2,021	1991
Parker-Hartley	8,89	3,045	1986
Shoemaker-Holt 2	8,05	2,664	1989
Mrkos	5,64	1,413	1991

* Una unidad astrónomica (u. a.) equivale a 149,6 millones de kilómetros, la distancia media de la Tierra al Sol.

Tabla 8
Las 88 constelaciones

NOMBRE ESPAÑOL	NOMBRE EN LATÍN	GENITIVO LATINO	ABREVIATURA	ÁREA (o^2)
Andrómeda	Andromeda	Andromedae	And	722
Máquina Neumática	Antlia	Antliae	Ant	239
Ave del Paraíso	Apus	Apodis	Aps	206
Acuario	Aquarius	Aquarii	Aqr	980
Águila	Aquila	Aquilae	Aql	652
Altar	Ara	Arae	Ara	237
Aries	Aries	Arietis	Ari	441
Cochero	Auriga	Aurigae	Aur	657
Boyero	Boötes	Boötis	Boo	907
Cincel	Caelum	Caeli	Cae	125
Jirafa	Camelopardalis	Camelopardalis	Cam	757
Cangrejo	Cancer	Cancri	Cnc	506
Perros de caza	Canes Venatici	Canum Venaticorum	CVn	465
Can Mayor	Canis Major	Canis Majoris	CMa	380
Can Menor	Canis Minor	Canis Minoris	CMi	183
Capricornio	Capricornus	Capricorni	Cap	414
Quilla del Navío	Carina	Carinae	Car	494
Casiopea	Cassiopeia	Cassiopeiae	Cas	598
Centauro	Centaurus	Centauri	Cen	1060
Cefeo	Cepheus	Cephei	Cep	588
Ballena	Cetus	Ceti	Cet	1231
Camaleón	Chamaeleon	Chamaeleonis	Cha	132
Compás	Circinus	Circini	Cir	93
Paloma	Columba	Columbae	Col	270
Cabellera de Berenice	Coma Berenices	Comae Berenices	Com	386
Corona Austral	Corona Australis	Coronae Australis	CrA	128
Corona Boreal	Corona Borealis	Coronae Borealis	CrB	179
Cuervo	Corvus	Corvi	Crv	184
Copa	Crater	Crateris	Crt	282
Cruz del Sur	Crux	Crucis	Cru	68
Cisne	Cygnus	Cygni	Cyg	804
Delfín	Delphinus	Delphini	Del	189
Carpa Dorada	Dorado	Doradus	Dor	179
Dragón	Draco	Draconis	Dra	1083
Caballo Menor	Equuleus	Equulei	Equ	72
Eridano	Eridanus	Eridani	Eri	1138
Horno	Fornax	Fornacis	For	398
Gemelos	Gemini	Geminorum	Gem	514
Grulla	Grus	Gruis	Gru	366
Hércules	Hercules	Herculi	Her	1225

Tabla 8 (cont.)
Las 88 constelaciones

NOMBRE ESPAÑOL	NOMBRE EN LATÍN	GENITIVO LATINO	ABREVIATURA	ÁREA (o²)
Reloj	Horologium	Horologii	Hor	249
Serpiente de Mar	Hydra	Hydrae	Hya	1303
Serpiente de Agua	Hydrus	Hydri	Hyi	243
Indio	Indus	Indi	Ind	294
Lagarto	Lacerta	Lacertae	Lac	201
León	Leo	Leonis	Leo	947
León Menor	Leo Minor	Leonis Minoris	LMi	232
Liebre	Lepus	Leporis	Lep	290
Balanza	Libra	Librae	Lib	538
Lobo	Lupus	Lupi	Lup	334
Lince	Lynx	Lyncis	Lyn	545
Lira	Lyra	Lyrae	Lyr	286
Mesa	Mensa	Mensae	Men	153
Microscopio	Microscopium	Microscopii	Mic	210
Unicornio	Monoceros	Monocerotis	Mon	482
Mosca	Musca	Muscae	Mus	138
Escuadra	Norma	Normae	Nor	165
Octante	Octans	Octantis	Oct	291
Ofiuco	Ophiuchus	Ophiuchi	Oph	948
Orión	Orion	Orionis	Ori	594
Pavo	Pavo	Pavonis	Pav	378
Pegaso	Pegasus	Pegasi	Peg	1121
Perseo	Perseus	Persei	Per	615
Fénix	Phoenix	Phoenicis	Phe	469
Caballete del Pintor	Pictor	Pictoris	Pic	247
Peces	Piscis	Piscium	Psc	889
Pez Austral	Piscis Austrinus	Piscis Austrini	PsA	245
Popa	Puppis	Puppis	Pup	673
Brújula	Pyxis	Pyxidis	Pyx	221
Retículo	Reticulum	Reticuli	Ret	114
Flecha	Sagitta	Sagittae	Sge	80
Sagitario	Sagittarius	Sagitarii	Sgr	867
Escorpión	Scorpius	Scorpii	Sco	497
Escultor	Sculptor	Sculptoris	Scl	475
Escudo	Scutum	Scuti	Sct	109
Serpiente	Serpens	Serpentis	Ser	637
Sextante	Sextans	Sextantis	Sex	314
Toro	Taurus	Tauri	Tau	797
Telescopio	Telescopium	Telescopii	Tel	252
Triángulo	Triangulum	Trianguli	Tri	132

Tabla 8 (cont.)
Las 88 constelaciones

NOMBRE ESPAÑOL	NOMBRE EN LATÍN	GENITIVO LATINO	ABREVIATURA	ÁREA (o^2)
Triángulo Austral	Triangulum Australe	Trianguli Australis	TrA	110
Tucán	Tucana	Tucanae	Tuc	295
Osa Mayor	Ursa Major	Ursae Majoris	UMa	1280
Osa Menor	Ursa Minor	Ursae Minoris	UMi	256
Vela	Vela	Velorum	Vel	500
Virgen	Virgo	Virginis	Vir	1294
Pez Volador	Volans	Volantis	Vol	141
Zorra	Vulpecula	Vulpeculae	Vul	268

El área comprende el espacio en grados cuadrados, entre fronteras, para cada constelación.

Tabla 9
Estrellas con mayor movimiento propio

NOMBRE O NÚMERO	MAGNITUD APARENTE	MAGNITUD ABSOLUTA	MOVIMIENTO PROPIO ("/año)	VELOCIDAD TRANSVERSAL (km/s)	ASCENSIÓN RECTA (°)	DECLINACIÓN (°)
Estrella de Barnard	9,54	13,24	10,3577	89,43	269.454	+04.668
Estrella de Kapteyn	8,86	10,89	8,6705	161,02	77.897	–45.004
Groombridge 1830	6,42	6,61	7,0583	306,38	178.233	+37.733
Hipparcos 114046	7,35	9,76	6,8960	107,57	346.477	–35.856
Hipparcos 439	8,56	10,36	6,0998	126,09	001.335	–37.352
Hipparcos 67953	13,31	12,72	5,8342	362,95	207.756	+23.764
61 Cygni A	5,20	7,49	5,2806	87,18	316.712	+38.741
61 Cygni B	6,05	8,33	5,1724	85,91	316.717	+38.734
Hipparcos 54035	7,49	10,46	4,8022	58,01	165.836	+35.981
Epsilon (ε) Indi	4,69	6,89	4,7039	80,86	330.823	–56.780
Hipparcos 54211	8,82	10,40	4,5105	103,32	166.384	+43.524
Omicron² (o^2) Eridani	4,43	5,92	4,0877	97,75	63.823	–07.645
Proxima Centauri	11,01	15,45	3,8529	23,65	217.449	–62.681
Mu (μ) Cassiopeiae	5,17	5,78	3,7767	135,22	017.054	+54.924
Estrella de Luyten	9,84	11,94	3,7381	67,31	111.851	+05.235
Alfa² (α^2) Centauri	1,35	5,70	3,7241	23,79	219.914	–60.839
Alfa¹ (α^1) Centauri	–0,01	4,34	3,7096	23,70	219.920	–60.835

Tabla 9 (cont.)
Estrellas con mayor movimiento propio

NOMBRE O NÚMERO	MAGNITUD APARENTE	MAGNITUD ABSOLUTA	MOVIMIENTO PROPIO ("/año)	VELOCIDAD TRANSVERSAL (km/s)	ASCENSIÓN RECTA (°)	DECLINACIÓN (°)
Hipparcos 74234	9,44	7,08	3,6814	518,17	227.557	–16.454
Hipparcos 74235	9,07	6,74	3,6810	511,12	227.557	–16.371
Hipparcos 105090	6,69	8,71	3,4549	64,64	319.324	–38.865

El movimiento propio expresa el desplazamiento aparente en el cielo, en segundos de arco por año, y la velocidad transversal, el desplazamiento en kilómetros por segundo.

Las coordenadas de ascensión recta y declinación están expresadas en grados.

Fuente: Catálogo Hipparcos. Reproducido con autorización de la Agencia Espacial Europea (ESA).

Tabla 10
Estrellas más brillantes

NOMBRE	MAG. APARENTE	MAG. ABS.	AR (h m s)	DEC. (° ' ")	TIPO ESPECTRAL
Sirius (α CMa)	–1,44	1,45	06 45 09	–16 42 58	A0
Canopus (α Car)	–0,62	–5,53	06 23 57	–52 41 45	F0
Arcturus (α Boo)	–0,05	–0,31	14 15 40	+19 10 57	K0
Rigil Kent. (α^1 Cen)	–0,01	4,34	14 39 36	–60 50 07	G2
Vega (α Lyr)	0,03	0,58	18 36 56	+38 47 01	A0
Capella (α Aur)	0,08	–0,48	05 16 41	+45 59 53	G0
Rigel (β Ori)	0,18	–6,69	05 14 32	–08 12 06	B8
Procyon (α CMi)	0,40	2,68	07 39 18	+05 13 30	F5
Betelgeuse (α Ori)	0,45	–5,14	05 55 10	+07 24 25	M0
Achernar (α Eri)	0,45	–2,77	01 37 43	–57 14 12	B5
Hadar (β Cen)	0,61	–5,42	14 03 49	–60 22 23	B1
Altair (α Aql)	0,76	2,20	19 50 47	+08 52 06	A5
Acrux (α^1 Cru)	0,77	–4,19	12 26 36	–63 05 57	B1
Aldebaran (α Tau)	0,87	–0,63	04 35 55	+16 30 33	K5
Spica (α Vir)	0,98	–3,55	13 25 12	–11 09 41	B2
Antares (α Sco)	1,06	–5,28	16 29 24	–26 25 55	M0
Pollux (β Gem)	1,16	1,09	07 45 19	+28 01 34	K0
Fomalhaut (α PsA)	1,17	1,74	22 57 31	–29 37 20	A3
Deneb (α Cyg)	1,25	–8,73	20 41 26	+45 16 49	A2
Mimosa (β Cru)	1,25	–3,92	12 47 43	–59 41 19	B1
α^2 Centauri	1,35	5,70	14 39 36	–60 50 07	K5
Regulus (α Leo)	1,36	–0,52	10 08 22	+11 58 02	B8
Adhara (ε CMa)	1,50	–4,10	06 58 37	–28 58 20	B1
Castor (α Gem)	1,58	0,59	07 34 36	+31 53 19	A0
γ Crucis	1,59	–0,56	12 31 10	–57 06 48	M3
Shaula (λ Sco)	1,62	–5,05	17 33 36	–37 06 14	B2
Bellatrix (γ Ori)	1,64	–2,72	05 25 08	+06 20 59	B2
Alnath (β Tau)	1,65	–1,37	05 26 17	+28 36 27	B8
β Carinae	1,67	–0,99	09 13 12	–69 43 02	A0
Alnilam (ε Ori)	1,69	–6,38	05 36 13	–01 12 07	B0
Alnair (α Gru)	1,73	–0,73	22 08 14	–46 57 40	B5
Alnitak (ζ Ori)	1,74	–5,26	05 40 45	–01 56 33	O9
γ Velorum	1,75	–5,31	08 09 32	–47 20 12	W
Alioth (ε UMa)	1,76	–0,21	12 54 02	+55 57 35	A0
Kaus Australis (ε Sgr)	1,79	–1,44	18 24 10	–34 23 05	A0
Mirfak (α Per)	1,79	–4,50	03 24 19	+49 51 40	F5
Dubhe (α UMa)	1,81	–1,08	11 03 44	+61 45 03	K0
δ Canis Majoris	1,83	–6,87	07 08 23	–26 23 36	F8
Alkaid (η UMa)	1,85	–0,60	13 47 32	+49 18 48	B3
θ Scorpii	1,86	–2,75	17 37 19	–42 59 52	F0

Tabla 10 (cont.)
Estrellas más brillantes

NOMBRE	MAG. APARENTE	MAG. ABS.	AR (h m s)	DEC. (° ' ")	TIPO ESPECTRAL
ε Carinae	1,86	–4,58	08 22 31	–59 30 35	K0
β Aurigae	1,90	–0,10	05 59 32	+44 56 51	A0
α Trianguli Australis	1,91	–3,62	16 48 40	–69 01 40	K2
δ Velorum	1,93	–0,01	08 44 42	–54 42 32	A0
Alhena (γ Gem)	1,93	–0,60	06 37 43	+16 23 57	A0
α Pavonis	1,94	–1,81	20 25 39	–56 44 06	B3
Polaris (α UMi)	1,97	–3,64	02 31 49	+89 15 51	F8
Mirzam (β CMa)	1,98	–3,95	06 22 42	–17 57 21	B1
Alphard (α Hya)	1,99	–1,69	09 27 35	–08 39 31	K3
Algieba (γ^1 Leo)	2,01	–0,92	10 19 58	+19 50 30	K0

Fuente de datos de magnitud aparente y absoluta: Catálogo Hipparcos de la Agencia Espacial Europea (ESA)

Tabla 11
Estrellas dobles y múltiples

NOMBRE	MAGNITUDES	AR (h m)	DEC. (° ')	SEPARACIÓN (")
Sirius	–1,44/8,49	06 45	–16 43	3,5
α Centauri	–0,01/1,35	14 39	–60 50	19,1
Arcturus	0,00/3,33	14 15	+19 11	0,3
Rigel	0,18/6,80	05 14	–08 12	9,1
Procyon	0,40/10,3	07 39	+05 14	5,2
Aldebaran	0,87/11,0	04 36	+16 30	120
α Crucis	1,34/1,73	12 26	–63 05	4,1
Alnitak	1,88/4,01	05 40	–01 56	2,4
Dubhe	1,88/4,80	11 03	+61 45	0,7
θ Scorpii	1,91/5,30	17 37	–42 49	6,5
Castor	1,93/2,97	07 34	+31 53	3,1
Polaris	1,97/8,90	02 32	+89 16	18,0
Almach	2,19/4,88	02 03	+42 19	9,6
Mizar	2,23/3,85	13 23	+54 55	14,4
Algieba	2,33/3,48	10 20	+19 50	4,6
ε Bootis	2,35/4,90	14 45	+27 04	2,6
Mintaka	2,53/3,88	05 32	–05 18	0,3
β Scorpii	2,56/4,90	15 05	–19 48	13,6
α Librae	2,90/5,30	14 51	–16 00	231,0
Cor Caroli	2,90/5,50	12 56	+38 19	20,0
Albireo	3,20/5,30	19 31	+27 58	34,0
Rasalgethi	3,50/5,40	17 15	+14 23	4,8
δ Cephei	3,50/6,30	22 29	+58 25	41,0
Porrima	3,60/3,70	12 42	–01 27	3,7
λ Orionis	3,60/5,40	05 35	+09 56	4,3
γ Ceti	3,70/6,30	02 43	+03 14	2,9
η Cassiopeiae	3,70/7,50	00 49	+57 49	12,2
α Capricorni	3,80/4,60	20 18	–12 31	379
38 Lyncis	4,00/6.00	09 19	+36 48	2,9
δ Serpentis	4,20/5,30	15 35	+10 32	3,8
γ Delphini	4,30/5,10	20 47	+16 07	9,3
α Piscium	4,30/5,30	02 02	+02 46	2,0
70 Ophiuchi	4,30/6,00	18 05	+02 30	2,2
β Monocerotis	4,7/5,2/6,2	06 29	–07 02	2,9
17 Comae Berenices	4,80/6,00	12 29	+25 55	145
Marfik	5,00/6,20	16 08	+17 03	27,1
μ Canis Majoris	5,00/7,00	06 51	–14 03	3,0
ε^1 Lyrae	5,00/6,10	18 44	+39 39	2,6
ε^2 Lyrae	5,20/5,50	18 44	+39 39	2,3
95 Herculi	5,10/5,20	18 02	+21 36	6,3
Trapezium	5,1/6,7/6,7/8,0	05 35	–05 23	9,0

Tabla 11 (cont.)
Estrellas dobles y múltiples

NOMBRE	MAGNITUDES	AR (h m)	DEC. (° ')	SEPARACIÓN (")
ρ Ophiuchi	5,20/5,90	16 26	–23 27	3,3
24 Comae Berenices	5,20/6,80	12 35	+18 23	20,0
61 Cygni	5,60/6,30	21 07	+38 45	29,0
17 Draconis	5,60/6,60	16 36	+52 55	3,4
41 Draconis	5,80/6,20	18 00	+80 00	19,0
57 Aquilae	5,80/6,50	19 55	–08 14	36,0
8 Lacertae	5,80/6,60	22 36	+39 38	22,0
12 Aquarii	5,80/7,30	21 04	–05 49	2,5
100 Herculi	5,90/6,00	18 08	+26 06	14,0

Tabla 12
Estrellas variables

NOMBRE	AR (h m)	DEC. (° ')	RANGO DE MAGNITUD	PERIODO (días)	TIPO
γ Cassiopeiae	00 57	+60 43	1,6-3,0	—	γ Cassiopeiae
UV Ceti	01 39	–17 58	6,8-13,0	—	Fulgurante
Mira (o Ceti)	02 19	–02 59	2,0-10,0	332	Mira
Algol (β Persei)	03 08	+40 57	2,1-3,4	2,867	Algol
RV Tauri	04 47	+26 11	9,8-13,3	78,7	RV Tauri
R Leporis	05 00	–14 48	5,5-11,7	432	Mira
ε Aurigae	05 02	+43 49	2,9-3,8	9 890	Algol
β Doradus	05 34	–62 29	3,5-4,1	9,84	δ Cephei
Betelgeuse (α Ori)	05 55	+07 24	0,4-1,3	2 110	Semirregular
R Geminorum	07 07	+22 42	6,0-14,0	370	Mira
R Cancri	08 17	+11 44	6,1-11,8	362	Mira
η Carinae	10 45	–59 41	–0,8-7,9	—	S Doradus
SS Virginis	12 25	+00 48	6,0-9,6	355	Mira
R Coronae Borealis	15 49	+28 09	5,7-14,8	—	R CrB
R Draconis	16 33	+66 45	6,7-13,0	245	Mira
δ Scuti	18 42	–09 03	5,0-5,2	0,194	δ Scuti
β Lyrae	18 50	+33 22	3,3-4,3	12,936	β Lyrae
RR Lyrae	19 26	+42 47	7,1-8,1	0,567	RR Lyrae
χ Cygni	19 51	+32 55	3,3-14,2	407	Mira
T Cephei	21 10	+68 29	5,2-11,3	388	Mira

Tabla 13
Estrellas principales de las Pleiades

NOMBRE	N.° FLAMSTEED	AR (h m s)	DEC. (° ' ")	MAGNITUD
Alcyone	25 Tauri	03 47 29	+24 06 18	2,87
Asterope	21 Tauri	03 45 54	+24 33 16	5,76
Atlas	27 Tauri	03 49 10	+24 03 12	3,63
Celeno	16 Tauri	03 44 48	+24 17 21	5,45
Electra	17 Tauri	03 44 53	+24 06 48	3,70
Maia	20 Tauri	03 45 50	+24 22 03	3,88
Merope	23 Tauri	03 46 20	+23 56 54	4,18
Pleione	28 Tauri	03 49 11	+24 08 12	5,06
Taygete	19 Tauri	03 45 13	+24 28 02	4,30

Tabla 14
Cúmulos abiertos

NOMBRE	AR (h m)	DEC. (° ')	DIÁMETRO (')	MAGNITUD VISUAL
NGC 457	01 19	+58 20	13	6,4
NGC 581/M 103	01 33	+60 43	6	7,4
NGC 869	02 19	+57 09	30	4,3
NGC 884	02 22	+57 07	30	4,4
NGC 1039/M 34	02 42	+42 47	35	5,2
Melotte 20	03 22	+48 36	190	1,2
Pleiades (M 45)	03 47	+24 08	110	1,2
Hyades	04 20	+15 38	330	0,5
NGC 1912/M 38	05 29	+35 50	21	6,4
NGC 1960/M 36	05 36	+34 08	12	6,0
Berkeley 21	05 52	+21 47	6	1,1
NGC 2099/M 37	05 52	+32 32	23	5,6
NGC 2168/M 35	06 09	+24 21	28	5,1
NGC 2232	06 26	–04 45	30	3,9
NGC 2244	06 32	+04 52	23	4,8
NGC 2264	06 41	+09 53	20	3,9
NGC 2287/M 41	06 47	–20 44	38	4,5
NGC 2323/M 50	07 03	–08 21	16	5,9
NGC 2362	07 19	–24 56	8	4,1
NGC 2422/M 47	07 37	–14 30	30	4,4
NGC 2437/M 46	07 42	–14 49	27	6,1
NGC 2447/M 93	07 45	–23 52	22	6,2
NGC 2451	07 45	–37 58	45	2,8
NGC 2548/M 48	08 14	–05 47	54	5,8
NGC 2632/M 44	08 40	+20 00	95	3,1
IC 2395	08 41	–48 11	7	4,6
NGC 2682/M 67	08 50	+11 42	30	6,9
Trumpler 16	10 45	–59 42	10	5,0
NGC 3532	11 06	–58 40	55	3,0
Melotte 111	12 25	+26 06	300	1,8
NGC 4755	12 54	–60 20	10	4,2
NGC 6231	16 54	–41 48	14	2,6
NGC 6405/M 6	17 40	–32 13	14	4,2
IC 4665	17 47	+05 44	40	4,2
NGC 6475/M 7	17 54	–34 48	80	3,3
NGC 6494/M 23	17 57	–19 01	27	5,5
NGC 6611/M 16	18 19	–13 47	6	6,0
NGC 6630/M 24	18 20	–18 26	80	4,7
NGC 6633	18 28	+06 34	27	4,6
IC 4725/M 25	18 32	–19 15	32	4,6

Tabla 14 (cont.)
Cúmulos abiertos

NOMBRE	AR (h m)	DEC. (° ')	DIÁMETRO (')	MAGNITUD VISUAL
IC 4756	18 39	+05 27	50	4,6
NGC 6694/M 26	18 45	–09 24	15	8,0
NGC 6705/M 11	18 51	–06 17	13	5,8
Stephenson 1	18 53	+36 55	20	3,8
Collinder 399	19 25	+20 11	60	3,6
NGC 6819	19 41	+40 11	5	7,3
NGC 6913/M 29	20 24	+38 32	7	6,6
NGC 6994/M 73	20 59	–12 37	3	8,9
IC 1396	21 39	+57 30	50	3,5
NGC 7654/M 52	23 24	+61 36	13	6,9

PRINCIPALES CORRESPONDENCIAS DE CÚMULOS CON NOMBRE PROPIO

NGC 869/NGC 884: Doble Cúmulo de Perseus; M 45: Pleiades; NGC 2632/M 44: Praesepe; NGC 4755: Joyero; NGC 6705/M 11: Cúmulo del Pato Salvaje; NGC 6611/M 16: Cúmulo en la Nebulosa del Águila.

Tabla 15
Nebulosas brillantes

NOMBRE	AR (h m)	DEC. (° ')	TAMAÑO (')	MAGNITUD
NGC 1432/35	03 47	+24 08	110	3,4
NGC 1976/M 42	05 35	–05 23	66	3,9
NGC 1982/M 43	05 35	–05 16	20	5,8
NGC 2070	05 38	–69 05	30	8,3
IC 434	05 41	–02 24	60	—
NGC 2024	05 42	–01 50	30	8,8
NGC 2068/M 78	05 47	+00 03	8	11,3
NGC 2237/8	06 32	+04 52	80	—
NGC 3372	10 45	–59 41	120	5,3
NGC 6514/M 20	18 03	–23 02	30	6,3
NGC 6523/M 8	18 04	–24 23	90	5,2
NGC 6611/M 16	18 19	–13 47	35	6,0
NGC 6618/M 17	18 21	–16 11	46	6,0
NGC 7000	21 02	+44 12	120	—
NGC 7635	23 21	+61 12	15	12,8

PRINCIPALES CORRESPONDENCIAS DE NEBULOSAS BRILLANTES CON NOMBRE PROPIO
NGC 1432/35: Nebulosas de reflexión de las Pleiades (M 45); NGC 1976/M 42: Nebulosa de Orion; NGC 2070: Nebulosa de la Tarántula en la Gran Nube de Magallanes; NGC 2237/8: Nebulosa Roseta; NGC 3372: Nebulosa de Eta Carinae; NGC 6514/M 20: Nebulosa Trífida; NGC 6523/M 8: Nebulosa de la Laguna; NGC 6611/M 16: Nebulosa del Águila; NGC 6618/M 17: Nebulosa Omega; NGC 7000: Nebulosa Norteamérica; NGC 7635: Nebulosa de la Burbuja.

Tabla 16
Nebulosas planetarias

NOMBRE	AR (h m)	DEC. (° ')	TAMAÑO (")	MAGNITUD
NGC 650/M 76	01 42	+51 34	290	12,2
NGC 2392	07 29	+20 54	43	8,6
NGC 3242	10 24	–18 38	16	8,6
NGC 3587/M 97	11 15	+55 02	194	12,0
NGC 6543	17 59	+66 37	350	8,8
NGC 6720/M 57	18 54	+33 02	150	9,7
NGC 6826	19 44	+50 31	27	9,8
NGC 6853/M 27	19 59	+22 43	910	7,6
NGC 7009	21 04	–11 23	100	8,3
NGC 7293	22 30	–20 48	960	6,5

CORRESPONDENCIAS DE NEBULOSAS CON NOMBRE PROPIO
NGC 2392: Nebulosa del Esquimal; NGC 3587/M 97: Nebulosa del Búho (o de la Lechuza); NGC 6720/M 57: Nebulosa Anular de Lyra; NGC 6853/M 27: Nebulosa Dumbell; NGC 7009: Nebulosa Saturno; NGC 7293: Nebulosa Hélice.

Tabla 17
Cúmulos globulares

NOMBRE	AR (h m s)	DEC. (° ')	DIÁMETRO (')	MAGNITUD VISUAL
NGC 104/47 Tuc	00 24 05	–72 04.9	50	4,0
NGC 288	00 52 48	–26 35.4	13	8,1
NGC 362	01 03 14	–70 50.9	14	6,8
NGC 1904/M 79	05 24 11	–24 31.5	9,6	7,7
NGC 2808	09 12 03	–64 51.8	14	6,2
NGC 4590/M 68	12 39 28	–26 44.6	11	7,3
NGC 5024/M 53	13 12 55	+18 10.2	13	7,7
NGC 5053	13 16 27	+17 41.9	10	9,0
NGC 5139/ω Cen	13 26 46	–47 28.6	55	3,9
NGC 5272/M 3	13 42 11	+28 22.7	18	6,3
NGC 5286	13 46 27	–51 22.4	11	7,4
NGC 5466	14 05 27	+28 32.1	9,0	9,2
IC 4499	15 00 19	–82 12.8	8,0	10,1
NGC 5897	15 17 25	–21 00.6	11	8,4
NGC 5904/M 5	15 18 34	+02 05.0	23	5,7
NGC 5986	15 46 04	–37 47.2	10	7,6
NGC 6093/M 80	16 17 03	–22 58.5	10	7,3
NGC 6121/M 4	16 23 36	–26 31.5	36	5,4
NGC 6144	16 27 14	–26 01.5	17	9,0
NGC 6171/M 107	16 32 32	–13 03.2	13	7,8
NGC 6205/M 13	16 41 41	+36 27.6	20	5,8
NGC 6218/M 12	16 47 15	–01 56.9	16	6,1
NGC 6254/M 10	16 57 09	–04 06.0	20	6,6
NGC 6266/M 62	17 01 13	–30 06.8	15	6,4
NGC 6273/M 19	17 02 38	–26 16.1	17	6,8
NGC 6304	17 14 32	–29 27.7	8	8,3
NGC 6341/M 92	17 17 07	+43 08.2	14	6,5
NGC 6333/M 9	17 19 12	–18 31.0	12	7,8
NGC 6356	17 23 35	–17 48.8	10	8,2
NGC 6352	17 25 29	–48 25.4	9	7,8
NGC 6366	17 27 44	–05 04.6	13	9,5
NGC 6362	17 31 55	–67 02.9	15	8,1
NGC 6402/M14	17 37 36	–03 14.8	11	7,6
NGC 6397	17 40 41	–53 40.4	31	5,3
NGC 6541	18 08 02	–43 42.9	15	6,3
IC 1276	18 10 45	–07 12.8	8,0	10,3
NGC 6626/M 28	18 24 33	–24 52.2	11	6,9
NGC 6637/M 69	18 31 23	–32 20.9	7	7,7
NGC 6656/M 22	18 36 24	–23 54.2	16	5,2
NGC 6681/M 70	18 43 13	–32 17.5	8	7,8

Tabla 17 (cont.)
Cúmulos globulares

NOMBRE	AR (h m s)	DEC. (° ')	DIÁMETRO (')	MAGNITUD VISUAL
NGC 6715/M 54	18 55 03	–30 28.7	12	7,7
NGC 6752	19 10 52	–59 58.9	29	5,3
NGC 6779/M 56	19 16 36	+30 11.1	7	8,4
NGC 6809/M 55	19 39 59	–30 57.7	19	6,3
NGC 6838/M 71	19 53 46	+18 46.7	7	8,3
NGC 6864/M 75	20 06 05	–21 55.3	7	8,6
NGC 6981/M 72	20 53 28	–12 32.2	7	9,2
NGC 7078/M 15	21 29 58	+12 10.0	18	6,3
NGC 7089/M 2	21 33 27	–00 49.4	16	6,6
NGC 7099/M 30	21 40 22	–23 10.8	12	6,9

Tabla 18
Remanentes de supernova

NOMBRE	AR (h m)	DEC. (° ')	TAMAÑO (')	CONSTELACIÓN
Supernova de Tycho	00 25	+64 09	8	Cassiopeia
Neb. del Cangrejo (M 1)	05 33	+22 01	6 × 4	Taurus
SN 1987 A	05 35	–69 16	—	Dorado
Simeis 147	05 39	+28 00	210 × 180	Taurus
IC 443	06 13	+22 48	5 × 5	Gemini
Nebulosa de Gum	08 30	–45 00	2100 × 600	Vela/Puppis
Gamma (γ) Cygni	20 20	+40 47	60	Cygnus
Nebulosa del Velo	20 50	+31 30	180	Cygnus

Tabla 19
Galaxias

NOMBRE	AR (h m s)	DEC. (° ')	TAMAÑO (')	MAGNITUD VISUAL	TIPO
NGC 55	00 15 08	–39 13	25 × 3	8,2	Espiral
NGC 205/M 110	00 40 23	+41 41	8 × 3	8,8	Elíptica
NGC 221/M 32	00 42 41	+40 52	3 × 3	9,0	Elíptica
NGC 224/M 31	00 42 45	+41 16	160 × 40	4,4	Espiral
NGC 247	00 47 10	–20 46	18 × 5	9,5	Espiral
NGC 253	00 47 36	–25 17	22 × 6	8,1	Espiral
P. N. Magallanes	00 52 38	–72 48	216 × 216	2,8	Irregular
NGC 300	00 54 53	–37 41	20 × 10	8,7	Espiral
NGC 598/M 33	01 33 53	+30 39	60 × 40	6,3	Espiral
NGC 628/M 74	01 36 42	+15 47	8 × 8	9,8	Espiral
NGC 1068/M 77	02 42 41	–00 01	3 × 2	9,6	Espiral
NGC 1291	03 17 19	–41 06	5 × 2	9,4	Espiral
NGC 1313	03 18 16	–66 30	5 × 3	9,4	Espiral
NGC 1316	03 22 42	–37 12	4 × 3	9,6	Espiral
G. N. Magallanes	05 23 36	–69 45	432 × 432	0,6	Irregular
NGC 2403	07 36 54	+65 36	16 × 10	8,9	Espiral
NGC 2903	09 32 10	+21 30	11 × 5	9,5	Espiral
NGC 3031/M 81	09 55 34	+69 04	16 × 10	7,9	Espiral
NGC 3034/M 82	09 55 54	+69 41	7 × 2	9,3	Irregular
NGC 3351/M 95	10 43 54	+11 42	8 × 5	9,7	Espiral
NGC 3368/M 96	10 46 42	+11 49	8 × 5	9,2	Espiral
NGC 3521	11 05 49	–00 02	7 × 2	9,6	Espiral
NGC 3627/M 66	11 20 15	+12 59	8 × 3	9,7	Espiral
NGC4192/M 98	12 13 54	+14 54	10 × 3	10,1	Espiral
NGC 4254/M 99	12 18 54	+14 25	6 × 5	9,8	Espiral
NGC 4258/M 106	12 18 57	+47 18	20 × 6	8,9	Espiral
NGC 4321/M 100	12 23 00	+15 49	7 × 6	9,4	Espiral
NGC 4374/M 84	12 25 06	+12 53	5 × 4	9,3	Elíptica
NGC 4382/M 85	12 25 30	+18 11	7 × 5	9,2	Elíptica
NGC 4449	12 28 12	+44 06	5 × 3	9,8	Espiral
NGC 4472/M 49	12 29 47	+07 60	5 × 4	9,3	Elíptica
NGC 4486/M 87	12 30 50	+12 24	3 × 3	9,6	Elíptica
NGC 4501/M 88	12 32 06	+14 25	7 × 4	9,5	Espiral
NGC 4565/M 40	12 36 24	+25 59	16 × 3	9,6	Espiral
NGC 4569/M 90	12 36 54	+13 09	10 × 5	9,5	Espiral
NGC 4579/M 58	12 37 48	+11 49	6 × 5	9,8	Espiral
NGC 4594/M 104	12 40 00	–11 37	7 × 2	9,3	Espiral
NGC 4631	12 42 05	+32 32	12 × 1	9,8	Espiral
NGC 4649/M 60	12 43 40	+11 33	4 × 3	9,8	Espiral
NGC 4736/M 94	12 50 54	+47 01	5 × 4	8,9	Espiral

Tabla 19 (cont.)
Galaxias

NOMBRE	AR (h m s)	DEC. (° ')	TAMAÑO (')	MAGNITUD VISUAL	TIPO
NGC 4826/M 64	12 56 45	+21 41	8 × 4	9,4	Espiral
NGC 4945	13 05 26	–49 28	12 × 2	9,6	Espiral
NGC 5128/Cen A	13 25 29	–43 01	10 × 3	7,9	Espiral
NGC 5194/M 51	13 29 53	+47 12	12 × 6	8,6	Espiral
NGC 5236/M 83	13 37 00	–39 52	10 × 8	8,5	Espiral
NGC5457/M 101	14 03 13	+54 21	22 × 22	8,2	Espiral
NGC 6744	19 09 46	–63 51	9 × 9	9,2	Espiral
NGC 6822	19 44 57	–14 48	20 × 10	9,3	Irregular
NGC 6946	20 34 51	+60 09	13 × 9	9,7	Espiral
NGC 7793	23 57 49	–32 35	6 × 4	9,6	Espiral

PRINCIPALES CORRESPONDENCIAS DE GALAXIAS CON NOMBRE PROPIO
NGC 224/M 31: Galaxia de Andromeda; NGC 598/M 33: Galaxia del Triángulo; NGC 4594/M 104: Galaxia del Sombrero; NGC 4826/M 64: Galaxia Ojo Negro; NGC 5194/M 51: Galaxia del Torbellino; NGC 5128: Centaurus A.

Tabla 20
Los 20 mayores telescopios del mundo

NOMBRE	DIÁMETRO (metros)	OBSERVATORIO	LUGAR	ALTITUD (metros)	PUESTA EN SERVICIO
Gran Telescopio de Canarias	10,4	La Palma	Canarias	2327	2003
Keck 1	9,8	Mauna Kea	Hawai	4200	1993
Keck 2	9,8	Mauna Kea	Hawai	4200	1996
Hobby-Eberly	9,2	Mount Fowlkes	Texas	2000	1997
Salt	9,2	Sutherland	Sudáfrica	1771	2003
Large Binocular Telescope	8,4 × 2	Mont Graham	Arizona	3170	2003
Very Large Telescope (VLT)	8,2 × 4	Eur. Southern Observatory	Chile	2640	1998-2001
Subaru	8,2	Mauna Kea	Hawai	4200	1999
Gemini Nord	8,1	Mauna Kea	Hawai	4200	1999
Gemini Sud	8,1	Mauna Kea	Hawai	4200	2001
MMT	6,5	Mount Hopkins	Arizona	2608	2000
Magellan	6,5 × 2	Cerro Manqui	Chile	2280	2000-2002
Bolshoi Telescop	6,0	Zelenchukskaya	Rusia	2070	1975
Large Zenith Telescope (LZT)	6,0	Maple Ridge	Canadá	390	2001
Reflector Hale	5,0	Mount Palomar	California	1706	1948
William Herschel	4,2	La Palma	Canarias	2327	1987
Snar	4,2	Cerro Pachón	Chile	2700	2002
Víctor Blanco	4,0	Cerro Tololo	Chile	2215	1976
Anglo Australian Telescope	3,9	Connabarabran	Australia	1164	1974
Nicholas Mayall	3,8	Kitt Peak	Arizona	2120	1973
Infrared Telescope (Ukirt)	3,8	Mauna Kea	Hawai	4200	1978

(Por su interés y su inminente puesta en servicio, la tabla incluye los telescopios que actualmente están en proyecto o construcción.)

BIBLIOGRAFÍA

LIBROS Y ATLAS

ANGUITA, FRANCISCO. *Historia de Marte*. Planeta, 1998.

ARAGO, FRANCISCO. *Grandes astrónomos anteriores a Newton*. Espasa-Calpe, 1962.

ARAGO, FRANCISCO. *Grandes astrónomos. De Newton a Laplace*. Espasa-Calpe, 1968.

ARCÍMIS, AUGUSTO. *Astronomía Popular*. Montaner y Simón, 1901.

ASIMOV, ISAAC. *El Universo*. Alianza Editorial, 1971.

ASIMOV, ISAAC. *Alpha Centauri, la estrella más próxima*. Alianza Editorial, 1976.

AUPÍ, VICENTE. *Atlas del firmamento*. Planeta, 1998.

AUPÍ, VICENTE. *Fotografiar el cielo*. Planeta, 1999.

AUPÍ, VICENTE. *Los enigmas del Cosmos*. Planeta, 2001.

BAKER, DAVID y HARDY, DAVID. *Guía de astronomía*. Omega, 1980.

BARNARD, E. E. *Atlas of selected regions of the Milky Way*. Carnegie Institution, 1927.

BATTANER LÓPEZ, EDUARDO. *Planetas*. Alianza Editorial, 1991.

BERTIN, LEON. *La Tierra, nuestro planeta*. Labor, 1965.

BOOTH, NICHOLAS. *El espacio en los próximos 100 años*. Planeta, 1991.

BOURGE, PIERRE y LACROUX, JEAN. El cielo a simple vista y con prismáticos. Omega, 1985.

BÜRGEL, BRUNO H. *Los mundos lejanos*. Labor, 1942.

BURNHAM, ROBERT, Jr. *Burnham's Celestial Handbook*. Dover publications, 1978.

CALDER, NIGEL. *¡Que viene el cometa!* Salvat Editores, 1985.

COMAS SOLÁ, JOSÉ. *El cielo*. Casa Editorial Seguí.

COMELLAS, JOSÉ LUIS. *Guía del Firmamento*. Rialp, 1999.

COOPER, HENRY S. F., Jr. *La imagen de Saturno*. Editorial Juventud, 1981.

CORNELIUS, GEOFFREY. *Manual de los cielos y sus mitos*. Blume, 1998.

DELPORTE, EUGENE. *Delimitation Scientifique des Constellations*. Cambridge U. Press, 1930.

DESONIE, DANA. *Colisiones cósmicas*. Omega, 1996.

FERNÁNDEZ CASTRO, TELMO. *La construcción de los cielos*. Espasa, 2000.

FLAMMARION, CAMILLE. *Astronomía Popular*. Montaner y Simón, 1963.

GALADÍ ENRÍQUEZ, DAVID. *A ras de cielo*. Ediciones B, 1998.

GALADÍ ENRÍQUEZ, DAVID y GUTIÉRREZ CABELLO, JORDI. *Astronomía general teórica y práctica*. Omega, 2000.

GALADÍ ENRÍQUEZ, DAVID y RIBAS CANUDAS, IGNASI. *Manual práctico de astronomía con CCD*. Omega, 1998.

GALILEI, GALILEO y KEPLER, JOHAN. *El mensaje y el mensajero sideral*. Alianza Editorial, 1984.

HATHAWAY, NANCY. *El Universo para curiosos*. Crítica, 1996.

HEIFETZ, MILTON D. y TIRION, WIL. *Un paseo por las estrellas*. Cambridge Uinversity Press, 1998.

HOYLE, FRED. *Iniciación a la astronomía*. Hermann Blume, 1975.

LACROUX, JEAN y BERTHIER, DENIS. *Manual de observación y fotografía astronómica*. Omega, 1990.

LACROUX, JEAN y CHAIX, VINCENT. *Iniciación a la astronomía*. Omega, 1998.

LEVY, DAVID H. *Observar el cielo*. Planeta, 1995.

MARFELD, A. F. *El Universo y nosotros*. Labor, 1959.

MARTÍNEZ, PATRICK. *Astrofotografía*. Omega, 1983.

MARTÍNEZ, V., MIRALLES, J. A. y Marco, E. *Astronomia fonamental*. Universitat de Valencia, 2001.

MOORE, PATRICK. *El Atlas del Universo*. Editorial Labor, 1970.

MOORE, PATRICK. *La Luna*. Herman Blume, 1986.

NEWTON, JACK y TEECE, PHILIP. *Astronomía amateur*. Omega, 1998.

NICOLSON, IAIN. *El Sol*. Herman Blume, 1982.

OLIVER, JOSEP M. *Historia de la astronomía amateur en España*. Equipo Sirius, 1997.

PASSACHOFF, JAY M. *Guía de campo de las estrellas y los planetas*. Omega, 2002.

RAYMO, CHET. *El alma de la noche*. Progensa, 1989.

RIDPATH, IAN. *Diccionario de astronomía*. Oxford-Complutense, 1998.

RIDPATH, IAN. *Estrellas y planetas. Manual de identificación*. Omega, 1999.

RIDPATH, IAN y TIRION, WIL. *Estrellas y planetas*. Omega, 2002.

RODÉS, LUIS. *El firmamento*. Salvat Editores, 1941.

ROTH, GÜNTER D. *Guía de las estrellas y los planetas*. Omega, 1979.

ROTH, GÜNTER D. *Meteorología*. Omega, 1979.

ROTH, GÜNTER D. *Estrellas y planetas*. Omega, 1999.

ROTH, GÜNTER D. *Estrellas y constelaciones*. Omega, 1994.

RUDAUX, LUCIEN y VAUCOLEURS, GERARD DE. *Astronomía. Los astros, el Universo*. Labor, 1962.

RUIZ DE GOPEGUI, LUIS. *Rumbo al cosmos*. Temas de hoy, 1999.

SAGAN, CARL. *Cosmos*. Planeta, 1982.

SAGAN, CARL. *Un punto azul pálido*. Planeta, 1995.

SAGAN, CARL y SHKLOVSKII, I. S. *Vida inteligente en el Universo*. Reverté, 1982.

SEEDS, M. A. *Fundamentos de astronomía*. Omega, 1989.

SÉRSIC, JOSÉ LUIS. *La exploración de Marte*. Labor, 1976.

SHAPLEY, HARLOW. *Galaxias*. Editorial Pleamar, 1947.

SIDGWICK, J. B. *Amateur astronomer's hand book*. Dover publications, 1971.

SINNOT, ROGER W. y PERRYMANN, MICHAEL A. C. *Millennium Star Atlas*. Sky Publishing, 1997.

TIRION, WIL. *The Cambridge Star Atlas*. Cambridge University Press, 1996.

TIRION, WIL. *Sky Atlas 2000.0*. Sky Publishing, 1981.

TIRION, W., RAPPAPORT, B. y LOVI, G. *Uranometria 2000.0*. Willmann-Bell, 1987.

TRIGO, JOSEP MARIA. *Nosotros en el Universo*. Editorial Complutense, 2001.

WIDMANN, W. y SCHÜTTE, K. *Guía de las estrellas*. Omega, 1999.

REVISTAS Y PUBLICACIONES PERIÓDICAS DE ASTRONOMÍA

Sky&Telescope. Sky Publishing. Estados Unidos

Ciel et Espace. Association Française d'Astronomie (AFA). Francia

Astronomy. Kalmbach Publishing. Estados Unidos.

Tribuna de Astronomía y Universo. Equipo Sirius. España.

Astrum. Revista de la Agrupación Astronómica de Sabadell. España.

Rigel. Revista de la Asociación Valenciana de Astronomía. España.

Anuario Astronómico. Observatorio Astronómico Nacional. España.

Anuario Astronómico. Observatorio de San Fernando. España.

Observer's Handbook. Royal Astronomical Society of Canada. Canadá.

Astronomical Almanac. U. S. Naval Observatory of Washington. Estados Unidos.

ENLACES DE ASTRONOMÍA EN INTERNET

Internet es una fuente inagotable de recursos para el observador del cielo y el aficionado a la astronomía. Es probable que sea la ciencia con mayor volumen de fuentes de información, y esa riqueza de datos se sintetiza en opciones como estar permanentemente al día de los últimos acontecimientos celestes, disponer de las efemérides de los fenómenos astronómicos en todas sus vertientes o contemplar las últimas imágenes procesadas por la NASA de sus misiones espaciales. La diversidad de recursos, no obstante, entorpece en ocasiones la búsqueda de la información necesaria, por lo que la primera recomendación es dejarse guiar por algunos de los principales buscadores de Internet hasta que se encuentren aquellos enlaces de mayor interés para nuestras preferencias personales. En este sentido, los populares buscadores Yahoo (**www.yahoo.com**), Altavista (**www.altavista.com**), Alltheweb (**www.alltheweb.com**) y Google (**www.google.com**) son más que suficientes para una primera introducción. En especial, Yahoo es un recurso excelente, ya que en su directorio dedicado a la astronomía pueden encontrarse numerosos recursos divididos por categorías: observatorios, fabricantes de telescopios, agrupaciones astronómicas de todo el mundo y muchísimas cosas más.

La Agencia Espacial Europea (**www.esa.int/export/esaCP/index.html**) y la NASA (**www.nasa.gov**) constituyen dos magníficos portales para quienes también tengan interés por el espacio en general y no sólo por la astronomía. A partir de cualquiera de estos dos recursos, los enlaces nos conducen a miles de destinos astronómicos en Internet. La NASA tiene, además, un útil buscador unificado que permite ir directamente a lo que nos interesa en cualquiera de sus páginas web. Este buscador está en la dirección **www.nasa.gov/search/** y permite acceder tanto a textos como a imágenes.

En cualquier parte del mundo, las páginas web de las agrupaciones de aficionados a la astronomía también son de extraordinaria utilidad, ya que muchas de ellas no sólo facilitan la información de sus portales, sino que atienden desinteresadamente las consultas que puedan hacerle los observadores por correo electrónico, algo que es de gran ayuda para los principiantes.

Las direcciones que se ofrecen a continuación son una pequeña muestra del abanico de posibilidades que la astronomía ofrece a través de Internet:

Planetary Photojournal de la NASA. Centenares de imágenes de las misiones espaciales a los planetas y satélites del Sistema Solar:
http://photojournal.jpl.nasa.gov/

Sociedad Española de Astronomía (SEA). Recursos de interés para astrónomos profesionales y aficionados:
http://sea.am.ub.es/

Observatorio Astronómico Nacional (España). Un excelente punto de encuentro con decenas de recursos y fuentes de información para toda clase de observadores:
http://www.oan.es/servicios/e/info_astr.html

U. S. Naval Observatory, en Washington. La página web del histórico observatorio, con enlaces excelentes y un servicio de biblioteca mejor todavía:
http://www.usno.navy.mil/library/lib.html

International Dark Sky Association (IDA). La organización internacional que vela por preservar cielos oscuros:
http://proxima.astro.virginia.edu/ida/index.html

Telescopio Espacial Hubble. A través de esta página web, de dominio público, todo el mundo puede contemplar las prodigiosas fotografías del Hubble:
http://oposite.stsci.edu/pubinfo/

Kennedy Space Center. Una página de la NASA que nos transportará a los tiempos de la conquista de la Luna:
http://www-pao.ksc.nasa.gov/kscpao/captions/hotpics.htm

SEDS Messier Database. Para los observadores más empedernidos. El catálogo Messier, su historia, imágenes de todos los objetos y referencias de otros catálogos:
http://www.seds.org/messier/

Instituto de Astrofísica de Canarias (IAC). La página web del Observatorio Norte Europeo, hecha por profesionales pero pensada para aficionados:
http://www.iac.es/home_esp.html

Observatorio Astronómico de la Universidad de Valencia. Muy orientado a la divulgación:
http://www.uv.es/obsast

Astrored. Uno de los mejores servidores españoles de astronomía:
http://www.astrored.org/

ADC for Amateur Astronomers. Una página de la NASA creada especialmente para reunir fuentes de recursos para el aficionado:
http://adc.gsfc.nasa.gov/adc/adc_amateurs.html

Espenak's Eclipse Home Page. La mejor web en esta materia incluye todos los datos de los eclipses que están por venir, tanto de Sol como de Luna:
http://sunearth.gsfc.nasa.gov/eclipse/eclipse.html

NASA Goddard Space Flight Center. Una de las páginas de la NASA más visitadas por aficionados y profanos:
http://www.gsfc.nasa.gov/

Bureau des longitudes. Si algún dato o efeméride no puede encontrarse a través de esta web y sus enlaces, probablemente no existe:
http://www.bdl.fr/ephemeride.html

Misión Hipparcos. La web de la Agencia Espacial Europea (ESA) con los datos aportados por la misión Hipparcos y plasmados en los catálogos *Tycho* e *Hipparcos*:
http://astro.estec.esa.nl/Hipparcos/hipparcos.html

Astroenlaces. Una magnífica web de la Universidad de Cantabria, con infinidad de recursos y enlaces:
http://www.astrocantabria.es.org/astroenl.html
La Tierra desde el espacio. No tiene desperdicio: el mundo, sus tierras y ciudades, fotografiados en detalle por la NASA:
http://earth.jsc.nasa.gov/page.html

Centro Europeo de predicción meteorológica a medio plazo. Muy útil para los observadores con nociones meteorológicas que quieran conocer los pronósticos con 3-6 días de antelación:
http://www.ecmwf.int/

Weather Underground. Predicciones meteorológicas y situación atmosférica en tiempo casi real, en cualquier parte del mundo, incluidas la Antártida, Siberia y el Amazonas:
http://www.wunderground.com/

ÍNDICE ALFABÉTICO

Los números en **negrita** corresponden a las páginas donde aparecen las fotografías o ilustraciones, y los números en *cursiva* corresponden a las páginas del Atlas de cielo profundo con la descripción del objeto celeste y su correspondiente carta estelar.

3 Geminorum *262-263*
6 Geminorum *262-263*
9 Sagitarii *348-349*
12 Canis Majoris *282-283*
12 Geminorum *262-263*
12 Monocerotis *270-271*
17 Canis Majoris *282-283*
22 Orionis *274-275*
24 Comae Berenices 189
30 Doradus 219, *290-291*, *294-295*
35 Comae Berenices *08-309*
40 Eridani B 371
42-45 Orionis *278-279*
47 Tucanae/NGC 104 33, 217, 298, *300-301*, 336
54 Eridani *284-285*
56 Orionis *272-273*
59 Orionis *272-273*
61 Cygni *330-331*, 371, 378
66 Ceti *280-281*
3C 274 (*véase* Virgo A)

A
Abell 1656 (*véase* Coma Berenices, cúmulo de)
Academia de Ciencias de Rusia 190
Adams, John Couch 171, 173
Adhara 26
Agencia Espacial Europea (ESA) 25, 241-242, 330
agua en Marte 158
Águila, nebulosa del (M 16) 210, 236, *344-345*, 346
agujeros negros 199, 304, 348
Aitken, Robert Grant 280
Alba Patera (volcán de Marte) **157**
Albireo 97, 189
Alcor 188
Alcyone *266-267*, 384
Aldebaran 33, 201, *268-269*, 280, 371
Alderamin *326-327*
Alejandría 25
Alfa (α) Centauri 33, 183-184, 186-187, 286, *314-315*, 340, 378
Alfa (α) Cygni (*véase* Deneb)
Alfa (α) Lyrae (*véase* Vega)
Alfa (α) Mensae *294-295*
Alfa (α) Muscae *322-323*
Alfa (α) Ophiuchi (*véase* Rasalhague)
alfabeto griego 26, 252
Algenib 99
Algol 191, 245, *258-259*, 268
Alkaid 304
Almach 189
Alnasl *354-355*
Alnilam 32, **97**, 201, *274-275*
Alnitak 32, **97**, 201, *272-273*, *274-275*, 276
Alpheratz 99
Altair 99, 334, 371
Amalthea 164, 340
Andromeda, galaxia de (M 31/NGC 224) **16**, **89**, 90, 98, 190, 201, 206-209, 221, **233**, 235, **246**, 250, *260-261*, 278, 296, 304, 310
Anillo, nebulosa del (*véase* Nebulosa Anular de Lyra)
Antares 115, 180-181, 187, 201, 212, *352-353*, 371
Antares, nebulosa de *352-353*
Antoniadi, Eugène Michael 157
Apis (la Abeja) 322
Apolo 11 (nave espacial) 133
Arcturus 201, 314, 371
Argo Navis 24, 288, 318

Ariel 173
Arsia Mons (volcán de Marte) **157**
ascensión recta 31
asterismos 95-99
asteroides 104
Asterope *266-267*, 384
astrofotografía 142, 195, 200, 220-221, 226, 236, 245, 272, 276, 304, 308, 324, 326, 328, 338, 344, 348, 350, 354
Atlas *266-267*, 384
auroras polares **100-102**

B
Bark 1 *328-329*
Barnard 33 217, **218**, **241**, *272-273*, *276-277*, 322
Barnard 44 219, *352-353*
Barnard 59 *350-351*
Barnard 63 *350-351*
Barnard 65 *350-351*
Barnard 66 *350-351*
Barnard 67 *350-351*
Barnard 68 **180**
Barnard 72 219, *350-351*
Barnard 77 *350-351*
Barnard 78 **235**, *350-351*
Barnard 81 *350-351*
Barnard 82 *350-351*
Barnard 83 *350-351*
Barnard 85 *348-349*
Barnard 86 *354-355*
Barnard 91 *348-349*
Barnard 103 *342-343*
Barnard 106 *342-343*
Barnard 107 *342-343*
Barnard 110 *342-343*
Barnard 111 *342-343*
Barnard 113 *342-343*
Barnard 114 *342-343*
Barnard 115 *342-343*
Barnard 116 *342-343*
Barnard 140 *326-327*
Barnard 142 *326-327*
Barnard 151 *326-327*
Barnard 153 *326-327*
Barnard 154 *326-327*
Barnard 160 *326-327*
Barnard 161 *326-327*
Barnard 162 *326-327*
Barnard 163 *326-327*
Barnard 262 *350-351*
Barnard 268 *350-351*
Barnard 269 *350-351*
Barnard 272 *350-351*
Barnard 276 *350-351*
Barnard 277 *350-351*
Barnard 295 *354-355*
Barnard 299 *354-355*
Barnard 303 *348-349*
Barnard 311 *346-347*
Barnard 312 *346-347*
Barnard 313 *346-347*
Barnard 318 *342-343*
Barnard 349 *330-331*
Barnard 351 *328-329*
Barnard 352 *328-329*
Barnard 353 *328-329*
Barnard 355 *330-331*
Barnard 356 *328-329*
Barnard 358 *330-331*
Barnard 359 *326-327*
Barnard 360 *326-327*
Barnard 361 *328-329*
Barnard 367 *326-327*
Barnard 465 *326-327*
Barnard, Edward Emerson 157, 164, 218-219, 272, 340, 342, 350, 352
Barnard, estrella de 182, 183-**184**, 186, 195, 245, 286, 330, *340-341*, 371, 378
Bayer, Johann 6, 322, 340
Becquerel (cráter de Marte) **157**
Bellatrix 32, 276
Berk 53 *328-329*
Beta (β) Crucis (*véase* Mimosa)
Beta (β) Doradus *290-291*
Beta (β) Lyrae *334-335*, 371
Beta (β) Muscae *322-323*
Beta (β) Ophiuchi (*véase* Cebalrai)
Beta (β) Pegasi 371
Betelgeuse 26, 32, 115, 180, **196**, 200, 272, 276, 352, 371
bibliografía 395-397
binoculares (*véase* prismáticos)
Boca de Pez (nebulosa) *278-279*
Bode, nebulosa de (*véase* M 81)
bólidos 92
Bradley 3077 Sh2-155
Brahe, Tycho 264, 280
Brazo de Orion 183, 322
Bucle de Barnard 22, 220, 221, *272-273*
Búho, nebulosa del (*véase* Lechuza, nebulosa de la)
Burbuja, nebulosa de la *324-325*
BZ Crucis *316-317*, *322-323*

C

Cabeza de Caballo (nebulosa Barnard 33) 217, **218**, **241**, *272-273*, *276-277*, 322
Cadena de Markarian *310-311*
Calisto 129, 164-166, 234
cámaras CCD 165, 209, 230, 304
Cangrejo, nebulosa del (M 1) 206, **207**, 219, **230**, *264-265*, 390
Cannon, Annie Jump 179
Canopus 201, 314
Capella 191, 371
Caronte 175
Carro Mayor 95, 266, 302
Cassini, Jean Dominique 157, 169-170
Cassini (nave espacial) 163, 170
Cassiopeia A 250, *324-325*
Castor 26, 187, 280
Catálogo de Abell (A) 222
  de Barkhatova (Bark) 328
  de Bayer 26, 27, 196, 245-246, 280
  de Berkeley (Berk) 328
  de Bernes (Be) 219
  de Collinder (Cr) 221, 244, 318
  de Dolidze-Dzimselejsvili (DoDz) 221, 336
  de estrellas variables 190
  de Flamsteed 26, 27, 245
  fundamental FK5 245
  Hipparcos 25, 241, 245, 247
  de Hodge (H) 296
  de Lynds (LDN) 219
  de Markarian (Mrk) 244
  de Melotte (Me) 221
  de Messier (M) 205-212, 214, 217, 221, 232, 236, 243, 247, 296, 302, 310, 318, 334, 338, 342, 344, 346, 348
  de Nebulosas Oscuras de Barnard (B) 218, 243, 330, 340, 342, 350
  de Perek&Kohoutek (PK) 219
  de Ruprecht (Ru) 221, 318
  de Shapley-Lindsay (SL) 296
  de Sharpless (Sh2) 220, 272
  de Trumpler (Tr) 243, 318
  Tycho 25, 241, 245
catálogos del Atlas de cielo profundo 253
Cebalrai *340-341*
cefeidas 190-191, 346, 350
Celeno *266-267*, 384
Ceres 175
Cerro Paranal 225, **231**
Chamaeleon I (nebulosa) **179**
Chandrasekhar, Subrahmanyan 199
Christy, James 175
Ciclo de Saros 122, 140
cinturón de asteroides 75
Cinturón de Kuiper 175
Cinturón de Orion 32, 33, **97**, **196**, 201, *274-275*, 276, 278
Clark, Alvan Graham 185
Clementine (nave espacial) 103
colapso gravitatorio 199
Coma Berenices, cúmulo de 221, *306-311*
Comas Solá, José 21
cometas 104, 373-374
  Encke 93
  Hale-Bopp **89**, **94**
  Halley 93
  Hyakutake **30**, **31**, **237**
  Swift-Tuttle 93
  Tempel-Tuttle 93
Cono, nebulosa del *270-271*
constelaciones 24-27, 32-33, 95, 212, 245, 294, 318, 322, 375-377
  Andromeda 24
  Aquila **23**, **98**, 322, *342-343*
  Auriga **191**, 212
  Camelopardalis 302
  Cancer 96, 235, 318
  Canes Venatici 197, 236, 243, 294, *304-305*, 306
  Canis Major 21, 23, 26, 33, 185, 212, *282-283*, 288, 312
  Capricornus 173, 207
  Carina 288, *318-321*, 324
  Cassiopeia **26**, 33, **243**, *256-257*, 280, *324-325*, 326
  Centaurus 24, 30, 310, *312-313*, *316-317*, *322-323*
  Cepheus 192, 196-197, *324-327*
  Cetus 184, *280-281*, *286-287*, 352
  Coma Berenices *306-311*
  Corona Borealis *336-337*
  Crux 97-98, *316-317*, *322-323*, 338
  Cygnus **25**, 97, **98**, **181**, 189, 190, **200**, 220, 316, 322, *328-331*
  Dorado *290-297*
  Draco 23, 302
  Equuleus *338-339*
  Eridanus 185, 284
  Gemini 212, *262-263*, 280, 312
  Hercules 24, 211, 312, *336-337*, 338
  Horologium 242

Hydra 197, 205
Hydrus *300-301*
Lacerta *332-333*
Leo 22, 23, 184, 222
Lepus 195, *284-285*
Libra 23
Lyra **98**, **193**, 197, *334-335*
Mensa *294-297*
Monoceros 217, *270-271*, 322, 326
Musca *322-323*
Octans *300-301*
Ophiuchus **180**, 183, 199, 218-219, 235, 286, *340-341*, *344-345*, *350-351*, *352-353*
Orion 23, **24**, 26, **27**, 32, 195, **196**, 200, 217, 220, *262-263*, *272-273*, *274-275*, *276-277*, *278-279*, 282, 284, 322, 326, 348, 352
Pegasus 98-99, 211, 249, 312, *332-333*, *338-339*
Perseus 24, **26**, 191, *256-257*, *258-259*
Piscis 207
Puppis *288-289*, 318
Pyxis 288, 318
Sagittarius 210, 212, 218, 235-236, 294, 300, 324, *346-347*, *348-349*, *354-355*
Scorpius 218, *352-353*, *354-355*
Scutum *342-343*, *346-347*
Serpens 236, 294, *344-345*, *346-347*
Taurus 33, **187**, 207, 219, 235, 262, *264-265*, *268-269*
Triangulum 221
Tucana *298-301*
Ursa Major 23, 30, 33, 95, 184, 188, 206, 209, 220, 236, 266, *302-303*, 304, 326, 342
Ursa Minor 33, 280
Vela 288, 318, 322
Virgo 24, 208, *310-311*
Vulpecula **94**, **195**
contaminación lumínica **29**, **90**
coordenadas 28-31
coronógrafo 119-120
Cr 97 221
Cr 104 221
Cr 106 221
Cr 107 221
Cr 223 *320-321*
Cr 228 *320-321*
Cr 367 *348-349*
criaderos de estrellas 290, 322, 344, 352
Cruz del Norte 97-98
Cuadrado de Pegasus 98
Cuadrántidas 93
Cueva, nebulosa de la (Sh2-155) *324-325*
cúmulos abiertos 206-208, 211-212, 217, 221, 243, 318, 342, 344, 346, 348, 354, 385-386
cúmulos de galaxias 221-222, 250
cúmulos globulares 206, 208, 211-212, 217, 221, 246, 300, 312, 336, 338, 340, 342, 344, 348, 350, 352, 354, 389-390
Czernik 43 *324-325*

D
Danjon, André 141
declinación 30, 31
Deimos **159**
Delporte, Eugene Joseph 25, 246
Delta (δ) Cassiopeiae 207
Delta (δ) Cephei 192
Delta (δ) Lyrae *334-335*
Delta (δ) Scuti *342-343*
Deneb 25, 27, 97, 99, 189, 201, 328, 334, 371
Desierto de Las Palmas 121
diagrama de Hertzsprung-Russell 181-182
Dione 170
División de Cassini **169**
División de Encke 169
Djorgovski 1 *354-355*
Do 28 *346-347*
Do 32 *342-343*
Doble Cúmulo de Perseus **26**, **89**, 217, 235, *256-257*, 282, 316
DoDz 3 *264-265*
DoDz 4 *264-265*
DoDz 5 *336-337*
DoDz 6 *336-337*
Dreyer, John Louis 215-216, 340
Dumbell, nebulosa (M 27) **94**, **195**, 210

E
eclipses de Luna 108, **140**-142, 360-361
eclipses de Sol 119, **121**-124, 140, 142, 369-370
eclíptica 23
ecuador celeste 30
ecuador galáctico 318, 320
Electra *266-267*, 384
Encelado 170

Epsilon (ε) Eridani 185-186, **193**, 286
Epsilon (ε) Indi 378
Epsilon (ε) Lyrae 187, 246, *334-335*
Epsilon (ε) Monocerotis *270-271*
ESO 55-35 *292-293*
ESO 85-14 *292-293*
ESO 85-30 *292-293*
ESO 85-34 *292-293*
ESO 85-38 *292-293*
ESO 269-80 *312-313*
ESO 269-85 *312-313*
ESO 269-90 *312-313*
ESO 270-17 *312-313*
ESO 510-613 **16**
estaciones astronómicas 36
Estrella de Barnard 182, 183-**184**, 186, 195, 245, 286, 330, *340-341*, 371, 378
Estrella Carmesí de Hind **194**-195, *284-285*, 326
Estrella del Demonio (*véase* Algol)
Estrella doble-doble (*véase* Epsilon Lyrae)
Estrella Fulgurante de Wachmann *274-275*
Estrella Granate de Herschel 196, *326-327*
Estrella de Kepler (*véase* Supernova de Kepler)
Estrella de Plaskett *270-271*
Estrella Polar (*véase* Polaris)
Estrella de Tycho 264, 280, 390
Estrella Volante de Piazzi (61 Cygni) *330-331*
estrellas 179-201, 245, 371
  binarias 185-189, 246-247, 280, 298, 314, 316, 322, 330, 334, 352, 382-383
  brillantes 380-381
  cefeidas 190-191, 346, 350
  carbono (de) 194-197, 284
  cercanas 183-186
  clases espectrales 179-182, 185, 197, 316, 340, 352, 380-381
  colores 179-182, 185, 194
  dimensiones 371
  eclipsantes (variables) 191, *278-279*
  enanas blancas 182, 185, 199, 280, 282, 371
  enanas negras 199
  enanas rojas 182, 186, 286, 314, 340
  gigantes 182, 198, 199-201, 316, 371
  magnitud 380-381
  movimiento propio 247, 286, 314, 324, 330, 340, 378-379
  múltiples 382-383
  neutrones (de) 199
  novas 50, 280, 354
  rojas 194-197
  supergigantes 182, 192, 200-201, 326, 342, 352, 371
  supernovas 198-199, 206, 217, 219-220, 264, 326, 390
  variables 190-193, 233, 246-247, 254, 280, 314, 316, 320, 326, 334, 342, 346, 350, 352, 384
estrellas fugaces (*véase* meteoros)
Eta (η) Carinae *320-321*
Eta Carinae, nebulosa de (NGC 3372) 217, 318, *320-321*
Eta (η) Herculi *336-337*
Eta (η) Orionis *274-275*
Eta (η) Ursae Majoris (*véase* Alkaid)
Europa (luna de Júpiter) 164-166, 234

F
Fabricius, David 280
fases lunares 108, 130-132
Fehrenbach, estrella de *313*
fenómenos transitorios lunares (TLP) 144-147
filtros 159, 169
filtros H-alfa 119
filtros de la línea K del calcio 118-119
filtros solares 112-113, 116-119, 234
Flamsteed, John 26
Fobos **159**
fotografía (*véase* astrofotografía)
Fourcade-Figueroa (objeto) *312-313*

G
G1 (cúmulo globular en M 31) **246**
galaxias 206, 208-209, 213-214, 221-222, 247, 250, 302-311, 391-392
Galileo Galilei 133, 164, 168
Galileo (nave espacial) 107, 152, 166
Galle, Johann 171, 173
Gamma (γ) Cephei 23
Gamma (γ) Cygni **200**, 371, 390
Gamma (γ) Sagitarii *354-355*
Ganimedes 129, **164**-166, 234
García Díaz, Francisco 302
Gaspra **159**
Gassendi, Pierre 153-154
Gemínidas 93

Gran Mancha Roja (*véase* Mancha Roja de Júpiter)
Gran Nube de Magallanes 198-199, 201, 216, 219, 250, 264, *290-297*, 298
Gránulos de Baily 124
Groombridge 1830 378
Grupo Local 246, 260, 310
Gum 39 *318-319*
Gum, nebulosa de 318, 390

H
H2 *296-297*
Hadar 371
Haffner 18 (nebulosa) *288-289*
Halley, Edmund 312
Hélice (nebulosa) (NGC 7293) **215**
helioscopio (prisma solar) 112, 116
Herschel, John 213, 215-217, 312, 318
Herschel, William 157, 170-171, 173, 209, 213, 215-216, 272, 280, 292, 312, 318, 326
Hertzsprung, Ejnar 182
Hevelius, Johannes 25, 280
Hind, John Russell 284
Hipparcos (satélite) 241, 247, 330
Hipparcos 439 (estrella) 378
Hipparcos 54035 (estrella) 378
Hipparcos 54211 (estrella) 378
Hipparcos 67953 (estrella) 378
Hipparcos 74234 (estrella) 379
Hipparcos 74235 (estrella) 379
Hipparcos 105090 (estrella) 379
Hipparcos 114046 (estrella) 378
Hogg 15 *322-323*
Homúnculo, nebulosa del *320-321*
HU Tauri *268-269*
Hubble, Edwin Powell 201, 270, 296
Humboldt, Alexander von 103
Huygens, Christian 157, 168, 170
Huygens (módulo espacial) 170
Hyades 33, 96, **187**, 235, *268-269*

I
IC 284 *258-259*
IC 431 *272-273*
IC 432 *272-273*
IC 434 217, *272-273*, *274-275*, *276-277*
IC 443 **217**, *262-263*, 390
IC 444 *262-263*
IC 1274/5 *348-349*
IC 1369 *328-329*
IC 1396 *326-327*
IC 1611 *298-299*
IC 1612 *298-299*
IC 1624 *298-299*
IC 1805 *256-257*
IC 1848 *256-257*
IC 2157 *262-263*
IC 2714 *318-319*
IC 2582 *320-321*
IC 2872 *318-319*
IC 4604 *352-353*
IC 4665 *340-341*
IC 4685 *348-349*
IC 4703 *344-345*
IC 4715 *346-347*
IC 4725 *346-347*
IC 5067/70 328, *330-331*
Index Catalogue (IC) 213-217, 221, 232, 243, 247, 292, 296, 318, 340, 344, 346
Infrared Astronomical Satellite (IRAS) 284, 334
Innes, Robert 314
International Celestial Reference System (ICRS) 245
Internet (direcciones de astronomía recomendadas) 398-400
Io 129, 164, **165**, 166, 234
Iota (ι) Crucis *316-317*
Iota (ι) Orionis *278-279*

J
Japeto 170
Javalambre, pico de 125
Joyero, cúmulo del (NGC 4755) 217, *316-317*, 318
Júpiter 129, 143, 151, 153, 156, **162**-166, 167-169, 171-175, 185, 234, 326, 340

K
Kant, Immanuel 16
Kappa (κ) Tucanae *298-299*
Kapteyn, estrella de 186, 378
Kepler, Johannes 199
Kozyrev, Nicolai 145, 147
K Puppis *288-289*
Krakatoa, isla de 108
Krüger 60 186, 371
Kuestner 648 249
Kuiper, Gerard Peter 157

L
L 63 *298-299*
Lacaille, N. 25, 288, 294, 318, 320, 322

Laguna, nebulosa de la (M 8) 210, 236, *348-349*
Lalande 21185 184
Lambda (λ) Crucis *316-317*
Lambda (λ) Tucanae *298-299*
Leavitt, Henrietta Swan 192
Lechuza, nebulosa de la (M 97) 211
Le Gentil, Guillermo 154-155
lente Barlow 229
Leónidas **93**
Le Verrier, Urbain Jean Joseph 122, 171, 173
Leviatán de Parsonstown 304
libros recomendados 395-397
lluvias de meteoros 91-94, 104
Lowell, Percival 157
Lucero del Alba 151
Luna **103**, **105**, 106, 107, 108, 122, 129-147, 151, 168, 175, 234, 344, 359
  cráteres 130, 135-139, 362-368
    Aitken **136**
    Alphonsus **144**, 145-147
    Aristarchus **131**, 134, 137, 146-147
    Arzachel **144**, 147
    Clavius 137-138
    Copernicus 131-**133**, **135**-137, **146**, 234
    Encke 137
    Gassendi 147
    Grimaldi 137
    Hortensius 137
    Humboldt 138
    Kepler 137
    Langrenus 138
    Longomontanus 138
    Petavius 138
    Plato **130**, 139, **145**, 234
    Ptolemaeus 147
    Riccioli 137
    Tycho 132, 137, 234
    Wargentin 137-**138**
    Wilhelm 138
  distancia 129
  eclipses 108, **140**-142, 360-361
  erupciones volcánicas 144
  fases 108, 130-132
  fenómenos transitorios (TLP) 144-147
  lunación 108, 130-131
  magnitud 129, 359
  mares 130, 133, 135-139, 234
    Mare Crisium 133
    Mare Foecunditatis 133, 138
    Mare Humorum 147
    Mare Imbrium **130**, 133, 137-138
    Mare Nectaris 132
    Mare Nubium 132, 147
    Mare Serenitatis 133, 138
    Mare Tranquilitatis 133
  Montes Alpes **130**, 139
  Montes Apenninus 138
  Montes Carpatus 137, **146**
  Montes Caucasus 138-139
  Oceanus Procellarum 134, 136, 146
  ocultaciones 142-143
  periodo orbital 131
  Sinus Iridum **145**
  tamaño 129, 359
  terremotos 144
  Vallis Alpes 139
Luna 3 (nave espacial) 129
Luna azul 107-108
Lunar Orbiter (nave espacial) 133, 136
Lunar&Planetary Institute 130
Luyten 726-8 184
Luyten, estrella de 378
Luyten, William 185
luz antisolar (gegenschein) 104
luz cenicienta **105-107**
luz zodiacal **103**-104
Lyot, Bernard 119

M
M 1 (Nebulosa del Cangrejo) 206, **207**, 219, **230**, *264-265*
M 3 294
M 4 212, *352-353*
M 5 294
M 8 (Nebulosa de la Laguna) 210, 236, *348-349*
M 11 (Cúmulo del Pato Salvaje) *342-343*
M 13 90, 211, 312, *336-337*, 338
M 15 98, 211, **249**, 312, *338-339*
M 16 (Nebulosa del Águila) 210, 236, 322, *344-345*
M 17 (Nebulosa Omega) *346-347*
M 18 *346-347*
M 20 (Nebulosa Trífida) **210**, **245**, *348-349*
M 21 *348-349*
M 22 212
M 24 346
M 25 *346-347*
M 26 *342-343*
M 27 (Nebulosa Dumbell) **94**, **195**, 210
M 30 207

M 31 (Galaxia de Andromeda) **16**, **89**, 90, 98, 190, 201, 206-209, 221, **233**, 235, **246**, 250, *260-261*, 278, 296, 304
M 32 209, **233**, *260-261*
M 33 (Galaxia del Triángulo) 221, 260
M 35 212, *262-263*, 282, 312
M 36 212
M 37 212
M 38 212
M 41 212, *282-283*, 312
M 42 (Nebulosa de Orion) **25**, 32, 90, **188**, **196**, 206, 208, **209**, 210, 236, 247, 260, 270, 272, 276, *278-279*, 322, 328, 348
M 43 *278-279*
M 44 (Praesepe) 96, 143, 212, 235, 318
M 45 (Pleiades) 33, **95**, **96**, 143, 206, 208, 212, 235, 262, *266-267*, 312, 316
M 51 (Galaxia del Torbellino) **12**, **206**, 236, *304-305*
M 52 *324-325*
M 55 294
M 57 (Nebulosa Anular de Lyra) 193, 206, 210, *334-335*
M 58 *310-311*
M 63 **243**
M 64 (Galaxia Ojo Negro) 206, *308-309*
M 74 207
M 75 300
M 78 *272-273*
M 80 **211**
M 81 199, 206, 209, 236, *302-303*, 310
M 82 206, 209, 236, *302-303*, 304, 310
M 83 **205**
M 84 210, *310-311*
M 86 210, *310-311*
M 87 210, *310-311*
M 88 210, *310-311*
M 89 210, *310-311*
M 90 210, *310-311*
M 91 210, *310-311*
M 93 *288-289*
M 95 **222**
M 97 (Nebulosa de la Lechuza) 211
M 101 209, 236
M 103 207, 324
M 104 (Galaxia del Sombrero) 206, **208**, **236**
M 110 207, 209, **233**, *260-261*
Magallanes, Fernando de 298
magnitud 192, 200, 250, 380-381
magnitud absoluta 200, 380-381
magnitud aparente 200, 380-381
Maia *266-267*, 384
Mancha Roja de Júpiter **163**, 166, 173
mapas celestes mensuales 34-85
Maratón Messier 207
Mariner (naves espaciales) 152, 158
Mars Global Surveyor (nave espacial) 158
Mars Pathfinder (nave espacial) 344
Marte 151, **156**-161, 162-163, 166, 168, 171, 175, 234, 282, 344, 352, 359, 372
Maunder, Walter 102
Mayall II (cúmulo globular en M 31) **246**
Méchain, Pierre 206
Melotte 105 *318-319*
Mercurio 90, 91, 107, **151**-155, 162, 165, 166, 171, 174, 234, 282, 326, 359
Meridiano de Greenwich 30
Merope *266-267*, 384
Messier, Charles 206, 318
meteoros 91-94
Millennium Star Atlas 25, 218, 241-242, 244, 247, 250, 292
Mimosa *316-317*
Mínimo de Maunder 101-102
Mintaka 32, **97**, *274-275*
Mira 192, 258, *280-281*, 286, 352
Miranda 173
Mirfak 258
Mizar 188
Mu (μ) Cassiopeiae 378
Mu (μ) Cephei 196, *326-327*
Mu (μ) Crucis *316-317*
Musca Australis (antigua constelación) 322

N
Nave de los Argonautas (*véase* Argo Navis)
NASA 166
Nebulosa Anular de Lyra (M 57/ NGC 6720) 193, 206, 210, *334-335*
Nebulosa Omega (M 17/NGC 6618) *346-347*
Nebulosa Variable de Hind (NGC 1554/55) *268-269*
Nebulosa Variable de Hubble (NGC 2261) *270-271*

nebulosas 208-210, 213, 219, 322, 344, 346, 348, 387
nebulosas oscuras 98, 218-219, *316-317*, *320-323*, *326-329*, *342-343*, *346-347*, *350-351*, *354-355*
nebulosas planetarias 206, 210-211, 219, 221, 328, 334, 354, 388
Neptuno 162, 164, 171-174, 176, 359
New General Catalogue (NGC) 213-217, 221, 232, 243, 247, 280, 292, 296, 300, 312, 318, 340, 344, 346, 348
NGC 104 33, 217, 298
NGC 152 *300-301*
NGC 176 *300-301*
NGC 205 207
NGC 249 *300-301*
NGC 256 *300-301*
NGC 261 *300-301*
NGC 265 *300-301*
NGC 269 *300-301*
NGC 294 *300-301*
NGC 362 *298-299*
NGC 395 *298-299*
NGC 456 *298-299*
NGC 465 *298-299*
NGC 829 *280-281*
NGC 830 *280-281*
NGC 842 *280-281*
NGC 869 217, 235, *256-257*, 316
NGC 884 217, 235, *256-257*, 316
NGC 957 *256-257*
NGC 1027 *256-257*
NGC 1159 *258-259*
NGC 1164 *258-259*
NGC 1171 *258-259*
NGC 1175 *258-259*
NGC 1177 *258-259*
NGC 1198 *258-259*
NGC 1207 *258-259*
NGC 1213 *258-259*
NGC 1288 **221**
NGC 1365 **214**
NGC 1435 *266-267*
NGC 1512 **242**
NGC 1640 *284-285*
NGC 1711 *296-297*
NGC 1714 *292-293*
NGC 1735 *292-293*
NGC 1747 *292-293*
NGC 1751 *296-297*
NGC 1754 *296-297*
NGC 1763 *292-293*
NGC 1766 *296-297*
NGC 1774 *292-293*
NGC 1782 *296-297*
NGC 1783 *292-293*
NGC 1793 *296-297*
NGC 1815 *296-297*
NGC 1823 *296-297*
NGC 1833 *296-297*
NGC 1835 *292-293*, 294, *296-297*
NGC 1837 *296-297*
NGC 1845 *296-297*
NGC 1848 *296-297*
NGC 1850 **216**, **219**
NGC 1869 *292-293*
NGC 1871 *292-293*
NGC 1873 *292-293*
NGC 1898 *296-297*
NGC 1910 *296-297*
NGC 1913 *296-297*
NGC 1916 *292-293*, 294, 296
NGC 1929 *292-293*
NGC 1934 *292-293*
NGC 1936 *292-293*
NGC 1937 *292-293*
NGC 1966 *292-293*
NGC 1973 *278-279*
NGC 1975 *278-279*
NGC 1977 *278-279*
NGC 1980 *278-279*
NGC 1981 *278-279*
NGC 1990 *274-275*
NGC 2019 *294-295*
NGC 2024 *272-273*, *274-275*
NGC 2057 *294-295*
NGC 2058 *294-295*
NGC 2065 *294-295*
NGC 2071 *272-273*
NGC 2112 *272-273*
NGC 2121 *294-295*
NGC 2129 *262-263*
NGC 2133 *294-295*
NGC 2134 *294-295*
NGC 2140 *290-291*
NGC 2145 *294-295*
NGC 2156 *290-291*
NGC 2158 *262-263*
NGC 2159 *290-291*
NGC 2160 *290-291*
NGC 2164 *290-291*
NGC 2172 *290-291*
NGC 2174 *262-263*
NGC 2175 *262-263*
NGC 2237/8 217, 221, *270-271*, 326
NGC 2244 217, *270-271*

NGC 2251 *270-271*
NGC 2283 *282-283*
NGC 2452 *288-289*
NGC 2453 *288-289*
NGC 2455 *288-289*
NGC 2467 *288-289*
NGC 2482 *288-289*
NGC 2997 **213**
NGC 3255 *320-321*
NGC 3293 *320-321*
NGC 3310 **220**
NGC 3324 *320-321*
NGC 3372 217, *320-321*
NGC 3532 217, *318-319*
NGC 3572 *318-319*
NGC 4468 *310-311*
NGC 4474 *310-311*
NGC 4567/8 *311*
NGC 4609 *316-317*, *322-323*
NGC 4613 *308-309*
NGC 4614 *308-309*
NGC 4615 *308-309*
NGC 4631 *306-307*
NGC 4656 *306-307*
NGC 4676 *307*
NGC 4712 *308-309*
NGC 4725 *308-309*
NGC 4747 *308-309*
NGC 4755 217, *316-317*
NGC 4871 *306-307*
NGC 4872 *306-307*
NGC 4873 *306-307*
NGC 4874 *306-307*
NGC 4886 *306-307*
NGC 4889 *306-307*
NGC 4894 *306-307*
NGC 4898 *306-307*
NGC 4976 *312-313*
NGC 5139 217, *312-313*
NGC 5195 **206**, *304-305*
NGC 5617 *314-315*
NGC 5662 *314-315*
NGC 6137 *336-337*
NGC 6144 *352-353*
NGC 6194 *336-337*
NGC 6196 *336-337*
NGC 6197 *336-337*
NGC 6207 *336-337*
NGC 6355 *350-351*
NGC 6426 *340-341*
NGC 6451 *354-355*
NGC 6517 *344-345*
NGC 6520 *354-355*
NGC 6528 *354-355*
NGC 6530 *348-349*
NGC 6531 *348-349*
NGC 6544 *348-349*
NGC 6546 *348-349*
NGC 6553 *348-349*
NGC 6558 *354-355*
NGC 6568 *348-349*
NGC 6604 *344-345*
NGC 6611 *344-345*
NGC 6645 *346-347*
NGC 6683 *342-343*
NGC 6704 *342-343*
NGC 6712 *342-343*
NGC 6996 *328-329*
NGC 7000 **25**, *328-331*
NGC 7026 *328-329*
NGC 7039 *328-329*
NGC 7048 *328-329*
NGC 7066 *338-339*
NGC 7094 *338-339*
NGC 7100 *338-339*
NGC 7293 **215**
NGC 7315 *332-333*
NGC 7317 *332-333*
NGC 7318A **248**, *332-333*
NGC 7318B **248**, *332-333*
NGC 7319 **248**, *332-333*
NGC 7320 *332-333*
NGC 7330 *332-333*
NGC 7331 *332-333*
NGC 7335 *332-333*
NGC 7336 *332-333*
NGC 7337 *332-333*
NGC 7340 *332-333*
NGC 7342 *332-333*
NGC 7510 *324-325*
NGC 7635 *324-325*
Norteamérica, nebulosa (NGC 7000) **25**, *328-331*
novas 250, 280, 354
Nu (ν) Coronae Borealis *336-337*
Nube Estelar de Scutum *342-343*
Nubes de Magallanes **15**, 33, 190, 192, 209, 250, *290-301*, 302, 304

O

Oberon 173
observatorios astronómicos 143
  Centro Astronómico del Alto Turia (CAAT) 160, 243
  Cerro Manqui 393
  Cerro Pachón 393

Cerro Tololo **15**, 393
Connabarabran 393
Crimea (de) 147, 219
European Southern Observatory (ESO) 179, 222, 225, 292, 312, 393
Greenwich (de) 102
Harvard College 179-180, 192, 318
Instituto de Astrofísica de Canarias (IAC) 113, 225
Izaña (de) **113**
Kitt Peak 393
La Palma 393
Lick (de) 280
Lowell 174
Maple Ridge 393
Mauna Kea 393
Monte Palomar 393
Monte Wilson 304
Mont Graham 393
Mount Fowlkes 393
Mount Hopkins 393
Nacional 143
Pic du Midi (de) 120, 144
San Fernando 143
Sutherland 393
Zelenchukskaya 393
ocultaciones por la Luna 142-143
Ojo de Cerradura, nebulosa del (NGC 3324) *320-321*
Ojo Negro (galaxia) (M 64) 206, *308-309*
Olympus Mons (volcán de Marte) **158**
Omega Centauri (NGC 5139) 217, 300, *312-313*, 336
Omicron² (o^2) Eridani 378
Omicron (o) Puppis *288-289*
Öpik, Ernst Julius **22**, 272
oposiciones de Marte 372
orientación en el cielo 28-33
Orion OB *272-273*
Orion, nebulosa de (M 42/NGC 1976) 16, 32, 90, **188**, **196**, 206, **209**, 236, 247, 260, 270, 272, 276, *278-279*, 322, 328, 348
Oriónidas 93

P

Pato Salvaje, cúmulo del (M 11) *342-343*
Pelícano, nebulosa del (IC 5067/70) 328, *330-331*
películas fotográficas 181, 210
pequeña edad del hielo 102
Pequeña Nube de Magallanes 250, 290, 296, *298-301*
Perseidas 92-93
Perryman, Michael A. C. 242
Pi (π) Canis Majoris *282-283*
Pi (π) Doradus *294-295*
Piazzi, Giuseppe 330
Pinatubo (volcán) 108, 142
Pioneer (nave espacial) 153
Pipa, nebulosa de la 219, **235**, *350-351*
PK 65-27.1 338
PK 89-0.1 *328-329*
plano galáctico 300
Planeta X 171, 174
planetas 21, 90-91, 151-176, 234, 359
planisferios mensuales 34-85
Plaskett, John 270
Pleiades (M 45) **33**, 95, **96**, 143, **187**, 206, 208, 212, 235, 262, *266-267*, 268, 282, 316, 384
Pleione *266-267*, 384
Plutón 162, 165, 171, 174-176, 359
población estelar 322
Polaris 23, 33, **35**, 187, 201, 280
Pollux 26
polo norte celeste 23, 326
polo norte galáctico *307*, *309*
polo sur celeste **34**, 300
polvo cósmico 103-104
Praesepe (M 44) 96, 97, 143, 212, 235, 318
precesión (movimiento de) 25
prismáticos 104, 143, 165, 233-237, 312, 328
Procyon 371
Propus *262-263*
Proxima Centauri 182-184, 186, 195, 286, *314-315*, 378
Ptolomeo, Claudio 24, 25, 288, 318
pupila de salida 236-237

Q

Quinteto de Stephan 98, 222, **248**, *332-333*

R

R Andromedae *260-261*
R Centauri *314-315*
R Leporis (Estrella Carmesí) **194**-195, *284-285*, 326
R Monocerotis *270-271*
R Scuti *342-343*
Rasalhague *340-341*

Ratones, Los (NGC 4676) *307*
rayo verde **125**-126
Regulus 184
remanentes de supernova 219-220, 390
revistas de astronomía 397
Rhea 170
Rho (ρ) Ophiuchi 219, 340, *352-353*
Rho Ophiuchi, nebulosa de 179, 340, *352-353*
Rho (ρ) Persei *258-259*
Rigel 26, 32, 187, 189, **196**, 200, 272, 276, 284, 371
Rigil Kentaurus (*véase* también Alfa Centauri) 33, 183, 286, *314-315*
Roseta (nebulosa) (NGC 2237/8) 217, 221, *270-271*, 322, 326
Ross, estrellas de 186
Ross, William Parsons 304
Ruprecht 94 *318-319*
Russell, Henry Norris 182
RV Tauri 342
RX Eridani *284-285*

S
S Crucis *316-317*
S Doradus 201, *296-297*, 320
Saco de Carbón 98, *316-317*, *322-323*
Saco de Carbón del Norte 98, 316
Sagittarius A 348
Saiph 32, *276-277*
Saturno 129, 143, 156, 162, 164, **167-170**, 171-172, 174, 234, 359
Sechi, Angelo 121
Secuencia Principal 115, 181-182, 198, 371
Serpiente, nebulosa de la *350-351*
Sh2-46 *344-345*
Sh2-119 220, *330-331*
Sh2-129 *326-327*
Sh2-155 *324-325*
Sh2-157 Sh2-155
Sh2-276 (*véase* Bucle de Barnard)
Shapley, Harlow 310
Sheliak *334-335*, 371
Siameses, Los (NGC 4567/8) *311*
Sigma (σ) Orionis *274-275*, 276
Sigma (σ) Scorpii *352-353*
Sigma (σ) Tauri *268-269*
Simeis 147 219, *264-265*, 390
Sinnot, Roger W 242
Sirius **22**, 26, 31, 32, 151, 185-187, *282-283*, 314, 320, 334, 371
Sirius B 182, 185, *282-283*, 371
Sistema Solar 286, 322, 336
Sky Catalogue 247
Sky Publishing Corporation 241
Sky&Telescope 344
SL 56 *296-297*
SL 69 *292-293*
SL 81 *292-293*
SL 153 *292-293*
SL 158 *296-297*
SL 256 *296-297*
SL 362 *296-297*
SOHO (observatorio solar) 111
Sol 21, 23, 32, 107, 111-126, 140, 151, 154, 157, 159, 168, 172-174, 176, 179-181, 183, 185, 187, 198-199, 201, 211, 234-235, 282, 286, 294, 296, 300, 314, 318, 322, 324, 334, 336, 338, 340, 348, 352, 359, 371
  corona 119-120
  cromosfera 115, 118
  eclipses 119, **121**-124, 140, 142, 369-370
  edad 115
  féculas 116-117, 234
  filamentos 119
  filtros 112-113, 116-119, 234
  fotosfera 115, 117
  fulguraciones 118
  Gránulos de Baily 124
  magnitud 111, 359
  manchas **113-114**, 115-117, 234
  observación segura 112
  protuberancias **118**, 119
  rayo verde **125**-126
  tamaño 115, 117, 359, 371
  tránsitos 153-155, 166
Sombrero, galaxia del (M 104) 206, **208**, **236**
Spica 187
Stephan, Edouard J. M. 332
Stock 2 *256-257*
Supercúmulo Local 310
Supernova 1987 A **198**, 264, *290-291*, 390
Supernova 1993 J 199, 302
Supernova de Kepler 199, 250, 264, 290, *350-351*
Supernova de Tycho 264, 280, 390
supernovas 198-199, 206, 217, 219-220, 264, 326, 390
Syrtis Major (región de Marte) 157, 159-160

T

T Lyrae 197
T Tauri *268-269*
tablas 359-393
Tarántula, nebulosa de la (NGC 2070) 219, *290-291*, *294-295*
Tau (τ) Ceti 180-181, 185-186, *286-287*, 294
Táuridas 93
Taygete *266-267*, 384
telescopios 97, 107, 112-113, 116, 132, 142, 143, 147, 159-160, 166, 169, 188-189, 192, 225-232, 250, 302, 306, 308, 310, 312, 336, 338, 393
  adaptador fotográfico 229
  Anglo Australian Telescope 393
  Bolshoi Telescope 393
  buscador polar 232
  catadióptricos 229
  Dobson 230
  espejos 228-229
  Gemini Nord 393
  Gemini Sud 393
  Gran Telescopio de Canarias (GTC) 225, 393
  Hale 393
  Hobby-Everly 393
  Hooker 304
  Hubble (espacial) 165, 175, 225, 241-242, 248, 276, 304, 344
  Infrared Telescope (Ukirt) 393
  Keck 393
  Large Binocular Telescope 393
  Large Zenith Telescope (LZT) 393
  librerías estelares 231
  Magellan 393
  Maksutov-Cassegrain 228-229
  MMT 393
  monturas 229, 230-232
  Newton (de) 229
  Nicholas Mayall 393
  oculares 229
  prisma diagonal 232
  reflectores 97, 159, 192, 210, 229, 336
  refractor de Lick 280
  refractores 97, 113, 116, 157, 159, 188, 192, 210, 227-228, 308, 336
  Ross (de) 304
  Salt 393
  Schmidt-Cassegrain 161, 210, 229
  Snar 393
  Subaru 393
  Very Large Telescope (VLT) 180, 207, 213, 225-**226**, **231**, 393
  Víctor Blanco 393
  William Herschel 393
Tempel, nebulosa de (NGC 1435) *266-267*
Tetis 170
Theta (θ) Doradus *292-293*
Theta (θ) Ophiuchi *350-351*
Theta (θ) Orionis (*véase* Trapecio de Orion)
Theta (θ) Tauri *268-269*
Tierra 22, 23, 106, 115, 122, 129, 140, **156**, 159, 170, 173, 176, 185, 282, 286, 359
Titán 129, 170
Titania 173
Tombaugh, Clyde 171, 174, 176
Torbellino, galaxia del (M 51/ NGC 5194) **12**, **206**, 236, *304-305*
tránsitos solares 155-157, 166
Trapecio de Orion 32, 187, **188**, *278-279*
tres marías (asterismo) 32, **97**, *274-275*
Triángulo Estival 99, 334
Triángulo, galaxia del (M 33) 260
Trífida (nebulosa) **210**, **245**, *348-349*
Trumpler 13 *320-321*
Trumpler 18 *318-319*
Trumpler 19 *318-319*
Trumpler 33 *346-347*
Trumpler 35 *342-343*

U

U Carinae *318-319*
U Sagitarii *346-347*
UGC 11740 *338-339*
UGC 12137 *332-333*
UGC 12173 *332-333*
UGC 12181 *332-333*
Umbriel 173
Unión Astronómica Internacional (IAU) 24, 25, 34, 246, 294, 322
Uppsala General Catalogue (UGC) 222, 338
Urano 162, 164, **171**-174, 215, 359
Uranometria (atlas estelar) 322

V

V Hydrae 197
V640 Monocerotis (*véase* Estrella de Plaskett)
V902 Herculi *336-337*
V1016 Cygni **190**
V1046 Orionis *278-279*

V1261 Orionis *278-279*
V1375 Orionis *278-279*
V1380 Orionis *272-273*
Van Maanen, estrella de 371
Vega 26, 31, 99, 111, **193**, 210, *334-335*
Velo, nebulosa del 390
velocidad de recesión 332
Venus 90, 91, **103**, 106-**107**, 151-155, 159, 162-163, 166, 168, 171, 199-200, 234, 282, 350, 359
Vía Láctea **15**, **23**, 36, 92, **98**, 103, 111, **180**, 183, 199, 210, 216, 218-221, 233, 235, 242-243, 246, 250, 258, 260, 264, 286, 288, 290, 294, 298, 300, 302, 304, 306, 308, 310, 316, 318, 320, 322, 324, 326, 328, 332, 336, 338, 342, 344, 346, 348, 350, 352, 354
Viking (naves espaciales) 157-158
Virgo A *310-311*
Virgo, cúmulo de 210, 308, *310-311*
Voyager (naves espaciales) 163-164, 166, 168-174
Vulcano 122
VZ Ceti 280

W
Walborn, estrella de *292-293*
Wolf 359 184
Wolf 424 186

X
Xi (ξ) Puppis *288-289*

Y
Y Canum Venaticorum 197

Z
Zeta (ζ) Lyrae *334-335*
Zodiaco 22, 23

ACERCA DEL AUTOR

Vicente Aupí decidió hacerse observador y fotógrafo de los cielos tras descubrir, de niño, la asombrosa figura de la Constelación de Orion y la blanca estela de la Vía Láctea cruzando el firmamento de norte a sur. Nacido en Valencia en 1960, se especializó en la divulgación científica primero como periodista y después como escritor, sumando a centenares de artículos y miles de horas de observación sus fotografías de la naturaleza y los cielos estrellados. Su interés por la ciencia le ha llevado a una rara especialización simultánea en astronomía y meteorología, hasta el punto de que alterna sus noches junto al telescopio con estudios sistemáticos del clima, lo que le movió a fundar por su cuenta un observatorio meteorológico que funciona ininterrumpidamente desde 1985 en la localidad turolense de Torremocha del Jiloca, lugar de sus raíces familiares. En la actualidad compagina todas estas actividades con su labor periodística habitual en el rotativo valenciano Levante-EMV, donde escribe diariamente sobre meteorología y ciencia. Su labor divulgativa ha sido premiada por la Universidad de Valencia, el Instituto de Astrofísica de Canarias, la Casa de las Ciencias de A Coruña y otras instituciones. *Guía para exploradores del cielo* es su sexto libro.

vicente.aupi@arrakis.es